机械精度设计与检测技术

蔡安江　惠旭升　闫洪华　付鹏　编

机械工业出版社

本书根据教育部高等学校机械类专业教学指导委员会制定的专业培养计划和教育部“卓越工程师教育培养计划”，总结课程教学内容及课程体系改革研究与实践的成果编写而成。本书全面介绍了几何量精度设计与检测技术的基本知识，系统、准确、逻辑性强。全书共分10章，主要内容包括：绪论、尺寸精度设计与检测、几何精度设计与检测、表面精度设计与检测、渐开线圆柱齿轮的精度设计、典型零部件精度设计与检测、尺寸链、机械精度设计应用实例、检测技术基础和现代几何量检测技术简介。

本书可作为高等院校机械类、近机械类和仪器仪表类专业的教材，也可供从事机械设计、制造、标准化和计量测试的广大工程技术人员参考。

图书在版编目（CIP）数据

机械精度设计与检测技术/蔡安江等编. —北京：机械工业出版社，2022.5（2024.9重印）

ISBN 978-7-111-70482-9

Ⅰ.①机… Ⅱ.①蔡… Ⅲ.①机械-精度-设计-高等学校-教材②机械元件-测量-高等学校-教材 Ⅳ.①TH122②TG801

中国版本图书馆CIP数据核字（2022）第054464号

机械工业出版社（北京市百万庄大街22号 邮政编码100037）
策划编辑：王晓洁 责任编辑：王晓洁
责任校对：张晓蓉 刘雅娜 封面设计：马若濛
责任印制：常天培
固安县铭成印刷有限公司印刷
2024年9月第1版第3次印刷
184mm×260mm · 18.75印张 · 462千字
标准书号：ISBN 978-7-111-70482-9
定价：49.80元

电话服务 网络服务
客服电话：010-88361066 机 工 官 网：www.cmpbook.com
010-88379833 机 工 官 博：weibo.com/cmp1952
010-68326294 金 书 网：www.golden-book.com
封底无防伪标均为盗版 机工教育服务网：www.cmpedu.com

前 言

“机械精度设计与检测技术”是高等工科院校机械类、近机械类和仪器仪表类专业重要的技术基础课，是联系基础课程和专业课程的纽带与桥梁。本书是根据教育部高等学校机械类专业教学指导委员会制定的专业培养计划规定的教学大纲，以深入实施“卓越工程师教育培养计划”，探索新工科的教材建设，建立与企业联合的人才培养机制，提高学生能力与素质为核心的人才培养模式为指导，注重培养学生的工程意识、工程技术能力和工程实践能力，反映学科理论与技术的新知识、新技术、新结构、新元件和新成果，总结课程教学内容及课程体系改革研究与实践的成果，遵循专业人才培养的规律编写的。

本书分析、介绍了我国公差与配合方面的现行标准，阐述了检测技术的基本原理，内容上紧扣教学大纲要求，注重基础内容和标准的应用，遵循“由浅入深，循序渐进”的认知规律。同时，本书理论联系实际，结合实例对知识难点进行透彻分析；适用面广，注重学生知识、能力与素质培养，使之符合工程专业技术人才培养的规律，充分体现课程的综合性、实践性与工程性。本书特点具体体现如下：

（1）精选优化教学内容。按照“重基础、少而精、新知识、重实践”的原则，突出课程的综合性、实践性与工程性，将教学内容进一步整合提炼，充分体现机械精度设计与检测技术的科学性、先进性、综合性、实践性与工程实用性，构建适应现代企业对以机械工程专业为背景的工程技术人才需求，适应现代科学技术发展趋势的课程体系。

（2）继承和创新的结合。在继承机械精度设计与检测理论精华的同时，注重先进的设计制造手段，反映学科理论与技术的新知识、新技术、新结构、新元件和新成果及多学科间的知识交叉与渗透的内容，及时反映并采用最新的且面向工程实际应用的机械精度设计与检测技术、标准和规范，注重与现行技术标准和方法的衔接。

（3）满足机械工程领域“卓越工程师”培养的知识要求，将互换性原理、标准化生产管理、精度设计与检测等相关知识相结合，涉及机械产品及其零件的设计、制造、维修、质量控制与生产管理等多方面技术，有效培养学生的工程意识、工程技术能力和工程实践能力。

（4）结合实例对公差原则、精度设计与检测等方面的难点进行透彻分析，便于指导学生进行工程应用。

（5）叙述上力求精练、图文并茂，便于自学；名词、术语等全面贯彻现行国家标准。

本书由西安建筑科技大学蔡安江、惠旭升、闫洪华和付鹏编写。其中，第 1 章和第 2 章由闫洪华编写，第 3 章和第 9 章由蔡安江编写，第 4 章、第 5 章和第 7 章由惠旭升编写，第 6 章、第 8 章和第 10 章由付鹏编写。全书由蔡安江、惠旭升统稿。

本书在编写和审稿过程中，得到了西安建筑科技大学各有关单位及相关高校、企业的大力支持和帮助，参考并选用了近几年来国内出版的有关教材、论著和手册（已在书后的参考文献中列出），在此一并表示诚挚的谢意。

由于编者水平有限，书中难免存在漏误及不足之处，敬请广大读者批评指正。

编　者

目　录

第1章 绪 论

1.1 互换性

1.1.1 互换性的定义

在日常生活中，经常会遇到这样一些现象：教室里的荧光灯灯管坏了，可以换个新的装上；仪器上一个螺钉掉了，换上一个相同规格的新螺钉即可；机器、汽车、飞机上某个零件坏了或磨损了，可以迅速换上一个新的，并且这些零部件在更换与装配后，能很好地满足使用要求。之所以这样方便是因为这些合格的产品和零部件在尺寸、功能上具有能够彼此替换使用的性能。

GB/T 20000.1—2014 中规定，互换性是指某一产品、过程或服务能用来代替另一产品、过程或服务并满足同样要求的能力。

在机械工业生产中，互换性是产品设计最基本的原则之一。机械产品的互换性是指构成机器（或仪器）的同一规格的零件和部件所具有的以不同的程度和不同的方式可以互相替换使用的性能。也就是说，按同一规格产品图样要求，在不同时空条件下制造出来的一批零部件，在总装时，任取一个合格品，就能完好地装在机器上，并能达到预期的使用功能要求，这样的零部件，就称为具有互换性的零部件。例如，图 1-1 所示为一级齿轮传动减速器的装配示意图，从中可以看出，减速器由许多个零部件组成，这些零部件分别由不同工厂和车间加工而成。在装配时，如果从同一规格零部件中任取一个，不需要经过任何挑选或修配，就能与其他零部件安装在一起组装成一台减速器，并且能够达到规定的功能要求，则认为这样的零部件具有互换性。

机械零部件的互换性在装配阶段表现出的 3 个特点：在装配前不需要经过任何挑选；在装配中不需要修配或调整；在装配或更换后能满足既定的使用功能和性能要求。

互换性原则已经是现代工业生产中普遍遵循的基本原则。

1.1.2 互换性的内容

机械产品的互换性，通常包括几何量、力学性能和理化性能等方面的互换性，本课程仅讨论几何量的互换性。

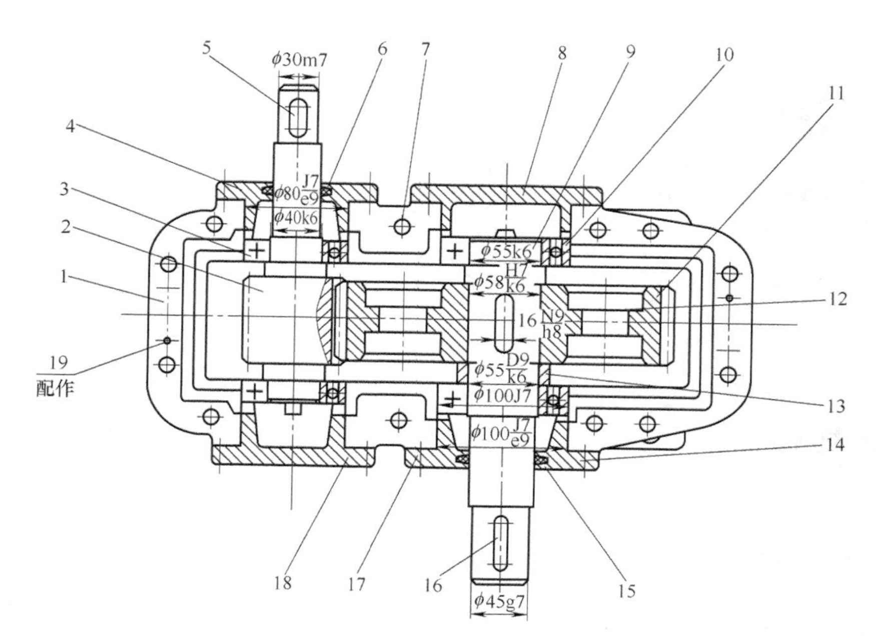

图 1-1　一级齿轮传动减速器的装配示意图

1—箱座　2—输入轴　3、10—轴承　4、8、14、18—端盖　5、12、16—键　6、15—密封圈　7—螺钉　9—输出轴　11—带孔齿轮　13—轴套　17—螺栓　19—定位销

所谓几何量，主要包括尺寸大小、几何形状（宏观、微观）及相互的位置关系等，如图 1-2 圈中标注所示。为了满足互换性的要求，最理想的情况是同规格的零部件的几何量完全一致，但是由于在生产实践中的种种因素影响，这种理想状态是不可能实现的，也是不必要的。实际上，只要零部件的几何量在允许的范围内变动，就能满足互换的目的，这个允许变动的范围称为公差。

在设计时要规定公差，因为在加工过程中不可避免会产生误差，因此要使零件具有互换性，就应把零件的误差控制在规定的公差范围内。设计者的任务就是要正确合理地确定公差，并把它在图样上明确地表示出来（见图 1-2）。显然，在满足功能要求的条件下，公差应尽量规定得大些，以获得最佳的技术经济效益。

1.1.3　互换性的分类

1. 功能互换性与几何参数互换性

按照使用要求，互换性可分为功能互换性与几何参数互换性。几何参数互换性是指机电产品在几何参数，包括尺寸、几何形状、相互位置和表面粗糙度方面充分近似所达到的互换性，属于狭义互换性。产品功能性能不仅取决于几何参数互换性，还取决于其物理、化学和力学性能等参数的一致性。功能互换性是指产品在力学性能、理化性能等方面的互换性，如强度、刚度、硬度、使用寿命、耐蚀性、导电性等，又称广义互换性。功能互换性往往着重于保证除尺寸配合要求以外的其他功能和性能要求。本课程仅研究几何参数的互换性。

通常把仅满足可装配性要求的互换称为装配互换性，而把满足各种使用功能要求的互换称为功能互换性。

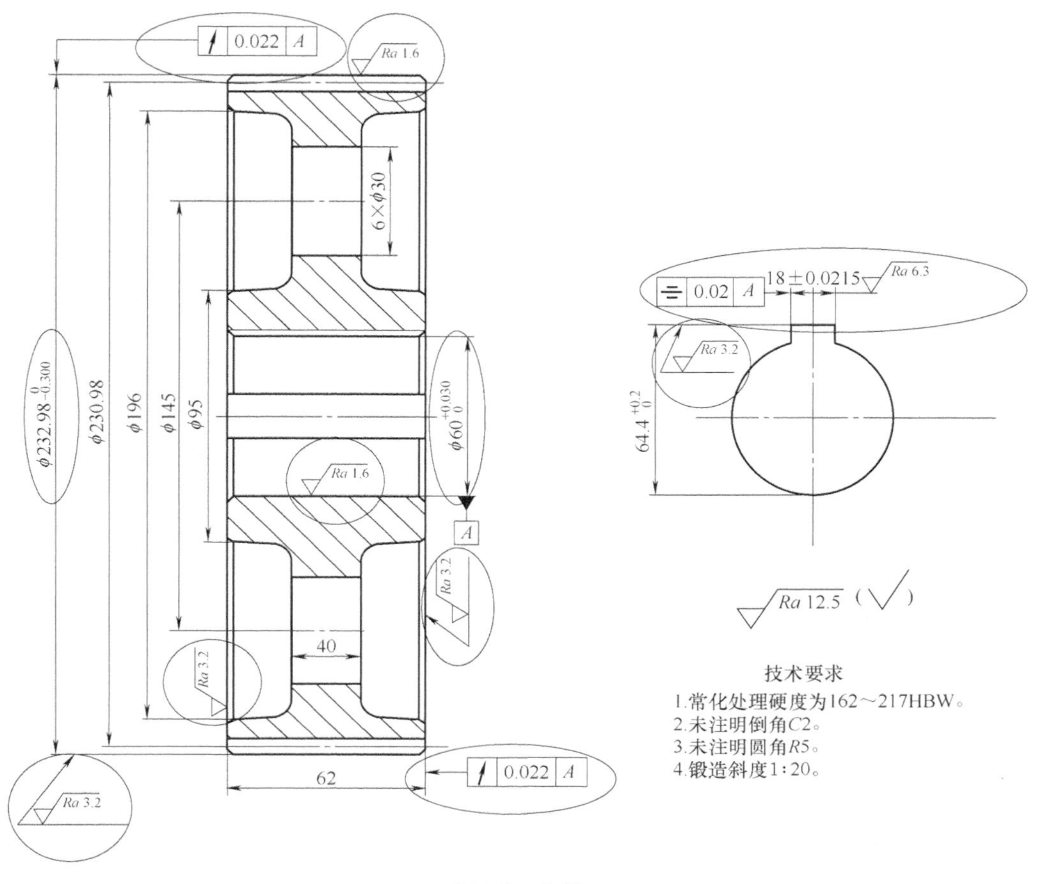

图 1-2　齿轮

2. 完全互换（绝对互换）**与不完全互换**（有限互换）

按照互换程度和范围，互换性可分为完全互换与不完全互换。

（1）完全互换（绝对互换）　完全互换是指同一规格的零部件在装配或更换时，既不需选择，也不需要任何辅助加工与修配，在装配后就能满足预定的使用功能及性能要求。一般地，标准件采用完全互换，便于专业化生产和装配。完全互换常用于厂外协作及批量生产。

（2）不完全互换（有限互换）　不完全互换允许零部件在装配前可以有附加选择，如预先分组挑选，或者在装配过程中进行调整和修配，在装配后能满足预期的使用要求。不完全互换一般用于中小批量生产的高精度产品，通常为厂内生产的零部件或机构的装配。

当产品使用要求很高、装配精度要求较高时，采用完全互换会使零件制造公差减小，制造精度提高，加工困难，加工成本提高，甚至无法加工。通常采用不完全互换，通过分组装配法、调整法或修配法来解决这一矛盾。

分组装配法就是将零件的制造公差适当放大，使之便于加工，在零件完工后再经测量将零件按实际尺寸大小分组，使每组零件间实际尺寸的差别减小，再按相应组零件进行装配（大孔与大轴相配，小孔与小轴相配）。这样既可保证装配精度和使用要求，又能降低加工难度和制造成本。此时仅组内零件可以互换，组与组之间不可互换，故属于不完全互换。

调整法是指在加工、装配及使用过程中，对某特定零件的位置进行适当调整，以达到装配精度要求。例如，要使车床尾座顶尖和主轴顶尖之间的连线与车床导轨平行，就要采用调整法。

究竟采用完全互换还是不完全互换，取决于产品的精度要求与复杂程度、产量大小（生产规模）、生产设备、技术水平等一系列因素。

3. 外互换与内互换

按照应用场合，互换性可分为外互换与内互换。外互换是指部件或机构与其相配件间的互换性。例如，图 1-1 中滚动轴承内圈与轴颈的配合，外圈与轴承座孔的配合。外互换常用于厂与厂之间、部门与部门之间的协作件的配合和在使用过程中需要更换的零件及与标准件相配合的零件。

内互换是指部件或机构内部组成零件间的互换性。例如，图 1-1 中滚动轴承内、外圈滚道与滚动体之间的装配。为方便起见，对标准化部件或机构，外互换采用完全互换，适用于生产厂商以外；部件或机构因组成零件的精度要求高，加工困难，故内互换通常采用不完全互换，且局限在厂家内部进行。

1.1.4 互换性的作用

只有零部件具有互换性，才能将构成一台复杂机器的成千上万零部件进行高效率、分散的专业化生产，然后再集中到总装厂或总装车间装配成为机器。例如，汽车上成千上万个零件分别由几百家工厂生产，汽车制造厂只负责生产若干主要零部件，并与其他工厂生产的零部件一起装配成汽车。为了顺利实现专业化的协作生产，各工厂生产的零部件都应该有适当、统一的技术要求；否则，就可能在装配时发生困难，或者不能满足产品的功能要求。

现代化生产活动是建立在先进技术装备、严密分工、广泛协作基础上的社会化大生产。产品的互换性生产，无论从深度或广度上都已进入新的发展阶段，远超出了机械制造的范畴，并扩大到国民经济各个行业和领域。

互换性已经成为提高制造水平、促进技术进步的强有力手段之一，在产品设计、制造、使用和维修等方面发挥着极其重要的作用。

（1）在设计方面　零部件具有互换性，就可以最大限度地采用标准零部件和结构，使得许多零部件不必重复设计计算，大大减少了设计、计算和绘图等工作量，缩短了产品开发设计周期，有利于推行计算机辅助设计。这对开发系列产品，促进产品结构、性能的不断改进都具有重要意义。

（2）在制造装配方面　互换性有利于组织专业化协作生产。同一台机器的各个零部件可以分散在多个工厂同时加工，有利于采用先进工艺和高效率的加工设备，有利于实现加工过程和装配过程的机械化、自动化，有利于推广计算机辅助制造（CAM），从而提高劳动生产率，保证和提高产品质量，降低生产成本，缩短生产周期。零部件具有互换性，可顺利进行装配作业，易于实现流水线或自动化装配，从而缩短装配周期，提高装配作业质量。

（3）在使用、维护及维修方面　机电产品上的零部件具有互换性，一旦某个零部件磨损或损坏，就可方便及时地用备用件替换，从而减少机器的维修时间和费用，增加机器的平均无故障工作时间，保证机器连续持久地正常运转，延长机器的使用寿命，提高其使用价值。没有互换性，维修行业就无法立足。在电厂、航天、核工业、国防军工等特殊应用场合，互换性的作用难以用经济价值衡量，必须采用互换性的零部件，以确保机器设备持续正常运转。

(4) 从生产组织管理方面 无论是物资供应、技术和计划管理，还是生产组织和协作，零部件具有互换性，将便于实行科学化管理。

总之，互换性原则给产品的设计、制造、使用、维护及组织管理等各个领域带来巨大的经济效益和社会效益，而生产水平的提高、技术的进步又促进产品的互换性不断提升。

1.1.5 实现互换性的技术措施

要保证某产品的互换性，就要使该产品的几何参数及其物理、化学性能参数一致或在一定范围内相似，因而互换性的基本要求是同时满足装配互换和功能互换。具有互换性的零部件，其几何参数是否必须绝对准确呢？这种理想情况在现实世界中既不可能实现，也无必要。一方面，因为产品及其零部件都是制造出来的，任何制造系统都不可避免地存在误差，因而任何零部件都存在加工误差，无法保证同一规格零部件的几何参数和功能参数完全相同。另一方面，在工程实践中，只要使同一规格零部件的有关参数（主要是几何参数）的变动控制在一定范围内，就能达到实现互换性的目的。给有关参数规定合理的公差，是实现互换性的基本技术措施。

制造出来的零部件和产品是否满足设计要求，还要依靠准确有效的检测技术手段来验证，检测技术同样也是实现互换性的基本技术保证。

1.2 标准化与标准

1.2.1 标准化

1. 标准化的基本概念

GB/T 20000.1—2014《标准化工作指南 第1部分：标准化和相关活动的通用术语》对标准化的定义为：为了在一定范围内获得最佳秩序，对现实问题或潜在问题确立共同使用和重复使用的条款，以及编制、发布和应用文件的活动。标准化活动确立的条款，可形成标准化文件，包括标准和其他标准化文件。

标准化是一个系统工程，其任务是设计、组织和建立标准体系，以促进人类物质文明及生活水平的提高。标准化也是一门与许多学科交叉渗透的重要综合性学科，是技术与管理交叉融合的学科，是介于自然科学与社会科学之间的边缘学科。

2. 标准化的地位和作用

标准化是广泛实现互换性生产的前提。现代工业生产的特点是规模大、分工细、协作单位多、互换性要求高。为了适应生产中各个部门之间的协调和各生产环节的衔接，必须有一种手段，使分散的、局部的生产部门和生产环节保持必要的技术统一，成为一个有机的整体，以实现互换性生产。为了全面保证互换性，不仅要合理确定零部件的制造公差，而且要对影响制造精度及质量的各个生产环节、阶段和方面实施标准化。

世界各国的经济发展历程表明，标准化是实现专业化协作生产的必要前提和基础，是组织现代化大生产、提高生产效率和效益的重要手段，是科学管理的重要组成部分。标准化是联系科研、设计、生产和使用等方面的纽带，是使整个社会经济合理化的技术基础，也是发展贸易、提高产品在国际市场上竞争能力的技术保证。

标准化是反映社会现代化水平的一个重要标志，现代化的程度越高，对标准化的要求也越高。搞好标准化，对于加速发展国民经济，提高产品和工程建设质量，提高劳动生产率，搞好环境保护和安全卫生，以及改善人民生活等都有着重要作用。积极运用标准化成果，创造和发展标准化，已经成为现代工业发展的必然趋势。

由于科学技术的迅猛发展和全球经济一体化进程的加快，标准化已经从传统的工农业产品向高新技术、信息技术、环境保护和管理、产品安全和卫生、服务等领域发展。标准化不仅渗透到现代科技发展的前沿，促进高新技术转化为新的产业，形成新的生产力，而且突破了传统的标准化领域，从产品标准和方法标准发展到了管理标准，直接为提高企业经济效益和促进国际贸易服务，为人类社会的可持续发展服务。

1.2.2 标准

1. 标准的含义

标准化的主要体现形式是标准。GB/T 20000.1—2014 对标准的定义：为了在一定范围内获得最佳秩序，经协商一致确立并由公认机构批准，为活动或结果提供规则、指南和特性，供共同使用和重复使用的文件。标准以科学、技术和实践经验的综合成果为基础，以促进最佳的共同经济效益为目的，经有关方面协商一致，由主管机构批准，以特定形式发布，作为共同遵守的准则和依据。

标准是人类科学知识的积淀、技术活动的结晶、多年实践经验的总结，代表着先进的生产力，对生产具有普遍的指导意义，能够促进技术交流与合作，有利于产品的市场化。因此，在生产活动中，应积极采用最新标准。

2. 国内标准的种类

标准种类繁多，数量巨大，可从不同的角度进行分类。

（1）按照标准化对象的特性分类　按标准化对象的特性，标准通常分为技术标准、管理标准和工作标准三大类。

1）技术标准。技术标准是指根据生产技术活动的经验和总结，作为技术上共同遵守的法规而制定的各项标准。技术标准又分为基础标准、产品标准、工艺标准、方法标准、检测试验标准，以及安全标准、卫生标准、环境保护标准等。

基础标准是指在一定范围内作为其他标准的基础并普遍使用，具有广泛指导意义的标准。在每个领域中，基础标准是覆盖面最大的标准，它是该领域中所有标准的共同基础。

基础标准以标准化共性要求和前提条件为对象，它是为了保证产品的结构、功能和制造质量而制定的、一般工程技术人员必须采用的通用性标准，也是在制定其他标准时可依据的标准。基础标准是在产品设计和制造中必须采用的工程语言和技术数据，也是机械精度设计和检测的依据。国际标准化组织和各国标准化机构都非常重视基础标准的制定工作。本课程所涉及的大多数标准都属于基础标准。

2）管理标准。管理标准是指对标准化领域中需要协调统一的管理事项所制定的标准。

3）工作标准。工作标准是指对工作的责任、权利、范围、质量要求、程序、效果、检查方法、考核办法等所制定的标准，一般包括部门工作标准和岗位（个人）工作标准。

标准的分类如图1-3所示。

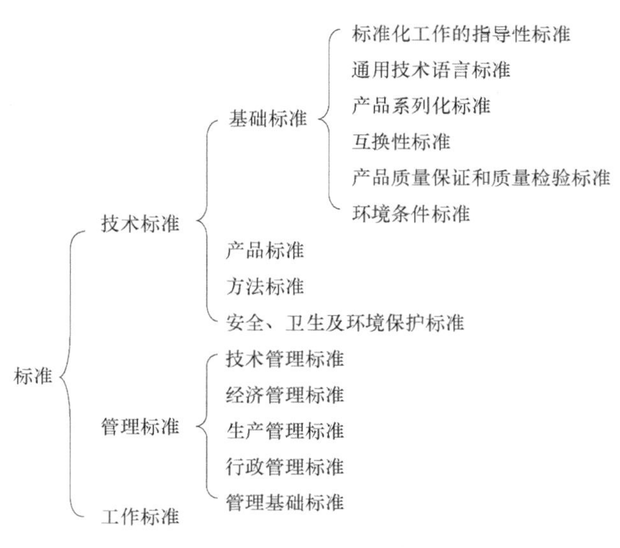

图1-3　标准的分类

（2）按照级别和作用范围分类　按照级别和作用范围分类，标准分为国家标准、行业标准、地方标准和企业标准四级。低一级标准不得与高一级标准相抵触。为了适应高新技术标准化发展变化快的特点，对于技术尚在发展中、需要有相应的标准文件引导其发展，或具有标准化价值但目前尚不能制定标准的项目，以及采用国际标准化组织（ISO）、国际电工委员会（IEC）及其他国际组织的技术报告的项目，可制定国家标准化指导性技术文件（GB/Z），作为对四级标准的补充。

1）国家标准。国家标准是指由国家标准化主管机构批准、发布，在全国范围内统一的标准。我国的国家标准分为国标（GB）和国家军用行业标准（GJB）。

2）行业标准。对没有国家标准而又需要在全国某个行业范围内统一的技术要求，则可制定行业标准。行业标准是指由专业标准化主管机构或专业标准化组织批准、发布，在某行业范围内统一的标准。

3）地方标准。对没有国家标准和行业标准而需要在省、自治区、直辖市范围内统一的技术要求，可以制定地方标准。

4）企业标准。企业标准（QB）是指由企（事）业或其上级有关机构批准发布的标准。企业生产的产品，对没有国家标准、行业标准和地方标准的，应当制定相应的企业标准；对已有国家标准、行业标准或地方标准的，鼓励企业制定严于前三级标准要求的企业标准。

（3）按照标准的法律属性分类　按照标准的法律属性，标准又分为强制性标准和推荐性标准两大类。强制性国家标准的代号以GB开头，推荐性国家标准的代号以GB/T开头。

涉及人体健康、人身财产安全、健康、卫生及环境保护等的标准属于强制性标准，具有法律约束力，而其他标准则属于推荐性标准。尽管推荐性标准不具有法律约束力，但是一经被采用或在合同中被引用，则应严格执行，并受合同法或有关经济法的约束。

3. 国际标准

国际标准是指由国际标准化团体制定的标准。三大权威的国际标准化机构为国际标准化组织（ISO）、国际电工委员会（IEC）和国际电信联盟（ITU）。

各国可自愿而不是强制采用国际标准，但往往由于国际标准集中了先进工业国家的技术经验，从本国外贸上的利益出发也往往积极采用国际标准。随着贸易的国际化，标准也日趋国际化，以国际标准为基础制定本国标准，已成为世界贸易组织（WTO）对各成员的要求。

采用国际标准制定本国标准一般有以下 3 种方式。

（1）等同采用　国家标准在采用国际标准时，在技术内容和编写方法上和国际标准完全相同，用 IDT 表示。

（2）等效采用　国家标准在采用国际标准时，在技术内容上完全相同，但在编写方法上和国际标准不完全相同，用 EQV 表示。

（3）不等效采用　国家标准在采用国际标准时，在技术内容上和国际标准不相同，用 NEQ 表示。

ISO 9000 及 ISO 14000 是当前应用最广泛的国际标准。1987 年，ISO 9000 质量管理体系标准发布，立即引起了世界各国的广泛关注与积极采用。据统计，ISO 9000 已被 100 多个国家和地区转化为本国标准。ISO 9000 的出现，标志着国际标准化活动已从名词术语、试验方法及产品质量三大传统领域迈向了管理体系的标准化与认证。1996 年发布的 ISO 14000 环境管理体系标准，使国际标准化与认证有了更广阔的活动空间。

目前，我国已按“积极采用国际标准和国际先进标准”的原则，制定出许多新的国家标准，其中有关几何精度的推荐性国家标准是等同或等效采用了相应的国际标准（ISO）。《产品几何技术规范（GPS）表面结构　轮廓法　表面粗糙度参数及其数值》《产品几何技术规范（GPS）几何公差　成组（要素）与组合几何规范》《普通螺纹　公差》《光滑极限量规　技术条件》《产品几何技术规范（GPS）光滑工件尺寸的检验》《渐开线圆柱齿轮精度　检验细则》等，都与相应的国际标准基本统一，从而有利于国际合作与交流。

1.3 优先数与优先数系

1.3.1 优先数系的来源

工程上各种技术参数的协调、简化和统一，是标准化的重要内容。在工程设计中，各种性能指标参数都要用数值来表示。当选定一个数值作为某种产品的参数指标后，该数值就会按照一定规律向一切相关的制品、材料等的有关参数指标传播扩散。例如，动力机械的功率和转速值确定后，不仅会传播到有关机器的相应参数上，而且必然会传播到其本身的轴、轴承、键、齿轮、联轴器等一整套零部件的尺寸和材料特性参数上，进而传播到加工和检验这些零部件的刀具、量具、夹具及机床等的相应参数上。技术参数的数值传播在生产实际中极为普遍，并且跨越行业和部门的界限。工程技术上的参数数值，即使差别很小，经过反复传播以后，也会造成尺寸规格的繁多杂乱，以致给生产组织、协作配套、使用维修及贸易等带来很大困难。因此，必须从全局出发，对各种技术参数加以协调。

优先数系方法就是对各种技术参数的数值进行协调、简化和统一的一种科学的数值取值制度。优先数是在工程设计及参数分级时应当优先采用的等比级数数值。

1.3.2 优先数系的系列和代号

工程技术上通常采用的优先数系是一种十进几何级数，是由5种公比且每项含有10的整数次幂的等比级数导出的一组近似等比数列，其中每一项数值称为优先数。

优先数系常用的5种公比见表1-1。其中，R5、R10、R20、R40为基本数列，R80为补充数列。在实际使用时应按照R5、R10、R20、R40的顺序优先选用。

表1-1 优先数系的公比

优先数系	公比
R5	$q_5=\sqrt[5]{10}\approx1.60$
R10	$q_{10}=\sqrt[10]{10}\approx1.25$
R20	$q_{20}=\sqrt[20]{10}\approx1.12$
R40	$q_{40}=\sqrt[40]{10}\approx1.06$
R80	$q_{80}=\sqrt[80]{10}\approx1.03$

优先数的主要优点有：①相邻两项的相对差均匀，疏密适中，而且运算方便，简单易记；②在同一系列中优先数（理论值）的积、商、整数（正或负）幂等仍为优先数；③优先数可以向数值增大和减小两端延伸。

因此，优先数系在产品设计、工艺设计、标准制订等领域得到了广泛的应用，并成为国际上统一的标准数值制。优先数系在公差标准中广泛使用，例如，在极限与配合国家标准中，公差值就是按R5系列确定的。

实践证明，合理选择优先数往往在一定数值范围内能以较少的品种规格满足用户的需要。

GB/T 321—2005《优先数和优先数系》与国际标准一致，其中范围1~10的优先数系列见表1-2，所有大于10的优先数均可按表列数乘以10，100，…求得，所有小于1的优先数均可按表列数乘以0.1，0.01，…求得。

表1-2 优先数系的基本系列

基本系列（常用值）				序号	理论值		基本系列和计算值间的相对误差（%）
R5	R10	R20	R40		对数尾数	计算值	
(1)	(2)	(3)	(4)	(5)	(6)	(7)	(8)
1.00	1.00	1.00	1.00	0	000	1.0000	0
			1.06	1	025	1.0593	+0.07
		1.12	1.12	2	050	1.1220	−0.18
			1.18	3	075	1.1885	−0.71
	1.25	1.25	1.25	4	100	1.2589	−0.71
			1.32	5	125	1.3335	−1.01
		1.40	1.40	6	150	1.4125	−0.88
			1.50	7	175	1.4962	+0.25

（续）

基本系列（常用值）				序号	理论值		基本系列和计算值间的相对误差（%）
R5	R10	R20	R40		对数尾数	计算值	
(1)	(2)	(3)	(4)	(5)	(6)	(7)	(8)
1.60	1.60	1.60	1.60	8	200	1.5849	+0.95
			1.70	9	225	1.6788	+1.26
		1.80	1.80	10	250	1.7783	+1.22
			1.90	11	275	1.8836	+0.87
	2.00	2.00	2.00	12	300	1.9953	+0.24
			2.12	13	325	2.1135	+0.31
		2.24	2.24	14	350	2.2387	+0.06
			2.36	15	375	2.3714	−0.48
2.50	2.50	2.50	2.50	16	400	2.5119	−0.47
			2.65	17	425	2.6607	−0.40
		2.80	2.80	18	450	2.8184	−0.65
			3.00	19	475	2.9854	+0.49
	3.15	3.15	3.15	20	500	3.1623	−0.39
			3.35	21	525	3.3497	+0.01
		3.55	3.55	22	550	3.5481	+0.05
			3.75	23	575	3.7584	−0.22
4.00	4.00	4.00	4.00	24	600	3.9811	+0.47
			4.25	25	625	4.2170	+0.78
		4.50	4.50	26	650	4.4668	+0.74
			4.75	27	675	4.7315	+0.39
	5.00	5.00	5.00	28	700	5.0119	−0.24
			5.30	29	725	5.3088	−0.17
		5.60	5.60	30	750	5.6234	−0.42
			6.00	31	775	5.9566	+0.73
6.30	6.30	6.30	6.30	32	800	6.3096	−0.15
			6.70	33	825	6.6834	+0.25
		7.10	7.10	34	850	7.0795	+0.29
			7.50	35	875	7.4989	+0.01
	8.00	8.00	8.00	36	900	7.9433	+0.71
			8.50	37	925	8.4140	+1.02
		9.00	9.00	38	950	8.9125	+0.98
			9.50	39	975	9.4406	+0.63
10.00	10.00	10.00	10.00	40	000	10.0000	0

1.3.3　派生系列

有时在工程上还采用派生系列，即在 Rr 系列中，每逢 p 项选取一个优先数，组成新的派生系列，以符号 Rr/p 表示，如 R10/3 系列就是在 R10 系列中，从 1.00 开始，每隔三个数选一个，此时所有的数都是成倍地增加的。派生系列的公比为

$$q_{r/p}=q_r^p=(\sqrt[r]{10})^p=10^{p/r}$$

式中　r——基本系列的指数（r=5、10、20 或 40）；

p——派生系列的间距（组成派生系列时，在基本系列中所要求的间隔项数）。

1.4　几何量检测技术

1.4.1　检测的基本概念

测量就是将被测量和一个作为测量单位的标准量进行比较，从而确定二者比值的过程。测量的作用是确定物理量的特征，它是认识和分析物理量的基本方法。只有通过测量才能获得精确和量化的信息。没有测量就没有科学。测量过程包括以下四要素：

1）测量对象。本课程只涉及几何量，几何量一般分为长度量、角度量，包括几何形状、几何要素的相对位置和表面粗糙度等。测量的尺寸小至微米和纳米级，大至米级。

2）计量单位。常用的长度单位为 mm，在精密测量时采用 μm，在超精密测量时采用 nm。

3）测量方法。测量方法是指在测量时所采用的测量原理、计量器具及测量条件的总和。

4）测量准确度。测量准确度是指测量结果与真值一致的程度。没有测量准确度表示的测量结果意义是不完整的，通常用测量的极限误差或测量不确定度来表示测量准确度。

检验是指判断被测量是否在规定范围内的过程，不一定要得到被测量的具体数值。检测是检验和测量的总称；测试是指具有试验研究性质的测量；检查是指测量和外观验收等过程。

所谓计量学是指保证量值统一和准确性的测量学科，几何量测量隶属于长度计量。计量比测量的范畴更广，它包含计量单位的建立，基准与标准的建立、传递、保存、使用，测量方法与测量器具，测量精度，观测者进行测量的能力及计量法制、管理等。

在机电产品检测中，几何量检测占的比重最大。几何量检测是指在机电产品整机及零部件制造中对几何量参数所进行的测量和验收过程。实践证明，有了先进的公差标准，对机械产品零部件的几何量分别规定了合理的公差，还要有相应的技术测量措施，才能保证零件的使用功能、性能和互换性。

检测技术是保证机械精度、实施质量管理的重要手段，是贯彻几何量公差标准的技术保证。几何量检测有两个目的：一是用于对加工后的零件进行合格性判断，评定是否符合设计技术要求；二是通过检测获得产品制造质量状况，进行加工过程工艺分析，分析产生不合格品的原因，以便采取相应的调整和改进措施，实现主动质量控制，以减少和消除不合格品。

提高检测精度和检测效率是检测技术的重要任务，而检测精度的高低取决于所采用的检测方法。在工程应用中，应当按照零部件的设计精度和制造精度要求，选择合理的检测方法。检测精度并不是越高越好，盲目追求高的检测精度将加大检测成本，造成浪费，但是降低检测精度则会影响检测结果的可信性，使检测起不到质量把关的作用。

检测方法的选择，特别重要的是分析测量误差及其对检测结果的影响。因为测量误差将导致误判，或者将合格品判为不合格品（误废），或者将不合格品判为合格品（误收）。误废将增加生产成本，误收则影响产品的功能要求。检测准确度的高低直接影响到误判的概率，且与检测成本密切相关，而验收条件与验收极限将影响误收和误废在误判概率中所占的比重。因此，检测准确度的选择和验收条件的确定，对于保证产品质量和降低制造成本十分重要。

1.4.2 几何量检测技术的发展

检测技术的水平在一定程度上反映了机械制造的精度和水平。机械加工精度水平的提高与检测技术水平的提高是相互依存、相互促进的。根据国际计量大会统计，零件的机械加工精度大约每十年提高一个数量级，这都与测量技术的发展密切相关。例如，1940 年由于有了机械式比较仪，加工精度从过去的 3μm 提高到 1.5μm；1950 年，有了光学比较仪，加工精度提高到 0.2μm；1960 年，有了电感、电容式测微仪和圆度仪，加工精度提高到 0.1μm；1969 年，激光干涉仪的出现，使加工精度提高到 0.01μm；1982 年扫描隧道显微镜（STM）的发明，使加工精度达到 nm 级，已经接近加工精度的极限。

测量空间已由二维空间发展到三维空间，检测精度已经迈向 nm 级。测量的自动化程度已从人工读数测量发展到自动定位、瞄准和测量，计算机数据处理评定，自动输出测量结果。

总之，互换性是现代化生产的重要生产原则与有效技术措施，标准化是广泛实现互换性生产的前提；检测技术和计量测试是实现互换性的必要条件和手段，是在工业生产中进行质量管理、贯彻质量标准必不可少的技术保证。因此，互换性和标准化、检测技术三者形成了一个有机整体，质量管理体系则是提高产品质量的可靠保证和坚实基础。

习题与思考题

1. 如何理解互换性？在机械制造中，按互换性原则组织生产有哪些优越性？
2. 完全互换和不完全互换有何区别？分别适用于哪些场合？
3. 什么是加工误差和公差？加工误差一般分为哪几种？
4. 什么是标准和标准化？我国技术标准分为哪几级？
5. 标准化与互换性有什么关系？
6. 工程中为什么要采用优先数系和优先数？下列两组数据各属什么基本系列？

1）电动机转速：375r/min，750r/min，1500r/min，3000r/min。

2）摇臂钻床的最大钻孔直径：25mm，40mm，63mm，80mm，100mm，125mm。

第 2 章 尺寸精度设计与检测

2.1 概述

任何机械零件都是由若干个点、线、面等几何要素所构成的，机械零件的大小及形状则取决于几何要素的尺寸。在零件制造过程中，机床精度的限制，以及刀具磨损和工艺系统误差等因素的影响，使得零件的实际尺寸与其理想尺寸存在一定的差异——尺寸误差。为了满足零件的功能要求和加工的经济性，必须对其公称尺寸规定相应的精度要求。尺寸精度要求以公差的形式标注在零件的设计图样上，作为制造、检测和验收的依据。

极限用于协调机器零件的使用要求与制造工艺及经济性之间的矛盾，配合反映了组成机器的零件相互之间的关系。极限与配合决定了机器零部件相互配合的条件和状况，直接影响到产品的精度、性能和使用寿命，它是评定产品质量的重要技术指标。“极限与配合”的标准化具有十分重要的意义。

1）有利于机械产品的设计、制造和维修。

2）有利于保证机械零件的精度，满足使用性能和寿命等要求。

3）有利于刀具、量具的标准化、系列化。

4）便于组织专业化协作生产和国际的技术交流。

为此，参照国际标准，我国对尺寸的极限与配合进行了国家标准的制定，有关尺寸公差精度设计的现行的部分国家标准：

《产品几何技术规范（GPS）线性尺寸公差 ISO 代号体系　第 1 部分：公差、偏差和配合的基础》GB/T 1800. 1—2020。

《产品几何技术规范（GPS）线性尺寸公差 ISO 代号体系　第 2 部分：标准公差带代号和孔、轴的极限偏差表》GB/T 1800. 2—2020。

《一般公差　未注公差的线性和角度尺寸的公差》GB/T 1804—2000。

国家标准 GB/T 1800. 1—2020 和 GB/T 1800. 2—2020 采用了国际极限与配合制，突出了两个主要特点：一是将构成公差带的两个基本要素“公差带大小”与“公差带位置”分别标准化，形成标准公差系列和基本偏差系列；二是同时规定了测量与检验制，用以保证极限与配合标准的贯彻执行。因此，国际极限与配合制是一个完整的标准体系。

2.2 极限与配合的基本术语和定义

2.2.1 有关几何要素的术语与定义

1）要素/几何要素：构成几何体的点、线、面、体或它们的集合称为几何要素。

2）组成要素：属于工件的实际表面或表面模型的几何要素。也可以定义从表面模型上或从工件实际表面上分离获得的几何要素，这些要素称为组成要素。

3）导出要素：对组成要素进行系列操作而产生的中心的、偏移的、一致的或镜像的几何要素。

4）尺寸要素：由一定大小的线性尺寸或角度尺寸确定的几何形状。它可以是一个球体、一个圆、两条直线、两平行相对面、一个圆柱体、一个圆环等。

5）公称组成要素：由设计者在产品技术文件中定义的理想组成要素。

2.2.2 有关孔与轴的定义

1. 孔

孔通常指工件的圆柱形内尺寸要素，也包括非圆柱形内尺寸要素（由两平行平面或切面形成的包容面）。

2. 轴

轴通常指工件的圆柱形外尺寸要素，也包括非圆柱形外尺寸要素（由两平行平面或切面形成的被包容面）。

由上述定义可知，这里所说的孔、轴与通常的概念不同，具有更广泛的含义，它们不仅仅表示圆柱形的内、外尺寸要素，也包括由单一尺寸确定的非圆柱形的内、外尺寸要素。

单一尺寸是两点之间的直线或弧线距离。

由单一尺寸确定的两平行表面相对，其间没有紧邻材料，形成包容面时，称为孔；由单一尺寸确定的两平行表面相对，其外没有紧邻材料，形成被包容面时，称为轴。如果两表面同向，既不能形成包容面，也不能形成被包容面，则属一般长度尺寸，用 L 表示。

如图 2-1 所示，图 2-1a 表示孔，图 2-1b 表示轴；在图 2-2 中的各表面中，由 D_1、D_2、D_3 和 D_4 各尺寸确定的包容面均称为孔，由 d_1、d_2、d_3 和 d_4 各尺寸确定的被包容面均称为轴，而 L_1、L_2 和 L_3 则属一般长度尺寸。

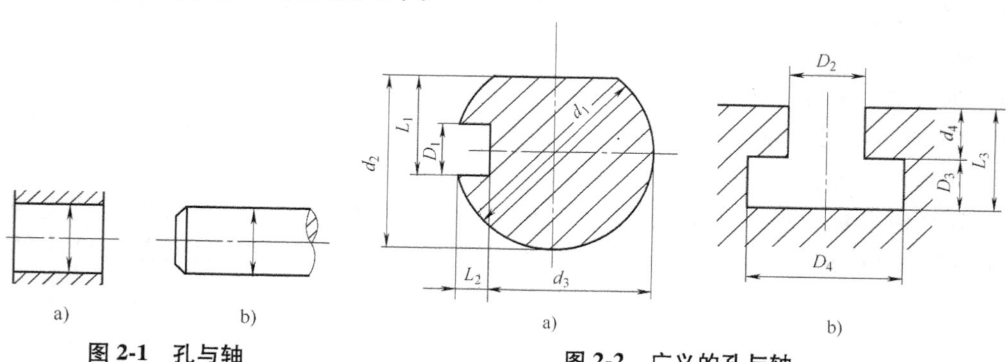

图 2-1 孔与轴

图 2-2 广义的孔与轴

采用孔和轴这两个术语是为了确定零件的尺寸极限和相互的配合关系。在极限与配合中，孔和轴的关系表现为包容和被包容的关系。

2.2.3 有关尺寸的术语和定义

1. 尺寸

尺寸是以特定单位表示线性尺寸值的数值，例如，直径、长度、宽度、高度、厚度、中心距及圆角半径等数值，由数字和长度单位（mm）组成。在技术图样尺寸标注中，通用长度单位为 mm，在标注时可只写数字，单位省略不写。在此，尺寸的含义不包括用角度单位表示的角度尺寸。

根据性质的不同，尺寸可以分为公称尺寸（名义尺寸）、实际尺寸和极限尺寸。

2. 公称尺寸

公称尺寸是由图样规范确定的理想形状要素的尺寸，它是由设计者给定的尺寸，根据零件的功能要求，通过强度、刚度计算并考虑零件结构和工艺等方面的要求而确定的。公称尺寸一般采用标准尺寸，以减少定值刀具、量具的规格。孔和轴的公称尺寸分别用 D 和 d 表示。

例如，机械制图图样中标注的 $30^{+0.021}_{0}$、30 ± 0.015、$\phi30h7$ 中的 30，都是公称尺寸。

公称尺寸是计算极限尺寸和极限偏差的起始尺寸。

3. 实际尺寸

实际尺寸是拟合组成要素的尺寸，它通过测量得到。

实际尺寸是一个孔或轴的任一横截面中的任一距离或任何两对径点之间测得的尺寸。

由于存在测量误差，通过测量所获得的实际尺寸并非被测尺寸的真值。此外，由于存在着形状误差，工件上不同部位的实际尺寸也不完全相同。所以，提出了“局部实际尺寸”的概念。

孔和轴的局部实际尺寸分别用 D_a 和 d_a 表示。

4. 极限尺寸

极限尺寸是尺寸要素的尺寸所允许的极限值。在通常情况下，设计规定两个极限尺寸。

1）上极限尺寸。尺寸要素允许的最大尺寸称为上极限尺寸，如图 2-3 所示，在旧标准中称为最大极限尺寸。孔和轴的上极限尺寸分别用符号 D_{max} 和 d_{max} 表示。

2）下极限尺寸。尺寸要素允许的最小尺寸称为下极限尺寸，如图 2-3 所示，在旧标准中称为最小极限尺寸。孔和轴的下极限尺寸分别用符号 D_{min} 和 d_{min} 表示。

极限尺寸是以公称尺寸为基数，根据使用上的要求而定的。合格零件的局部实际尺寸应该满足下列条件：

对于孔 $D_{min}\leqslant D_a\leqslant D_{max}$。 (2-1)

对于轴 $d_{min}\leqslant d_a\leqslant d_{max}$。 (2-2)

2.2.4 有关尺寸偏差和公差的术语和定义

1. 尺寸偏差

尺寸偏差是指某一尺寸（实际尺寸、极限尺寸等）减去其公称尺寸所得的代数差。偏差包括实际偏差和极限偏差，极限偏差（limit deviation）分为上极限偏差和下极限偏差。

(1) 实际偏差　实际偏差是局部实际尺寸减去其公称尺寸所得的代数差。孔和轴的实际偏差分别用 E_a 和 e_a 表示，即

$$E_a = D_a - D \tag{2-3}$$

$$e_a = d_a - d \tag{2-4}$$

实际偏差与实际尺寸具有相同的特性，为方便起见，常用实际偏差代替实际尺寸进行计算。

(2) 极限偏差　上极限偏差和下极限偏差统称为极限偏差。

1) 上极限偏差。上极限尺寸减去其公称尺寸所得的代数差称为上极限偏差，如图 2-3 所示。孔和轴的上极限偏差分别用 ES 和 es 表示，即

孔的上极限偏差 $$\mathrm{ES} = D_{max} - D \tag{2-5}$$

轴的上极限偏差 $$\mathrm{es} = d_{max} - d \tag{2-6}$$

2) 下极限偏差。下极限尺寸减去其公称尺寸所得的代数差称为下极限偏差，如图 2-3 所示。孔和轴的下极限偏差分别用 EI 和 ei 表示，即

孔的极限下偏差 $$\mathrm{EI} = D_{min} - D \tag{2-7}$$

轴的极限下偏差 $$\mathrm{ei} = d_{min} - d \tag{2-8}$$

偏差是代数值，由于极限尺寸和实际尺寸可以大于、小于或等于公称尺寸，所以偏差可以为正、负或零值。在进行计算或在技术图样上标注时，除零外，上、下偏差必须带有正负号。在实际应用中，常以极限偏差来表示允许的尺寸变动范围。

孔、轴的尺寸合格的条件也可以用偏差表示如下：

对于孔 $$\mathrm{EI} \leqslant E_a \leqslant \mathrm{ES} \tag{2-9}$$

对于轴 $$\mathrm{ei} \leqslant e_a \leqslant \mathrm{es} \tag{2-10}$$

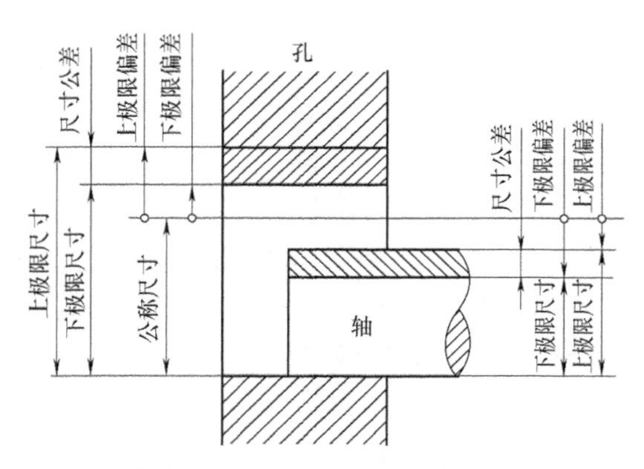

图 2-3　公称尺寸、极限尺寸、极限偏差、尺寸公差示意图

2. 尺寸公差

尺寸公差（简称公差）是指上极限尺寸与下极限尺寸之差，或上极限偏差与下极限偏差之差。它是允许尺寸的变动量，是一个没有符号的绝对值，且不可能为零。孔和轴的公差分别用 T_D 和 T_d 表示。根据公差定义可知：

对于孔 $$T_D = |D_{max} - D_{min}| = |\mathrm{ES} - \mathrm{EI}| \tag{2-11}$$

对于轴 $$T_d = |d_{max} - d_{min}| = |\mathrm{es} - \mathrm{ei}| \tag{2-12}$$

公差体现了设计对零件加工精度的要求，公差越小，实际尺寸允许的变动量越小，要求的加工精度就越高。

公差与偏差在概念上是不同的，两者的主要区别在于：

1）偏差可以为正值、负值或零，而公差则无正负之分，且不能为零。

2）极限偏差用于限制实际偏差，而公差用于限制加工误差。

3）极限偏差主要反映公差带的位置，影响零件配合的松紧程度，而公差代表公差带的大小，影响配合精度。

4）从工艺上看，偏差取决于在加工时机床的调整（如车削时进刀的位置），不反映加工的难易程度，而公差反映零件的制造精度。

3. 零线

零线是在极限与配合图解中，表示公称尺寸的一条直线，以其为基准确定偏差和公差，又称为零偏差线（图 2-4）。

通常，零线沿水平方向绘制，偏差为正时位于零线之上，偏差为负时位于零线之下。在绘制公差带图时，应注意标注零线的公称尺寸线、公称尺寸值和符号“$\overset{+}{\underset{-}{0}}$”。

4. 公差带

公差带是公差极限之间（包括公差极限）的尺寸变动值。图 2-3 可以清晰、直观地表示出公称尺寸、极限偏差、公差及孔和轴配合的关系，将其简化成图 2-4 所示的公差带图。在图 2-4 的公差带示意图中，零线以上的偏差为正偏差，零线以下的偏差为负偏差；由代表上极限偏差和下极限偏差或上极限尺寸和下极限尺寸的两条直线所限定的区域就是公差带，其宽度代表公差值，用适当比例画出。公差带沿零线方向的长度可适当选取。图 2-4 中公称尺寸单位为 mm，偏差和公差单位为 μm。

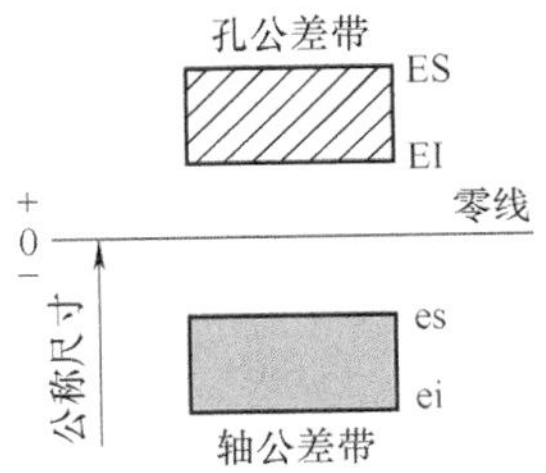

图 2-4　公差带示意图

在同一公差带图中，孔、轴公差带的位置、大小应采用相同的比例绘制，一般孔公差带用斜线表示，轴公差带用网点表示。

5. 极限制

公差带由“大小”和“位置”两个要素组成。公差带的大小由公差值确定，公差带的位置（相对于零线）由极限偏差其中的一个偏差确定。

经标准化的公差与偏差制度称为极限制。GB/T 1800. 1—2020 中把标准化的公差称为标准公差。把标准化的极限偏差（上极限偏差或下极限偏差）称为基本偏差。GB/T 1800. 1—2020 规定了标准公差和基本偏差的具体数值。

6. 标准公差（IT）

标准公差是国家标准规定的公差值，使公差的大小标准化。它决定公差带的大小。

7. 基本偏差

基本偏差是国家标准规定的用于确定公差带相对公称尺寸位置的那个极限偏差（上极限偏差或下极限偏差），一般是靠近零线的那个极限偏差。它决定公差带的位置。

有关尺寸、偏差和公差的术语、代号及计算公式见表 2-1。

表 2-1 有关尺寸、偏差和公差的术语、代号及计算公式

<table>
<tr><th colspan="3" rowspan="2">名　称</th><th colspan="2">代　号</th><th colspan="2" rowspan="2">计算公式或要求</th></tr>
<tr><th>轴</th><th>孔</th></tr>
<tr><td rowspan="4">尺寸</td><td colspan="2">公称尺寸</td><td>d</td><td>D</td><td colspan="2">标准尺寸（优先数）</td></tr>
<tr><td rowspan="2">极限尺寸</td><td>上极限尺寸</td><td>d_{max}</td><td>D_{max}</td><td colspan="2"></td></tr>
<tr><td>下极限尺寸</td><td>d_{min}</td><td>D_{min}</td><td colspan="2"></td></tr>
<tr><td colspan="2">实际尺寸</td><td>d_a</td><td>D_a</td><td>合格
条件</td><td>$D_{min} \leqslant D_a \leqslant D_{max}$
$d_{min} \leqslant d_a \leqslant d_{max}$</td></tr>
<tr><td rowspan="3">偏差</td><td rowspan="2">极限偏差</td><td>上极限偏差</td><td>es</td><td>ES</td><td colspan="2">$ES=D_{max}-D$
$es=d_{max}-d$</td></tr>
<tr><td>下极限偏差</td><td>ei</td><td>EI</td><td colspan="2">$EI=D_{min}-D$
$ei=d_{min}-d$</td></tr>
<tr><td colspan="2">实际偏差</td><td>e_a</td><td>E_a</td><td colspan="2">$E_a=D_a-D$
$e_a=d_a-d$</td></tr>
<tr><td colspan="3">尺寸公差</td><td>T_d</td><td>T_D</td><td colspan="2">$T_D=\vert D_{max}-D_{min}\vert=\vert ES-EI\vert$
$T_d=\vert d_{max}-d_{min}\vert=\vert es-ei\vert$</td></tr>
</table>

例 2-1 公称尺寸为 30mm 的相互结合的孔和轴的极限尺寸分别为：$D_{max}=30.021$mm、$D_{min}=30$mm 和 $d_{max}=29.980$mm、$d_{min}=29.967$mm。在加工后，测得一孔和一轴的局部实际尺寸分别为：$D_a=30.010$mm 和 $d_a=29.976$mm。求孔和轴的极限偏差、公差和局部实际偏差，并绘制该孔、轴的公差带示意图。

解： 孔的上极限偏差 $ES=D_{max}-D=(30.021-30)\text{mm}=+0.021\text{mm}$

孔的下极限偏差 $EI=D_{min}-D=(30-30)\text{mm}=0\text{mm}$

轴的上极限偏差 $es=d_{max}-d=(29.980-30)\text{mm}=-0.020\text{mm}$

轴的下极限偏差 $ei=d_{min}-d=(29.967-30)\text{mm}=-0.033\text{mm}$

孔的公差 $T_D=|D_{max}-D_{min}|=|30.021-30|\text{mm}=0.021\text{mm}$

或 $T_D=|ES-EI|=|0.021-0|\text{mm}=0.021\text{mm}$

轴的公差 $T_d=|d_{max}-d_{min}|=|29.980-29.967|\text{mm}=0.013\text{mm}$

或 $T_d=|es-ei|=|(-0.020)-(0.033)|\text{mm}=0.013\text{mm}$

孔的局部实际偏差 $E_a=D_a-D=(30.010-30)\text{mm}=+0.010\text{mm}$

轴的局部实际偏差 $e_a=d_a-d=(29.976-30)\text{mm}=-0.024\text{mm}$

该孔和轴的公差带示意图如图 2-5 所示。

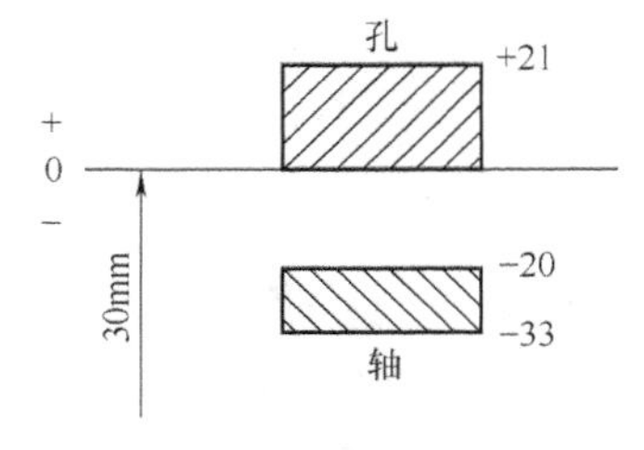

图 2-5 孔、轴公差带示意图

2.2.5　有关配合的术语和定义

1. 配合

配合是指类型相同且待装配的外尺寸要素（轴）和内尺寸要是（孔）之间的关系。通俗地讲，就是指公称尺寸相同并且相互结合的孔和轴公差带之间的关系。组成配合的孔和轴的公差带位置不同，可以形成不同的配合性质。

配合是由设计图样表达的功能要求，即对结合松紧程度的要求。配合具有以下特定的含义：

1）指孔、轴的结合，存在包容与被包容的关系。

2）相互结合的孔、轴的公称尺寸相同。

3）配合的松紧程度，与间隙或过盈及其大小有关，即与孔、轴公差带的相互位置有关。

4）配合精度与孔、轴公差带的大小有关。

1）、2）是组成配合的条件，3）、4）反映了组成配合的性质。

2. 间隙和过盈

间隙或过盈是指孔的尺寸减去相配合的轴的尺寸所得的代数差。当此值为正数时是间隙，以 X 表示，如图 2-6a 所示；当此值为负数时是过盈，以 Y 表示，如图 2-6b 所示。

注意：过盈量符号为负只表示过盈特征，并不具有数学上的含义。

（1）实际间隙和实际过盈　实际间隙和实际过盈是指相互配合孔、轴的实际尺寸（或实际偏差）之差。

实际间隙以 X_a 表示，实际过盈以 Y_a 表示，则有

$$X_a或-Y_a=D_a-d_a=E_a-e_a=\begin{cases}X_a\\Y_a\end{cases} \tag{2-13}$$

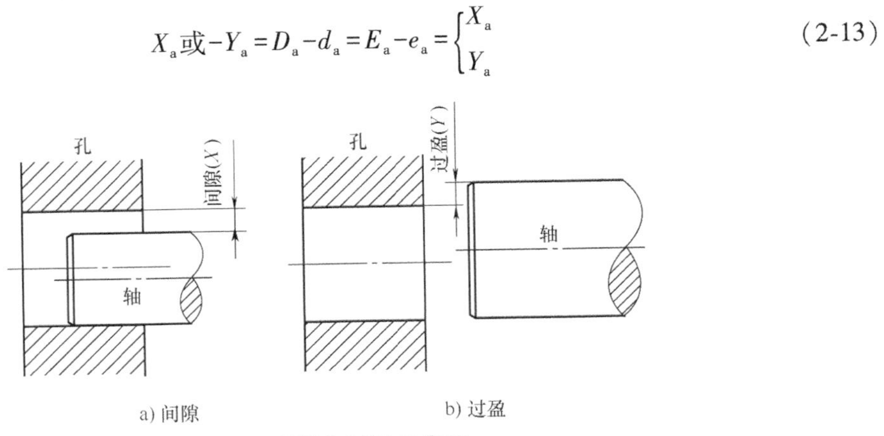

a) 间隙　　b) 过盈

图 2-6　间隙和过盈示意图

（2）极限间隙和极限过盈　极限间隙和极限过盈是指相互配合孔、轴的相应极限尺寸（或极限偏差）之差。它们是实际间隙和实际过盈允许变动的界限值。

通常，极限间隙分为最大间隙 X_{max} 和最小间隙 X_{min}；极限过盈分为最大过盈 Y_{max} 和最小过盈 Y_{min}。极限间隙或极限过盈与极限尺寸的关系如下。

最大间隙是指在间隙配合或过渡配合中，孔的上极限尺寸与轴的下极限尺寸之差，其值为正，即

$$X_{max}=D_{max}-d_{min}=ES-ei \quad (2\text{-}14)$$

最小间隙是指在间隙配合中，孔的下极限尺寸与轴的上极限尺寸之差，其值为正，即

$$X_{min}=D_{min}-d_{max}=EI-es \quad (2\text{-}15)$$

最大过盈是指在过盈配合或过渡配合中，孔的下极限尺寸与轴的上极限尺寸之差，其值为负，即

$$Y_{max}=D_{min}-d_{max}=EI-es \quad (2\text{-}16)$$

最小过盈是指在过盈配合中，孔的上极限尺寸与轴的下极限尺寸之差，其值为负，即

$$Y_{min}=D_{max}-d_{min}=ES-ei \quad (2\text{-}17)$$

极限间隙或极限过盈可以微米（μm）或毫米（mm）为单位。

3. 配合种类

根据形成配合的孔、轴公差带之间的相对位置不同，可有三种类型的配合：间隙配合、过盈配合和过渡配合。

（1）间隙配合　保证只具有间隙（包括最小间隙等于零）的配合。

在公差带图解上，孔公差带在轴公差带之上，如图 2-7 所示。

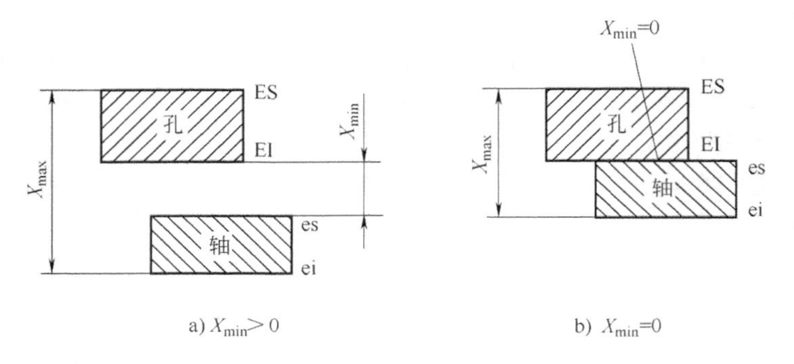

图 2-7　间隙配合示意图

由于孔、轴均有公差，所以在孔、轴加工后实际间隙的大小是随孔、轴实际尺寸的不同而变化的。对于任何间隙配合，合格的孔与轴，其实际间隙 X_a 应满足

$$X_{min}\leqslant X_a\leqslant X_{max} \quad (2\text{-}18)$$

表示间隙配合的松紧程度的特征值是最大间隙和最小间隙，也可用平均间隙表示。平均间隙 X_{av} 是最大间隙和最小间隙的平均值，即

$$X_{av}=(X_{max}+X_{min})/2 \quad (2\text{-}19)$$

例 2-2　设某配合的孔的尺寸为 $\phi30^{+0.033}_{0}$ mm（H8），轴的尺寸为 $\phi30^{-0.020}_{-0.041}$ mm（$f7$），试分别计算孔与轴的极限尺寸、极限偏差和公差，及该配合的极限间隙、平均间隙。

解： 孔与轴的公称尺寸 $D=d=30$mm

孔的极限偏差 ES = +0.033mm = +33μm；EI = 0

轴的极限偏差 es = −0.020mm = −20μm；ei = −0.041mm = −41μm

孔的极限尺寸 $D_{max}=30.033$mm；$D_{min}=30$mm

孔的尺寸公差 $T_D=|D_{max}-D_{min}|=|ES-EI|=30.033\text{mm}-30\text{mm}=0.033\text{mm}=33\mu\text{m}$

轴的极限尺寸 $d_{max}=29.980$mm；$d_{min}=29.959$mm

轴的尺寸公差 $T_d=|d_{max}-d_{min}|=|es-ei|=29.980\text{mm}-29.959\text{mm}=0.021\text{mm}=21\mu\text{m}$

极限间隙 $X_{max}=D_{max}-d_{min}=ES-ei=30.033mm-29.959mm$

$=+0.033mm+0.041mm=+0.074mm=+74\mu m$

$X_{min}=D_{min}-d_{max}=EI-es=30mm-29.980mm$

$=0mm+0.020mm=+0.020mm=+20\mu m$

平均间隙 $X_{av}=(X_{max}+X_{min})/2=+(74+20)\mu m/2=+47\mu m$

(2) 过盈配合　保证只具有过盈（包括最小过盈等于零）的配合。

在公差带图解上，孔公差带在轴公差带之下，如图 2-8 所示。

同样由于孔、轴有公差的原因，在孔、轴加工后实际过盈的大小也是随孔、轴实际尺寸的不同而变化的。对于任何过盈配合，合格的孔与轴，其实际过盈 Y_a 应满足

$$Y_{max}\leqslant Y_a\leqslant Y_{min} \tag{2-20}$$

表示过盈配合松紧程度的特征值是最大过盈和最小过盈，也可用平均过盈表示。平均过盈 Y_{av} 是最大过盈和最小过盈的平均值，即

$$Y_{av}=(Y_{max}+Y_{min})/2 \tag{2-21}$$

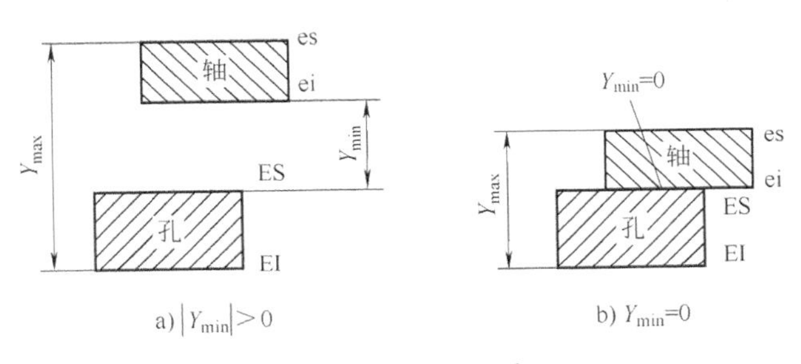

图 2-8　过盈配合示意图

例 2-3　设某配合的孔的尺寸为 $\phi30_{0}^{+0.033}$mm，轴的尺寸为 $\phi30_{+0.048}^{+0.069}$mm，试分别计算孔与轴的极限尺寸、极限偏差和公差，及该配合的极限过盈、平均过盈。

解： 孔与轴的公称尺寸 $D=d=30mm$

孔的极限偏差 $ES=+0.033mm=+33\mu m$；$EI=0\mu m$

轴的极限偏差 $es=+0.069mm=+69\mu m$；$ei=+0.048mm=+48\mu m$

孔的极限尺寸 $D_{max}=30.033mm$；$D_{min}=30mm$

孔的尺寸公差 $T_D=|D_{max}-D_{min}|=|ES-EI|=30.033mm-30mm=0.033mm=33\mu m$

轴的极限尺寸 $d_{max}=30.069mm$；$d_{min}=30.048mm$

轴的尺寸公差 $T_d=|d_{max}-d_{min}|=|es-ei|=30.069mm-30.048mm$

$=0.069mm-0.048mm=0.021mm=21\mu m$

极限过盈 $Y_{max}=D_{min}-d_{max}=EI-es=30mm-30.069mm$

$=0mm-0.069mm=-0.069mm=-69\mu m$

$Y_{min}=D_{max}-d_{min}=ES-ei=30.033mm-30.048mm$

$=+0.033mm-0.048mm=-0.015mm=-15\mu m$

平均过盈 $Y_{av}=(Y_{max}+Y_{min})/2=(-69-15)\mu m/2=-42\mu m$

(3) 过渡配合　可能具有间隙也可能具有过盈的配合。

在公差带图解上，孔公差带与轴公差带相互交叠，如图 2-9 所示。

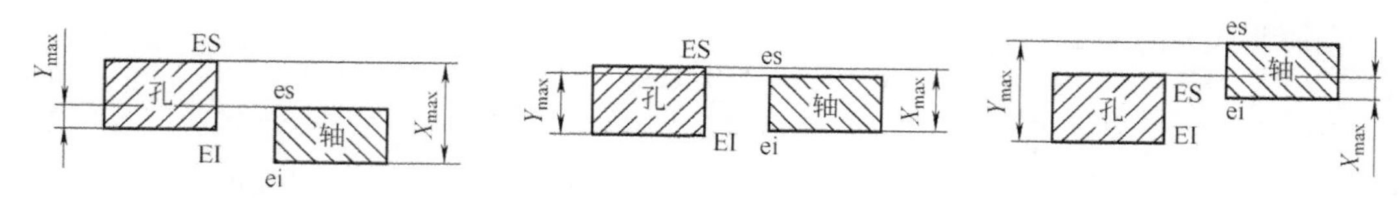

图 2-9 过渡配合示意图

过渡配合是介于间隙配合和过盈配合之间的一种配合，配合后出现的极限情况为最大间隙和最大过盈。

对于任何过渡配合，合格的孔与轴，其 X_a 或 Y_a 均应满足下式

$$X_a \leqslant X_{max} \quad 或 \quad Y_a \geqslant Y_{max} \tag{2-22}$$

表示过渡配合松紧程度的特征值是最大间隙和最大过盈。过渡配合的平均松紧程度可能表示为平均间隙，也可能表示为平均过盈，即

$$X_{av} = (X_{max}+Y_{max})/2 \quad 当 |X_{max}| > |Y_{max}| \tag{2-23}$$

$$Y_{av} = (Y_{max}+X_{max})/2 \quad 当 |X_{max}| < |Y_{max}| \tag{2-24}$$

例 2-4 设某配合的孔的尺寸为 $\phi30^{+0.033}_{0}$mm，轴的尺寸为 $\phi30^{+0.013}_{-0.008}$mm，试分别计算孔与轴的极限尺寸、极限偏差和公差，及该配合的极限间隙或极限过盈。

解： 孔与轴的公称尺寸 $D=d=30$mm

孔的极限偏差 ES = +0.033mm = +33μm；EI = 0μm

轴的极限偏差 es = +0.013mm = +13μm；ei = −0.008mm = −8μm

孔的极限尺寸 $D_{max}=30.033$mm；$D_{min}=30$mm

孔的尺寸公差 $T_D = |D_{max}-D_{min}| = |ES-EI| = 0.033mm = 33\mu m$

轴的极限尺寸 $d_{max}=30.013$mm；$d_{min}=29.992$mm

轴的尺寸公差 $T_d = |d_{max}-d_{min}| = |es-ei| = 0.021mm = 21\mu m$

极限间隙 $X_{max} = D_{max}-d_{min} = ES-ei = 30.033mm-29.992mm$

$= +0.033mm+0.008mm = +0.041mm = +41\mu m$

极限过盈 $Y_{max} = D_{min}-d_{max} = EI-es = 30mm-30.013mm$

$= 0mm-0.013mm = -0.013mm = -13\mu m$

平均间隙 $X_{av} = (X_{max}-Y_{max})/2 = (41+13)mm/2 = +27\mu m$

在图 2-7、图 2-8 和图 2-9 中未标出零线。因为，配合类型只与相互结合的孔、轴公差带的相对位置有关，而与孔、轴公差带对零线（公称尺寸）的位置无关，所以在上述各图中标出零线反而容易导致概念上的错误，误认为配合类型与孔、轴公差带对零线的位置有关。因此，在表示配合类型的尺寸公差带图解中不标出零线。

各类配合的特征、计算公式归纳汇总见表 2-2。

表 2-2 配合的特征、计算公式归纳汇总表

配合种类	孔、轴公差带位置关系	极限间隙（或过盈）、平均间隙（或过盈）计算公式及配合松紧状态	实际间隙（或过盈）合格条件
间隙配合	孔公差带在轴公差带之上	$X_{max}=D_{max}-d_{min}=ES-ei$（最松状态） $X_{min}=D_{min}-d_{max}=EI-es$（最紧状态） $X_{av}=(X_{max}+X_{min})/2$（平均松紧状态）	$X_{min} \leqslant X_a \leqslant X_{max}$

（续）

配合种类	孔、轴公差带位置关系	极限间隙（或过盈）、平均间隙（或过盈）计算公式及配合松紧状态	实际间隙（或过盈）合格条件
过盈配合	孔公差带在轴公差带之下	$Y_{max}=D_{min}-d_{max}=EI-es$（最紧状态） $Y_{min}=D_{max}-d_{min}=ES-ei$（最松状态） $Y_{av}=(Y_{max}+Y_{min})/2$（平均松紧状态）	$Y_{max}\leqslant Y_a\leqslant Y_{min}$
过渡配合	孔公差带与轴公差带重叠	$X_{max}=D_{max}-d_{min}=ES-ei$（最松状态） $Y_{max}=D_{min}-d_{max}=EI-es$（最紧状态） X_{av}或$Y_{av}=(X_{max}+Y_{max})/2$（平均松紧状态）	$X_a\leqslant X_{max}$或$Y_a\geqslant Y_{max}$

4. 配合公差 T_f

配合公差 T_f 是指允许间隙或过盈的变动量。它是由设计人员根据相互配合零件的使用要求确定的，表示配合精度，是评定配合质量的一个重要指标。配合公差越大，配合精度越低；配合公差越小，配合精度越高。

配合公差是一个没有符号的绝对值。

对间隙配合　$T_f=|X_{max}-X_{min}|=|ES-ei-EI+es|=T_D+T_d$　(2-25)

对过盈配合　$T_f=|Y_{min}-Y_{max}|=|ES-ei-EI+es|=T_D+T_d$　(2-26)

对过渡配合　$T_f=|X_{max}-Y_{max}|=|ES-ei-EI+es|=T_D+T_d$　(2-27)

由式（2-25）~式（2-27）可知，无论何种配合，其配合公差均等于孔公差与轴公差之和。这表明，孔、轴的配合精度取决于相互配合的孔、轴尺寸精度。在设计时，可根据使用要求得到配合公差，然后由配合公差来确定孔、轴的尺寸公差。

值得注意的是，配合公差 T_f 是绝对值，只能为正，并且不能为零。

例 2-5　试计算例 2-2、例 2-3 和例 2-4 中的配合公差。

解： 依题可知在上述三例中，$T_D=0.033\text{mm}$，$T_d=0.021\text{mm}$

所以 $T_f=T_D+T_d=0.033\text{mm}+0.021\text{mm}=0.054\text{mm}=54\mu\text{m}$

由上可知，在例 2-2、例 2-3 和例 2-4 中，虽然孔、轴的极限尺寸（或极限偏差不同），因而配合性质不同，但由于在三例中孔、轴的公差等级相同，所以，它们的配合精度也完全相同。因此可以认为，孔、轴的极限尺寸（或极限偏差）决定孔、轴的配合性质，孔、轴的尺寸精度决定孔、轴的配合精度。

5. 配合公差带

配合公差带是指在配合公差带图解中，由代表极限间隙或极限过盈的两条直线所限定的区域，如图 2-10 所示。

配合公差带图直观地表示了相互配合的孔、轴的配合性质和配合精度。在配合公差带图中，零线表示间隙或过盈等于零。零线以上表示间隙，零线以下表示过盈。在间隙配合时，其配合公差带位于零线以上；在过盈配合时，其配合公差带位于零线以下；在过渡配合时，其配合公差带跨越零线。

与尺寸公差带相似，配合公差带也由大小和位置两个基本要素确定。配合公差带的大小取决于配合公差；配合公差带的位置取决于极限间隙或极限过盈。

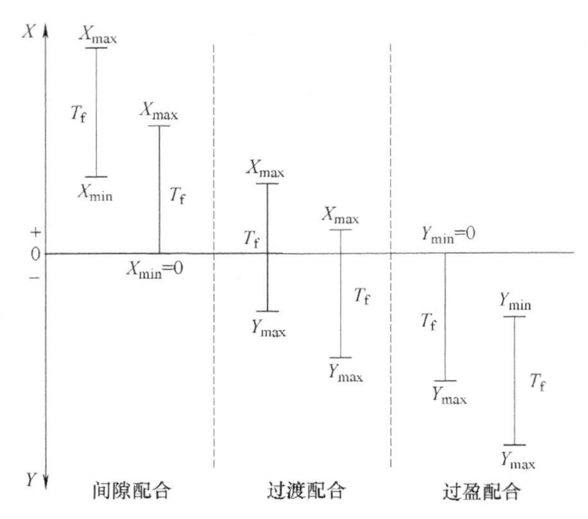

图 2-10 配合公差带图

例 2-6 已知某配合的公称尺寸为 ϕ60mm，配合公差 $T_f=49\mu m$，最大间隙 $X_{max}=19\mu m$，孔的尺寸公差 $T_D=30\mu m$，轴的下极限偏差 $ei=+11\mu m$。①试确定孔的上、下极限偏差和轴的上偏差，画出该配合的孔、轴的尺寸公差带图和配合公差带图，并说明配合类别；②若有一相互结合的孔、轴的实际偏差分别为：$E_a=+10\mu m$，$e_a=+5\mu m$，试判断该孔轴的尺寸是否合格，所形成的配合是否合用。

解： ① 因为 $T_f=T_D+T_d$

轴的尺寸公差 $T_d=T_f-T_D=49\mu m-30\mu m=19\mu m$

由 $T_d=es-ei$ 得

轴的上极限偏差 $es=T_d+ei=19\mu m+(+11)\mu m=+30\mu m$

由 $X_{max}=ES-ei$ 得

孔的上极限偏差 $ES=X_{max}+ei=19\mu m+(+11)\mu m=+30\mu m$

由 $T_D=ES-EI$ 得

孔的下极限偏差 $EI=ES-T_D=+30\mu m-30\mu m=0$

由于 $T_f=|X_{max}-X_{min}|$或 $T_f=(X_{max}-Y_{max})$

所以 $X_{max}-T_f=19\mu m-49\mu m=-30\mu m=Y_{max}$

此配合的孔、轴的尺寸公差带图和配合公差带图分别如图 2-11a 和图 2-11b 所示。由图可知，该配合为过渡配合。

② 已知 $E_a=+10\mu m$，$e_a=+5\mu m$

因为 $ES=+30\mu m>E_a>EI=0$

所以孔的尺寸合格。

又因为 $e_a<ei=+11\mu m$

所以轴的尺寸不合格。

该孔、轴在装配后的实际间隙为：$X_a=E_a-e_a=(+10)\mu m-(+5)\mu m=+5\mu m$

因为 $X_a=+5\mu m<X_{max}=+19\mu m$

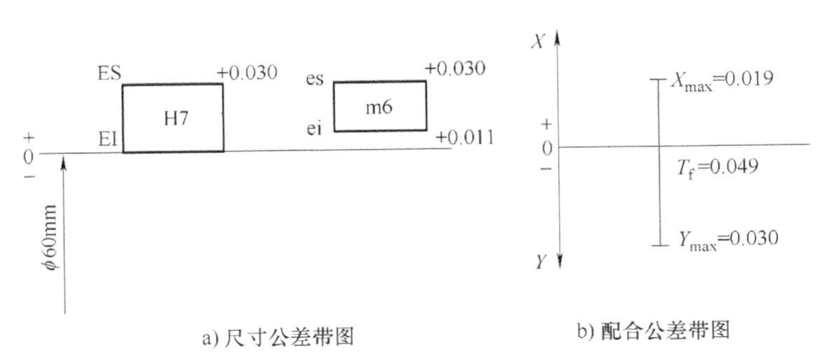

a) 尺寸公差带图　　b) 配合公差带图

图 2-11　例 2-6 的尺寸公差带图和配合公差带图

所以，该孔、轴形成的配合是合用的。

在该例中，虽然轴的尺寸不合格，它仍可以与部分合格孔形成合用的配合。但是该轴无互换性，不能与任一合格的孔都形成合用的配合。

例 2-7　已知某配合的公称尺寸为 ϕ18mm，配合公差 $T_f=19\mu m$，孔的尺寸公差 $T_D=11\mu m$，轴的上极限偏差 es= 0，最小过盈 $Y_{min}=-1\mu m$。①试确定孔的上、下极限偏差和轴的下极限偏差，画出该配合的孔、轴的尺寸公差带图和配合公差带图，并说明配合类别；②若有一相互结合的孔、轴的实际偏差分别为：$E_a=-15\mu m$，$e_a=-7\mu m$，试判断该孔轴的尺寸是否合格，所形成的配合是否合用。

解：① 因为 $T_f=T_D+T_d$

轴的尺寸公差 $T_d=T_f-T_D=19\mu m-11\mu m=8\mu m$

由 $T_d=es-ei$ 得

轴的下极限偏差 $ei=es-T_d=0\mu m-8\mu m=-8\mu m$

由 $Y_{min}=ES-ei$ 得

孔的上极限偏差 $ES=Y_{min}+ei=-1\mu m+(-8)\mu m=-9\mu m$

由 $T_D=ES-EI$ 得

孔的下极限偏差 $EI=ES-T_D=-9\mu m-11\mu m=-20\mu m$

由于 $T_f=|Y_{min}-Y_{max}|$

所以 $Y_{max}=Y_{min}-T_f=-1\mu m-19\mu m=-20\mu m$

此配合的孔、轴的尺寸公差带图和配合公差带图分别如图 2-12a 和图 2-12b 所示。该配合为过盈配合。

② 已知 $E_a=-15\mu m$，$e_a=-7\mu m$

因为 $ES=-9\mu m>E_a=-15\mu m>EI=-20\mu m$

所以孔的尺寸合格。

又因为 $es=0>e_a=-7\mu m>ei=-8\mu m$

所以轴的尺寸也合格。

该孔、轴在装配后的实际过盈为：$Y_a=E_a-e_a=(-15)\mu m-(-7)\mu m=-8\mu m$

因为 $Y_{max}=-20\mu m\leqslant Y_a\leqslant Y_{min}=-1\mu m$

所以，该孔、轴形成的配合是合用的。

在该例中，孔、轴的尺寸均合格，所形成的配合一定是合用的，且孔、轴均有互换性。

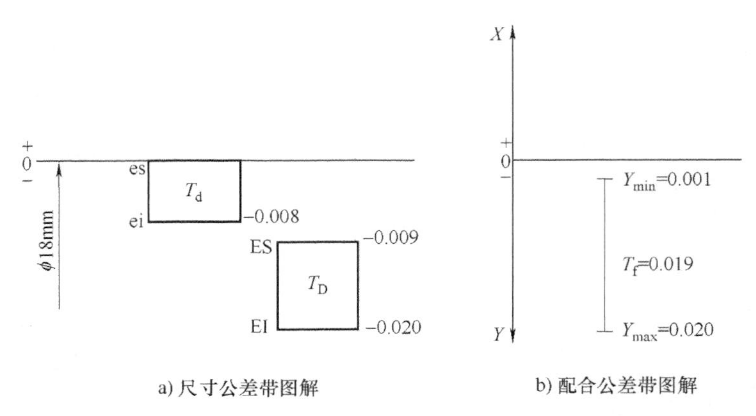

a) 尺寸公差带图解　　b) 配合公差带图解

图 2-12　例 2-7 尺寸公差带图和配合公差带图

6. 配合制

配合制是指同一极限制的孔和轴的公差带组成配合的一种制度。它以两个相配合零件中的一个作为基准件，其公差带位置不变，通过改变另一个零件（非基准件）的公差带位置来形成各种配合。GB/T 1800. 1—2020 规定了两种配合制：基孔制配合和基轴制配合。

（1）基孔制配合　基本偏差为一定的孔公差带，与不同基本偏差的轴的公差带形成各种配合的制度，简称基孔制。

在基孔制中，基孔制的孔为基准孔，其下极限尺寸与公称尺寸相等，即孔的基本偏差 EI=0，基本偏差代号为“H”。这时，通过改变轴的基本偏差大小（轴的公差带位置）而形成各种不同性质的配合，如图 2-13a 所示。

（2）基轴制配合　基本偏差为一定的轴公差带，与不同基本偏差的孔的公差带形成各种配合的制度，简称基轴制。

基轴制的轴为基准轴，其最大极限尺寸与公称尺寸相等，即轴的基本偏差 es=0，基本偏差代号为“h”。这时，通过改变孔的基本偏差大小（孔的公差带位置）而形成各种不同性质的配合，如图 2-13b 所示。

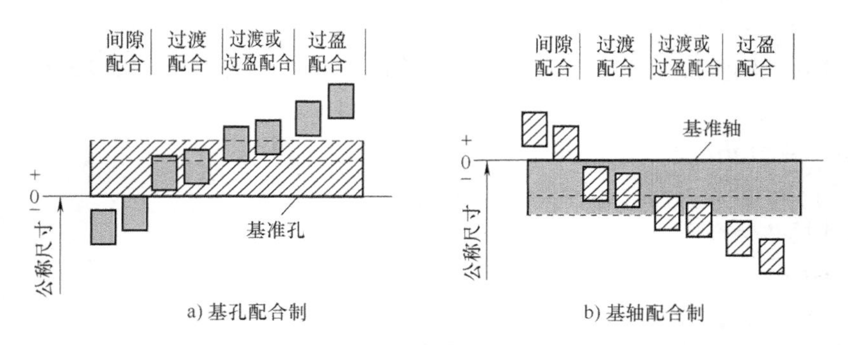

a) 基孔配合制　　b) 基轴配合制

图 2-13　国家标准规定的两种配合制示意图

基孔制和基轴制构成了两种等效的配合系列，因此，在基孔制中所规定的配合种类，在基轴制中也有相应的同名配合。

2.3 尺寸极限与配合国家标准

在机械产品中，公称尺寸不大于 500mm 的尺寸段在生产中应用最广，该尺寸段称为常用尺寸；公称尺寸为>500~3150mm 的尺寸段称为大尺寸。进行尺寸精度设计就是要合理确定组成机器的零部件的公差与配合，也就是说选择公差带的大小和公差带的位置。GB/T 1800. 1—2020 对公差带的这两个基本要素分别予以标准化，规定了标准公差系列和基本偏差系列。

2. 3. 1 标准公差系列

标准公差系列是极限与配合国家标准制定的一系列标准公差数值。标准公差是在极限与配合国家标准中规定的，用以确定公差带大小的任一公差值，用 IT 表示，标准公差的数值由标准公差等级和标准公差因子确定。

1. 标准公差因子 *i*

标准公差因子 i 是计算标准公差的基本单位，也是制定标准公差数值系列的基础。根据统计规律，零件的加工误差不仅与加工方法有关，还与公称尺寸有关，在相同的加工条件下，公称尺寸不同的孔或轴，在加工后所产生的加工误差也不同。大量的生产实践和统计分析表明，当公称尺寸小于 500mm 时，零件的加工误差与公称尺寸呈立方抛物线关系，如图 2-14 所示。当公称尺寸大于 500mm 时，测量误差的影响增大，测量误差与公称尺寸基本上呈线性关系。

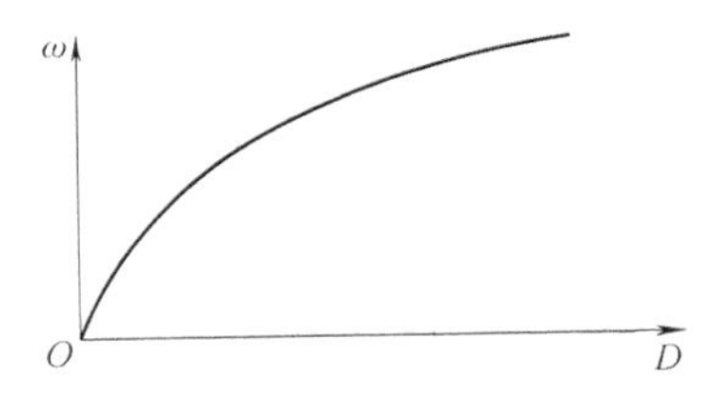

图 2-14　加工误差 ω 与公称尺寸 D 的关系

因此，国家标准规定了标准公差的计算公式。

当公称尺寸≤500mm 时，IT5 ~ IT18 的标准公差因子 i 的计算公式为

$$i=0.45\sqrt[3]{D}+0.001D \tag{2-28}$$

式中　i——准公差因子（μm）；

D——公称尺寸（使用尺寸段内首尾两个尺寸的几何平均值）（mm）。

式（2-28）表明，标准公差因子是公称尺寸的函数。等号右边第一项主要反映了加工误差随尺寸的变化，呈立方抛物线关系；第二项反映了由于温度变化及量具变形所引起的测量误差与尺寸的关系，呈线性关系。当零件的公称尺寸很小时，第二项在公差因子中所占的比例很小。

当公称尺寸为>500 ~ 3150mm 的大尺寸段时，IT5 ~ IT18 的标准公差因子 I 的计算公式为

$$I=0.004D+2.1 \tag{2-29}$$

式中　I——标准公差因子（μm）；

D——公称尺寸（使用尺寸段内首尾两个尺寸的几何平均值）（mm）。

式（2-29）表明，对大尺寸零件来说，零件的制造误差主要是由温度变化所引起的测量误差，它与零件的公称尺寸呈线性关系。

2. 标准公差等级及其代号

标准公差等级是确定尺寸精确程度用的等级，以公差等级系数 a 作为分级的依据。

划分公差等级的目的是为了简化、统一对公差的要求，以利于设计和制造。

GB/T 1800.1—2020 对公称尺寸至500mm 尺寸段，规定了01，0，1，…，18 共20 个标准公差等级，用符号 IT 和阿拉伯数字组成的代号表示，记为 IT01、IT0、IT1、IT2……IT18。由 IT01 至 IT18，等级依次降低，在同一公称尺寸段内，标准公差值随等级降低而增大；对公称尺寸在 500～3150mm 内，规定了 1、2……18 共 18 个标准公差等级，记为 IT1、IT2……IT18。

对所有尺寸段，虽然公差数值不同，但只要是同一公差等级，就视其加工精度相同。

标准公差的计算公式参见表 2-3。

由表 2-3 可知：

① 对于 IT01、IT0、IT1 三个高精度等级，主要考虑检测误差的影响，其标准公差与零件的公称尺寸呈线性关系，且计算公式中的常数和系数，均采用 R10 优先数系的派生系列 R10/2，其公比为 1.6。

② IT2、IT3、IT4 三个等级的标准公差，采用在 IT1 与 IT5 之间按等比级数插值的方式得到，其公比为 $q=(\mathrm{IT5}/\mathrm{IT1})^{1/4}$。

③ 在 IT6 ～ IT18 各公差等级中，其标准公差按下式计算

$$\mathrm{IT}_n = ai \tag{2-30}$$

式中　a——标准公差等级系数，其值采用 R5 优先数系，公比为 1.6。

从 IT6 起，每跨 5 项，数值增加 10 倍。显然，标准公差等级越低，公差等级系数 a 就越大。公差等级系数 a 在一定程度上反映了加工的难易程度。

④ 各级公差之间的分布规律性很强，不仅便于向高、低两端延伸。也可在两个公差等级之间插值，以满足各种特殊情况的需要。例如

向高精度等级延伸 $\mathrm{IT02}=0.2+0.005D$

向低精度等级延伸 $\mathrm{IT19}=4000i$

中间插值　　　　$\mathrm{IT7.5}=20i$

　　　　　　　　$\mathrm{IT7.25}=17.92i$

……

表 2-3　标准公差计算公式

公差等级	公称尺寸 D/mm		公差等级	公称尺寸 D/mm	
	≤500	>500～3150		≤500	>500～3150
IT01	$0.3+0.008D$		IT9	$40i$	$40I$
IT0	$0.5+0.012D$		IT10	$64i$	$64I$
IT1	$0.8+0.020D$	$2I$	IT11	$100i$	$100I$
IT2	$(\mathrm{IT1})(\mathrm{IT5}/\mathrm{IT1})^{1/4}$	$2.7I$	IT12	$160i$	$160I$
IT3	$(\mathrm{IT1})(\mathrm{IT5}/\mathrm{IT1})^{1/2}$	$3.7I$	IT13	$250i$	$250I$
IT4	$(\mathrm{IT1})(\mathrm{IT5}/\mathrm{IT1})^{3/4}$	$5I$	IT14	$400i$	$400I$
IT5	$7i$	$7I$	IT15	$640i$	$640I$
IT6	$10i$	$10I$	IT16	$1000i$	$1000I$
IT7	$16i$	$16I$	IT17	$1600i$	$1600I$
IT8	$25i$	$25I$	IT18	$2500i$	$2500I$

3. 尺寸分段

根据表 2-3 中所列的标准公差计算公式，每个公称尺寸都有一个相应的标准公差数值，这样编制的标准公差数值表将非常庞大，不仅烦琐且无必要，还会给设计和生产带来许多困难。因此，为了减少标准公差数目、统一标准公差值和便于应用，国家标准对公称尺寸进行了分段，见表 2-4。公称尺寸分段后，在同一尺寸分段内的所有公称尺寸，当公差等级相同时，具有相同的标准公差值。

对于同一尺寸段，在计算标准公差和后面的基本偏差时，公称尺寸 D 取相应尺寸段首尾尺寸的几何平均值。

例如，对于公称尺寸为>18~30mm 的尺寸段，标准公差因子 i 的计算公式中

$$D=\sqrt{18\times30}\,\text{mm}\approx23.24\text{mm}$$

对于公称尺寸≤3mm 的尺寸段

$$D=\sqrt{1\times3}\,\text{mm}\approx1.73\text{mm}$$

当公称尺寸相同时，公差值越大，公差等级越低。此时，公差值的大小能够反映公差等级的高低。对于不同的公称尺寸，公差值的大小不能反映公差等级的高低，这时，就要根据公差等级系数 a 来判断：a 越大，公差等级越低，加工越容易；反之，a 越小，公差等级越高，加工越困难。

表 2-4 列出了 GB/T 1800.1—2020 规定的公称尺寸至 3150mm 的标准公差数值。

表 2-4　公称尺寸至 3150mm 的标准公差数值

公称尺寸/mm		标准公差等级																			
		IT01	IT0	IT1	IT2	IT3	IT4	IT5	IT6	IT7	IT8	IT9	IT10	IT11	IT12	IT13	IT14	IT15	IT16	IT17	IT18
大于	至	标准公差数值																			
		μm													mm						
—	3	0.3	0.5	0.8	1.2	2	3	4	6	10	14	25	40	60	0.1	0.14	0.25	0.4	0.6	1	1.4
3	6	0.4	0.6	1	1.5	2.5	4	5	8	12	18	30	48	75	0.12	0.18	0.3	0.48	0.75	1.2	1.8
6	10	0.4	0.6	1	1.5	2.5	4	6	9	15	22	36	58	90	0.15	0.22	0.36	0.58	0.9	1.5	2.2
10	18	0.5	0.8	1.2	2	3	5	8	11	18	27	43	70	110	0.18	0.27	0.43	0.7	1.1	1.8	2.7
18	30	0.6	1	1.5	2.5	4	6	9	13	21	33	52	84	130	0.21	0.33	0.52	0.84	1.3	2.1	3.3
30	50	0.6	1	1.5	2.5	4	7	11	16	25	39	62	100	160	0.25	0.39	0.62	1	1.6	2.5	3.9
50	80	0.8	1.2	2	3	5	8	13	19	30	46	74	120	190	0.3	0.46	0.74	1.2	1.9	3	4.6
80	120	1	1.5	2.5	4	6	10	15	22	35	54	87	140	220	0.35	0.54	0.87	1.4	2.2	3.5	5.4
120	180	1.2	2	3.5	5	8	12	18	25	40	63	100	160	250	0.4	0.63	1	1.6	2.5	4	6.3
180	250	2	3	4.5	7	10	14	20	29	46	72	115	185	290	0.46	0.72	1.15	1.85	2.9	4.6	7.2
250	315	2.5	4	6	8	12	16	23	32	52	81	130	210	320	0.52	0.81	1.3	2.1	3.2	5.2	8.1
315	400	3	5	7	9	13	18	25	36	57	89	140	230	360	0.57	0.89	1.4	2.3	3.6	5.7	8.9
400	500	4	6	8	10	15	20	27	40	63	97	155	250	400	0.63	0.97	1.55	2.5	4	6.3	9.7
500	630			9	11	16	22	32	44	70	110	175	280	440	0.7	1.1	1.75	2.8	4.4	7	11
630	800			10	13	18	25	36	50	80	125	200	320	500	0.8	1.25	2	3.2	5	8	12.5

（续）

公称尺寸/mm		标准公差等级																			
		IT01	IT0	IT1	IT2	IT3	IT4	IT5	IT6	IT7	IT8	IT9	IT10	IT11	IT12	IT13	IT14	IT15	IT16	IT17	IT18
大于	至	标准公差数值																			
		μm													mm						
800	1000			11	15	21	28	40	56	90	140	230	360	560	0.9	1.4	2.3	3.6	5.6	9	14
1000	1250			13	18	24	33	47	66	105	165	260	420	660	1.05	1.65	2.6	4.2	6.6	10.5	16.5
1250	1600			15	21	29	39	55	78	125	195	310	500	780	1.25	1.95	3.1	5	7.8	12.5	19.5
1600	2000			18	25	35	46	65	92	150	230	370	600	920	1.5	2.3	3.7	6	9.2	15	23
2000	2500			22	30	41	55	78	110	175	280	440	700	1100	1.75	2.8	4.4	7	11	17.5	28
2500	3150			26	36	50	68	96	135	210	330	540	860	1350	2.1	3.3	5.4	8.6	13.5	21	33

注：1 公称尺寸小于或等于 1mm 时，无 IT14~IT18。

2.3.2 基本偏差系列

基本偏差是用以确定公差带相对于零线位置的极限偏差，一般为靠近零线位置的那一个极限偏差，它可以是上极限偏差也可以是下极限偏差。规定基本偏差系列的目的就是对公差带的位置进行标准化。当孔或轴的标准公差和基本偏差确定后，就可以确定其另一极限偏差。

1. 基本偏差代号及其特点

为了满足工程实践中各种不同使用需要，GB/T 1800.1—2020 分别对孔、轴规定了 28 种标准基本偏差，每种基本偏差用一个或两个拉丁字母表示，称为基本偏差代号。这些不同的基本偏差便构成了基本偏差系列，如图 2-15 所示。

孔的基本偏差代号采用大写字母，轴的基本偏差代号采用小写字母。在 26 个拉丁字母中去掉 5 个容易与其他参数相混淆的字母：I、L、O、Q、W（i、l、o、q、w），增加了 7 个双写字母：CD、EF、FG、JS、ZA、ZB、ZC（cd、ef、fg、js、za、zb、zc），即孔、轴各有 28 个基本偏差。其中，JS 和 js 在各公差等级中相对于零线是完全对称的（“s”代表“对称偏差”之意），JS 和 js 将逐渐取代近似对称的基本偏差 J 和 j。因此，在国家标准中，孔仅留 J6、J7、和 J8，轴仅留 j5、j6、j7 和 j8。

由图 2-15 可知：

1）孔的基本偏差中：A~H 的基本偏差均为下极限偏差 EI，除 H 外，皆为正值；JS 为对称公差带；J~ZC 的基本偏差均为上极限偏差 ES，除 J、K、M 外，皆为负值。

2）轴的基本偏差中：a~h 的基本偏差均为上极限偏差 es，除 h 外，皆为负值；js 为对称公差带；j~zc 的基本偏差均为下极限偏差 ei，除 j 外，皆为正值。

3）H 和 h 的基本偏差均为零，即 H 的下极限偏差 EI=0，h 的上极限偏差 es=0。

4）JS 和 js 在各个公差等级中，公差带完全对称于零线，因此，它们的基本偏差可以是上极限偏差+(IT/2)，也可以是下极限偏差-(IT/2)。

在图 2-15 中，基本偏差系列各公差带只画出基本偏差一端，另一端取决于标准公差数值的大小。

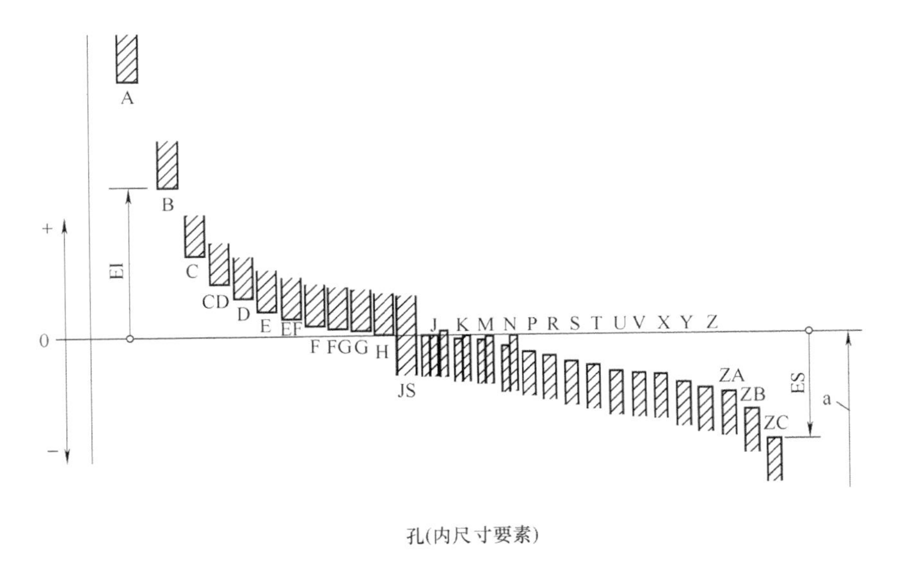

孔(内尺寸要素)

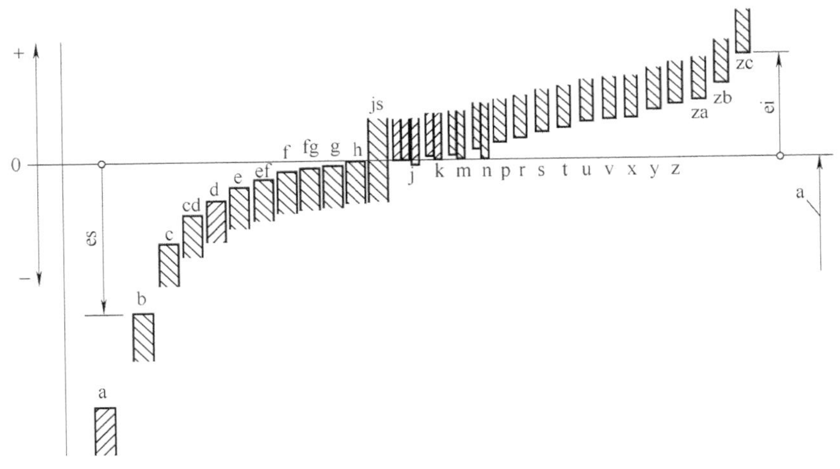

轴(外尺寸要素)

图 2-15　基本偏差系列

2. 轴的基本偏差数值的确定

轴的基本偏差数值是以基孔制为基础，根据轴与基准孔 H 的各种配合要求，在大量生产实践和实验的基础上，由统计分析得到的一系列经验公式计算而得。表 2-5 是轴的基本偏差数值的计算公式。计算结果需按国家标准中尾数修约规则进行圆整。表 2-6、表 2-7 是经上述计算确定的轴的各种基本偏差数值。

表 2-5　轴的基本偏差计算公式

公称尺寸/mm		代号	符号	极限偏差	公式/μm
大于	至				
1	120	a	−	es	$265+1.3D$
120	500				$3.5D$

（续）

公称尺寸/mm		代号	符号	极限偏差	公式/μm
大于	至				
1	160	b	−	es	≈140+0.85D
160	500				≈1.8D
0	40	c	−	es	$52D^{0.2}$
40	500				95+0.8D
0	10	cd	−	es	c 和 d 值的几何平均值
0	3150	d	−	es	$16D^{0.44}$
0	3150	e	−	es	$11D^{0.41}$
0	10	ef	−	es	e 和 f 值的几何平均值
0	3150	f	−	es	$5.5D^{0.41}$
0	10	fg	−	es	f 和 g 值的几何平均值
0	3150	g	−	es	$2.5D^{0.34}$
0	3150	h	无符号	es	偏差=0
0	500	j			无公式
0	3150	js	+ −	es ei	$0.51T_n$
0	500	k	+	ei	$0.6\sqrt[3]{D}$
500	3150		无符号		偏差=0
0	500	m	+	ei	IT7−IT6
500	3150				0.024D+12.6
0	500	n	+	ei	$5D^{0.34}$
500	3150				0.04D+21
0	500	p	+	ei	IT7+(0~5)
500	3150				0.072D+37.8
0	3150	r	+	ei	p 和 s 值的几何平均值
24	3150	t	+	ei	IT7+0.63D
0	50	s	+	ei	IT8+(1~4)
50	3150				IT7+0.4D
0	3150	u	+	ei	IT7+D
14	500	v	+	ei	IT7+1.25D
0	500	x	+	ei	IT7+1.6D
18	500	y	+	ei	IT7+2D
0	500	z	+	ei	IT7+2.5D
0	500	za	+	ei	IT8+3.15D
0	500	zb	+	ei	IT9+4D
0	500	zc	+	ei	IT10+5D

注：1. 公式中 D 是公称尺寸段的几何平均值，mm。

2. 公称尺寸至 500mm 轴的基本偏差 k 的计算公式仅适用于标准公差等级 IT4~IT7，对所有其他公称尺寸和所有其他 IT 等级的基本偏差 k=0。

表 2-6　轴 a~j 的基本偏差数（μm）

公称尺寸/mm		基本偏差数值 上极限偏差，es												下极限偏差，ei		
		所有公差等级												IT5 和 IT6	IT7	IT8
大于	至	a[①]	b[①]	c	cd	d	e	ef	f	fg	g	h	js	j		
—	3	-270	-140	-60	-34	-20	-14	-10	-6	-4	-2	0	偏差=±IT_n/2，式中，n 是标准公差等级数	-2	-4	-6
3	6	-270	-140	-70	-46	-30	-20	-14	-10	-6	-4	0		-2	-4	
6	10	-280	-150	-80	-56	-40	-25	-18	-13	-8	-5	0		-2	-5	
10	14	-290	-150	-95	-70	-50	-32	-23	-16	-10	-6	0		-3	-6	
14	18															
18	24	-300	-160	-110	-85	-65	-40	-25	-20	-12	-7	0		-4	-8	
24	30															
30	40	-310	-170	-120	-100	-80	-50	-35	-25	-15	-9	0		-5	-10	
40	50	-320	-180	-130												
50	65	-340	-190	-140		-100	-60		-30		-10	0		-7	-12	
65	80	-360	-200	-150												
80	100	-380	-220	-170		-120	-72		-36		-12	0		-9	-15	
100	120	-410	-240	-180												
120	140	-460	-260	-200		-145	-85		-43		-14	0		-11	-18	
140	160	-520	-280	-210												
160	180	-580	-310	-230												
180	200	-660	-340	-240		-170	-100		-50		-15	0		-13	-21	
200	225	-740	-380	-260												
225	250	-820	-420	-280												
250	280	-920	-480	-300		-190	-110		-56		-17	0		-16	-26	
280	315	-1050	-540	-330												
315	355	-1200	-600	-360		-210	-125		-62		-18	0		-18	-28	
355	400	-1350	-680	-400												
400	450	-1500	-760	-440		-230	-135		-68		-20	0		-20	-32	
450	500	-1650	-840	-480												
500	560					-260	-145		-76		-22	0				
560	630															
630	710					-290	-160		-80		-24	0				
710	800															
800	900					-320	-170		-86		-26	0				
900	1000															

（续）

公称尺寸/mm		基本偏差数值 上极限偏差，es												下极限偏差，ei		
大于	至	所有公差等级												IT5 和 IT6	IT7	IT8
		a[①]	b[①]	c	cd	d	e	ef	f	fg	g	h	js	j		
1000	1120					−350	−195		−98		−28	0	偏差=±IT_n/2，式中，n 是标准公差等级数			
1120	1250															
1250	1400					−390	−220		−110		−30	0				
1400	1600															
1600	1800					−430	−240		−120		−32	0				
1800	2000															
2000	2240					−480	−260		−130		−34	0				
2240	2500															
2500	2800					−520	−290		−145		−38	0				
2800	3150															

表 2-7　轴 k～zc 的基本偏差数值　（单位：μm）

公称尺寸/mm		基本偏差数值 下极限偏差，ei															
大于	至	IT4 至 IT7	≤IT3，>IT7	所有公差等级													
		k		m	n	p	r	s	t	u	v	x	y	z	za	zb	zc
—	3	0	0	+2	+4	+6	+10	+14		+18		+20		+26	+32	+40	+60
3	6	+1	0	+4	+8	+12	+15	+19		+23		+28		+35	+42	+50	+80
6	10	+1	0	+6	+10	+15	+19	+23		+28		+34		+42	+52	+67	+97
10	14	+1	0	+7	+12	+18	+23	+28		+33		+40		+50	+64	+90	+130
14	18										+39	+45		+60	+77	+108	+150
18	24	+2	0	+8	+15	+22	+28	+35		+41	+47	+54	+63	+73	+98	+136	+188
24	30								+41	+48	+55	+64	+75	+88	+118	+160	+218
30	40	+2	0	+9	+17	+26	+34	+43	+48	+60	+68	+80	+94	+112	+148	+200	+274
40	50								+54	+70	+81	+97	+114	+136	+180	+242	+325
50	65	+2	0	+11	+20	+32	+41	+53	+66	+87	+102	+122	+144	+172	+226	+300	+405
65	80						+43	+59	+75	+102	+120	+146	+174	+210	+274	+360	+480
80	100	+3	0	+13	+23	+37	+51	+71	+91	+124	+146	+178	+214	+258	+335	+445	+585
100	120						+54	+79	+104	+144	+172	+210	+254	+310	+400	+525	+690
120	140	+3	0	+15	+27	+43	+63	+92	+122	+170	+202	+248	+300	+365	+470	+620	+800
140	160						+65	+100	+134	+190	+228	+280	+340	+415	+535	+700	+900
160	180						+68	+108	+146	+210	+232	+310	+380	+465	+600	+780	+1000

（续）

公称尺寸 /mm		基本偏差数值 下极限偏差，ei															
大于	至	IT4 至 IT7	≤IT3，>IT7	所有公差等级													
		k		m	n	p	r	s	t	u	v	x	y	z	za	zb	zc
180	200	+4	0	+17	+31	+50	+77	+122	+166	+236	+284	+350	+425	+520	+650	+880	+1150
200	225						+80	+130	+180	+258	+310	+385	+470	+575	+740	+960	+1250
225	250						+84	+140	+196	+284	+340	+425	+520	+640	+820	+1050	+1350
250	280	+4	0	+20	+34	+56	+94	+158	+218	+315	+385	+475	+580	+710	+920	+1200	+1550
280	315						+98	+170	+240	+350	+425	+525	+650	+790	+1000	+1300	+1700
315	355	+4	0	+21	+37	+62	+108	+190	+268	+390	+475	+590	+730	+900	+1150	+1500	+1900
355	400						+114	+208	+294	+435	+530	+660	+820	+1000	+1300	+1650	+2100
400	450	+5	0	+23	+40	+68	+126	+232	+330	+490	+595	+740	+920	+1100	+1450	+1850	+2400
450	500						+132	+252	+360	+540	+660	+820	+1000	+1250	+1600	+2100	+2600
500	560	0	0	+26	+44	+78	+150	+280	+400	+600							
560	630						+155	+310	+450	+660							
630	710	0	0	+30	+50	+88	+175	+340	+500	+740							
710	800						+185	+380	+560	+840							
800	900	0	0	+34	+56	+100	+210	+430	+620	+940							
900	1000						+220	+470	+680	+1050							
1000	1120	0	0	+40	+66	+120	+250	+520	+780	+1150							
1120	1250						+260	+580	+840	+1300							
1250	1400	0	0	+48	+78	+140	+300	+640	+960	+1450							
1400	1600						+330	+720	+1050	+1600							
1600	1800	0	0	+58	+92	+170	+370	+820	+1200	+1850							
1800	2000						+400	+920	+1150	+2000							
2000	2240	0	0	+68	+110	+195	+440	+1000	+1500	+2300							
2240	2500						+460	+1100	+1450	+2500							
2500	2800	0	0	+78	+135	+240	+550	+1150	+1900	+2900							
2800	3150						+580	+1400	+2100	+3200							

注：公称尺寸≤1mm 时，不使用基本偏差 a 和 b。

3. 各种基本偏差所形成配合的特征

a～h 用于间隙配合，其基本偏差的绝对值就等于最小间隙。其中：a、b、c 主要用于大间隙或热动配合。考虑到热膨胀的影响，最小间隙与公称尺寸呈线性关系；d、e、f 主要用于旋转运动，需要保证良好的液体摩擦；g 主要用于滑动配合或定位配合的半液体摩擦，要求间隙要小；cd、ef、fg 主要用于小尺寸的旋转运动，其基本偏差数值分别按 c 与 d、d 与 f、f 与 g 基本偏差的绝对值的几何平均值来确定。

j~n 主要用于过渡配合，间隙或过盈均不太大。要求孔、轴在配合时，具有较好的对中性，且容易拆卸。其中，j 主要用于与滚动轴承相配合的轴，其基本偏差数值根据经验数据确定。

p~zc 主要用于过盈配合，为了保证孔、轴在结合时具有足够的连接强度，其基本偏差数值一般按基准孔的标准公差（通常为 H7）和所需的最小过盈（与公称尺寸呈线性关系）量来确定。最小过盈的系数系列符合优先数系，具有较好的规律性，便于应用。

4. 孔的基本偏差数值的确定

孔的基本偏差是由轴的基本偏差换算得到的。换算的前提是基于有关国家标准的两条原则：工艺等价性和同名配合。

1）在标准的基孔制与基轴制配合中，应保证孔和轴的工艺等价，即孔和轴加工难易程度相当，具体来说就是：

① 当孔的标准公差等级大于 IT8 级时，与相同标准公差等级的轴相配合。

② 当孔的标准公差等级小于或等于 IT8 级时，与标准公差等级高一级的轴相配合。

2）用同一字母表示孔和轴的基本偏差所组成的公差带，按照基孔制形成的配合和按照基轴制形成的配合称为同名配合。

满足工艺等价的同名配合，其配合性质相同，即配合类型相同，且极限间隙或极限过盈相等。换算原则为：应保证同名代号（如 F 和 f，R 和 r）的基本偏差，构成基孔制与基轴制的同名配合（如 ϕ30H7/f6 和 ϕ30F7/h6，ϕ30H7/r6 和 ϕ30R7/h6）时，其配合性质（极限间隙或极限过盈）不变。

根据上述前提，孔的基本偏差按照下述两种规则换算。

（1）通用规则　一般对同一字母的孔的基本偏差和轴的基本偏差相对于零线是完全对称的，两者的基本偏差的绝对值相等，而符号相反，即

对于孔 A~H：　$EI=-es$　（2-31）

K~ZC：　$ES=-ei$　（2-32）

通用规则的适用范围：对于各种公差等级的 A~H，由于孔的基本偏差（EI）和对应的轴的基本偏差（es）的绝对值，均与最小间隙的绝对值相等，所以不论孔、轴的公差等级是否相同，都按通用规则计算，即 $EI=-es$。

对于 K~ZC，当 K、M、N 的标准公差等级低于 IT8（但公称尺寸大于 3mm 的 N 例外，其基本偏差 $ES=0$）、P~ZC 的标准公差等级低于 7 级时，一般情况下孔、轴采用同级配合，故按通用规则确定，即 $ES=-ei$。

（2）特殊规则　同名代号的孔、轴基本偏差的符号相反，而绝对值相差一个 Δ 值。

因为在较高的公差等级中，公差值较小，在加工同级孔、轴时，孔比轴的加工难度大，因此，本着工艺等价性的原则，国家标准规定，孔的公差等级应比轴低一级进行配合，但这时，两种基准制所形成的配合性质也要求相同（具有相同的极限间隙或极限过盈），如图 2-16 所示，即：

当基孔制时：$Y_{min}=ES-ei=(+IT_n)-ei$

当基轴制时：$Y_{min}=ES-ei=ES-(-IT_{n-1})$

由于最小过盈必须相等，所以

$$IT_n-ei=ES+IT_{n-1}$$

因此孔的基本偏差为

$$ES=-ei+(IT_n-IT_{n-1})=-ei+\Delta \tag{2-33}$$

$$\Delta=IT_n-IT_{n-1} \tag{2-34}$$

式中　IT_n——为孔的标准公差，公差等级为 n 级；

IT_{n-1}——为轴的标准公差，公差等级为 $n-1$ 级（比孔高一级）。

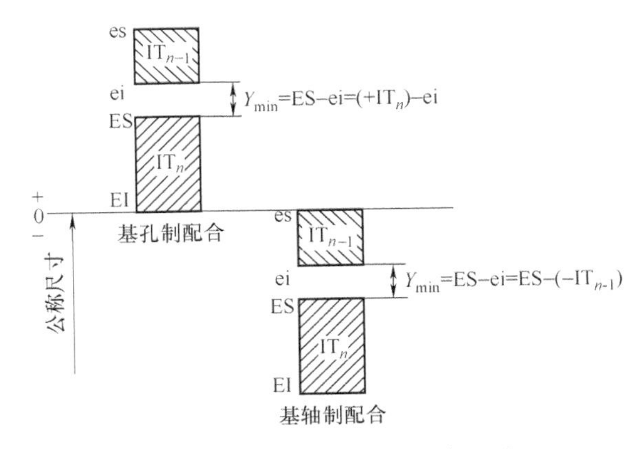

图 2-16　孔的基本偏差换算规则

特殊规则的适用范围：公称尺寸大于 3mm、标准公差等级高于或等于 IT8（IT8、IT7、IT6……）的孔 J、K、M、N 的基本偏差计算和标准公差等级高于或等于 IT7（IT7、IT6、IT5……）的孔 P~ZC 的基本偏差计算。考虑到孔、轴工艺上的等价性，国家标准规定标准公差等级为 IT6、IT7、IT8 的孔与标准公差等级为 IT5、IT6、IT7 的轴配合。表 2-8、表 2-9 是孔的各种基本偏差数值。

表 2-8　孔 A~M 的基本偏差数值（μm）

公称尺寸/mm		基本偏差数值																		
		下极限偏差，EI												上极限偏差，ES						
		所有公差等级												IT6	IT7	IT8	≤IT8	>IT8	≤IT8	>IT8
大于	至	A①	B①	C	CD	D	E	EF	F	FG	G	H	JS	J			K③		M②③	
—	3	+270	+140	+60	+34	+20	+14	+10	+6	+4	+2	0	偏差=$\pm\frac{IT_n}{2}$，式中 n 为标准公差等级数	+2	+4	+6	0	0	−2	−2
3	6	+270	+140	+70	+46	+30	+20	+14	+10	+6	+4	0		+5	+6	+10	−1+Δ		−4+Δ	−4
6	10	+280	+150	+80	+56	+40	+25	+18	+13	+8	+5	0		+5	+8	+12	−1+Δ		−6+Δ	−6
10	14	+290	+150	+95	+70	+50	+32	+23	+16	+10	+6	0		+6	+10	+15	−1+Δ		−7+Δ	−7
14	18																			
18	24	+300	+160	+110	+85	+65	+40	+28	+20	+12	+7	0		+8	+12	+20	−2+Δ		−8+Δ	−8
24	30																			
30	40	+310	+170	+120	+100	+80	+50	+35	+25	+15	+9	0		+10	+14	+24	−2+Δ		−9+Δ	−9
40	50	+320	+180	+130																
50	65	+340	+190	+140		+100	+60		+30		+10	0		+13	+18	+28	−2+Δ		−11+Δ	−11
65	80	+360	+200	+150																

（续）

公称尺寸/mm		基本偏差数值																			
		下极限偏差，EI												上极限偏差，ES							
大于	至	所有公差等级												IT6	IT7	IT8	≤IT8	>IT8	≤IT8	>IT8
		A①	B①	C	CD	D	E	EF	F	FG	G	H	JS	J			K③		M②③	
80	100	+380	+220	+170		+120	+72		+36		+12	0		+16	+22	+34	$-3+\Delta$		$-13+\Delta$	−13
100	120	+410	+240	+180																
120	140	+460	+260	+200		+145	+85		+43		+14	0		+18	+26	+41	$-3+\Delta$		$-15+\Delta$	−15
140	160	+520	+280	+210																
160	180	+580	+310	+230																
180	200	+660	+340	+240		+170	+100		+50		+15	0		+22	+30	+47	$-4+\Delta$		$-17+\Delta$	−17
200	225	+740	+380	+260																
225	250	+820	+420	+280																
250	280	+920	+480	+300		+190	+110		+56		+17	0		+25	+36	+55	$-4+\Delta$		$-20+\Delta$	−20
280	315	+1050	+540	+330																
315	355	+1200	+600	+360		+210	+125		+62		+18	0		+29	+39	+60	$-4+\Delta$		$-21+\Delta$	−21
355	400	+1350	+680	+400																
400	450	+1500	+760	+440		+230	+135		+68		+20	0	偏差=$\pm\frac{IT_n}{2}$，式中n为标准公差等级数	+33	+43	+66	$-5+\Delta$		$-23+\Delta$	−23
450	500	+1650	+840	+480																
500	560					+260	+145		+76		+22	0					0		−26	
560	630																			
630	710					+290	+160		+80		+24	0					0		−30	
710	800																			
800	900					+320	+170		+86		+26	0					0		−34	
900	1000																			
1000	1120					+350	+195		+98		+28	0					0		−40	
1120	1250																			
1250	1400					+390	+220		+110		+30	0					0		−48	
1400	1600																			
1600	1800					+430	+240		+120		+32	0					0		−58	
1800	2000																			
2000	2240					+480	+260		+130		+34	0					0		−68	
2240	2500																			
2500	2800					+520	+290		+145		+38	0					0		−76	
2800	3150																			

① 公称尺寸≤1mm 时，不适用基本偏差 A 和 B。

② 特例：对于公称尺寸>315mm 的公差带代号 M6，ES=−9μm（计算结果不是−11μm）。

③ 对于 Δ 值，见表 2-9。

表 2-9　孔 N~ZC 的基本偏差数值（μm）

公称尺寸/mm		基本偏差数值 上极限偏差，ES																Δ值 标准公差等级					
		≤IT8	>IT8	≤IT7	>IT7 的标准公差等级																		
大于	至	N①		P~ZC	P	R	S	T	U	V	X	Y	Z	ZA	ZB	ZC	IT3	IT4	IT5	IT6	IT7	IT8
—	3	-4	-4	在>IT7 的标准公差等级的基本偏差数值上增加一个 Δ 值	-6	-10	-14		-18		-20		-26	-32	-40	-60	0	0	0	0	0	0
3	6	-8+Δ	0		-12	-15	-19		-23		-28		-35	-42	-50	-80	1	1.5	1	3	4	6
6	10	-10+Δ	0		-15	-19	-23		-28		-34		-42	-52	-67	-97	1	1.5	2	3	6	7
10	14	-12+Δ	0		-18	-23	-28		-33		-40		-50	-64	-90	-130	1	2	3	3	7	9
14	18									-39	-45		-60	-77	-108	-150						
18	24	-15+Δ	0		-22	-28	-35		-41	-47	-54	-63	-73	-98	-136	-188	1.5	2	3	4	8	12
24	30							-41	-48	-55	-64	-75	-88	-118	-160	-218						
30	40	-17+Δ	0		-26	-34	-43	-48	-60	-68	-80	-94	-112	-148	-200	-274	1.5	3	4	5	9	14
40	50							-54	-70	-81	-97	-114	-136	-180	-242	-325						
50	65	-20+Δ	0		-32	-41	-53	-66	-87	-102	-122	-144	-172	-226	-300	-405	2	3	5	6	11	16
65	80					-43	-59	-75	-102	-120	-146	-174	-210	-274	-360	-480						
80	100	-23+Δ	0		-37	-51	-71	-91	-124	-146	-178	-214	-258	-335	-445	-585	2	4	5	7	13	19
100	120					-54	-79	-104	-144	-172	-210	-254	-310	-400	-525	-690						
120	140	-27+Δ	0		-43	-63	-92	-122	-170	-202	-248	-300	-365	-470	-620	-800	3	4	6	7	15	23
140	160					-65	-100	-134	-190	-228	-280	-340	-415	-535	-700	-900						
160	180					-68	-108	-146	-210	-252	-310	-380	-465	-600	-780	-1000						
180	200	-31+Δ	0		-50	-77	-122	-166	-236	-284	-350	-425	-520	-670	-880	-1150	3	4	6	9	17	26
200	225					-80	-130	-180	-258	-310	-385	-470	-575	-740	-960	-1250						
225	250					-84	-140	-196	-284	-340	-425	-520	-640	-820	-1050	-1350						
250	280	-34+Δ	0		-56	-94	-158	-218	-315	-385	-475	-580	-710	-920	-1200	-1550	4	4	7	9	20	29
280	315					-98	-170	-240	-350	-425	-525	-650	-790	-1000	-1300	-1700						
315	355	-37+Δ	0		-62	-108	-190	-268	-390	-475	-590	-730	-900	-1150	-1500	-1900	4	5	7	11	21	32
355	400					-114	-208	-294	-435	-530	-660	-820	-1000	-1300	-1650	-2100						
400	450	-40+Δ	0		-68	-126	-232	-330	-490	-595	-740	-920	-1100	-1450	-1850	-2400	5	5	7	13	23	34
450	500					-132	-252	-360	-540	-660	-820	-1000	-1250	-1600	-2100	-2600						

（续）

公称尺寸/mm		基本偏差数值 上极限偏差，ES							
大于	至	≤IT8	>IT8	≤IT7	>IT7 的标准公差等级				
		N①		P~ZC	P	R	S	T	U
500	560	-44		在>IT7 的标准公差等级的基本偏差数值上增加一个 Δ 值	-78	-150	-280	-400	-600
560	630					-155	-310	-450	-660
630	710	-50			-88	-175	-340	-500	-740
710	800					-185	-380	-560	-840
800	900	-56			-100	-210	-430	-620	-940
900	1000					-220	-470	-680	-1050
1000	1120	-66			-120	-250	-520	-780	-1150
1120	1250					-260	-580	-840	-1300
1250	1400	-78			-140	-300	-640	-960	-1450
1400	1600					-330	-720	-1050	-1600
1600	1800	-92			-170	-370	-820	-1200	-1850
1800	2000					-400	-920	-1350	-2000
2000	2240	-110			-195	-440	-1000	-1500	-2300
2240	2500					-460	-1100	-1650	-2500
2500	2800	-135			-240	-550	-1250	-1900	-2900
2800	3150					-580	-1400	-2100	-3200

① 公称尺寸≤1mm 时，不使用标准公差等级>IT8 的基本偏差 N。

5. 孔、轴的另一个极限偏差数值的确定

基本偏差仅确定了孔、轴靠近零线的一个基本偏差，另一个极限偏差则取决于标准公差的数值。

对于孔：A～H 基本偏差为 EI，另一极限偏差 $ES=EI+T_D$；

J～ZC 基本偏差为 ES，另一极限偏差 $EI=ES-T_D$。

对于轴：a～h 基本偏差为 es，另一极限偏差 $ei=es-T_d$；

j～zc 基本偏差为 ei，另一极限偏差 $es=ei+T_d$。

例 2-8　查表确定 ϕ25H7/p6 中孔、轴的基本偏差和另一极限偏差，按换算规则求出 ϕ25P7/h6 中孔、轴的极限偏差，计算两配合的极限过盈并绘制公差带图。

解：① 根据公称尺寸，查表 2-4 可知，IT6 = 13μm，IT7 = 21μm。

ϕ25H7 为基准孔：即 EI = 0，ES = EI+IT7 = +21μm

查表 2-7 可知：ei = +22μm，则 es = ei+IT6 = +35μm

② ϕ25h6 为基准轴：即 es = 0，ei = es−IT6 = −13μm

ϕ25P7 应按特殊规则计算

因为 Δ = IT7−IT6 = 21μm−13μm = 8μm

所以 ES = −ei+Δ = −22μm+8μm = −14μm

EI = ES−IT7 = −14μm−21μm = −35μm

由上述计算可得 $\phi25H7=\phi25^{+0.021}_{0}$ mm，$\phi25p6=\phi25^{+0.035}_{+0.022}$ mm

$\phi25P7=\phi25^{-0.014}_{-0.035}$ mm，$\phi25h6=\phi25^{0}_{-0.013}$ mm

计算 ϕ25H7/p6 的极限过盈

Y_{max} = EI−es = 0−(+35)μm = −35μm

Y_{min} = ES−ei = +21μm−(+22)μm = −1μm

计算 ϕ25P7/h6 的极限过盈

Y_{max} = EI−es = (−35)μm−0 = −35μm

Y_{min} = ES−ei = (−14)μm−(−13)μm = −1μm

同名配合的尺寸和配合公差带图如图 2-17 所示。计算结果和公差带图表明：ϕ25H7/p6 和 ϕ25P7/h6 的最大过盈和最小过盈相等，说明两者配合性质完全相同。

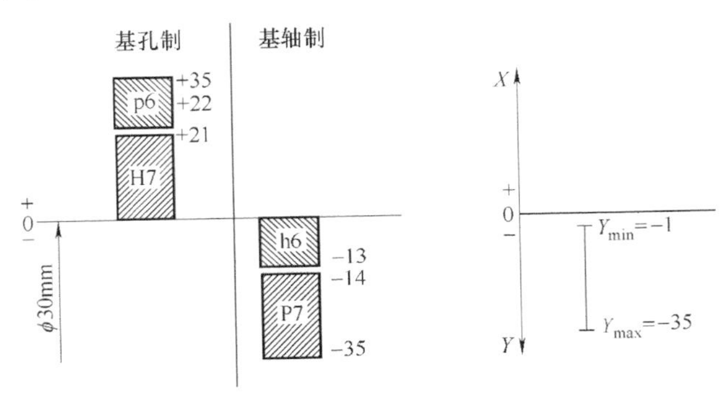

图 2-17　同名配合的尺寸和配合公差带图

2.3.3 尺寸公差带和配合的标注方法

1. 尺寸公差带代号

把孔、轴基本偏差代号和标准公差等级代号中的阿拉伯数字组合，就构成孔、轴公差带代号。例如，孔公差带代号 H8、F7，轴公差带代号 h6、f7。

ϕ50H8 可解释为公称尺寸为 ϕ50mm，基本偏差代号为 H，标准公差等级为 8 级的基准孔公差带。

ϕ30f7 可解释为公称尺寸为 ϕ30mm，基本偏差代号为 f，标准公差等级为 7 级的轴公差带。

2. 尺寸公差带代号在零件图中的标注形式

尺寸公差带代号应标注在零件图中，可根据实际要求选取下列三种形式之一注出：

1）标注公称尺寸和极限偏差值，如图 2-18a 所示。此种标注形式一般适用在单件或小批量生产的产品零件图样上，应用较为广泛。

2）标注公称尺寸、公差带代号和极限偏差值，如图 2-18b 所示。此种标注形式一般适用在中、小批量生产的产品零件图样上。

3）标注公称尺寸和公差带代号，如图 2-18c 所示。此种标注形式适用在大批量生产的产品零件图样上。

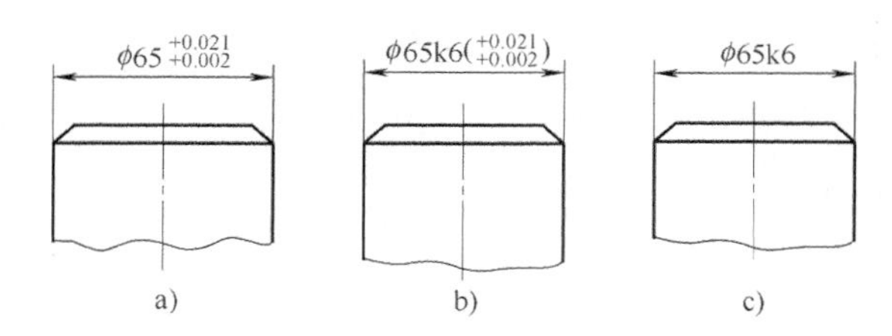

图 2-18　零件图上尺寸公差标注形式

3. 配合代号

国家标准规定，用相配合的孔和轴的公差带代号以分数形式组成配合代号。其中，分子为孔的公差带代号，分母为轴的公差带代号。例如，ϕ50H7/g6 或 $\phi50\,\dfrac{H7}{g6}$。若相配合的孔或轴中有一个是标准件，如轴承内圈内径与轴径（ϕ55k6）的配合，因为轴承是标准件，故配合代号为 ϕ55k6，即在装配图上，仅标注配合件（非标准件）的公差带代号，如图 1-1 所示。

ϕ50H7/g6 可解释为：公称尺寸为 ϕ50mm，孔公差带代号 H7 和轴公差带代号 g6 组成基孔制间隙配合。

轴承内圈内径与轴径（ϕ55k6）的配合，可解释为：公称尺寸为 ϕ55mm，以标准件——轴承内圈内径（孔）为基准，与轴公差带代号 k6 组成过盈配合。

4. 配合代号在装配图上的标注形式

如图 2-19 所示，在标注时可根据实际情况，选择其中之一的形式标注，其中，图 2-19a 所示的形式标注应用最广泛。

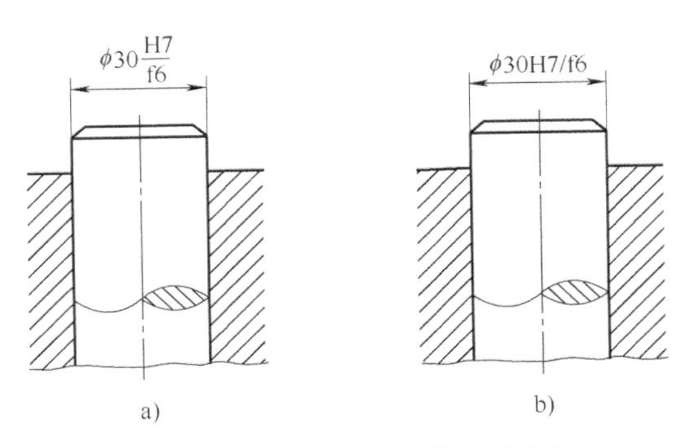

图 2-19　装配图上配合的标注方法

2.3.4　公差带与配合的标准化

从理论上来说，GB/T 1800.1—2020 规定的任一基本偏差与任一公差等级的标准公差组合，可得到大量不同大小和不同位置的公差带。孔可组成 543 种公差带，轴可组成 544 种公差带。孔、轴公差带又可组成很多的配合。但在生产中，如果使用如此多的公差带与配合，势必造成标准繁杂，增加了定值刀具、量具及工艺装备的品种和规格，既不利于管理，又影响经济效益。所以，国家标准对公差带与配合的选择做了必要的限制。

1. 孔、轴公差带代号选取

GB/T 1800.1—2020 对孔和轴分别给出了相应的公差带代号，如图 2-20 和图 2-21 所示。其中框中所示的公差带代号应优先选取。值得注意的是图 2-20 和图 2-21 中的公差带代号仅应用于不需要对公差带代号进行特定选取的一般性用途。例如，键槽需要特定选取。

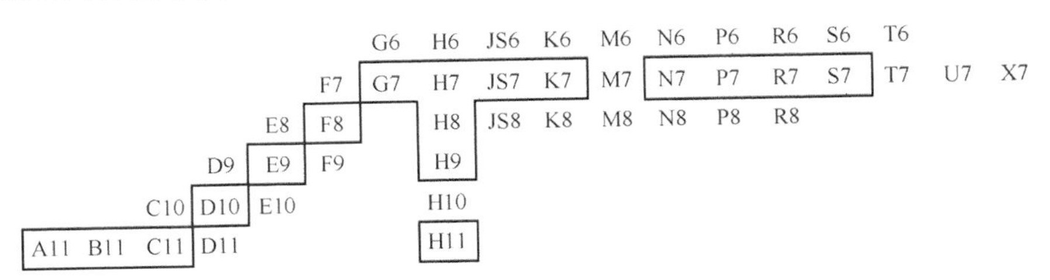

图 2-20　孔的公差带代号

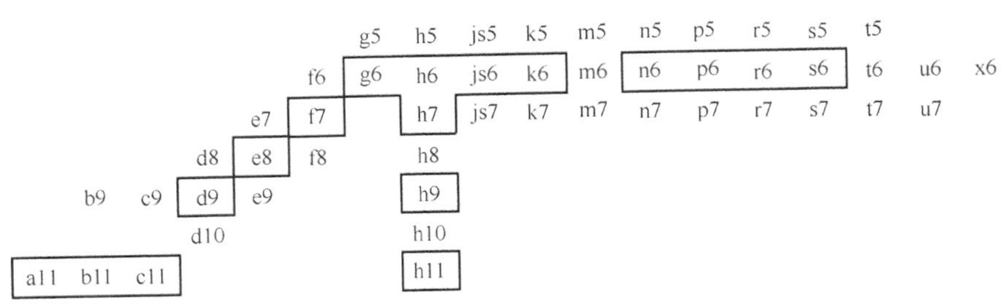

图 2-21　轴的公差带代号

2. 配合的选用

通常在工程中，只需要少数配合。图 2-22 和图 2-23 中的配合可满足普通工程的需要。

基于经济因素，如有可能，配合应优先选择图 2-22 和图 2-23 中框中所示的公差带代号。

基准孔	轴公差带代号																	
	间隙配合							过渡配合				过盈配合						
H6						g5	h5	js5	k5	m5		n5	p5					
H7					f6	g6	h6	js6	k6	m6	n6		p6	r6	s6	t6	u6	x6
H8				e7	f7		h7	js7	k7	m7					s7		u7	
			d8	e8	f8		h8											
H9			d8	e8	f8		h8											
H10	b9	c9	d9	e9			h9											
H11	b11	c11	d10				h10											

图 2-22　基孔制配合的优先配合选取

基准轴	孔公差带代号																	
	间隙配合							过渡配合				过盈配合						
h5						G6	H6	JS6	K6	M6		N6	P6					
h6					F7	G7	H7	JS7	K7	M7	N7		P7	R7	S7	T7	U7	X7
h7				E8	F8		H8											
h8			D9	E9	F9		H9											
h9				E8	F8		H8											
			D9	E9	F9		H9											
	B11	C10	D10				H10											

图 2-23　基轴制配合的优先配合选取

2.4 极限与配合的选用

极限与配合的选用是尺寸精度设计中的一个重要环节，它对产品的性能、质量、使用寿命及制造成本有着重要的影响。

极限与配合选用的内容包括选择基准制、公差等级和配合种类三个方面。选择的原则是在满足使用要求的前提下，获得最佳的经济效益。选择的方法有计算法、试验法和类比法。

2.4.1 配合制的选择

基孔制和基轴制是两种等效的配合制，同名代号的基孔制和基轴制（如 H7/f6 和 F7/h6）的配合性质完全相同，所以配合制的选用与使用要求无关，主要应从结构工艺性和经济效益等方面综合分析考虑，即所选择的配合制应便于零件的加工、装配和降低成本。

1. 优先选用基孔制

在一般情况下，应优先选用基孔制。这主要是从工艺和经济效益上来考虑的，因为中小尺寸的孔的精加工一般需要较多的标准刀具（钻头、铰刀、拉刀）和标准量具（如塞规），一种规格的标准刀具和量具只能加工或检验一种规格的孔，而一把车刀则可加工多种不同尺寸的轴。此外，孔在加工和测量等方面的调整也比轴复杂。因此，采用基孔制，使孔的尺寸尽量单一，可以减少标准刀具、量具的规格和数量，提高经济效益。

2. 应选用基轴制的情况

在某些情况下，由于结构和工艺的原因，选用基轴制更为经济合理，例如：

（1）直接采用冷拉棒材做轴 在农业机械、纺织机械和仪器、仪表中，常采用 IT8～IT11 的冷拉钢材，不经切削加工直接做轴。此时采用基轴制可获得明显的经济效益。

（2）尺寸小于 1mm 的精密轴 这类轴比同级的孔加工困难，因此在仪器、仪表及无线电工程中，经常用经过光轧成形的钢丝直接做轴，这时采用基轴制较经济。

（3）结构上的需要 同一公称尺寸的轴上需要装配几个具有不同配合性质的零件时，应采用基轴制。

对于图 2-24a 所示活塞连杆机构，根据使用要求，活塞销与活塞应为过渡配合，而活塞销与连杆之间有相对运动，应采用间隙配合。如果三段配合均采用基孔制，则活塞销与活塞配合为 H6/m5，活塞销与连杆的配合为 H6/h5，如图 2-24b 所示，三个孔的公差带一样，活塞销却要制成两端大中间小的阶梯形，不便于加工。活塞销两端直径大于活塞孔径，在装配时还容易擦伤轴和孔的表面，影响配合质量。

如果采用基轴制，则活塞销与活塞配合为 M6/h5，活塞销与连杆的配合为 H6/h5，如图 2-24c 所示。活塞销制成一根光轴，而活塞孔与连杆孔按不同的公差带加工，获得两种不同的配合，既便于生产，又利于装配。

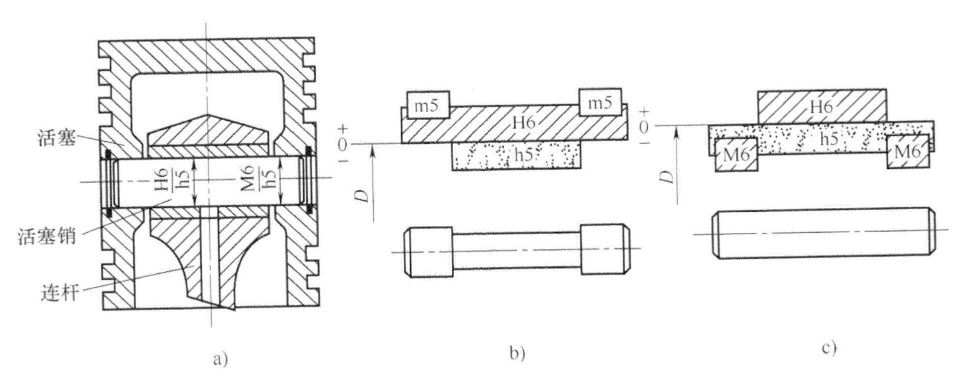

图 2-24 活塞连杆机构的配合及公差带

3. 根据标准件选择配合制

当设计的零件与标准件配合时，应根据标准件确定基准制。例如，滚动轴承内圈与轴的配合应采用基孔制，滚动轴承外圈与壳体孔的配合应采用基轴制。

4. 可采用非基准制配合的情况

在某些情况下，为满足配合的特殊需要，可以采用非基准制配合。即允许相配合的两个零件既无基准孔 H，又无基准轴 h，可以选用任一孔、轴公差带组成的配合。当一个孔与几个轴相配合或一个轴与几个孔相配合，其配合要求各不同时，则有的配合要出现非基准制的配合。例如，图 2-25a 所示，与滚动轴承相配的机座孔必须采用基轴制，而端盖与机座孔的配合，由于要求经常拆卸，配合需松些，故设计时选用最小间隙为零的间隙配合。为避免机座孔呈阶梯形，采用过渡配合 ϕ80M7/f7，其公差带位置如图 2-25b 所示。

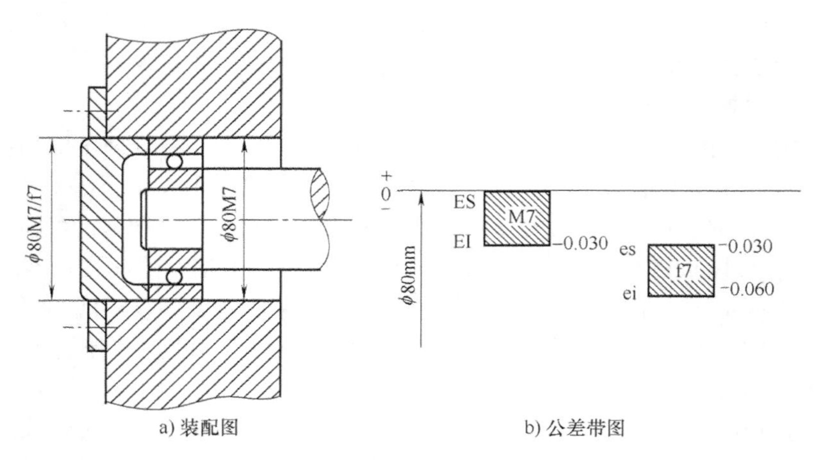

a) 装配图　　b) 公差带图

图 2-25　非基准制配合

2.4.2　标准公差等级的选择

合理选择标准公差等级，就是为了更好地解决机械零部件使用要求与制造工艺及成本之间的矛盾，标准公差等级的高低直接影响产品使用性能和加工的经济性。标准公差等级过低，虽然可以降低生产成本，但产品质量却难以得到保证，影响产品的使用寿命；标准公差等级过高，将使制造成本增加。所以，合理地确定公差等级，就是要正确地处理使用要求、制造工艺和成本之间的矛盾，提高综合技术经济效益。

1. 标准公差等级的选择原则

在满足使用要求的前提下，考虑工艺的可能性，尽量选用精度较低的公差等级，精度的要求应与生产的可能性协调一致。图 2-26 所示为在一定的工艺条件下，零件加工工艺的相对成本、废品率与公差的关系曲线。由图 2-26 可以看出，尺寸精度越高，加工成本和废品率都急剧增加。

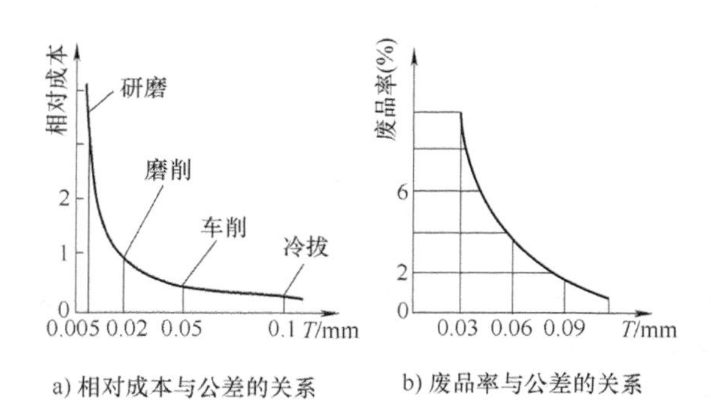

a) 相对成本与公差的关系　　b) 废品率与公差的关系

图 2-26　零件的相对成本、废品率与公差的关系

2. 标准公差等级的选择

在实际设计中，标准公差等级的选择方法主要有类比法和计算法。

（1）类比法　类比法就是根据工艺、配合及零件结构的特点，参考已被实践证明合理的类似零件的尺寸精度来确定标准公差等级。在采用类比法确定标准公差等级时，应遵循以下原则：

1）配合表面的标准公差等级高于非配合表面。一般情况下，重要配合表面的标准公差等级较高，孔为 IT6～IT8，轴为 IT5～IT7，轴的标准公差等级比相配合的孔高一级；次要配合表面的标准公差等级较低，孔为 IT9～IT12，轴为同级；非配合表面的孔、轴一般大于 IT12。

2）从配合性质上考虑，对于过渡配合和过盈配合，其间隙或过盈，一般不允许变动太大，应选用较高标准的公差等级。一般孔的标准公差等级高于 IT8，轴的标准公差等级高于 IT7。对于间隙配合，允许有较大的间隙变动，可根据配合间隙的大小，选择标准公差等级的高低，一般小间隙配合选用较高的标准公差等级，大间隙配合选用较低的标准公差等级，例如：H6/g5、H11/b11。

当采用类比法选择标准公差等级时，应掌握各个标准公差等级的应用范围和各种加工方法所能达到的公差等级，以便于选择合适的标准公差等级。表 2-10 列出了标准公差等级应用的大致范围。表 2-11 是常用加工方法所能达到的标准公差等级，表 2-12 是标准公差等级选用实例，可供在选择标准公差等级时根据实际生产条件、制造成本及应用条件进行参考。个别情况下，为了满足零件特殊的功能要求，允许选用非标准的公差数值。

表 2-10　标准公差等级应用的大致范围

应用场合			公差等级（IT）																			
			01	0	1	2	3	4	5	6	7	8	9	10	11	12	13	14	15	16	17	18
量块			—	—	—																	
量规	高精度量规				—	—	—	—														
量规	低精度量规								—	—	—											
配合尺寸	个别特别重要的精密配合			—	—																	
配合尺寸	特别重要的精密配合	孔					—	—	—													
配合尺寸	特别重要的精密配合	轴				—	—	—														
配合尺寸	精密配合	孔								—	—	—										
配合尺寸	精密配合	轴							—	—	—											
配合尺寸	中等精度配合	孔											—	—								
配合尺寸	中等精度配合	轴										—	—	—								
配合尺寸	低精度配合														—	—	—					
非配合尺寸，未注公差尺寸																—	—	—	—	—	—	—
原材料公差											—	—	—	—	—	—						

表 2-11　常用加工方法所能达到的标准公差等级

加工方法	公差等级（IT）																			
	01	0	1	2	3	4	5	6	7	8	9	10	11	12	13	14	15	16	17	18
研磨	—	—	—	—	—	—	—													
珩						—	—	—	—											
圆磨							—	—	—	—										

（续）

加工方法	公差等级（IT）																			
	01	0	1	2	3	4	5	6	7	8	9	10	11	12	13	14	15	16	17	18
平磨							—	—	—	—										
金刚石车							—	—	—											
金刚石镗							—	—	—											
拉削							—	—	—	—										
铰孔								—	—	—	—	—								
车									—	—	—	—	—							
镗									—	—	—	—	—							
铣										—	—	—	—							
刨、插												—	—							
钻												—	—	—	—					
滚压、挤压												—	—							
冲压												—	—	—	—	—				
压铸													—	—	—	—				
粉末冶金成形								—	—	—										
粉末冶金烧结									—	—	—	—								
砂型铸造、气割																		—	—	—
锻造																	—	—		

表 2-12　标准公差等级选用实例

公差等级	应用条件说明	应用举例
IT4	用于精密测量工具，高精度的精密配合，以及 C 级、D 级滚动轴承配合的轴和外壳孔	检验 IT9～IT12 级工件用量规和校对 IT12～IT14 级轴用量规的校对量规，与 C 级轴承孔（孔径大于 100mm 时）及与 D 级轴承孔相配的机床主轴，精密机械和高速机械的轴，与 C 级轴承相配的机床外壳孔，柴油机活塞销及活塞销座孔，高精度（1～4 级）齿轮的基准孔或轴，航空及航海工业用仪器中特殊精密的孔
IT5	用于机床、发动机和仪表中特别重要的配合，在配合公差要求很小、形状精度要求很高的条件下，这类公差等级能使配合性质比较稳定，故它对加工要求较高，一般机械制造中较少应用	检验 IT11～IT14 级工作用量规和校对 IT14～IT15 级轴用量规的校对量规，与 D 级滚动轴承相配的机床箱体孔，与 E 级转动轴承孔相配的机床主轴，精密机械及高速机械的轴，机床尾座套筒，高精度分度盘轴颈，分度头主轴，精密丝杆基准轴颈，高精度镗套等，发动机中主轴，活塞销与活塞的配合，精密仪器中轴与各种传动件轴承的配合，航空、航海工业仪表中重要的精密孔的配合，5 级精度齿轮的基准孔及 5 级、6 级精度齿轮的基准轴

（续）

公差等级	应用条件说明	应用举例
IT6	广泛用于机械制造中的重要配合，配合表面有较高均匀性的要求，能保证相当高的配合性质，使用可靠	检验IT12~IT15级工件用量规和校对IT15~IT16级轴用量规的校对量规，与E级滚动轴承相配的外壳孔及与滚子轴承相配的机床主轴轴颈，机床制造中，装配式齿轮、蜗轮、联轴器、带轮、凸轮的孔，机床丝杠支承轴颈，矩形花键的定心直径，摇臂钻床的立柱等，机床夹具的导向件的外径尺寸，精密仪器光学仪器，计量仪器中的精密轴，航空、航海仪器仪表中的精密轴，无线电工业、自动化仪表、电子仪器、邮电机械中的特别重要的轴，以及手表中特别重要的轴，导航仪器中主罗经的方位轴、微电动机轴，电子计算机外围设备中的重要尺寸，医疗器械中牙科直车头，中心齿轮轴及X线机齿轮箱的精密轴等，缝纫机中重要轴类尺寸，发动机中的气缸套外径，曲轴主轴颈，活塞销，连杆衬套，连杆和轴瓦外径等，6级精度齿轮的基准孔和7级、8级精度齿轮的基准轴，以及特别精密（1级2级精度）齿轮的顶圆直径
IT7	应用条件与IT6相类似，但它要求的精度可比IT6稍低一点，在一般机械制造业中应用相当普遍	检验ITI4~IT16级工件用量规和校对IT16级轴用量规的校对量规，机床制造中装配式青铜蜗轮轮缘孔，联轴器、带轮、凸轮等的孔，机床卡盘座孔，摇壁钻床的摇臂孔，车床丝杠的轴承孔等，机床夹头导向件的内孔（如固定钻套、可换钻套、衬套、镗套等），发动机中的连杆孔、活塞孔、铰制螺栓定位孔等，纺织机械中的重要零件，印染机械中要求较高的零件，精密仪器光学仪器中精密配合的内孔，手表中的离合杆压簧等，导航仪器中主罗经壳底座孔，方位支架孔，医疗器械中牙科直车头中心齿轮轴的轴承孔及X线机齿轮箱的转盘孔，电子计算机、电子仪器、仪表中的重要内孔，自动化仪表中的重要内孔，缝纫机中的重要轴内孔零件，邮电机械中的重要零件的内孔，7级、8级精度齿轮的基准孔和9级、10级精密齿轮的基准轴
IT8	用于机械制造中属中等精度，在仪器、仪表及钟表制造中，由于基本尺寸较小，所以属较高精度范畴，在配合确定性要求不太高时，可应用较多的一个等级，尤其是在农业机械、纺织机械、印染机械、自行车、缝纫机、医疗器械中应用最广	检验IT16级工件用量规，轴承座衬套沿宽度方向的尺寸配合，手表中跨齿轴，棘爪拨针轮等与夹板的配合，无线电仪表工业中的一般配合，电子仪器仪表中较重要的内孔；计算机中变数齿轮孔和轴的配合，医疗器械中牙科车头的钻头套的孔与车针柄部的配合，导航仪器中主罗经粗刻度盘孔月牙形支架与微电动机集电环孔等，电动机制造中铁心与机座的配合，发动机活塞油环槽宽，连杆轴瓦内径，低精度（9~12级精度）齿轮的基准孔和11~12级精度齿轮和基准轴，6~8级精度齿轮的顶圆
IT9	应用条件与IT8相类似，但要求精度低于IT8时使用	机床制造中轴套外径与孔，操纵件与轴、空转带轮与轴，操纵系统的轴与轴承等的配合，纺织机械、印染机械中的一般配合零件，发动机中机油泵体内孔，气门导管内孔，飞轮与飞轮套，圈衬套，混合气预热阀轴，气缸盖孔径、活塞槽环的配合等，光学仪器、自动化仪表中的一般配合，手表中要求较高零件的未注公差尺寸的配合，单键联接中键宽配合尺寸，打字机中的运动件配合等

（续）

公差等级	应用条件说明	应用举例
IT10	应用条件与 IT9 相类似，但要求精度低于 IT9 时用	电子仪器仪表中支架上的配合，导航仪器中绝缘衬套孔与集电环衬套轴，打字机中铆合件的配合尺寸，闹钟机构中的中心管与前夹板、轴套与轴，手表中尺寸小于 18mm 时要求一般的未注公差尺寸及大于 18mm 要求较高的未注公差尺寸，发动机中油封挡圈孔与曲轴带轮毂
IT11	用于配合精度要求较低、装配后可能有较大的间隙，特别适用于要求间隙较大，且有显著变动而不会引起危险的场合	机床上法兰盘止口与孔、滑块与滑移齿轮、凹槽等，农业机械、机车车厢部件及冲压加工的配合零件，钟表制造中不重要的零件，手表制造用的工具及设备中的未注公差尺寸；纺织机械中较粗糙的活动配合，印染机械中要求较低的配合，医疗器械中手术刀片的配合，磨床制造中的螺纹联接及粗糙的动联接，不作测量基准用的齿轮顶圆直径公差
IT12	配合精度要求很粗糙，装配后有很大的间隙，适用于基本上没有什么配合要求的场合，要求较高的未注公差尺寸的极限偏差	非配合尺寸及工序间尺寸，发动机分离杆，手表制造中工艺装备的未注公差尺寸，计算机行业切削加工中未注公差尺寸的极限偏差，医疗器械中手术刀柄的配合，机床制造中扳手孔与扳手座的连接
IT13	应用条件与 IT12 相类似，但比旧国标 7 级精度公差值稍大	非配合尺寸及工序间尺寸，计算机、打字机中切削加工零件及图片孔、二孔中心距的未注公差尺寸
IT14	用于非配合尺寸及不包括在尺寸链中的尺寸，相当于旧国标的 8 级精度公差	在机床、汽车、拖拉机、冶金矿山、石油化工、电动机、电器、仪器、仪表、造船、航空、医疗器械、钟表、自行车、缝纫机、造纸与纺织机械等工业中对切削加工零件未注公差尺寸的极限偏差，广泛应用此等级
IT15	用于非配合尺寸及不包括在尺寸链中的尺寸	冲压件，木模铸造零件，重型机床制造，当尺寸大于 3150mm 时的未注公差尺寸

（2）计算法　计算法是根据工作条件，确定配合的极限间隙（或过盈），计算出配合公差，然后确定相配合孔、轴的标准公差等级。

例 2-9　已知孔、轴的公称尺寸为 ϕ90mm，根据使用要求，其允许的最大间隙 $[X_{max}]=+55\mu m$，最小间隙为 $[X_{min}]=+10\mu m$，试确定孔、轴的标准公差等级。

解：① 计算允许的配合公差 T_f

$$[T_f]=|[X_{max}]-[X_{min}]|=|55-10|\mu m=45\mu m$$

② 计算、查表确定孔、轴的标准公差等级

按要求 $[T_f]\geq[T_D]+[T_d]$

式中　$[T_D]$、$[T_d]$——配合的孔、轴的允许公差。

由表 2-4 可知，IT5 = 15μm，IT6 = 22μm，IT7 = 35μm。

如果孔、轴公差等级都选 IT6 级，则配合公差 $T_f=2IT6=44\mu m<[T_f]=45\mu m$，虽然未超过其要求的允许值，但不符合在高精度配合时，孔比轴的标准公差等级低一级的规定。

如果孔选 IT7，轴选 IT6，其配合公差 $T_f = IT7+IT6 = 35\mu m+22\mu m = 57\mu m > [T_f] = 45\mu m$，不符合要求。

所以，孔选 IT6，轴选 IT5，其配合公差 $T_f = IT6 + IT5 = 22\mu m + 15\mu m = 37\mu m < [T_f] = 45\mu m$，可以满足实用要求。

例 2-10 已知孔、轴的公称尺寸为 ϕ200mm，根据使用要求，其允许的最大过盈为 $[Y_{max}] = -180\mu m$，最小过盈为 $[Y_{min}] = -45\mu m$，试确定孔、轴的标准公差等级。

解：① 计算允许的配合公差 T_f

$$[T_f] = |[Y_{max}] - [Y_{min}]| = |-180+45|\mu m = 135\mu m$$

② 计算、查表确定孔、轴的标准公差等级

按要求 $[T_f] \geqslant [T_D] + [T_d]$

式中 $[T_D]$、$[T_d]$——配合的孔、轴的允许公差。

由表 2-4 可知，$IT7 = 46\mu m$，$IT8 = 72\mu m$，$IT9 = 115\mu m$，

如果孔、轴公差等级都选 IT7 级，则配合公差 $T_f = 2IT7 = 92\mu m < [T_f] = 135\mu m$，虽然未超过其要求的允许值，但不符合在较高精度配合时，孔比轴的公差等级低一级的规定。

如果孔选 IT9，轴选 IT8，其配合公差 $T_f = IT9 + IT8 = 115\mu m + 72\mu m = 187\mu m > [T_f] = 135\mu m$，不符合要求。

所以，孔选 IT8，轴选 IT7，其配合公差 $T_f = IT8 + IT7 = 72\mu m + 46\mu m = 118\mu m < [T_f] = 135\mu m$，可以满足实用要求。

在实际生产中，可以根据工作条件预先确定配合的允许极限间隙或过盈的情况并不是很多。所以，采用计算法确定公差等级只能在少数情况下采用，而在大部分情况下还是要采用类比法确定标准公差等级。

2.4.3 配合的选择

选择配合是为了确定孔、轴在工作时的相互关系，保证机器在工作时各零件之间协调，从而实现预定的工作性能。基准制和标准公差等级的选择，确定了基准孔或基准轴的公差带，以及非基准件的公差带的大小，因此配合的选择实际上就是确定非基准件公差带的位置，也就是选择非基准件的基本偏差代号。

选择配合的方法有类比法、计算法和试验法三种。

1. 类比法

类比法是根据零件的使用要求，以经过生产验证的，类似的机械、机构和零部件为样板，来选用配合种类。类比法是确定机械和仪器配合种类最常用的方法。在实际应用时，应从下述几方面考虑：

（1）根据使用要求和工作条件确定配合类别 通常，孔、轴配合的使用要求有以下三种情况：孔、轴在配合后有相对运动（转动或移动），应选间隙配合；靠配合传递载荷的，应选过盈配合；孔、轴在配合后有定位精度要求（对中要求）和装拆频繁的，大多数要选用过渡配合，也可按具体情况选用小间隙或小过盈配合。在设计时，可参考表 2-13 和表 2-14 选取配合种类。

表 2-13 工作条件与配合类别的关系

<table>
<tr><th colspan="4">结合件的工作状况</th><th>配合类别或基本偏差代号</th></tr>
<tr><td rowspan="2">有相对运动</td><td colspan="3">转动或转动与移动的复合运动</td><td>间隙大或较大的间隙配合，a~f（A~F）</td></tr>
<tr><td colspan="3">只有移动</td><td>间隙较小的间隙配合，g（G）、h（H）</td></tr>
<tr><td rowspan="4">无相对运动</td><td rowspan="3">传递转矩</td><td rowspan="2">要精确对中</td><td>固定结合</td><td>过盈配合</td></tr>
<tr><td>可拆结合</td><td>过渡配合或间隙最小的间隙配合加紧固件</td></tr>
<tr><td colspan="2">不需要精确对中</td><td>间隙较小的间隙配合加紧固件</td></tr>
<tr><td colspan="3">不传递转矩</td><td>过渡配合或过盈小的过盈配合</td></tr>
</table>

表 2-14 工作条件对间隙和过盈的影响

工 作 条 件	过盈应增大或减小	间隙应增大或减小	工 作 条 件	过盈应增大或减小	间隙应增大或减小
材料许用应力小	减小	—	装配时可能歪斜	减小	增大
经常拆卸	减小	—	旋转速度高	增大	增大
工作时孔温高于轴温	增大	减小	有轴向运动	—	增大
工作时轴温高于孔温	减小	增大	润滑油黏度增大	—	增大
有冲击载荷	增大	减小	装配精度高	减小	减小
配合长度较大	减小	增大	表面粗糙度参数值大	增大	减小
配合面几何误差较大	减小	增大			

（2）确定基本偏差代号　当公差等级和基准制确定后，配合的选择主要就是根据使用要求，确定非基准件的基本偏差代号。在采用基孔制时，选择配合主要是确定轴的基本偏差代号；在采用基轴制时，选择配合主要是确定孔的基本偏差代号。同时，按配合公差的要求确定孔、轴的标准公差等级。

对间隙配合，由于基本偏差的绝对值等于最小间隙，所以按最小间隙选择基本偏差代号；对过盈配合，可根据最小过盈确定基本偏差代号。

了解和掌握轴的各个基本偏差的特点和应用，有助于确定基本偏差代号，也是合理选择配合的关键所在。表 2-15 给出了轴的基本偏差的特点和应用，表 2-16 给出了配合的应用实例。

表 2-15 轴的基本偏差的特点和应用

配合	基本偏差	配合特性及应用
间隙配合	a、b	可得到特别大的间隙，应用很少
	c	可得到很大的间隙，一般适用于缓慢、松弛的动配合。用于工作条件较差（如农业机械），受力变形，或为了便于装配，而必须保证有较大的间隙时。推荐配合为 H11/c11 其较高等级的配合，如 H8/c7 适用于轴在高温工作的紧密动配合，例如内燃机排气阀和导管
	d	配合一般用于 IT7~IT11，适用于松的转动配合，如密封盖、滑轮、空转带轮等与轴的配合，也适用于大直径滑动轴承配合，如透平机、球磨机、轧辊成形和重型弯曲机及其他重型机械中的一些滑动支承

（续）

配合	基本偏差	配合特性及应用
间隙配合	e	多用于 IT7~IT9，通常适用于要求有明显间隙，易于转动的支承配合，如大跨距支承、多支点支承等配合。高等级的 e 轴适用于大的高速、重载支承，如涡轮发电机、大电动机的支承及内燃机主要轴承、凸轮轴支承、摇臂支承等配合
	f	多用于 IT6~IT8 的一般转动配合。当温度影响不大时，被广泛用于普通润滑油（或润滑脂）润滑的支承，如齿轮箱、小电动机、泵等的转轴与滑动支承的配合
	g	配合间隙很小，制造成本高，除很轻负荷的精密装置外，不推荐用于转动配合。多用于 IT5~IT7，最适合不回转的精密滑动配合，也用于插销等定位配合。如精密连杆轴承、活塞及滑阀、连杆销等
	h	多用于 IT4~IT11，广泛用于无相对转动的零件，作为一般的定位配合。若没有温度、变形影响，也用于精密滑动配合
过渡配合	js	为完全对称偏差（±IT/2），平均起来为稍有间隙的配合，多用于 IT4~IT7，要求间隙比 h 轴小，并允许略有过盈的定位配合。如联轴节，可用手或木锤装配
	k	平均起来没有间隙的配合，适用于 IT4~IT7。推荐用于稍有过盈的定位配合。例如为了消除振动用的定位配合，一般用木锤装配
	m	平均起来具有不大过盈的过渡配合。适用于 IT4~IT7，一般可用木锤装配，但在最大过盈时，要求相当的压入力
	n	平均过盈比 m 轴稍大，很少得到间隙，适用于 IT4~IT7，用锤或压力机装配，通常推荐用于紧密的组件配合。H6/n5 配合时为过盈配合
过盈配合	p	与 H6 或 H7 配合时是过盈配合，与 H8 孔配合时则为过渡配合。对非铁类零件，为较轻的压入配合，当需要时易于拆卸。对钢、铸铁或铜，钢组件装配是标准压入配合
	r	对铁类零件为中等打入配合，对非铁类零件，为轻打入的配合，当需要时可以拆卸。与 H8 孔配合，直径在 100mm 以上时为过盈配合，直径小时为过渡配合
	s	用于钢和铁制零件的永久性和半永久装配，可产生相当大的结合力。当用弹性材料，如轻合金时，配合性质与铁类零件的 p 轴相当。例如套环压装在轴上、阀座等配合。尺寸较大时，为了避免损伤配合表面，需用热胀或冷缩法装配
	tu vx yz	过盈量依次增大，一般不推荐

表 2-16　配合的应用实例

配合	基本偏差	配 合 特 性	应 用 实 例
间隙配合	d	配合一般用于 IT7~IT11，适用于松的转动配合，如密封盖、滑轮、空转带轮等与轴的配合，也适用于大直径滑动轴承配合，如透平机、球磨机、轧辊成形和重型弯曲机，及其他重型机械的一些滑动支承	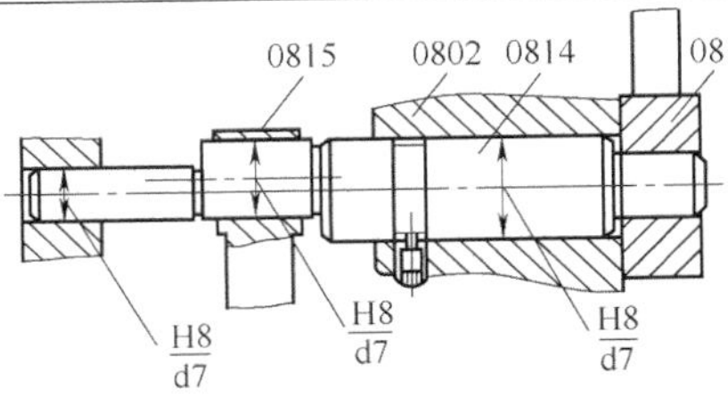 0815　0802　0814　0813 H8/d7　H8/d7　H8/d7 C618 车尾座中偏心轴与尾座体孔的配合

（续）

配合	基本偏差	配合特性	应用实例
间隙配合	e	多用于IT7、IT8、IT9，通常适用要求有明显间隙，易于转动的支承配合，如大跨距支承、多支点支承等配合。高等级的e轴适用于大的、高速、重载支承，如涡轮发电机、大型电动机的支承及内燃机主要轴承、凸轮轴支承、摇臂支承等配合	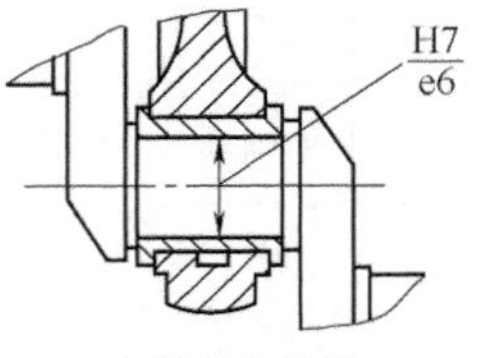 H7/e6 内燃机主轴承
	f	多用于IT6、IT7、IT8的一般传动配合，当温度影响不大时，被广泛用于普通润滑油（或润滑脂）润滑的支承，如齿轮箱、小电动机、泵等的转轴与滑动支承的配合	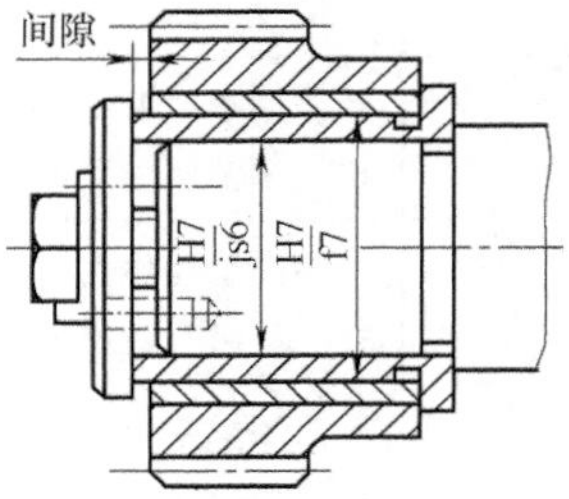 间隙 H7/js6 H7/f7 齿轮轴套与轴的配合
	g	配合间隙很小，制造成本高，除很轻负荷的精密装置外，不推荐用于转动配合。多用于IT5、IT6、IT7，最适合不回转的精密滑动配合，也用于插销等定位配合，如精密连杆轴承、活塞及滑阀、连杆销等	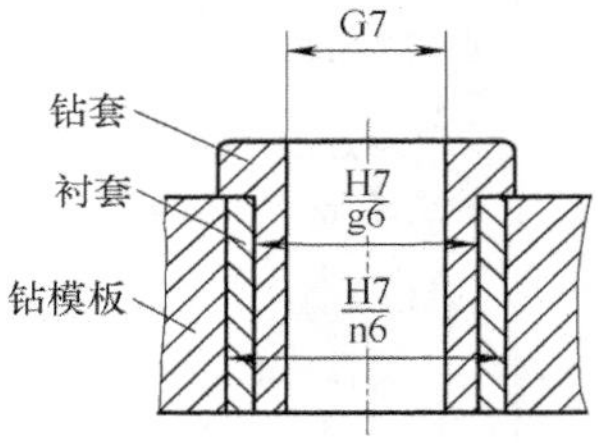 G7 钻套 衬套 钻模板 H7/g6 H7/n6 钻套与衬套的配合
	h	多用于IT4~IT11，广泛用于无相对转动的零件，作为一般的定位配合。若没有温度、变形影响，也用于精密滑动配合	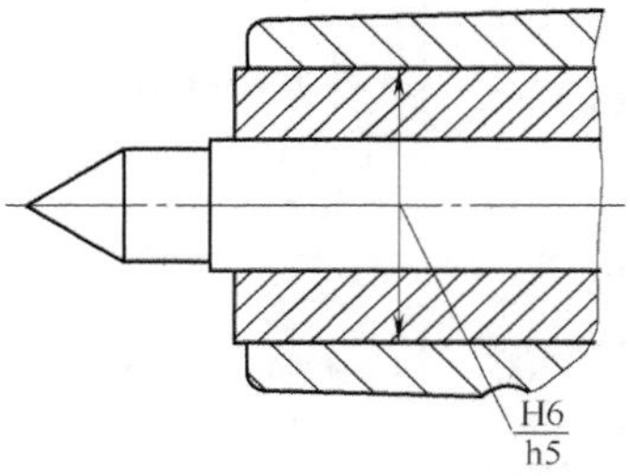 H6/h5 车床尾座体孔与顶尖套筒的配合
过渡配合	js	为完全对称偏差（±IT/2），平均起来为稍有间隙的配合，多用于IT4~IT7，要求间隙比h轴小，并允许略有过盈的定位配合，如联轴器，可用手或木锤装配	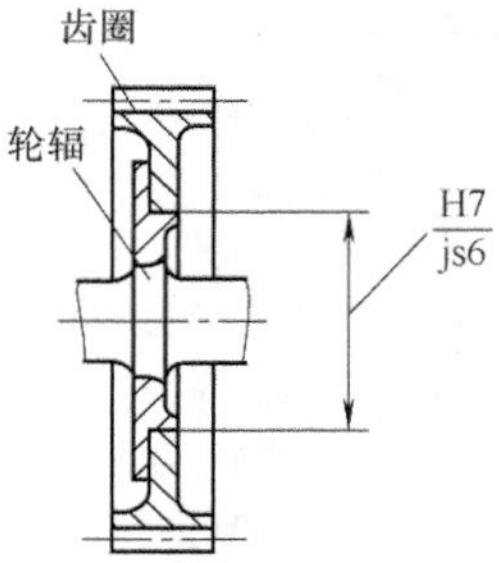 齿圈 轮辐 H7/js6 齿圈与钢轮辐的配合

（续）

配合	基本偏差	配合特性	应用实例
过渡配合	k	平均起来没有间隙的配合，适用于 IT4～IT7，推荐用于稍有过盈的定位配合，例如为了消除振动用的定位配合，一般用木锤装配	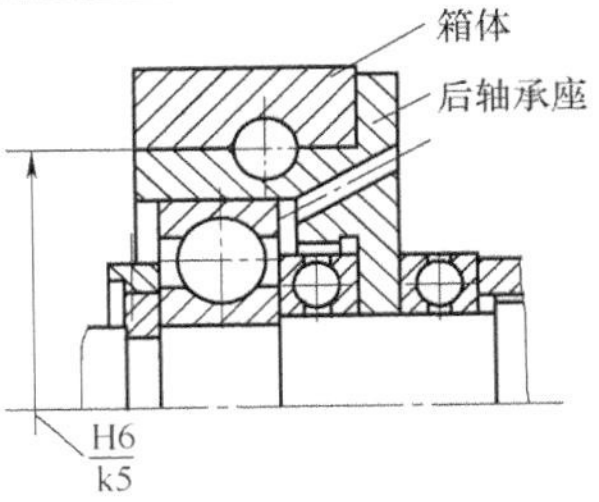 某车床主轴后轴承座与箱体孔的配合
	m	平均起来具有不大过盈的过渡配合。适用 IT4～IT7，一般可用木锤装配，但在最大过盈时，要求相当的压入力	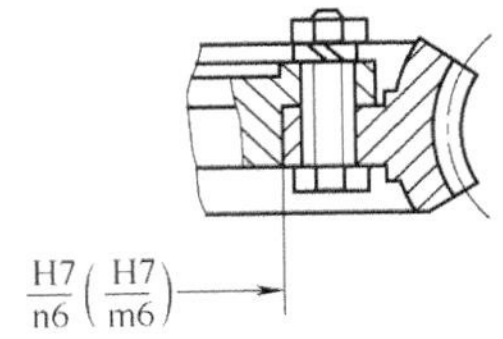 蜗轮青铜轮缘与轮辐的配合
	n	平均过盈比 m 轴稍大，很少得到间隙，适用于 IT4～IT7，用锤或压力装配，通常推荐用于紧密的组件配合，H6/n5 配合时为过盈配合	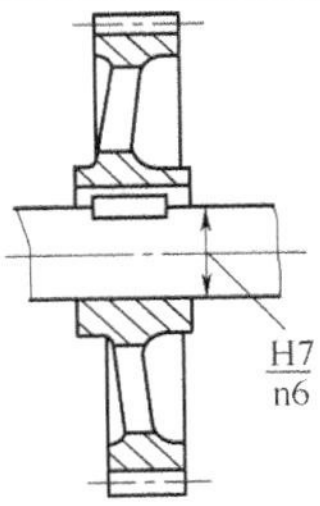 冲床齿轮与轴的配合
过盈配合	p	与 H6 或 H7 配合时是过盈配合，与 H8 孔配合时则为过渡配合。对非铁制零件，为较轻的压入配合，当需要时易于拆卸。对钢、铸铁或铜、钢组件装配是标准压入配合	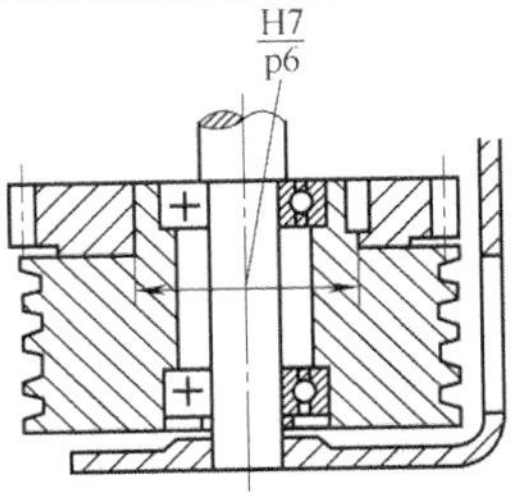 提升机的绳轮与齿圈的配合
	r	对铁制零件为中等打入配合，对非铁制零件，为轻打入配合，当需要时可以拆卸。与 H8 孔配合，直径在 100mm 以上时为过盈配合，直径小时为过渡配合	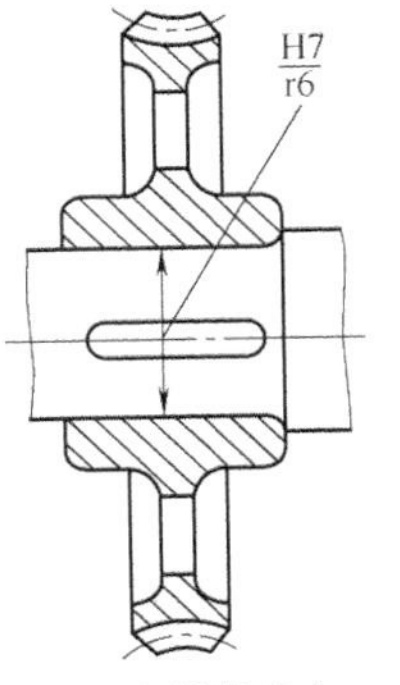 蜗轮与轴的配合

（3）配合的确定　确定了基本偏差代号，配合即已基本选定。但应注意的是，按照国家标准规定，首先应采用优先公差带及优先配合；其次才能采用常用公差带及常用配合。因此，必须对优先配合及常用配合的性质和特征有所了解，以利于配合的最后选定。表 2-17 列出了优先配合的选用说明。

表 2-17　优先配合的选用说明

优先配合		说　明
基孔制	基轴制	
$\frac{H11}{c11}$	$\frac{C11}{h11}$	间隙非常大，用于很松的、转动很慢的转动配合；要求大公差与大间隙的外露组件；要求装配得很松的配合
$\frac{H9}{d9}$	$\frac{D9}{h9}$	间隙很大的自由转动配合，用于精度非主要要求时，或者有很大的温度变化、高转速或大的轴颈压力时
$\frac{H8}{f7}$	$\frac{F8}{h7}$	间隙不大的转动配合，用于中等转速与中等轴颈压力的精确转动，也用于装配较易的中等定位配合
$\frac{H7}{g6}$	$\frac{G7}{h7}$	间隙很小的滑动配合，用于不希望自由转动，但可自由移动和滑动并精密定位的配合，也可用于要求明确的定位配合
$\frac{H7}{h6}$ $\frac{H8}{h7}$ $\frac{H9}{h9}$ $\frac{H11}{h11}$	$\frac{H7}{h6}$ $\frac{H8}{h7}$ $\frac{H9}{h9}$ $\frac{H11}{h11}$	均为间隙定位配合，零件可自由装拆，而在工作时一般相对静止不动，在最大实体条件下的间隙为零，在最小实体条件下的间隙由公差等级决定
$\frac{H7}{k6}$	$\frac{K7}{h6}$	过渡配合，用于精密定位
$\frac{H7}{n6}$	$\frac{N7}{h6}$	过渡配合，允许有较大过盈的更精密定位
$\frac{H7}{p6}$	$\frac{P7}{h6}$	过盈定位配合，即小过盈配合，用于定位精度特别重要时，能以最好的定位精度达到部件的刚性及中性要求，而对内孔承受压力无特殊要求，不依靠配合的紧固性传递摩擦负荷
$\frac{H7}{s6}$	$\frac{S7}{h6}$	中等压入配合，适用于一般钢件；用于薄壁件的冷缩配合，用于铸铁件可得到最紧的配合
$\frac{H7}{u6}$	$\frac{U7}{h6}$	压入配合，适用于可以承受高压入力的零件，或者不宜承受压入力的冷缩配合

2. 计算法

计算法是根据零件的结构、材料和功能要求，按照一定的理论公式的计算结果来选择配合。计算法主要用于间隙配合和过盈配合。对于滑动轴承的间隙配合，首先根据液体润滑理论来计算允许的最小间隙，然后从标准中选择适当的配合种类。对于完全靠过盈来传递负荷的过盈配合，可以根据要求传递负荷的大小，按弹塑性变形理论，计算出允许的最小过盈和最大过盈，从而选择适当的过盈配合。对于过盈配合的选用，GB/T 5371—2004 已做出了详细的规定。对于过渡配合，目前尚无合适的计算方法。

由于影响配合间隙和过盈的因素很多，理论计算也只是近似的，所以，在实际应用中还需经过试验来确定。

（1）计算法确定配合类别步骤　根据所要求的极限间隙（或过盈）计算配合公差→根据配合公差选取标准公差等级→确定配合制→计算非基准件的基本偏差→查表确定非基准件的基本偏差代号→画公差带及配合公差带图→验证计算结果。

为了保证零件的功能要求，所选配合的极限间隙（或过盈）应尽可能符合或接近原要求。对于间隙配合，所选配合的最小间隙应大于或等于原要求的最小间隙；对于过盈配合，所选配合的最小过盈应大于或等于原要求的最小过盈。

例 2-11　一公称尺寸为 ϕ50mm 的孔、轴配合，其允许的最大间隙为 $[X_{max}]=+120\mu m$，允许的最小间隙为 $[X_{min}]=+48\mu m$，试确定孔、轴公差带和配合代号，并画出其尺寸和配合公差带图。

解：（1）确定孔、轴的公差等级　按照例 2-8 的方法，可确定

$T_D=IT8=39\mu m$，$T_d=IT7=25\mu m$

（2）确定孔、轴公差带　选用基孔制，孔为

ϕ50H8，EI=0，ES=+39μm。

确定轴的基本偏差　$es\leqslant-[X_{min}]=-48\mu m$

确定轴的基本偏差代号　由 $es\leqslant-48\mu m$ 查表 2-4 知基本偏差代号为 ϕ50e7

轴的极限偏差为 $es=-50\mu m$，$ei=es-T_d=-50\mu m-25\mu m=-75\mu m$

（3）画公差带图及配合公差带图（见图 2-27）

（4）验证由图 2-27 可知

所选配合的最大间隙为 $X_{max}=ES-ei=+39\mu m-(-75)\mu m=+114\mu m$

所选配合的最小间隙为 $X_{min}=EI-es=0\mu m-50\mu m=+50\mu m$

因为 $X_{min}>[X_{min}]$；$X_{max}<[X_{max}]$，所选配合适用，所以确定该孔轴的配合为 ϕ50H8/e7。

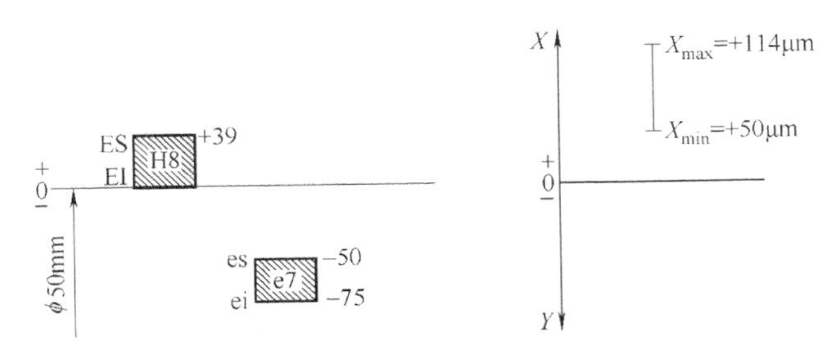

图 2-27　例 2-11 公差带图及配合公差带图

例 2-12　一公称尺寸为 ϕ60mm 的孔、轴配合，为保证连接可靠，其允许的最小极限过

盈为 $[Y_{min}]=-20\mu m$，允许的最大极限过盈为 $[Y_{max}]=-55\mu m$，已决定采用基轴制，试确定此配合的孔、轴公差带和配合代号，并画出尺寸公差带和配合公差带图。

解：(1) 确定孔、轴的公差等级

$$[T_f]=|Y_{min}]-[Y_{max}]|=|-20-(-55)|\mu m=35\mu m$$

按照例 2-9 的方法，可确定 $T_D=IT6=19\mu m$，$T_d=IT5=13\mu m$

(2) 确定孔、轴公差带

轴为基准轴，其公差带代号为 $\phi60h5$，即 $es=0$，$ei=-13\mu m$

确定孔的基本偏差 $ES-ei\leqslant[Y_{min}]$

$$ES\leqslant[Y_{min}]+(-ei)=-20\mu m+(-13)\mu m=-33\mu m$$

确定孔的基本偏差代号　由 $ES\leqslant-33\mu m$ 查表 2-5 知孔的基本偏差代号为 $\phi60R6$

孔的极限偏差为 $ES=-35\mu m$，$EI=ES-T_D=-35\mu m-19\mu m=-54\mu m$

(3) 画公差带图及配合公差带图（图 2-28）

(4) 验证由图 2-28 可知

所选配合的最小过盈为 $Y_{min}=ES-ei=-35\mu m-(-13)\mu m=-22\mu m$

所选配合的最大过盈为 $Y_{max}=EI-es=-54\mu m-0=-54\mu m$

因为 $Y_{min}>[Y_{min}]$；$Y_{max}<[Y_{max}]$，所选配合适用，所以确定该孔轴的配合为 $\phi60R6/h5$。

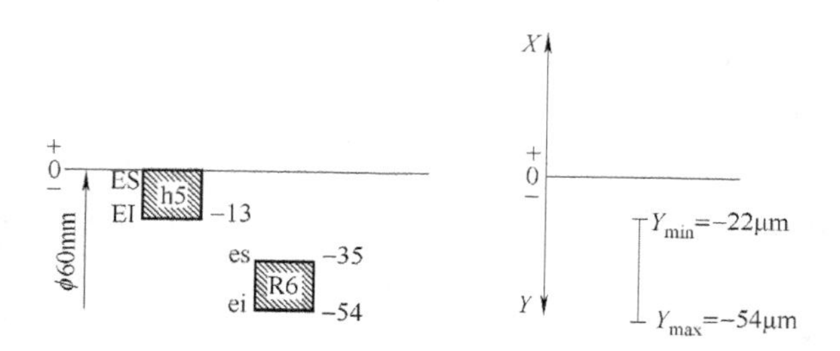

图 2-28　例 2-12 的公差带图及配合公差带图

3. 试验法

试验法通过试验和分析确定零件的最佳间隙或过盈，从而选择适当的配合。采用试验法需进行大量试验，选取的配合比较可靠，成本较高，一般用于重要的、关键性配合。如机车车轴与轴轮的配合，就是用试验方法来确定的。

2.5 一般公差

一般公差是指在车间普通工艺条件下，机床设备一般加工能力可以保证的公差。在正常维护和操作条件下，它代表经济加工精度。当尺寸采用一般公差时，该尺寸后不标注极限偏差，在正常情况下，可以不予检验。

采用一般公差，具有如下优点：

1) 简化制图，使图面清晰。

2）突出重要的、有公差要求的尺寸，以在加工和检验时引起重视。

一般公差主要用于非配合尺寸，以及由工艺方法来保证的尺寸，例如，冲压件和铸件的尺寸由模具保证。

GB/T 1804—2000 规定了未注出公差的线性和角度尺寸的一般公差的公差等级和极限偏差数值（见表 2-18）。线性尺寸的未注公差分为四个等级：f（精密级）、m（中等级）、c（粗糙级）、v（最粗级），适用于金属切削加工的尺寸，也适用于冲压加工的尺寸，非金属材料和其他工艺方法加工的尺寸可参照采用。表 2-19 为倒圆半径和倒角高度尺寸的极限偏差。

表 2-18　未注公差线性尺寸的极限偏差数值　（单位：mm）

公差等级	公称尺寸分段							
	0.5~3	>3~6	>6~30	>30~120	>120~400	>400~1000	>1000~2000	>2000~4000
精密 f	±0.05	±0.05	±0.1	±0.15	±0.2	±0.3	±0.5	—
中等 m	±0.1	±0.1	±0.2	±0.3	±0.5	±0.8	±1.2	±2
粗糙 c	±0.2	±0.3	±0.5	±0.8	±1.2	±2	±3	±4
最粗 v	—	±0.5	±1	±1.5	±2.5	±4	±6	±8

表 2-19　倒圆半径和倒角高度尺寸的极限偏差数值　（单位：mm）

公差等级	公称尺寸分段			
	0.5~3	>3~6	>6~30	>30
精密 f，中等 m	±0.2	±0.5	±1	±2
粗糙 c，最粗 v	±0.4	±1	±2	±4

注：倒圆半径和倒角的含义见 GB/T 6403.4。

选取 GB/T 1804—2000 规定的一般公差，在图样上、技术文件或相应的标准（如企业标准、行业标准）中用标准号和公差等级号表示。例如，按产品精密程度和车间普通加工经济精度选用中等公差等级时，可表示为“未注线形尺寸公差按 GB/T 1804—m”。

这表明图样上凡是未注公差的线形尺寸均按 m（中等）等级加工和验收。

2.6 光滑工件尺寸的检验

要实现零部件的互换性，除了尺寸精度设计外，还必须选择合适的加工工艺进行加工，同时采用相应检验方法对光滑零件尺寸进行检验，才能满足产品的使用要求，保证其互换性。零部件的检验方法主要有两大类：一类是使用通用计量器具检测；另一类是使用专用的检验工具进行验收。

2.6.1 用通用计量器具检测

1. 工件验收原则

由于存在各种测量误差，若按零件的上、下极限尺寸验收零件，当零件的实际尺寸处于上、下极限尺寸附件时，有可能将本来处于公差带内的合格品判为废品，也可能将处于公差带以外的废品误判为合格品，前者称为“误废”，后者称为“误收”。误废和误收是尺寸误检的两种形式。

GB/T 3177—2009 规定的验收原则是：所用验收方法应只接收位于规定的尺寸极限之内的工件，即只允许有误废而不允许有误收。

2. 验收极限与安全裕度的确定

验收极限是指在检验工件尺寸时判断其尺寸合格与否的尺寸界限。国家标准规定验收极限可以按照下列两种方式之一确定。

（1）内缩的验收极限　内缩方式的验收极限是从规定的最大实体尺寸（MMS）和最小实体尺寸（LMS）分别向工件尺寸公差带内移动一个安全裕度 A 来确定，如图 2-29 所示。

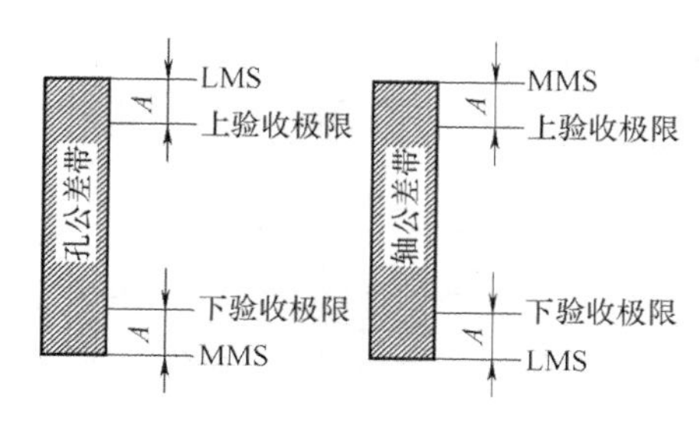

图 2-29　内缩的验收极限

孔尺寸的验收极限：

$$上验收极限=最小实体尺寸(\mathrm{LMS})-安全裕度(A) \tag{2-35}$$

$$下验收极限=最大实体尺寸(\mathrm{MMS})+安全裕度(A) \tag{2-36}$$

轴尺寸的验收极限：

$$上验收极限=最大实体尺寸(\mathrm{MMS})-安全裕度(A) \tag{2-37}$$

$$下验收极限=最小实体尺寸(\mathrm{LMS})+安全裕度(A) \tag{2-38}$$

安全裕度 A 是用来表征在测量过程中，各项误差因素对测量结果分散程度综合影响的一个总误差限。安全裕度 A 的取值主要从技术和经济方面考虑。若 A 值过大，减少了工件的生产公差，加工的经济性差；若 A 值较小，生产经济性较好，但提高了对测量器具的精度要求。因此应合理分配在测量和加工过程所占用零件公差的比例，以达到最佳技术经济效果。GB/T 3177—2009 规定 A 值按工件尺寸公差 T 的 1/10 确定，其数值由表 2-20 查得。

由于验收极限向工件的公差带内移动，为保证在验收时合格，工件在生产时应按验收极限所确定的范围生产，这个范围称为“生产公差”。

$$生产公差=上验收极限-下验收极限 \tag{2-39}$$

（2）不内缩方式的验收极限　不内缩方式的验收极限是以规定的最大实体尺寸（MMS）和最小实体尺寸（LMS）分别作为上、下验收极限，即取安全裕度 A 为零，如图 2-30 所示。

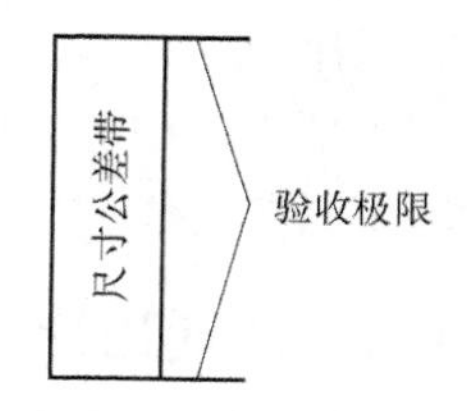

图 2-30　不内缩方式的验收极限

表 2-20　安全裕度（A）与计量器具的测量不确定度允许值（u_1）

（单位：μm）

公差等级		6					7					8					9					10					11				
公称尺寸/mm		T	A	μ_1			T	A	μ_1			T	A	μ_1			T	A	μ_1			T	A	μ_1			T	A	μ_1		
大于	至			Ⅰ	Ⅱ	Ⅲ			Ⅰ	Ⅱ	Ⅲ			Ⅰ	Ⅱ	Ⅲ			Ⅰ	Ⅱ	Ⅲ			Ⅰ	Ⅱ	Ⅲ			Ⅰ	Ⅱ	Ⅲ
—	3	6	0.6	0.5	0.9	1.4	10	1.0	0.9	1.5	2.3	14	1.4	1.3	2.1	3.2	25	2.5	2.3	3.8	5.6	40	4.0	3.6	6.0	9.0	60	6.0	5.4	9.0	14
3	6	8	0.8	0.7	1.2	1.8	12	1.2	1.1	1.8	2.7	18	1.8	1.6	2.7	4.1	30	3.0	2.7	4.5	6.8	48	4.8	4.3	7.2	11	75	7.5	6.8	11	17
6	10	9	0.9	0.8	1.4	2.0	15	1.5	1.4	2.3	3.4	22	2.2	2.0	3.3	5.0	36	3.6	3.3	5.4	8.1	58	5.8	5.2	8.7	13	90	9.0	8.1	14	20
10	18	11	1.1	1.0	1.7	2.5	18	1.8	1.7	2.7	4.1	27	2.7	2.4	4.1	6.1	43	4.3	3.9	6.5	9.7	70	7.0	6.3	11	16	110	11	10	17	25
18	30	13	1.3	1.2	2.0	2.9	21	2.1	1.9	3.2	4.7	33	3.3	3.0	5.0	7.4	52	5.2	4.7	7.8	12	84	8.4	7.6	13	19	130	13	12	20	29
30	50	16	1.6	1.4	2.4	3.6	25	2.5	2.3	3.8	5.6	39	3.9	3.5	5.9	8.8	62	6.2	5.6	9.3	14	100	10	9.0	15	23	160	16	14	24	36
50	80	19	1.9	1.7	2.9	4.3	30	3.0	2.7	4.5	5.8	46	4.6	4.1	6.9	10	74	7.4	6.7	11	17	120	12	11	18	27	190	19	17	29	43
80	120	22	2.2	2.0	3.3	5.0	35	3.5	3.2	5.3	7.9	54	5.4	4.9	8.1	12	87	8.7	7.8	13	20	140	14	13	21	32	220	22	20	33	50
120	180	25	2.5	2.3	3.8	5.6	40	4.0	3.6	6.0	9.0	63	6.3	5.7	9.5	14	100	10	9.0	15	23	160	16	15	24	36	250	25	23	38	56
180	250	29	2.9	2.6	4.4	6.5	46	4.6	4.1	6.9	10	72	7.2	6.5	11	16	115	12	10	17	26	185	19	17	28	42	290	29	26	44	65
250	315	32	3.2	2.9	4.8	7.2	52	5.2	4.7	7.8	12	81	8.1	7.3	12	18	130	13	12	19	29	210	21	19	32	47	320	32	29	48	72
315	400	36	3.6	3.2	5.4	8.1	57	5.7	5.1	8.4	13	89	8.9	8.0	13	20	140	14	13	21	32	230	23	21	35	52	360	36	32	54	81
400	500	40	4.0	3.6	6.0	9.0	63	6.3	5.7	9.5	14	97	9.7	8.7	15	22	155	16	14	23	35	250	25	23	38	56	400	40	36	60	90

（续）

公差等级		12				13			
公称尺寸/mm		T	A	μ_1		T	A	μ_1	
大于	至			Ⅰ	Ⅱ			Ⅰ	Ⅱ
—	3	100	10	9.0	15	140	14	13	21
3	6	120	12	11	18	180	18	16	27
6	10	150	15	14	23	220	22	20	33
10	18	180	18	16	27	270	27	24	41
18	30	210	21	19	32	330	33	30	50
30	50	250	25	23	38	390	39	35	59
50	80	300	30	27	45	460	46	41	69
80	120	350	35	32	53	540	54	49	81
120	180	400	40	36	60	630	63	57	95
180	250	460	46	41	69	720	72	65	110
250	315	520	52	47	78	810	81	73	120
315	400	570	57	51	86	890	89	80	130
400	500	630	63	57	95	970	97	87	150

公差等级		14				15			
公称尺寸/mm		T	A	μ_1		T	A	μ_1	
大于	至			Ⅰ	Ⅱ			Ⅰ	Ⅱ
—	3	250	25	23	38	400	40	36	60
3	6	300	30	27	45	480	48	43	72
6	10	360	36	32	64	580	58	52	87
10	18	430	43	39	65	700	70	63	110
18	30	520	52	47	78	840	84	76	130
30	50	620	62	56	93	1000	100	90	150
50	80	740	74	67	110	1200	120	110	180
80	120	870	87	78	130	1400	140	130	210
120	180	1000	100	90	150	1600	160	150	240
180	250	1150	115	100	170	1800	180	170	280
250	315	1300	130	120	190	2100	210	190	320
315	400	1400	140	130	210	2300	230	210	350
400	500	1500	150	140	230	2500	250	230	380

公差等级		16				17				18			
公称尺寸/mm		T	A	μ_1		T	A	μ_1		T	A	μ_1	
大于	至			Ⅰ	Ⅱ			Ⅰ	Ⅱ			Ⅰ	Ⅱ
—	3	600	60	54	90	1000	100	90	150	1400	140	135	210
3	6	750	75	68	110	1200	120	110	180	1800	180	160	270
6	10	900	90	81	140	1500	150	140	230	2200	220	200	330
10	18	1100	110	100	170	1800	180	160	270	2700	270	240	400
18	30	1300	130	120	200	2100	210	190	320	3300	330	300	490
30	50	1600	160	140	240	2500	250	220	380	3900	390	350	580
50	80	1900	190	170	290	3000	300	270	450	4600	460	410	690
80	120	2200	220	200	330	3500	350	320	530	5400	540	480	810
120	180	2500	250	230	380	4000	400	360	600	6300	630	570	940
180	250	2900	290	260	440	4600	460	410	690	7200	720	650	1080
250	315	3200	320	290	480	5200	520	470	780	8100	810	730	1210
315	400	3600	360	320	540	5700	570	510	850	8900	890	800	1330
400	500	4000	400	360	600	6300	630	570	950	9700	970	870	1450

（3）验收极限方式的选择　验收极限方式的选择要结合尺寸功能要求及其重要程度、尺寸标准公差等级、测量不确定度和过程能力等因素综合考虑。

① 对遵循包容要求的尺寸和标准公差等级高的尺寸，其验收极限可按内缩方式确定。

② 当过程能力指数 $C_p \geqslant 1$ 时，其验收极限可按不内缩方式确定。但对遵循包容要求的尺寸，其最大实体尺寸一边的验收极限应按内缩方式确定。

过程能力指数 C_p 是指工件公差值 T 与加工设备工艺能力 $c\sigma$ 的比值。c 是常数，工件尺寸遵循正态分布时 $c=6$；σ 是加工设备的标准偏差，$C_p=T/(6\sigma)$。

③ 对偏态分布的尺寸，其验收极限可以对尺寸偏向的一边，按单项内缩方式确定。

④ 对非配合和一般公差的尺寸，其验收极限可按不内缩方式确定。

3. 计量器具的选择

测量工件时所产生的误收和误废现象是由于测量不确定度的存在而引起的。而测量不确定度 u 主要由计量器具的不确定度 u_1 和测量方法的不确定度 u_2 构成，测量器具的不确定度 u_1 是测量器具的内在误差（包括调整仪器所用标准器具的不确定度）所引起测得的实际尺寸对真实尺寸可能分散的范围。它是选择测量器具的依据，其值的大小反映了允许检验所用测量器具的最低精度；测量方法的不确定度 u_2 是在测量过程中温度、工件变形等因素所引起测得的实际尺寸对真实尺寸可能分散的范围。显然，测得的实际尺寸分散范围越大，测量误差越大，测量的不确定度就越大。

u_1 与 u_2 都是独立的随机变量，因此，其综合结果也是随机变量，且应不超过安全裕度 A。u_1 与 u_2 对 u 的影响程度是不同的，一般按 2∶1 的关系处理，取 $u_1 \approx 0.9A$，$u_2 \approx 0.45A$。按独立随机变量合成的规则，有

$$u=\sqrt{u_1^2+u_2^2}=\sqrt{(0.9A)^2+(0.45A)^2}\approx 1.00A \tag{2-40}$$

计量器具的测量不确定度允许值（u_1）按测量不确定度（u）与工件公差的比值分档：对 IT6~IT11 的分为Ⅰ、Ⅱ、Ⅲ三档；对 IT12~IT18 的分为Ⅰ、Ⅱ两档。测量不确定度（u）的Ⅰ、Ⅱ、Ⅲ三档值分别为工件公差的 1/10、1/6、1/4。计量器具的测量不确定度允许值（u_1）约为测量不确定度（u）的 0.9 倍，其三档数值见表 2-20。

计量器具的选择应综合考虑测量器具的技术指标和经济指标。在选用时应遵循以下原则：

1）选择的计量器具应与被测工件的外形、位置、尺寸的大小及被测参数特性相适应，使所选择的测量器具的测量范围能满足工件的要求。

2）计量器具的选择应考虑工件的精度要求，使所选择的测量器具的测量不确定度值，既能保证测量精度，又符合经济性要求。

在选择测量器具时，应根据工件尺寸公差的大小，按表 2-20 查所对应的安全裕度 A 和测量器具的不确定度允许值 u_1，一般情况下优先选用Ⅰ档，其次选用Ⅱ档、Ⅲ档。然后，再按表 2-21 至表 2-23 所列普通测量器具的测量不确定度 u_1' 的数值，选择具体的测量器具。所选用的测量器具的 u_1' 值应不大于 u_1 值。

表 2-21　千分尺和游标卡尺的不确定度

<table>
<tr><td rowspan="2">尺寸范围
/mm</td><td>分度值 0.01mm
外径千分尺</td><td>分度值 0.01mm
内径千分尺</td><td>分度值 0.02mm
游标卡尺</td><td>分度值 0.05mm
游标卡尺</td></tr>
<tr><td colspan="4">不确定度 u_1'/mm</td></tr>
<tr><td>≤50</td><td>0.004</td><td rowspan="3">0.008</td><td rowspan="4">0.020</td><td rowspan="4">0.050</td></tr>
<tr><td>>50~100</td><td>0.005</td></tr>
<tr><td>>100~150</td><td>0.006</td></tr>
<tr><td>>150~200</td><td>0.007</td><td>0.013</td></tr>
</table>

注：1. 当采用比较测量时，千分尺的不确定度可小于本表规定的数值。

2. 当所选用的计量器具的 $u_1'>u_1$ 时，需按 u_1' 计算出扩大的安全裕度 $A'\left(A'=\dfrac{u_1'}{0.9}\right)$；当 A' 不超过工件公差 15%时，允许选用该计量器具。此时需按 A' 数值确定上、下验收极限。

表 2-22　比较仪的测量不确定度

<table>
<tr><td rowspan="2">尺寸范围
/mm</td><td>分度值为 0.0005mm</td><td>分度值为 0.001mm</td><td>分度值为 0.002mm</td><td>分度值为 0.005mm</td></tr>
<tr><td colspan="4">不确定度 u_1'/mm</td></tr>
<tr><td>≤25</td><td>0.0006</td><td rowspan="2">0.0010</td><td>0.0017</td><td rowspan="5">0.0030</td></tr>
<tr><td>>25~40</td><td>0.0007</td><td rowspan="3">0.0018</td></tr>
<tr><td>>40~65</td><td>0.0008</td><td rowspan="2">0.0011</td></tr>
<tr><td>>65~90</td><td>0.0008</td></tr>
<tr><td>>90~115</td><td>0.0009</td><td>0.0012</td><td>0.0019</td></tr>
</table>

注：1. 本表规定的数值是指测量时，使用的标准器由四块 1 级（或 4 等）量块组成的数值。

2. 分度值 0.0005mm、0.001mm、0.002mm 和 0.005mm 分别相当于放大倍数 2000 倍、1000 倍、400 倍和 250 倍。

表 2-23　指示表的测量不确定度

<table>
<tr><td rowspan="2">尺寸范围
/mm</td><td>分度值为 0.001mm 的千分表（0 级在全程范围内，1 级在 0.2mm 内），分度值为 0.002mm 的千分表（在 1 转范围内）</td><td>分度值为 0.001mm、0.002mm、0.005mm 的千分表（1 级在全程范围内），分度值为 0.01mm 的百分表（0 级在任意 1mm 内）</td><td>分度值为 0.01mm 的百分表（0 级在全程范围内），1 级在任意 1mm 内</td><td>分度值为 0.01mm 的百分表（1 级在全程范围内）</td></tr>
<tr><td colspan="4">不确定度 u_1'/mm</td></tr>
<tr><td>≤25</td><td rowspan="5">0.005</td><td rowspan="5">0.010</td><td rowspan="5">0.018</td><td rowspan="5">0.030</td></tr>
<tr><td>>25~40</td></tr>
<tr><td>>40~65</td></tr>
<tr><td>>65~90</td></tr>
<tr><td>>90~115</td></tr>
</table>

注：本表规定的数值是指测量时，使用的标准器由四块 1 级（或 4 等）量块组成的数值。

例 2-13　被测工件为 $\phi50f8\left(^{-0.025}_{-0.064}\right)$ Ⓔ，试确定其验收极限并选择适当的测量器具。

解： 1）根据工件的尺寸公差　$T=0.039$mm，公差等级为 IT8，查表 2-20 确定安全裕度

$A=0.0039$mm。优先选用 I 档，计量器具不确定度允许值 I 档 $u_1=0.0035$mm。

2）选择测量器具 按被测工件的公称尺寸 ϕ50mm，从表 2-22 中选取分度值为 0.005mm 的比较仪，其不确定度 $u_1'=0.0030$mm。$u_1'<u_1$，所选测量器具满足使用要求。

3）确定验收极限 因为该工件遵守包容要求，故其验收极限应按内缩的验收极限方式来确定。

$$上验收极限=(50-0.025-0.0039)\text{mm}=49.9711\text{mm}$$
$$下验收极限=(50-0.064+0.0039)\text{mm}=49.9399\text{mm}$$

2.6.2 用光滑极限量规检验

1. 光滑极限量规的功用和种类

光滑极限量规（简称量规）是指被检验工件为光滑孔或光滑轴时所用的极限量规的总称。当单一要素的孔和轴采用包容要求标注时，则应使用量规检验，以便把尺寸误差和形状误差都控制在尺寸公差的范围内。

光滑极限量规是一种没有刻度的定值专用检验工具。用量规检验零件时，只能判断零件是否在规定的验收极限范围内，而不能测出零件的尺寸、形状和位置误差的具体数值。光滑极限量规结构简单、使用方便，验收效率高，并能保证互换性。因此，在大批量生产中得到了广泛的应用。

光滑极限量规有通规和止规，如图 2-31 所示。通规用来模拟最大实体边界，检验孔或轴的实际轮廓（实际尺寸和形状误差的综合结果）是否超出最大实体边界，即检验孔或轴的体外作用尺寸是否超出最大实体尺寸。止规用来检验孔或轴的实际尺寸是否超出最小实体尺寸。量规的通规用于控制工件的作用尺寸，止规用于控制工件的实际尺寸。检验孔的量规称为塞规，检验轴的量规称为环规或卡规。用量规检验工件时，通规和止规必须成对使用，才能判断被检孔或轴的尺寸是否在规定的极限尺寸范围内。其合格的标志是通规通过，止规通不过。量规按其用途可分为工作量规、验收量规及校对量规 3 类。

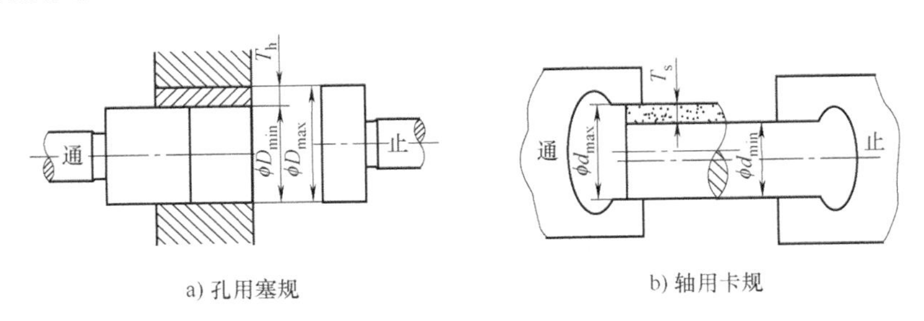

图 2-31 光滑极限量规通规和止规

工作量规是指在零件加工过程中，操作者对零件进行检验时所使用的量规。通规用代号“T”表示，止规用代号“Z”表示。操作者应使用新的或磨损较少的量规。

验收量规是指在验收零件时，检验人员或用户代表所使用的量规。验收量规一般不专门制造，它是由与工作量规相同类型且已磨损较多但未超过磨损极限的通规和接近零件最小实体尺寸的止规所组成的量规。这样可保证操作者自检合格的零件，在检验人员验收时也一定合格。

校对量规是指检验工作量规或验收量规的量规。孔用量规（塞规）使用指示式测量器具很方便，不需要校对量规。只有轴用量规（环规、卡规）才使用校对量规（塞规）。校对量规分为三种，见表 2-24。

表 2-24 校对量规

<table>
<tr><th colspan="2">检验对象</th><th>量规形状</th><th>量规名称</th><th>量规代号</th><th>用　途</th><th>检验合格的标志</th></tr>
<tr><td rowspan="3">轴用工作量规</td><td>通规</td><td rowspan="3">塞规</td><td>校通—通</td><td>TT</td><td>防止通规在制造时尺寸过小</td><td>通过</td></tr>
<tr><td>止规</td><td>校止—通</td><td>ZT</td><td>防止止规在制造时尺寸过小</td><td>通过</td></tr>
<tr><td>通规</td><td>校通—损</td><td>TS</td><td>防止通规在使用中尺寸磨损过大</td><td>不通过</td></tr>
</table>

2. 光滑极限量规的设计

（1）光滑极限量规的设计原理　工作量规的设计就是根据零件图样上的要求，设计出能够把零件尺寸控制在允许的公差范围内的适用量具。为了正确评定按包容要求设计加工出的孔或轴是否合格，在量规设计时应遵循泰勒原则的规定。

通规用于控制工件的作用尺寸，具有与孔或轴相应的完整表面（全形规），其定形尺寸等于工件的最大实体尺寸，且测量长度等于配合长度。

止规用于控制工件的实际尺寸，它的测量面理论上应为两点状的（避免形状误差的干扰），其定形尺寸等于工件的最小实体尺寸。

用光滑极限量规检验工件时，如果通规能够自由通过，且止规不能通过，则表示被测工件合格。如果通规不能通过，或者止规能够通过，则表示被测工件不合格。由于工件总是存在形状误差，若量规的测量面形式设计不合理，则在检验时容易产生误判。如图 2-32 所示，孔的实际轮廓超出了尺寸公差带，用量规检验应判定该孔不合格。该孔用全形通规检验，不能通过；用两点式止规检验，虽然沿 x 方向不能通过，但沿 y 方向却能通过。因此，这就能正确地判定该孔不合格。反之，该孔若用两点式通规检验，则有可能沿 y 方向通过；若用全形止规检验，则不能通过。这样，由于所使用的量规形状不正确，就会误判该孔合格。

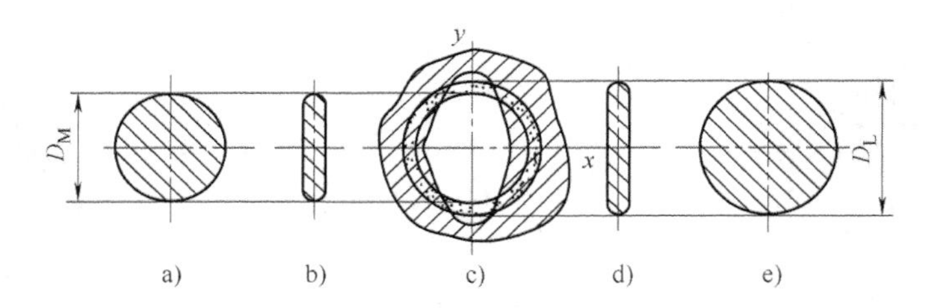

图 2-32 量规形状对检验结果的影响

按照泰勒原则的要求，孔或轴的作用尺寸不允许超出其最大实体尺寸，且在任何位置上的实际尺寸不允许超出其最小实体尺寸。即对于孔，其作用尺寸不允许小于下极限尺寸。且其实际尺寸应不大于上极限尺寸；对于轴，其作用尺寸不允许大于上极限尺寸，且其实际尺寸应不小于下极限尺寸。泰勒原则的实质就是把尺寸偏差和形状误差均控制在极限尺寸范围内。

在量规的实际应用中，由于制造和使用方面的原因，很难要求量规的形状完全符合泰勒原则。因此，在光滑极限量规国家标准中，规定了允许在被检验工件的形状误差不影响配合性质的条件下，使用偏离泰勒原则的量规。如为了使用已标准化的量规，允许通规的长度小于被检长度；对于尺寸大于 100mm 的孔，为了不使量规过于笨重，允许使用不全形塞规（或杆规）；全形环规不能检验正在顶尖上装夹加工的零件及曲轴零件等，只能用卡规检验；止规也不一定是两点接触，一般常用小平面、圆柱或球面代替点；检验小孔的止规，为增加刚度和方便制造，常采用全形塞规；在检验薄壁零件时，为防止工件变形，也常用全形止规。

当采用不符合泰勒原则的量规检验工件时，应在工件的多方位上进行多次检验，必须操作正确，并从工艺上采取措施限制工件的形状误差。如果使用非全形通规检验孔或轴，应在被测孔或轴的全长范围内的若干部位分别围绕圆周的几个位置进行检验。

量规的结构形式很多，具体尺寸范围、使用顺序和结构形式可参见 GB/T 10920—2008 及相关资料。图 2-33 给出了常用量规的形式和应用尺寸范围。

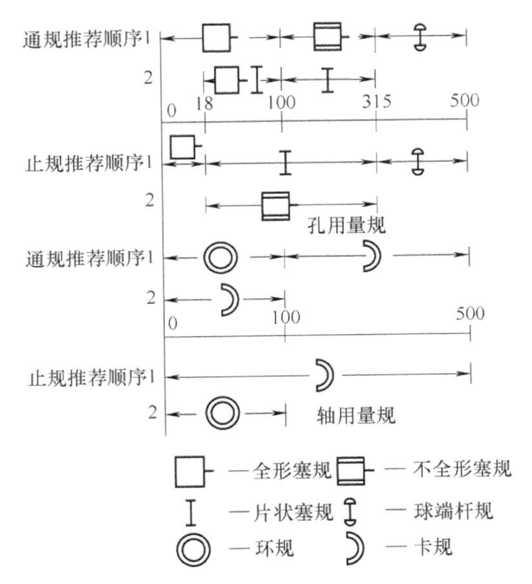

图 2-33 量规形式及应用尺寸范围

（2）光滑极限量规公差 为保证测量结果的准确性，必须对量规规定制造公差，工作量规和校对量规的制造公差分别用 T 和 T_p 表示。

通规在工作时，要经常通过检验工件，其工作表面会发生磨损，为使通规具有一定的使用寿命，应留出适当的磨损储量（规定通规尺寸公差带中心到工件最大实体尺寸之间的距离 Z 值）。因此，通规的公差由制造公差和磨损公差组成。制造公差的大小决定了量规制造的难易程度，磨损公差的大小决定了量规的使用寿命。止规通常不通过被测工件，因此不留磨损储量。

测量极限误差一般取为被测工件尺寸公差的 1/5～1/3。对标准公差等级相同而公称尺寸不同的工件，这个比值基本上相同。随着工件标准公差等级的降低，这个比值逐渐减少。通规和止规尺寸公差和磨损储量的总和占被测工件尺寸公差（标准公差 T）的百分比见表 2-25。

表 2-25　量规尺寸公差和磨损储量的总和占标准公差的百分比

标准公差等级	IT6	IT7	IT8	IT9	IT10	IT11	IT12	IT13	IT14	IT15	IT16
$\frac{T+(Z+T/2)}{IT}$ (%)	40	32.9	28	23.5	19.7	16.9	14.4	13.8	12.9	12	11.5

GB/T 1957—2006 对公称尺寸小于 500mm、标准公差等级为 IT6～IT16 的孔和轴规定了量规尺寸公差 T 及 Z 值，其数值见表 2-26。

表 2-26　光滑极限量规定形尺寸公差 T 和通规定形尺寸公差带的中心到工件最大实体尺寸之间的距离 Z 值

工件公称尺寸/mm	IT6			IT7			IT8			IT9			IT10			IT11			IT12		
	IT6	T	Z	IT7	T	Z	IT8	T	Z	IT9	T	Z	IT10	T	Z	IT11	T	Z	IT12	T	Z
≤3	6	1	1	10	1.2	1.6	14	1.6	2	25	2	3	40	2.4	4	60	3	6	100	4	9
>3～6	8	1.2	1.4	12	1.4	2	18	2	2.6	30	2.4	4	48	3	5	75	4	8	120	5	11
>6～10	9	1.4	1.6	15	1.8	2.4	22	2.4	3.2	36	2.8	5	58	3.6	6	90	5	9	150	6	13
>10～18	11	1.6	2	18	2	2.8	27	2.8	4	43	3.4	6	70	4	8	110	6	11	180	7	15
>18～30	13	2	2.4	21	2.4	3.4	33	3.4	5	52	4	7	84	5	9	130	7	13	210	8	18
>30～50	16	2.4	2.8	25	3	4	39	4	6	62	5	8	100	6	11	160	8	16	250	10	22
>50～80	19	2.8	3.4	30	3.6	4.6	46	4.6	7	74	6	9	120	7	13	190	9	19	300	12	26
>80～120	22	3.2	3.8	35	4.2	5.4	54	5.4	8	87	7	10	140	8	15	220	10	22	350	14	30

（3）光滑极限量规的公差带　为确保产品质量，GB/T 1957—2006 规定量规公差带不得超出被测工件公差带。图 2-34 所示为孔用和轴用工作量规尺寸公差带，D_M、D_L 为被检孔的最大、最小实体尺寸，D_{min}、D_{max}为被检孔的下、上极限尺寸，d_M、d_L 为被检轴的最大、最小实体尺寸，d_{max}、d_{min}为被检轴的上、下极限尺寸；T 为量规尺寸公差。

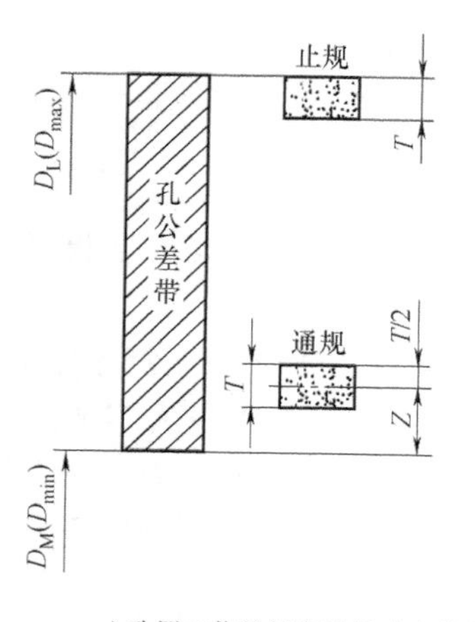

a) 孔用工作量规定形尺寸公差带

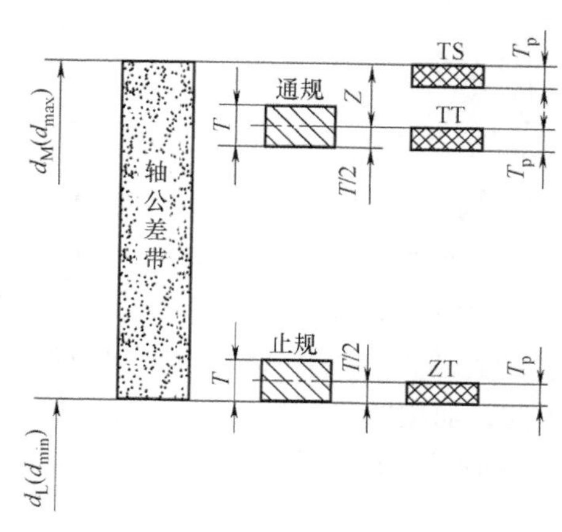

b) 轴用工作量规定形尺寸公差带

图 2-34　量规公差带示意图

磨损储量 Z 为公差带中心到 D_M、d_M 的距离，其磨损极限为被检工件的最大实体尺寸。

工作量规止规的制造公差带，从工件的最小实体尺寸开始，并向公差带内分布。

校对轴用通规的“校通—通”（TT）量规，其公差带是从通规的下极限偏差起始，并向轴用通规的公差带内分布，以防止轴用通规制造得过小，因此在通过时为合格。

校对轴用止规的“校止—通”（ZT）量规，其公差带是从止规的下极限偏差起始，并向轴用止规的公差带内分布，以防止轴用止规制造得过小，因此在通过时为合格。

校对轴用通规磨损极限的“校通—损”（TS）量规，其公差带是从通规的上极限偏差（即磨损极限）起始，并向轴的公差带内分布，以防止轴用通规磨损过大，因此在校对时不通过为合格。

校对量规的尺寸公差带如图 2-34 所示。校对量规的尺寸公差 T_p 为工作量规尺寸公差 T 的一半。

（4）光滑极限量规的几何公差与表面粗糙度　国家标准规定工作量规的形状和位置误差应在工作量规制造公差范围内，其几何公差值应等于量规制造公差的 50%。考虑到制造和测量的困难，当量规制造公差小于或等于 0.002mm 时，其几何公差取 0.001mm。

校对量规的几何误差应控制在其制造公差范围内，即采用包容原则。

根据工件的标准公差等级的高低和公称尺寸的大小，量规工作面的表面粗糙度参数 Ra 的上限值为 0.025~0.4μm，见表 2-27。校对量规的表面粗糙度参数 Ra 值应比工作量规的小 50%。

表 2-27　量规工作面的表面粗糙度参数 *Ra* 值

工作量规	工件公称尺寸/mm		
	≤120	>120~315	>315~500
	Ra/μm		
IT6 级孔用量规	≤0.025	≤0.05	≤5.1
IT6~IT9 级轴用量规 IT7~IT9 级孔用量规	≤0.05	≤0.1	≤0.2
IT10~IT12 级孔、轴用量规	≤0.1	≤0.2	≤0.4
IT13~IT16 级孔、轴用量规	≤0.2	≤0.4	≤0.4

（5）光滑极限量规工作尺寸的计算　光滑极限量规工作尺寸的计算步骤如下：

① 由国家标准中查出被检工件（孔和轴）的极限偏差，计算相应的最大和最小实体尺寸，它们就是量规的公称尺寸（定形尺寸）。

② 根据被检工件的公差等级，由表 2-26 查出量规的制造公差 T 和位置要素 Z 值，并确定量规的几何公差和校对量规的尺寸公差 T_p 值。

③ 画出工件和量规的公差带图。

④ 计算量规的极限偏差、极限尺寸及磨损极限尺寸。

⑤ 按量规的常用形式绘制并标注量规工作图。为适应加工工艺性的需要，图注尺寸的形式应为：量规为外尺寸时，标注为“最大实体尺寸$_{-T}^{\ 0}$”；量规为内尺寸时，标注为“最大实体尺寸$_{\ 0}^{+T}$”。

例 2-14　已知孔与轴配合为 ϕ30H8/f7Ⓔ，设计其工作量规和校对量规。

解： ① 按图 2-33 选择量规形式：选定孔用工作量规通规为全形塞规，止规为不全形塞规；轴用工作量规为环规、止规为卡规。

② 查出 ϕ30H8/f7 的孔和轴的极限偏差。按表 2-26 查出孔和轴工作量规的制造公差 T 及 Z 值。取 $T/2$ 作为校对量规公差。

③ 画出工件和量规的公差带图，如图 2-35 所示。

④ 计算量规的制造尺寸，列于表 2-28。

⑤ 绘制量规工作图　如图 2-36 所示。

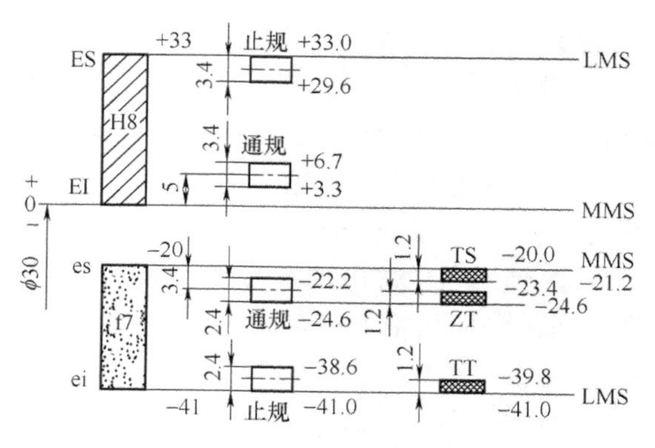

图 2-35　量规公差带图

表 2-28　量规工作尺寸计算

被检工件	量规名称	量规代号	量规公差 $T(T_p)$/μm	位置要素 Z/μm	量规极限尺寸/mm 上	量规极限尺寸/mm 下	量规工作尺寸/mm
$\phi30^{+0.003}_{0}$ (ϕ30H8)	通端工作量规	T	3.4	5.0	30.0067	30.0033	$30.0067^{0}_{-0.0034}$
	止端工作量规	Z	3.4		30.0330	30.0296	$30.0330^{0}_{-0.0034}$
$\phi30^{-0.020}_{-0.041}$ (ϕ30f7)	通端工作量规	T	2.4	3.4	29.9778	29.9754	$29.9754^{+0.0024}_{0}$
	止端工作量规	Z	2.4		29.9614	29.9590	$29.9590^{+0.0024}_{0}$
	“校通-通”量规	TT	1.2		29.9766	29.9754	$29.9766^{0}_{-0.0012}$
	“校止-通”量规	ZT	1.2		29.9602	29.9590	$29.9602^{0}_{-0.0012}$
	“校通-损”量规	TS	1.2		29.9800	29.9788	$29.9800^{0}_{-0.0012}$

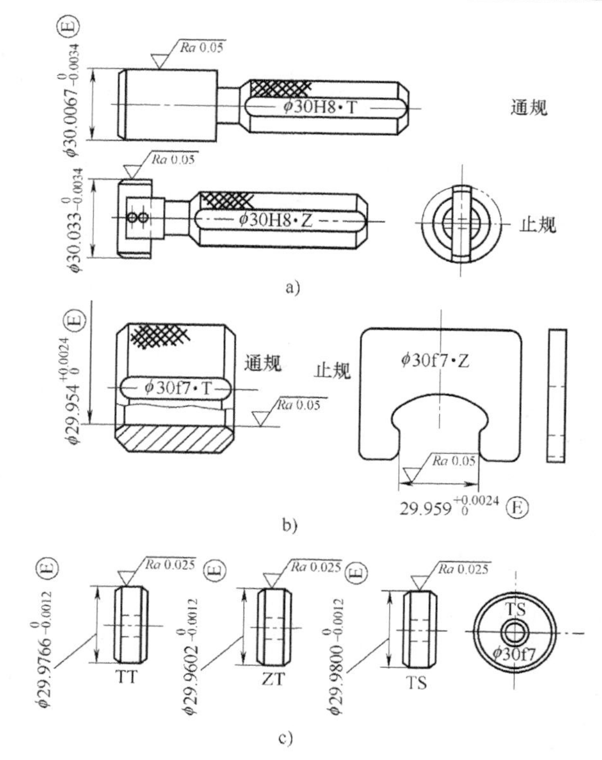

图 2-36　工作量规及校对量规的图样

习题与思考题

1. 公称尺寸、极限尺寸、极限偏差和尺寸公差的含义是什么？它们之间的相互关系如何？在公差带图上如何表示？

2. 公差与偏差的区别在什么地方？

3. 制订标准公差的意义是什么？国家标准规定了多少个标准公差等级？

4. 什么是配合制？如何选择配合制？

5. 什么是未注尺寸公差？国家标准对线性尺寸的未注公差规定了几级精度？未注公差在图样上如何表示？

6. 设公称尺寸为30mm的N7孔和m6的轴相配合，试计算极限间隙或过盈及配合公差。

7. 以下各组配合中，配合性质相同的有（　　）。

A. ϕ30H7/f6 和 ϕ30H8/p7　　B. ϕ30P8/h7 和 ϕ30H8/p7

C. ϕ30M8/h7 和 ϕ30H8/m7　　D. ϕ30H8/m7 和 ϕ30H7/f6

8. 下列配合代号标注正确的有（　　）。

A. ϕ50H7/r6　　B. ϕ50H8/k7　　C. ϕ50h7/D8　　D. ϕ50H9/f9

9. 设某配合的孔径为$\phi 45^{+0.142}_{+0.080}$mm，轴径为$\phi 45^{0}_{-0.039}$mm，试分别计算孔、轴的极限偏差、尺寸公差；孔、轴配合的极限间隙（或过盈）及配合公差，并画出其尺寸公差带及配合公差带图。

10. 有一批孔、轴配合，公称尺寸为ϕ60mm，允许最大间隙为$X_{max}=+40\mu m$，孔公差$T_D=30\mu m$。轴公差$T_d=20\mu m$。试确定孔、轴的极限偏差，并画出其尺寸公差带图。

11. 若已知某孔、轴配合的公称尺寸为ϕ30mm，允许最大间隙为$X_{max}=+23\mu m$，最大过盈为$Y_{max}=-10\mu m$，已知孔的尺寸公差$T_D=20\mu m$，轴的上偏差es=0，试确定孔、轴的极限偏差，并画出其尺寸公差带图。

12. 某孔、轴配合，已知轴的尺寸为ϕ10h8，$X_{max}=+0.007$mm，$Y_{max}=-0.037$mm，试计算孔的极限偏差，并说明该配合是什么基准制，什么配合类别。

13. 计算出下表中空格中的数值，并按规定填写在表中。

（单位：mm）

公称尺寸	孔			轴			X_{max}或Y_{min}	X_{min}或Y_{max}	T_f
	ES	EI	T_h	es	ei	T_s			
ϕ45			0.025	0				−0.050	0.041

14. 指出下表中三对配合的异同点。

（单位：mm）

组别	孔公差带	轴公差带	相同点	不同点
①	$\phi 20^{+0.021}_{0}$	$\phi 20^{-0.020}_{-0.033}$		
②	$\phi 20^{+0.021}_{0}$	ϕ20±0.0065		
③	$\phi 20^{+0.021}_{0}$	$\phi 20^{0}_{-0.013}$		

15. 已知公称尺寸为 ϕ25mm，基孔制的孔轴同级配合，T_f = 0.066mm，Y_{max} = −0.081mm，求孔、轴的上、下极限偏差，并说明该配合是何种配合类型。

16. 一公称尺寸为 ϕ40mm 的孔、轴配合，要求 X_{max} = +120μm，X_{min} = +50μm，试确定基准制、公差等级及其配合。

17. 某公称尺寸为 ϕ75mm 的孔、轴配合，配合允许 X_{max} = +0.028mm，Y_{max} = −0.024mm，试确定其配合公差带代号。

18. 被测工件为 ϕ25f8，试确定其验收极限并选择适当的测量器具。

19. 试计算 ϕ35m6 轴的工作量规及其校对量规的极限尺寸。

第3章 几何精度设计与检测

3.1 概述

机械零件在加工过程中，由于机床、夹具、刀具和工件所组成的工艺系统本身存在各种误差，以及在加工过程中的受力变形、振动、磨损等，使得加工后零件的实际几何要素与理想几何要素在形状和相互位置上存在差异，这种差异就是几何误差。

机械零件的几何精度（几何要素的形状、方向和位置精度）是该零件重要的质量指标之一。为了保证零件的互换性和产品的功能要求，在进行零件的精度设计时，不仅要规定适当的尺寸精度和表面精度要求，还应给出几何公差（包括形状、方向和位置公差），用以限制零件的几何误差。

我国根据国际标准制定了有关几何公差的新国家标准：GB/T 1182—2018《产品几何技术规范（GPS） 几何公差 形状、方向、位置和跳动公差标注》，GB/T 4249—2018《产品几何技术规范（GPS） 基础概念、原则和规则》，GB/T 16671—2018《产品几何技术规范（GPS） 几何公差 最大实体要求（MMR）、最小实体要求（LMR）和可逆要求（RPR）》，GB/T 17851—2010《产品几何技术规范（GPS） 几何公差 基准和基准体系》，GB/T 1184—1996《形状和位置公差 未注公差值》，GB/T 1958—2017《产品几何技术规范（GPS） 几何公差 检测与验证》等。

3.1.1 几何公差的研究对象

几何公差的研究对象是零件的几何要素。所谓几何要素指的是构成零件几何特征的点、线、面。图 3-1 中所示的零件都是由多种几何要素构成的。

几何要素可以根据不同的特征进行分类。

1. 按存在的状态分类

（1）理想要素　理想要素是指具有几何学意义的要素，它是按设计要求由图样给定的点、线、面的理想状态。图 3-1 中所示的几何要素均为理想要素。

（2）实际要素　实际要素是指零件上实际存在的要素，通常以测得要素代替实际要素。由于存在测量误差，所以测得要素并非该要素真实状况。

2. 按结构特征分类

（1）组成要素　组成要素是指构成零件轮廓的点、线、面。如图 3-1a 所示的素线、球面、圆锥面、圆柱面及端平面等。

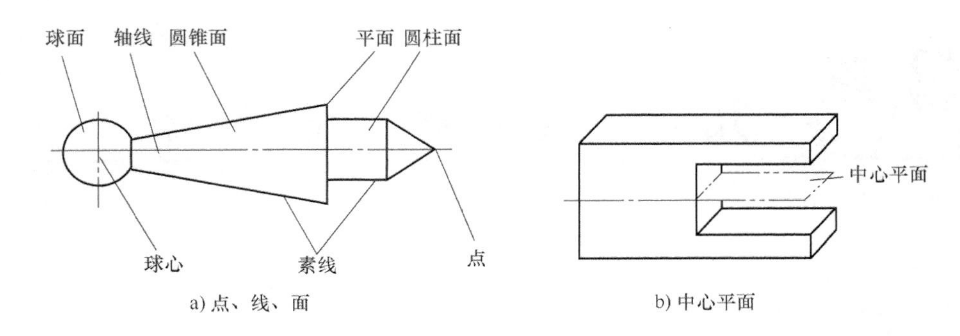

图 3-1　零件的几何要素

（2）导出要素　导出要素是指由对称组成要素导出的中心点、中心线、对称面。导出要素依存于对应的组成要素；离开了对应的组成要素，便不存在导出要素，如图 3-1a 所示的球心、轴线和图 3-1b 所示的中心平面。

3. 按检测时所处的地位分类

（1）被测要素　被测要素是指在图样上给出了几何公差要求的要素，是检测的对象，如图 3-2 所示 ϕd_2 的圆柱面和 ϕd_1 的轴线。

（2）基准要素　基准要素是指用来确定被测要素的方向或位置的要素。理想的基准要素简称为基准。如图 3-2 所示 ϕd_2 的轴线。

4. 按功能关系分

（1）单一要素　单一要素是指仅对其本身给出形状公差要求的要素，如图 3-2 所示给出圆柱度公差要求的 ϕd_2 圆柱面。

（2）关联要素　关联要素是指相对于基准要素有功能（方向、位置）要求的要素，如图 3-2 所示给出同轴度公差要求的 ϕd_1 圆柱面轴线和给出垂直度公差要求的 ϕd_2 圆柱的台肩面。

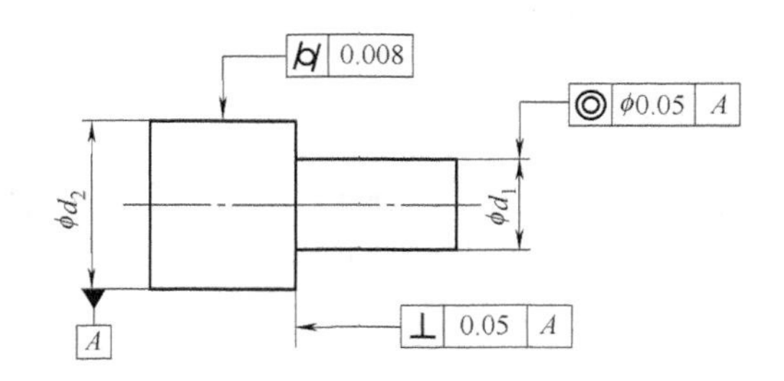

图 3-2　零件几何要素公差要求示例

3.1.2　几何公差的特征项目及其符号

GB/T 1182—2018 规定了 14 种形状、方向和位置等公差的特征符号，见表 3-1。

表 3-1　几何公差特征项目及其符号

公差类型	几何特征	符　号	有无基准	公差类型	几何特征	符　号	有无基准
形状公差	直线度	—	无	位置公差	位置度	⌖	有或无
	平面度	⏥	无		同心度（用于中心点）	◎	有
	圆度	○	无		同轴度（用于轴线）	◎	有
	圆柱度	⌭	无		对称度	⌯	有
	线轮廓度	⌒	无		线轮廓度	⌒	有
	面轮廓度	⌓	无		面轮廓度	⌓	有
方向公差	平行度	∥	有	跳动公差	圆跳动	↗	有
	垂直度	⊥	有		全跳动	⌰	有
	倾斜度	∠	有				
	线轮廓度	⌒	有				
	面轮廓度	⌓	有				

3.2 几何公差的标注方法

在技术图样上，几何公差采用公差框格标注，当无法用公差框格标注时，允许在技术要求中用文字说明。

3.2.1　几何公差框格及基准代号

几何公差的标注包括几何公差框格、几何公差特征项目符号、几何公差数值、基准代号和其他有关符号，如图 3-3 所示。

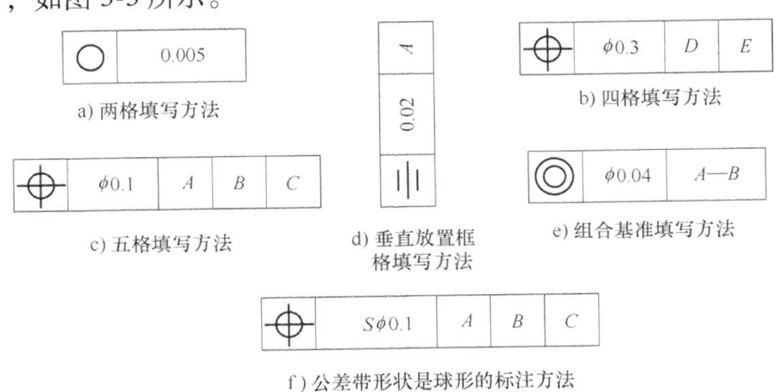

图 3-3　几何公差框格示例

1. 几何公差框格

几何公差框格是由两格或多格组成的矩形框格。在技术图样上，几何公差框格一般应水平放置，在必要时也可垂直放置，但不允许倾斜放置，框格中从左至右或从下到上依次填写下述内容：

第一格：几何公差特征项目符号。

第二格：几何公差值及相关符号，几何公差值的单位为 mm，省略不写；如果是圆形或圆柱形公差带，在公差值前加注 ϕ，如果是球形公差带，则在公差值前加注 Sϕ。

第三、四、五格：基准字母和其他相关符号。

除项目的特征符号外，由于零件的功能要求还需给出一些常用附加符号，见表 3-2。

表 3-2 几何公差的常用附加符号

符　号	意　义	符　号	意　义
Ⓔ	包容要求	Ⓟ	延伸公差带
Ⓜ	最大实体要求	Ⓕ	非刚性零件处于自由状态
Ⓛ	最小实体要求	ϕ5/A2　2×2/B1　C1	基准目标符号
Ⓡ	可逆要求	100	理论正确尺寸

2. 基准符号

代表基准的字母采用大写英文字母，为了避免混淆，规定 E、I、J、M、O、P、L、R、F 字母不采用。必须指出，基准的顺序在公差框格中是固定的，第 3 格填写第一基准，依次填写第二、第三基准，而与字母在字母表中的顺序无关。

基准符号由一个基准方框（基准字母注写在方框内）和一个涂黑或空白的基准三角形及细实线连接而成。涂黑和空白的基准三角形含义相同。三角形符号应靠在基准要素上，无论基准符号在视图上的方向如何，其方框中的基准字母都应水平书写，如图 3-4 所示。

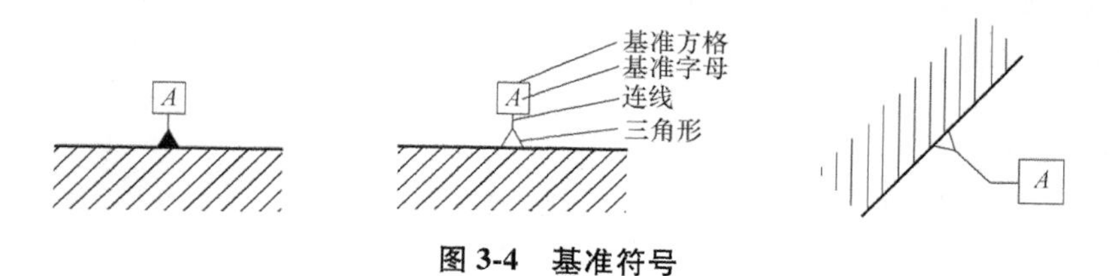

图 3-4 基准符号

3. 2. 2 被测要素的标注方法

用带箭头的指引线将几何公差框格与被测要素相连，指引线的箭头指向公差带的宽度或直径方向。指引线可以从框格的任意一端引出，引向被测要素时允许弯折，但弯折次数不超过两次。对于不同的被测要素，其标注方法如下：

1）当被测要素为组成要素（轮廓要素）时，指引线箭头应指在该要素的轮廓线或轮廓线的延长线上，并与尺寸线明显错开，如图 3-5 所示。

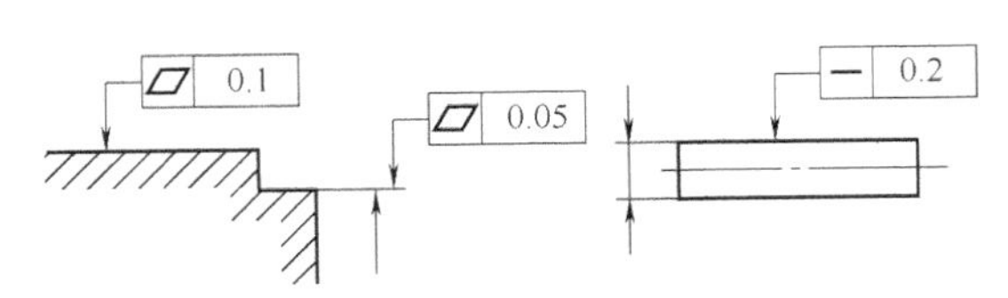

图 3-5　被测要素为组成要素时的标注

2）当被测要素为导出要素（中心要素）时，指引线箭头与尺寸线的延长线重合，如图 3-6 所示。当被测要素为圆锥轴线时的标注如图 3-7 所示。

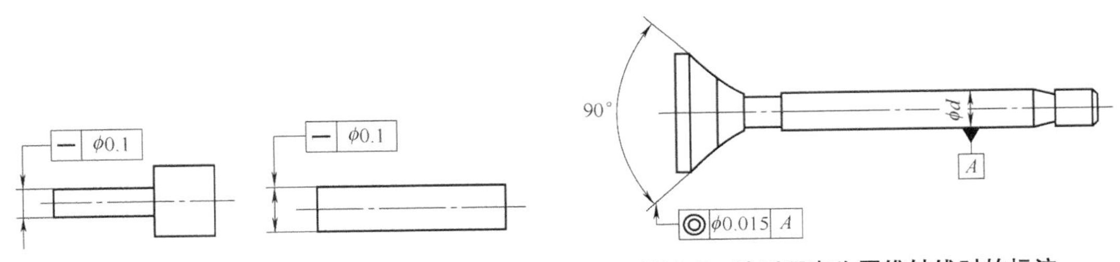

图 3-6　被测要素为导出要素时的标注　　　图 3-7　被测要素为圆锥轴线时的标注

3）当被测要素为视图中的实际表面而又受图形限制时，可在该面上用一黑点引出参考线，指引线箭头指在参考线上，如图 3-8 所示。

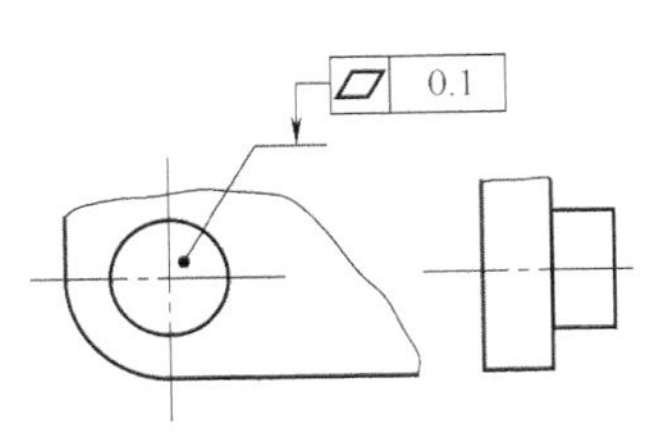

图 3-8　被测要素为视图中实际表面时的标注

4）当被测要素为局部要素时，应该用粗点画线标出其部位并注出尺寸，指引线箭头应指在粗点画线上，如图 3-9 和图 3-10 所示。

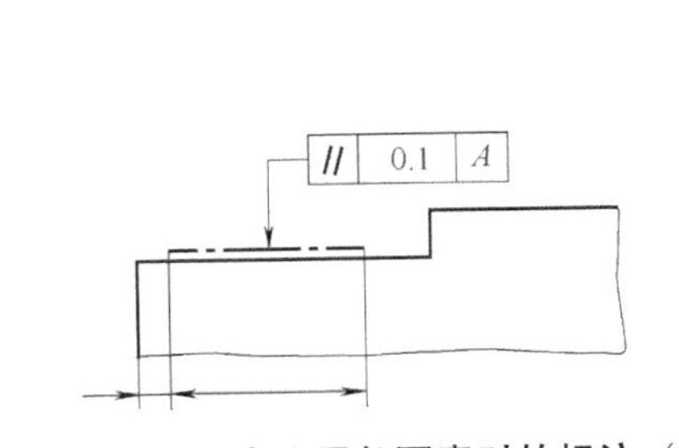

图 3-9　被测要素为局部要素时的标注（一）

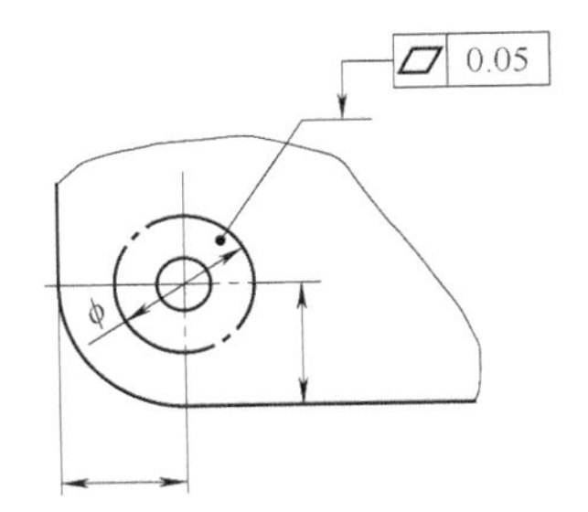

图 3-10　被测要素为局部要素时的标注（二）

5）当同一被测要素有多项几何公差要求时，可以将几个公差框格排列在一起，用一条带箭头的指引线指向被测要素，如图 3-11 所示。

6）当多个相同的要素作为被测要素时，应在框格的上方标明数量，如图 3-12 所示。

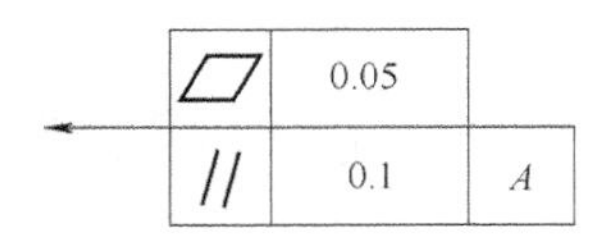

图 3-11　同一被测要素有多项要求时的标注

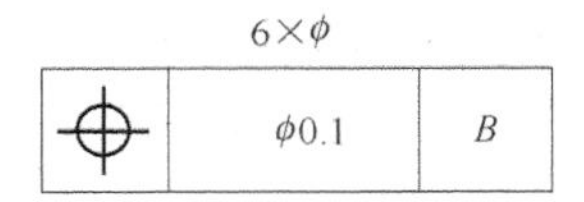

图 3-12　被测要素为多个要素时的标注

7）当多个单独要素有同一数值的公差带时，其表示方法如图 3-13 所示。

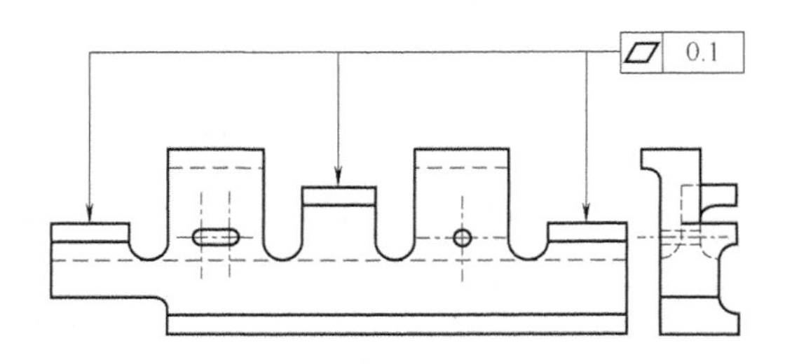

图 3-13　多个单独要素有相同公差带要求时的标注

3.2.3　基准要素的标注方法

1）当基准要素为组成要素（轮廓要素）时，基准三角形的底边放在基准要素的轮廓线或轮廓线的延长线及引出线上，并与尺寸线明显错开，如图 3-14 所示。

2）当基准要素为导出要素时，基准符号的连线应与尺寸线对齐，基准三角形可以代替尺寸线的另一个箭头，如图 3-15 所示。

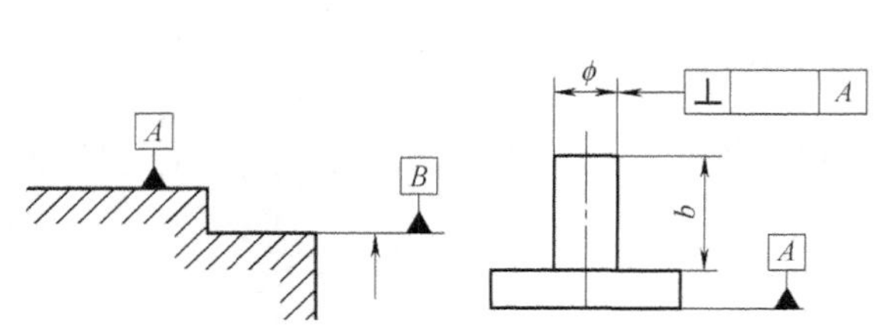

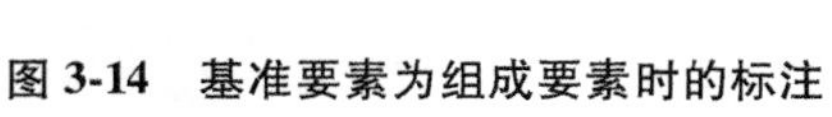

图 3-14　基准要素为组成要素时的标注

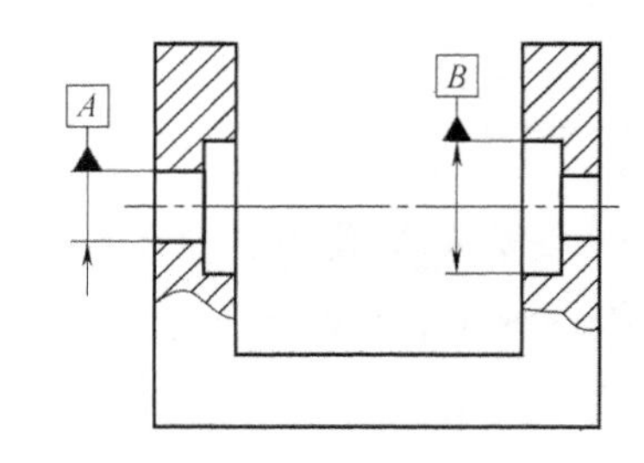

图 3-15　基准要素为导出要素时的标注

3）当基准要素为视图中的局部表面时，可在该面上用一黑点引出参考线，基准代号置于参考线上，如图 3-16 所示。

4）当基准要素为圆锥轴线时，基准代号的连线应与圆锥轴线垂直，而基准短横线应与圆锥素线平行，如图 3-17 所示。

5）当基准要素为由两个同类要素构成而作为一个基准使用的公共基准轴线、公共基准中心平面等公共基准时，其标注如图 3-18 所示。

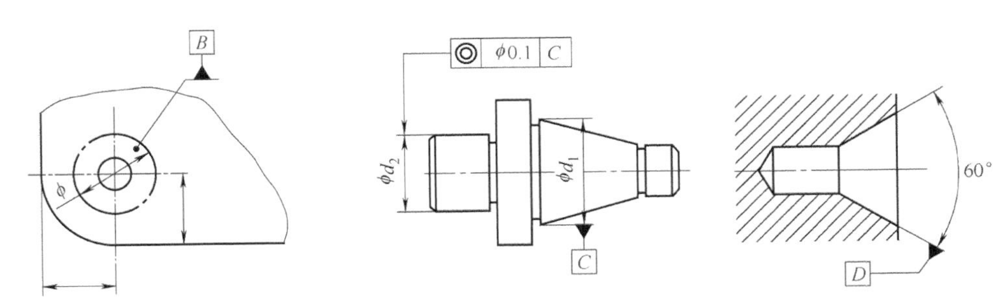

图 3-16　基准要素为视图中局部表面时的标注　　图 3-17　基准要素为圆锥轴线时的标注

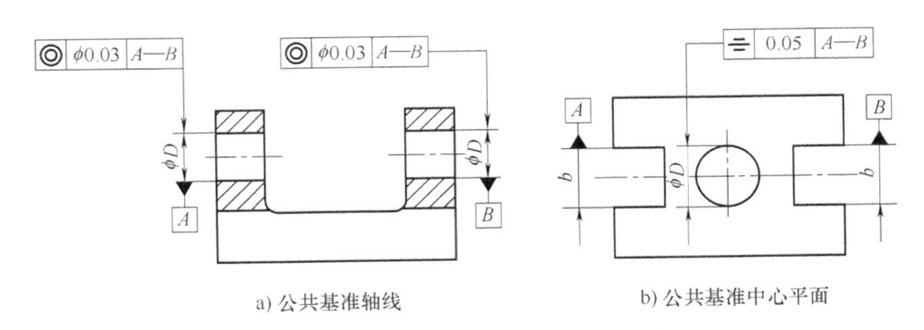

图 3-18　基准要素为公共基准的标注

6）当基准要素为基准体系（三基面体系），其标注如图 3-19 所示。基准体系是由三个相互垂直的平面构成的，这三个平面都是基准平面。应用基准体系时，在图样上，标注基准应注意基准的顺序，应选最重要或最大的平面作为第一基准，选不重要的平面作为第三基准。

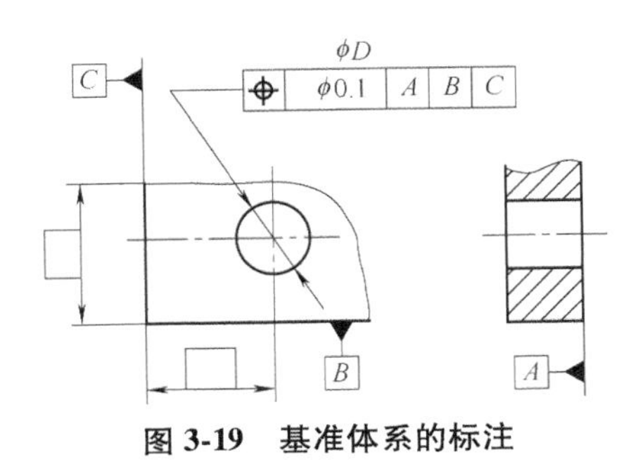

图 3-19　基准体系的标注

3.3 几何公差与几何公差带

3.3.1　几何公差及几何公差带的基本形状

几何公差是指实际被测要素对其给定的理想形状、方向、位置所允许的变动量。几何公差带是用来限制实际被测要素变动的区域。与尺寸公差带相比，几何公差带要复杂得多，根据被测要素的功能和结构特征不同，几何公差带具有大小、形状、方向和位置四个基本因素。几何公差带的基本形状见表 3-3。

表 3-3 几何公差带的基本形状

特征	形式	特征	形式
圆内的区域	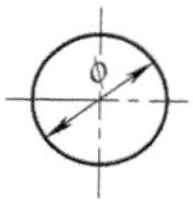	两平行直线之间的距离	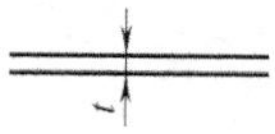
		圆柱面内的区域	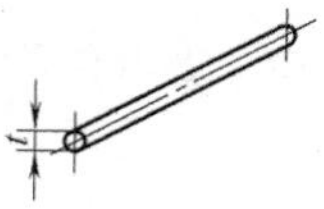
两同心圆之间的区域	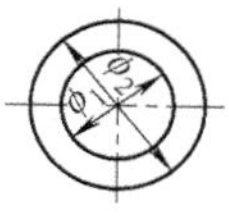	两等距曲面之间的区域	
两同轴圆柱面之间的区域	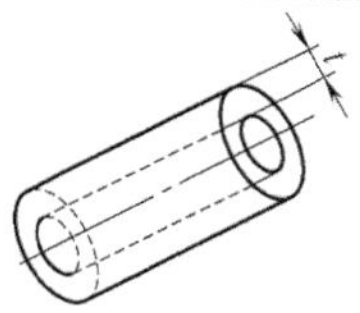	两平行平面之间的区域	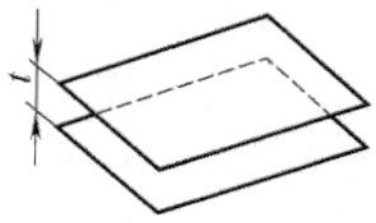
两等距曲线之间的距离		球内的区域	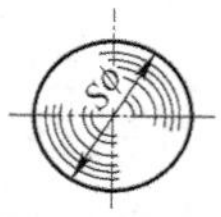

3.3.2 形状公差及其公差带特征

形状公差是单一实际被测要素的形状对其理想要素允许的变动量。形状公差带是限制单一实际被测要素变动的区域。形状公差没有基准要求，其公差带是浮动的。形状公差带的定义、标注示例和解释见表 3-4。

表 3-4 形状公差带定义、标注示例和解释

特征项目	公差带定义	标注示例和解释
直线度公差	公差带为在平行于基准 *A* 的给定平面内与给定方向上，间距等于公差值 *t* 的两平行直线所限定的区域 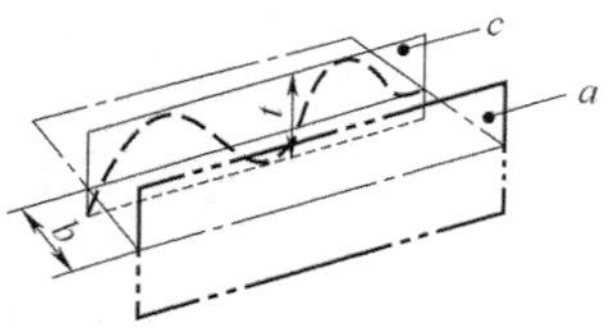 *a*—基准 *b*—任意距离 *c*—平行于基准 *A* 的相交平面	在由相交平面框格 // A 规定的平面内，上表面的实际线应限定在间距等于 0.1mm 的两平行直线之间 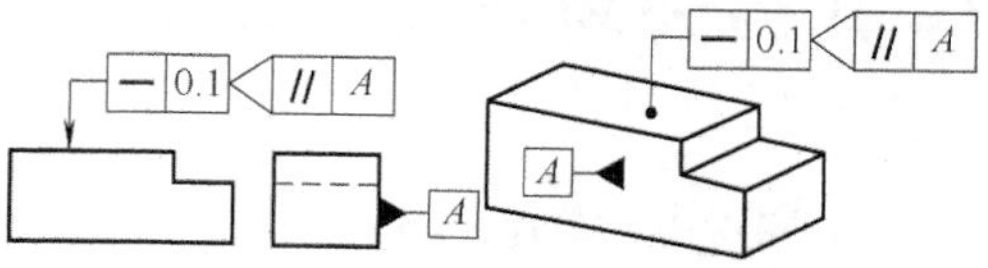

（续）

特征项目	公差带定义	标注示例和解释
直线度公差	在给定方向上，公差带为间距等于公差值 t 的两平行平面所限定的区域 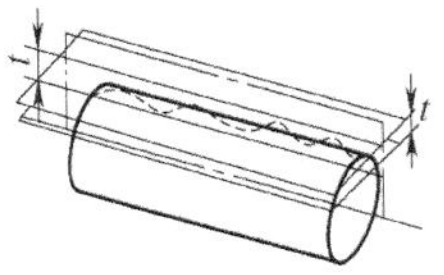	实际棱线应限定在间距等于 0.1mm 的两平行平面之间 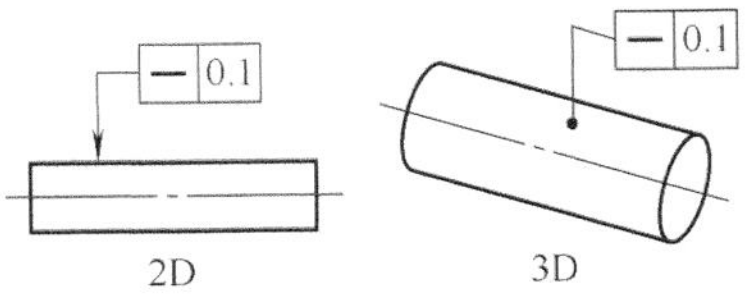 2D　3D
直线度公差	在任意方向上，公差带为直径等于公差值 ϕt 的圆柱面所限定的区域 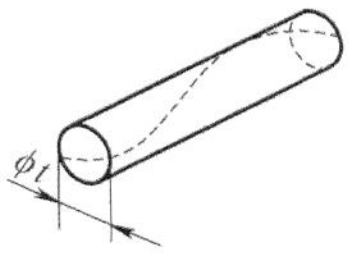	外圆柱面的实际轴线应限定在直径等于 0.08mm 的圆柱面内 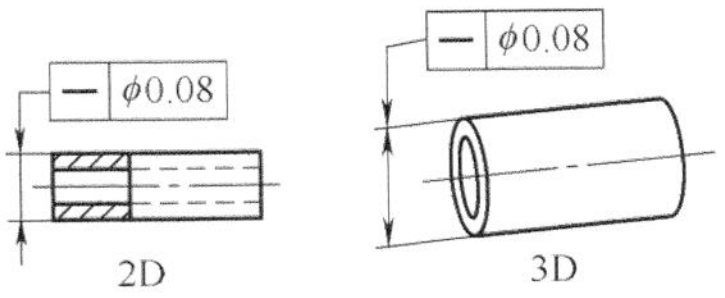 2D　3D
平面度公差	公差带为间距等于公差值 t 的两平行平面所限定的区域 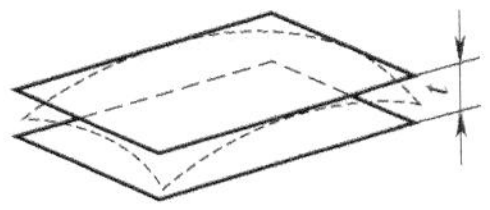	实际平面应限定在间距等于 0.08mm 的两平行平面之间 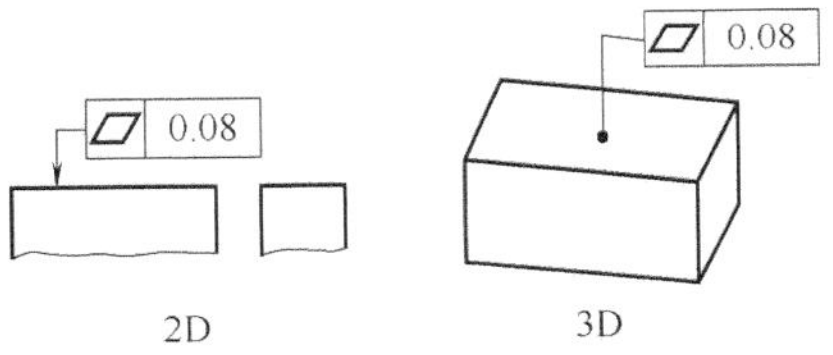 2D　3D
圆度公差	公差带为在给定横截面内，半径差等于公差值 t 的两同心圆所限定的区域 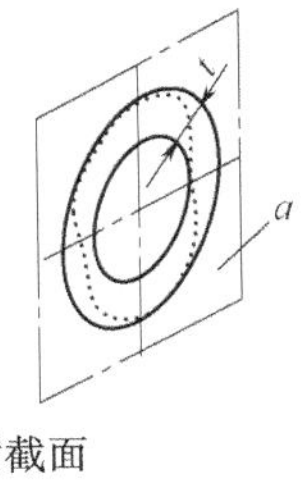 a—任一横截面	在圆柱面的任意横截面内，实际圆周应限定在半径差等于 0.03mm 的两共面同心圆之间 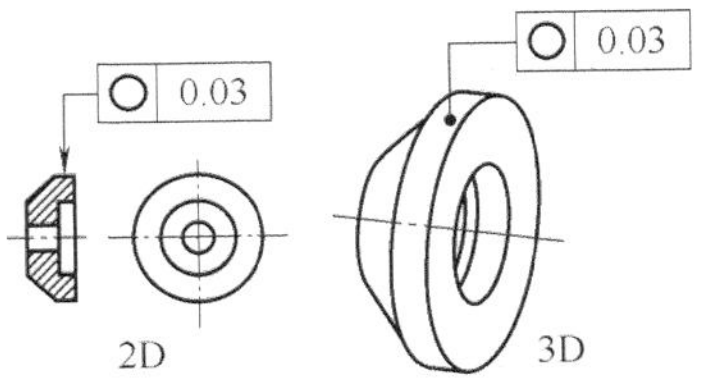 2D　3D
圆度公差		在圆锥面的任意横截面内，实际圆周应限定在半径差等于 0.1mm 的两共面同心圆之间 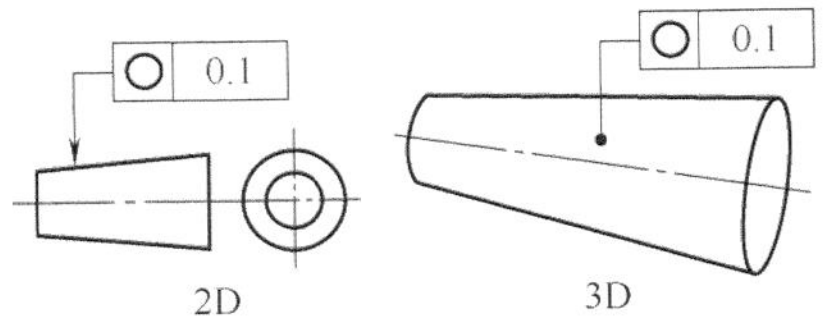 2D　3D
圆柱度公差	公差带为半径差等于公差值 t 的两同轴线圆柱面所限定的区域 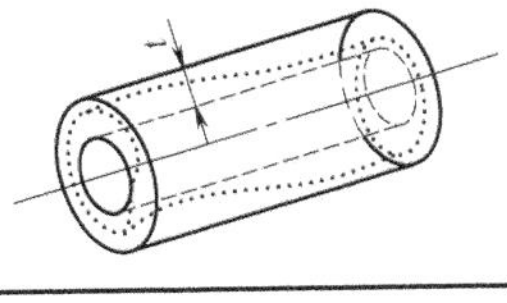	实际圆柱面应限定在半径差等于 0.1mm 的两同轴线圆柱面之间 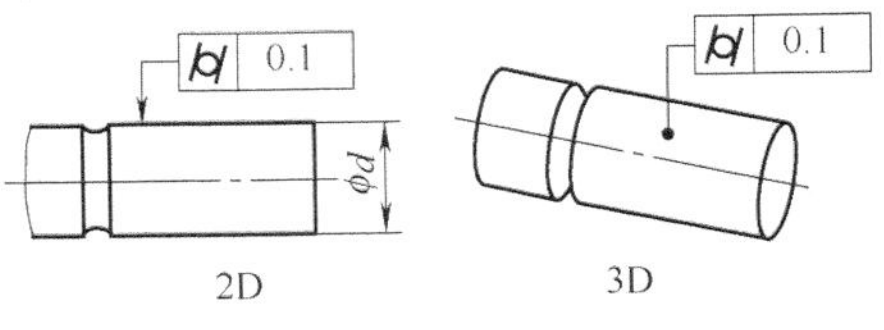 2D　3D

3.3.3 方向公差及其公差带特征

方向公差是关联被测要素对其具有确定方向的理想要素的允许变动量，理想要素的方向由基准及理论正确尺寸确定。方向公差带是关联被测要素允许变动的区域，它具有以下特点：

1）方向公差带不仅有形状、大小要求，还具有确定的方向，而位置可以浮动。

2）方向公差带可以同时控制被测要素的形状误差和方向误差，因此，当同一被测要素有方向公差要求时，一般不再给出形状公差。

方向公差带定义、标注示例和解释见表 3-5。

表 3-5 方向公差带定义、标注示例和解释

特征项目		公差带定义		标注示例和解释
平行度公差	线对线平行度公差	平行定向平面	公差带为间距等于公差值 t、平行于两基准且沿规定方向的两平行平面所限定的区域 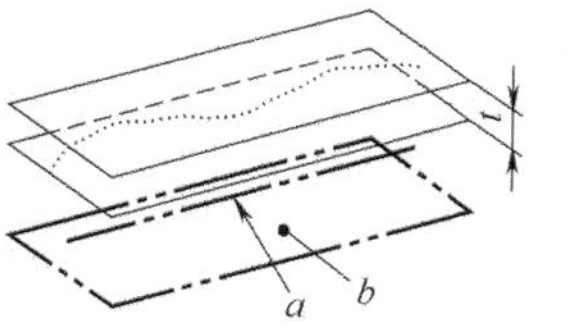 a—基准轴线 A b—基准平面 B	实际中心线应限定在间距等于 0.1mm，平行于基准轴线 A 的两平行平面之间，限定公差带的平面均平行于由定向平面框格（◁// B▷表示平行于平面 B，标注在公差框格的右侧）规定的基准平面 B，基准 B 为基准 A 的辅助基准 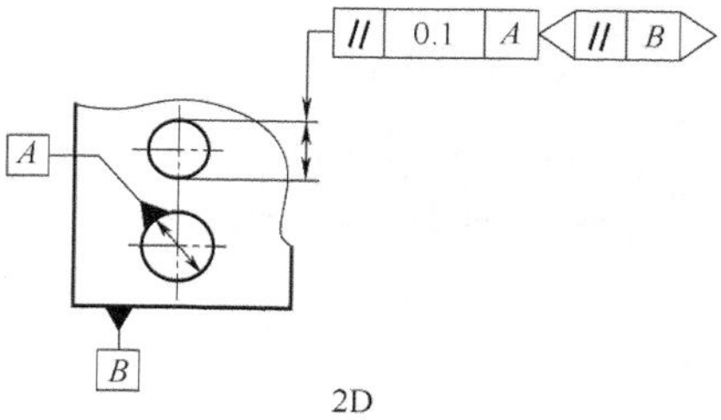 2D 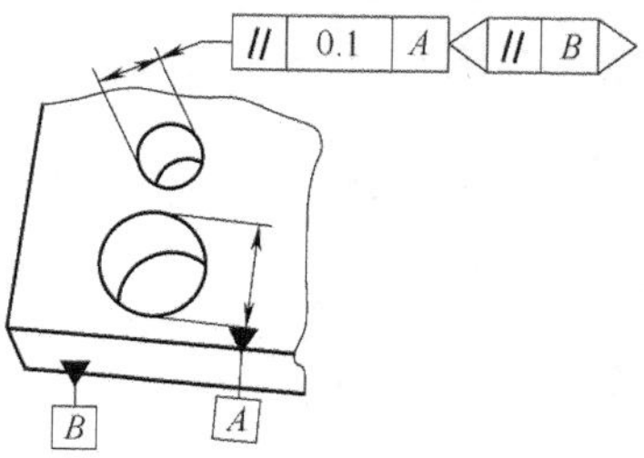 3D

（续）

特征项目			公差带定义	标注示例和解释
平行度公差	线对线平行度公差	垂直定向平面	公差带为间距等于公差值 t、平行于基准 A 且垂直于基准 B 的两平行平面所限定的区域 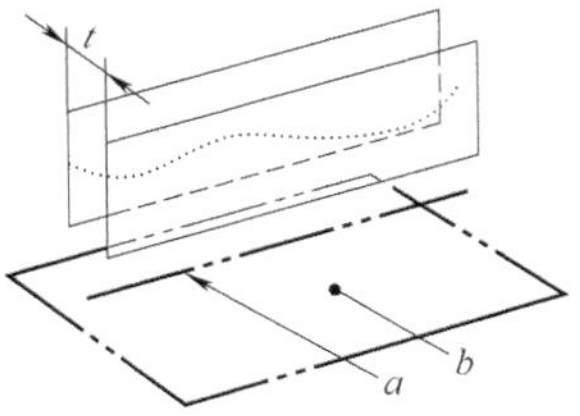 t a b a—基准轴线 A b—基准平面 B	实际中心线应限定在间距等于 0.1mm，平行于基准轴线 A 的两平行平面之间，限定公差带的平面均垂直于由定向平面框格（⊥ B）表示垂直于平面 B，标注在公差框格的右侧）规定的基准平面 B，基准 B 为基准 A 的辅助基准 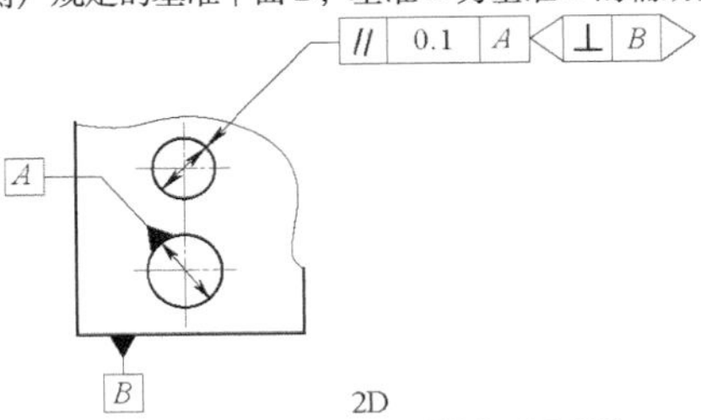 // 0.1 A ⊥ B A B 2D 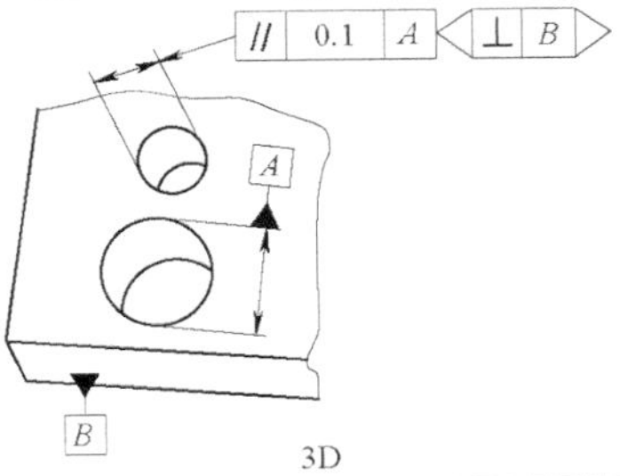 // 0.1 A ⊥ B A B 3D
		平行、垂直定向平面	实际中心线应限定在两对间距分别等于 0.1mm 和 0.2mm，且平行于基准轴线 A 的两平行平面之间 注：定向平面框格（⊥ B）规定了 0.2mm 公差带的限定平面垂直于定向平面 B；定向平面框格（// B）规定了 0.1mm 的公差带的限定平面平行于定向平面 B 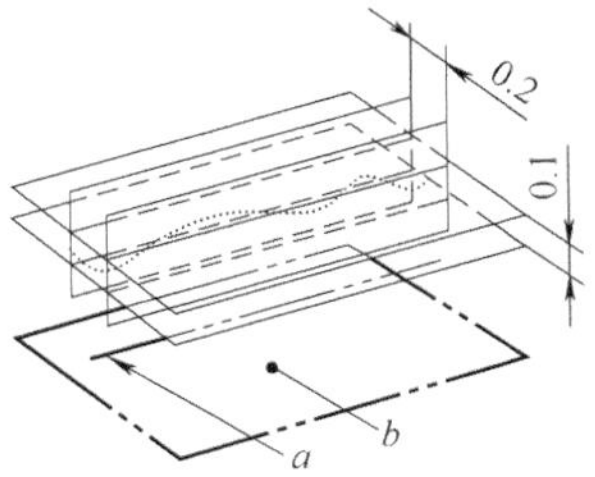 0.2 0.1 a b a—基准轴线 A b—基准平面 B	实际中心线应限定在两对间距分别等于公差值 0.1mm 和 0.2mm，且平行于基准轴线 A 的平行平面之间、定向平面框格规定了公差带宽度相对于基准平面 B 的方向，基准 B 为基准 A 的辅助基准 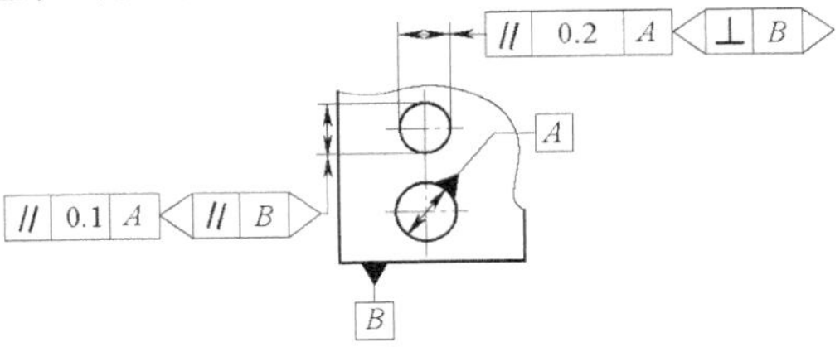 // 0.2 A ⊥ B // 0.1 A // B A B 或 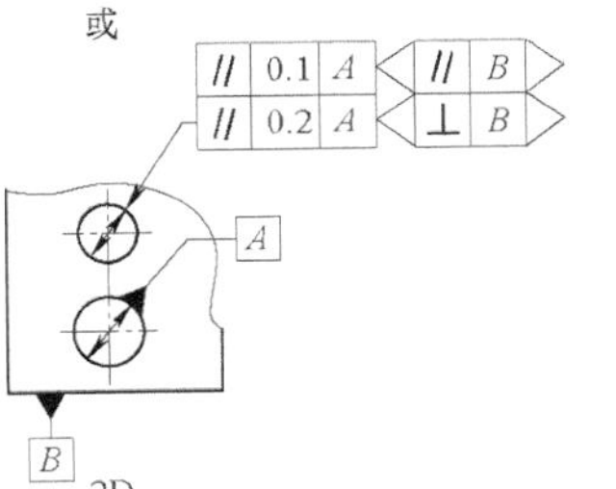 // 0.1 A // B // 0.2 A ⊥ B A B 2D 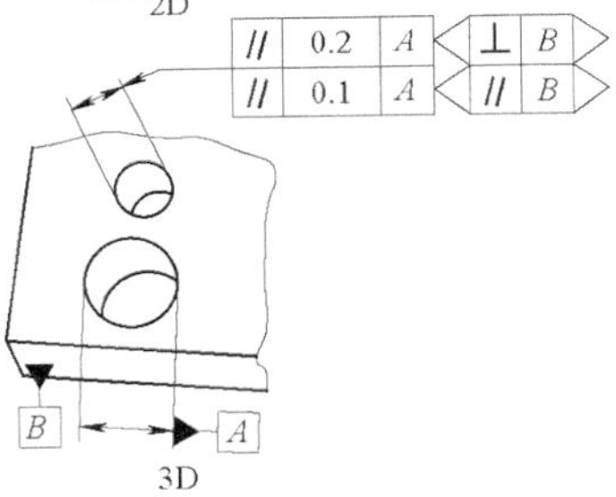 // 0.2 A ⊥ B // 0.1 A // B B A 3D

（续）

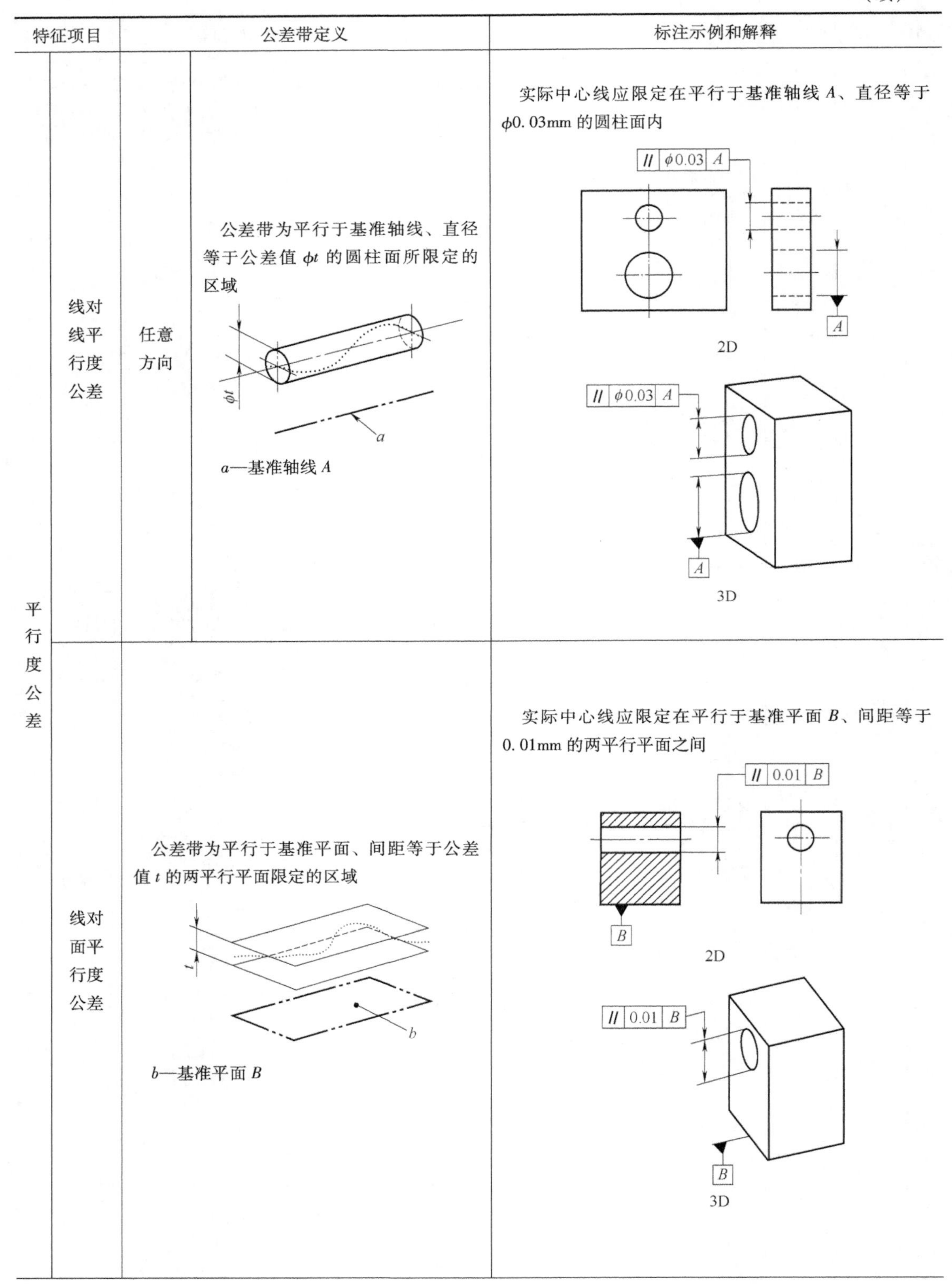

特征项目			公差带定义	标注示例和解释
平行度公差	线对线平行度公差	任意方向	公差带为平行于基准轴线、直径等于公差值 ϕt 的圆柱面所限定的区域 ϕt a a—基准轴线 A	实际中心线应限定在平行于基准轴线 A、直径等于 ϕ0.03mm 的圆柱面内 // ϕ0.03 A A 2D // ϕ0.03 A A 3D
	线对面平行度公差		公差带为平行于基准平面、间距等于公差值 t 的两平行平面限定的区域 t b b—基准平面 B	实际中心线应限定在平行于基准平面 B、间距等于 0.01mm 的两平行平面之间 // 0.01 B B 2D // 0.01 B B 3D

（续）

特征项目		公差带定义	标注示例和解释
平行度公差	线对面平行度公差	公差带为间距等于公差值 t 的两平行直线所限定的区域，该两平行直线平行于基准平面 A 且处于平行于基准平面 B 的平面内 注：◁ // B 表示平行于平面 B 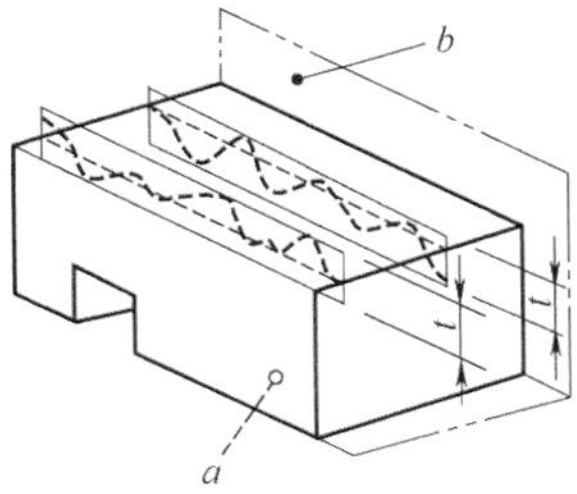 a—基准平面 A b—基准平面 B	实际线应限定在平行于基准平面 B，且间距等于 0.02mm 平行于基准平面 A 的两平行线之间，基准 B 为基准 A 的辅助基准 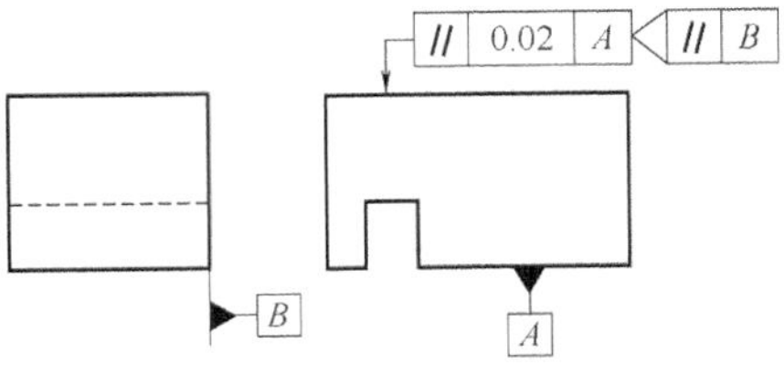 // 0.02 A ◁ // B 2D 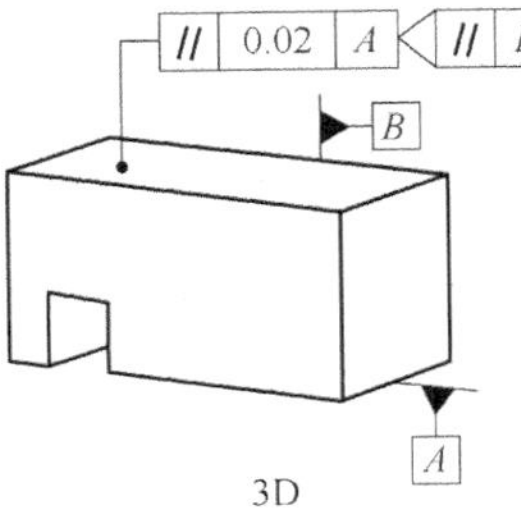 3D
	面对面平行度公差	公差带为间距等于公差值 t，平行于基准的两平行平面所限定的区域 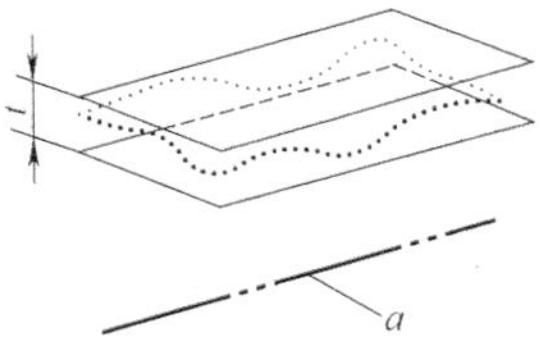 a—基准轴线 C	实际面应限定在间距等于 0.1mm，平行于基准轴线 C 的两平行平面之间 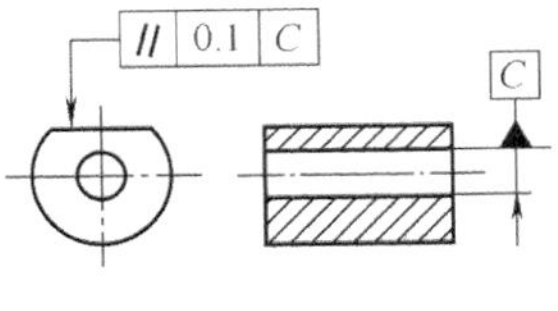 // 0.1 C 2D 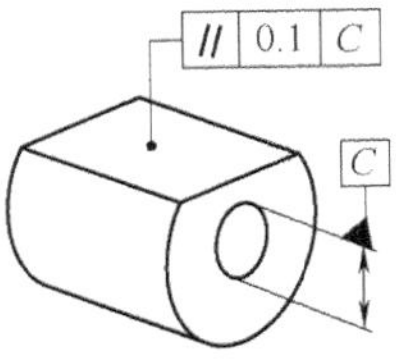　3D
		公差带为间距等于公差值 t，平行于基准平面的两平行平面所限定的区域 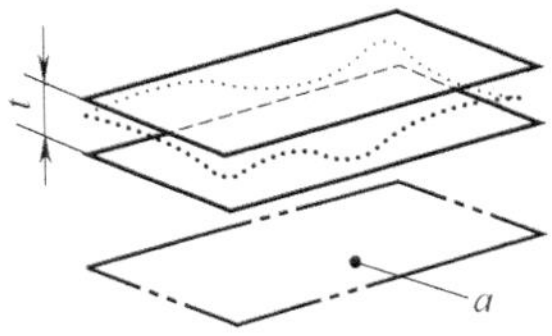 a—基准平面 D	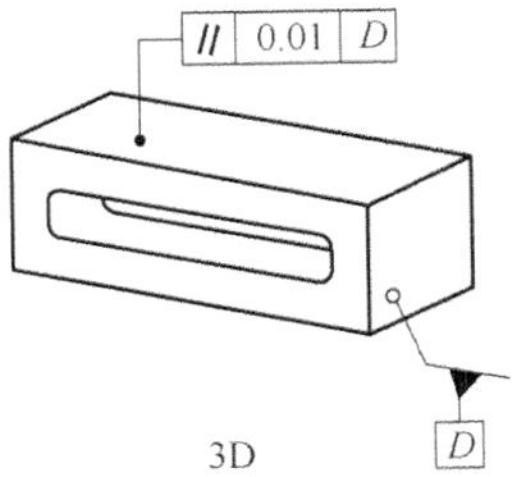 实际表面应限定在间距等于 0.01mm，平行于基准平面 D 的两平行平面之间 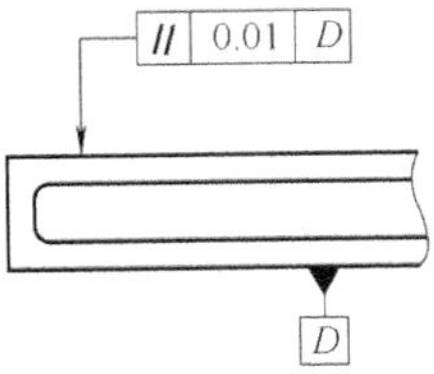 // 0.01 D 2D　3D

（续）

特征项目		公差带定义	标注示例和解释
垂直度公差	线对线垂直度公差	公差带为间距等于公差值 t，垂直于基准轴线的两平行平面所限定的区域 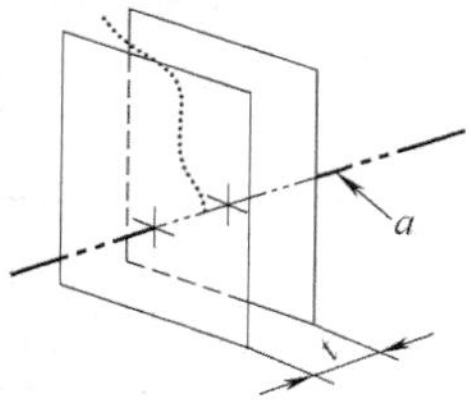 a—基准轴 A	实际中心线应限定在间距等于 0.06mm，垂直于基准轴 A 的两平行平面之间 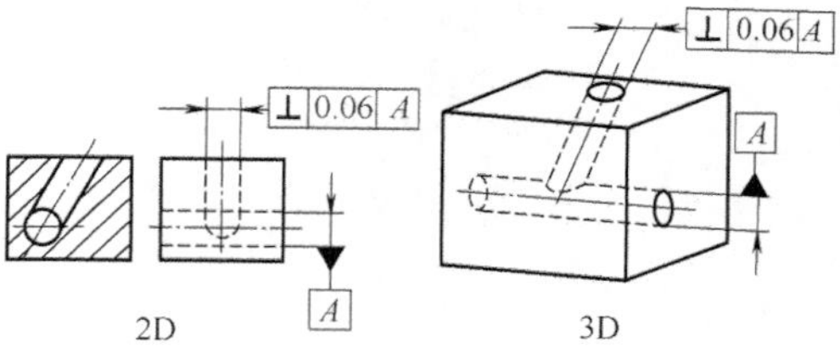 ⊥ 0.06 A 2D　3D
	线对面垂直度公差	公差带为间距等于公差值 t 的两平行平面所限定的区域，该两平行平面垂直于基准平面 A 且平行于辅助基准 B 注：// B 表示平行于平面 B 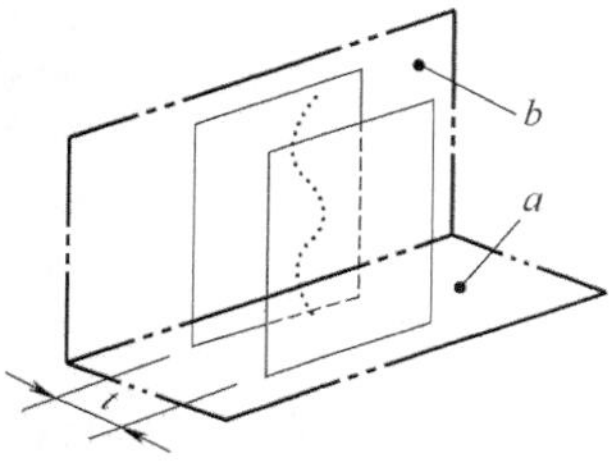 a—基准平面 A b—基准平面 B	圆柱的实际中心线应限定在间距等于 0.1mm 的两平行平面之间，该两平行平面垂直于基准平面 A，且方向由基准平面 B 规定，基准 B 为基准 A 的辅助基准 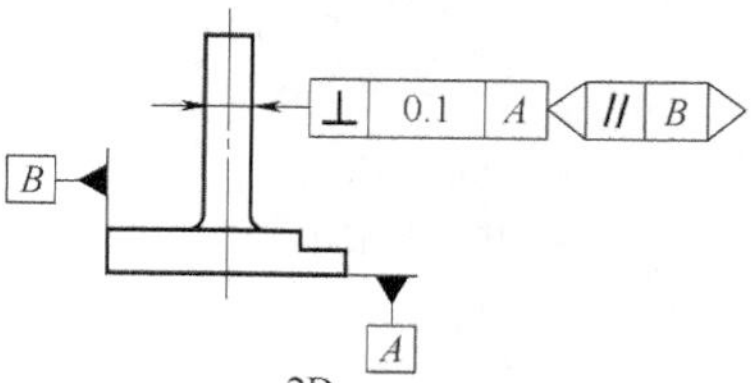 ⊥ 0.1 A // B 2D 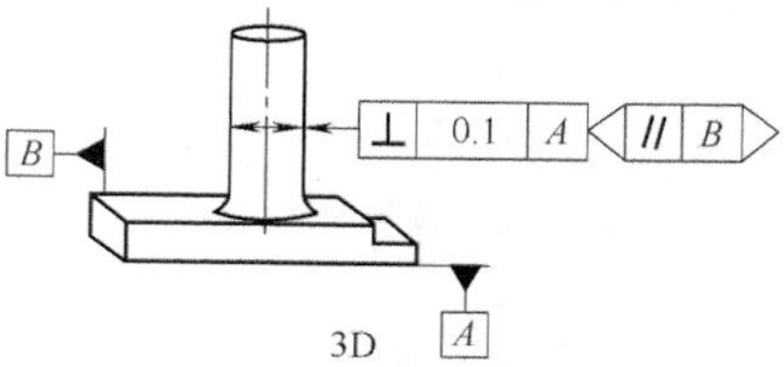 3D
		公差带为间距分别等于公差值 0.1mm 与 0.2mm 且相互垂直的两组平行平面所限定的区域。该两组平行平面都垂直于基准平面 A，其中一组平行平面平行于辅助基准 B，另一组平行平面则垂直于辅助基准 B 注：⊥ B 规定了 0.1mm 公差带的限定平面垂直于定向平面 B // B 规定了 0.2mm 公差带的限定平面平行于定向平面 B 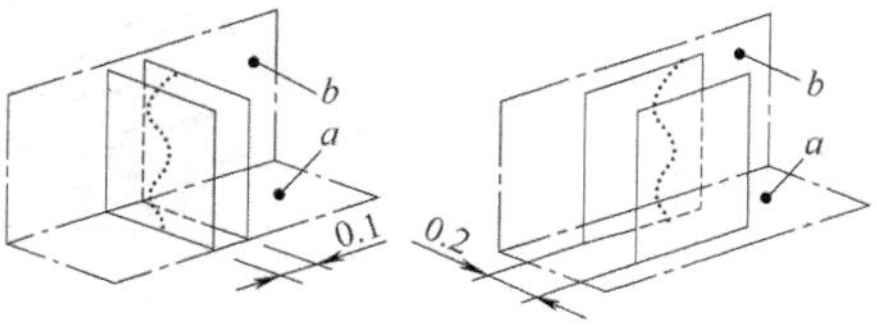 a)　b) a—基准平面 A　b—基准平面 B	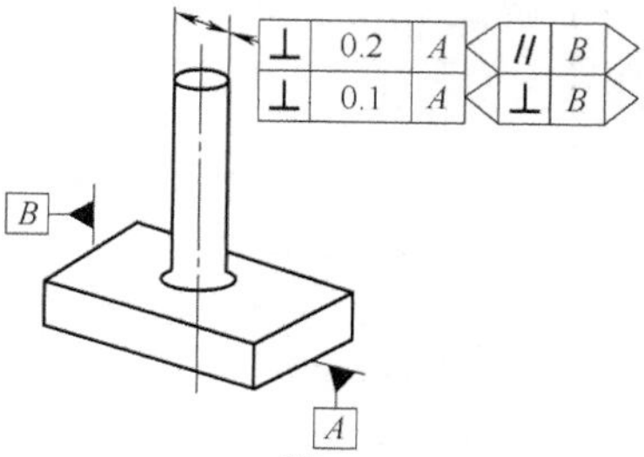 圆柱的实际中心线应限定在间距分别等于 0.1mm 与 0.2mm 且垂直于基准平面 A 的两组平行平面之间，公差带的方向使用定向平面框格由基准平面 B 规定。基准 B 为基准 A 的辅助基准 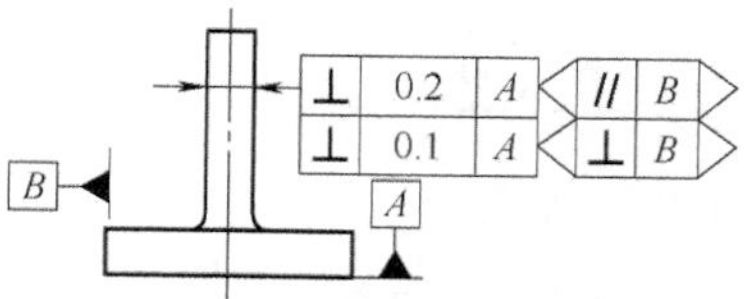 ⊥ 0.2 A // B ⊥ 0.1 A ⊥ B 2D 3D

（续）

特征项目		公差带定义	标注示例和解释
垂直度公差	线对面垂直度公差	公差带为直径等于公差值 ϕt，轴线垂直于基准平面的圆柱所限定的区域 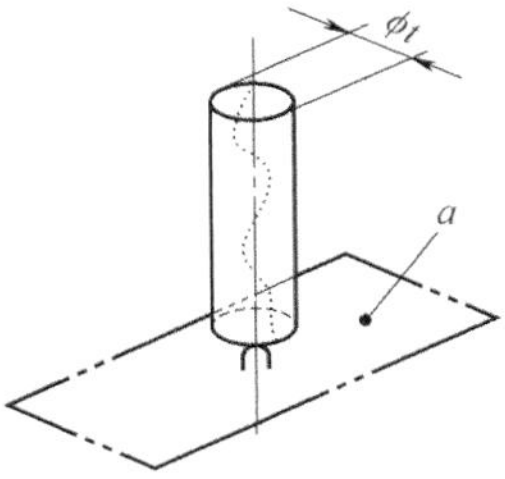 a—基准平面 A	圆柱的实际中心线应限定在直径等于 0.01mm 且垂直于基准平面 A 的圆柱内 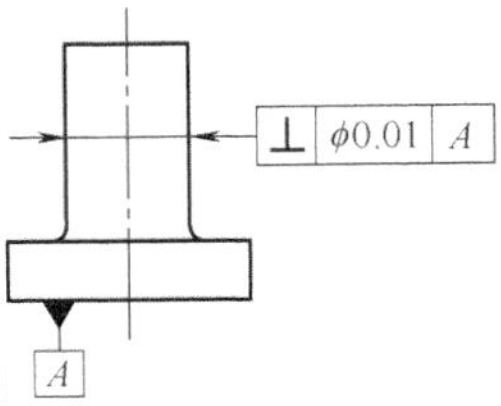 2D 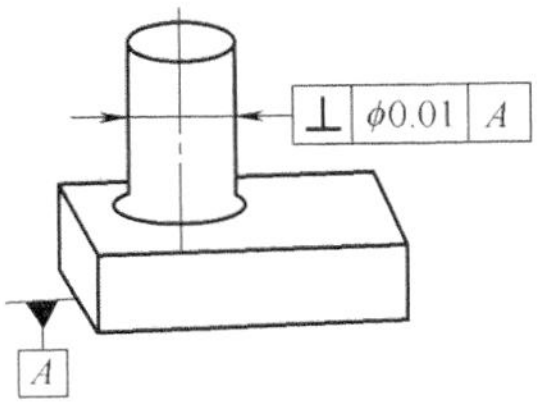　3D
	面对线垂直度公差	公差带为间距等于公差值 t 且垂直于基准轴线的两平行平面所限定的区域 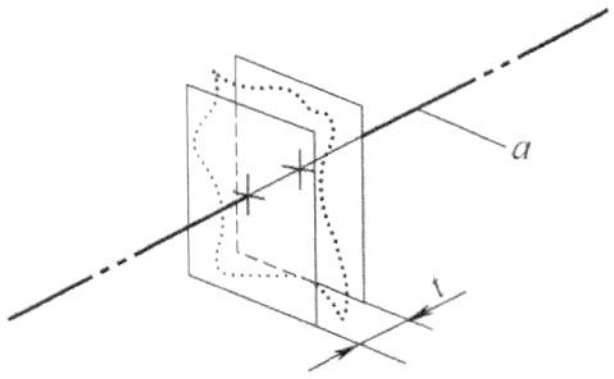 a—基准轴线 A	实际面应限定在间距等于 0.08mm 的两平行平面之间，该两平行平面垂直于基准轴线 A 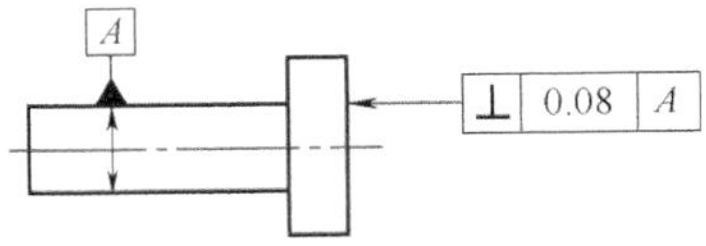 2D 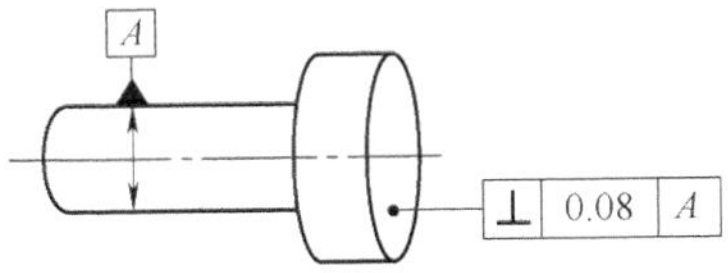 3D
	面对面垂直度公差	公差带为间距等于公差值 t，垂直于基准平面 A 的两平行平面所限定的区域 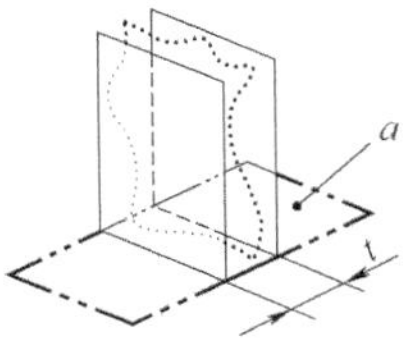 a—基准平面 A	实际面应限定在间距等于 0.08mm，垂直于基准平面 A 的两平行平面之间 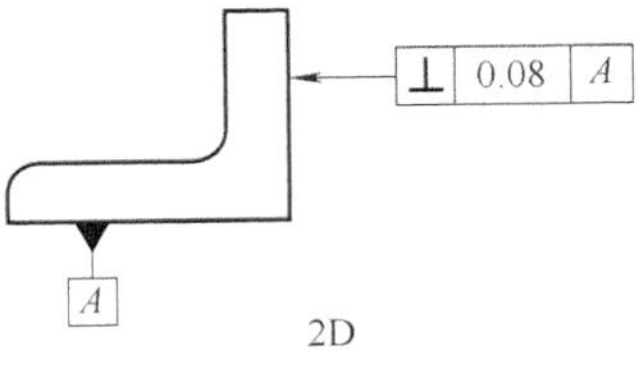 2D 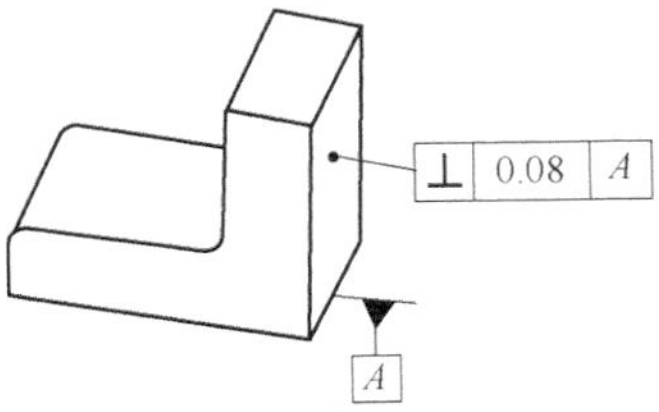 3D

（续）

<table>
<tr><th colspan="2">特征项目</th><th>公差带定义</th><th>标注示例和解释</th></tr>
<tr><td rowspan="2">倾斜度公差</td><td rowspan="2">线对线倾斜度</td><td>公差带为间距等于公差值 t 的两平行平面所限定的区域，该两平行平面按规定角度倾斜于基准轴线。被测线与基准线在不同的平面内 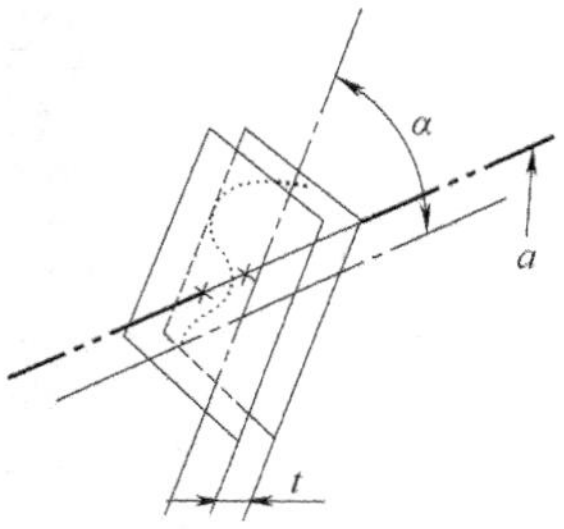
a—公共基准轴线 A—B</td><td>实际中心线应限定在间距等于 0.08mm 的两平行平面之间，该两平行平面按理论正确角度 60°倾斜于公共基准轴线 A—B 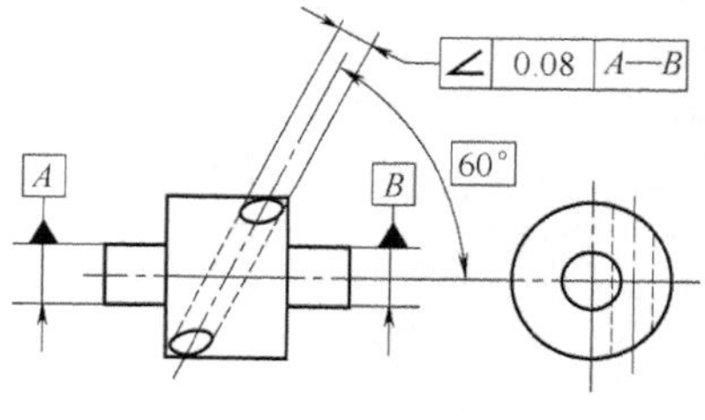
2D 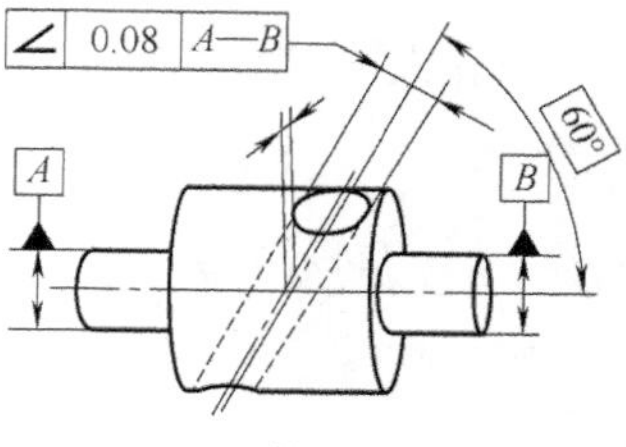
3D</td></tr>
<tr><td>公差带为直径等于公差值 ϕt 的圆柱面所限定区域，该圆柱面按规定角度倾斜于基准。被测线与基准线在不同的平面内
注：公差带相对于公共基准 A—B 的距离无约束要求 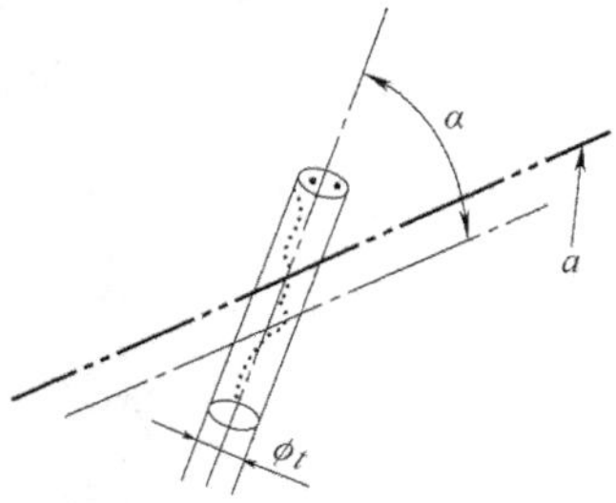
a—公共基准轴线 A—B</td><td>实际中心线应限定在直径等于 0.08mm 的圆柱面所限定的区域，该圆柱面按理论正确角度 60°倾斜于公共基准轴线 A—B 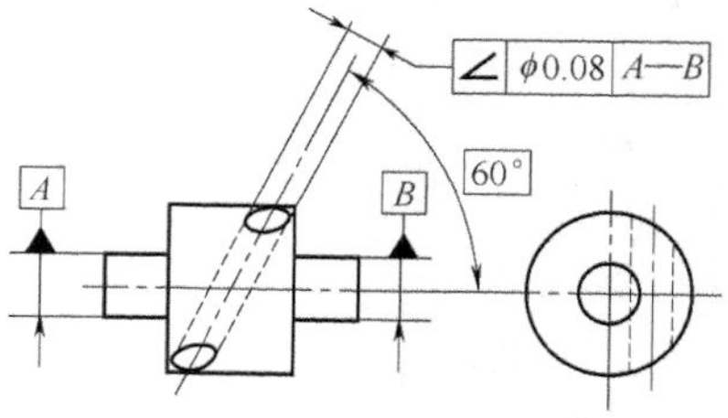
2D 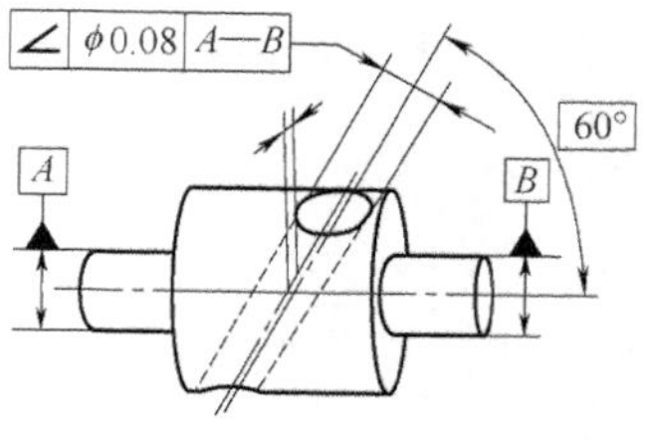
3D</td></tr>
</table>

（续）

特征项目		公差带定义	标注示例和解释
倾斜度公差	线对面倾斜度	公差带为直径等于公差值 ϕt 的圆柱面所限定的区域，该圆柱面公差带的轴线按规定角度倾斜于基准平面 A 且平行于基准平面 B 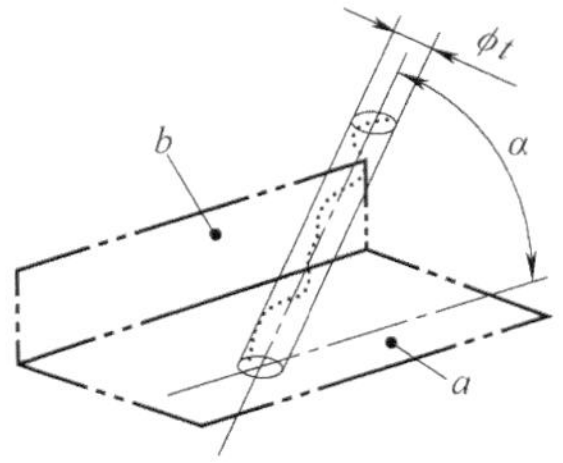 a—基准平面 A b—基准平面 B	实际中心线应限定在直径等于 0.1mm 的圆柱面内，该圆柱面的中心线按理论正确角度 60° 倾斜于基准平面 A 且平行于基准平面 B 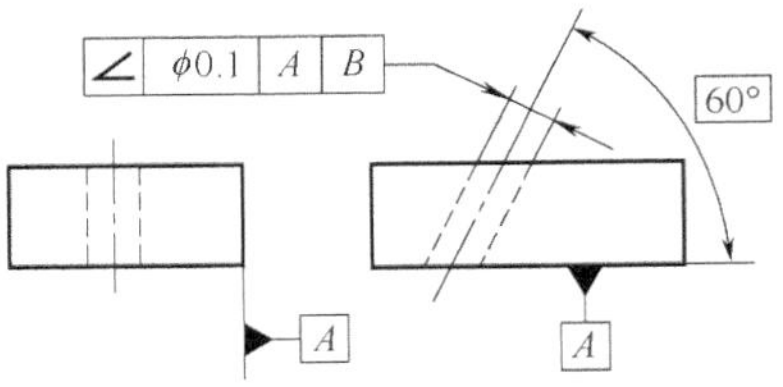 2D 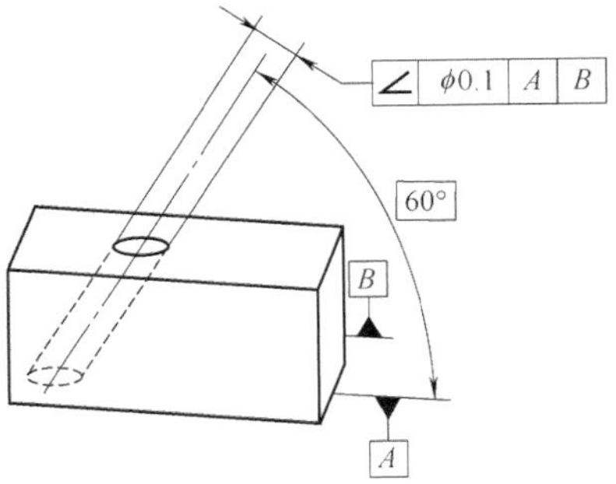 3D
	面对线倾斜度	公差带为间距等于公差值 t 的两平行平面所限定的区域，该两平行平面按规定角度倾斜于基准直线 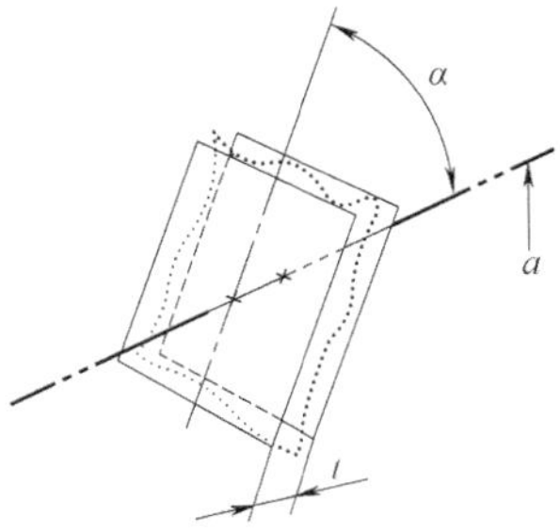 a—基准轴线 A	实际表面应限定在间距等于 0.1mm 的两平行平面之间，该两平行平面按理论正确角度 75° 倾斜于基准轴线 A 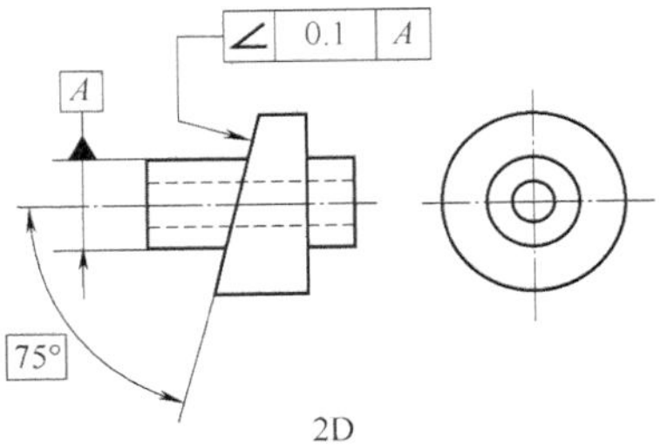 2D 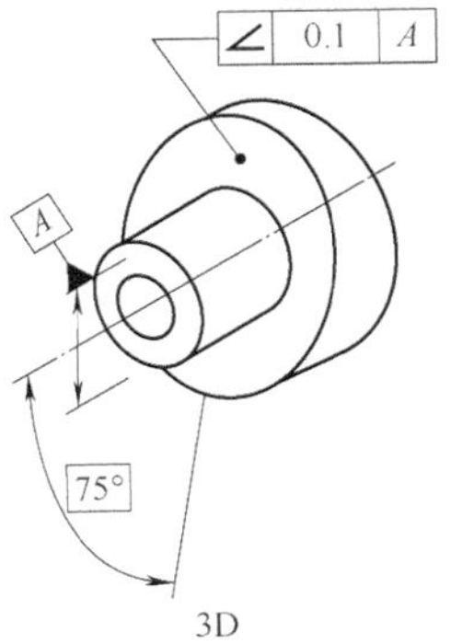 3D

（续）

特征项目		公差带定义	标注示例和解释
倾斜度公差	面对线倾斜度	公差带为间距等于公差值 t 的两平行平面所限定的区域，该两平行平面按规定角度倾斜于基准平面 a—基准平面 A	实际表面应限定在间距等于 0.08mm 的两平行平面之间，该两平行平面按理论正确角度 40°倾斜于基准平面 A 2D 3D

3.3.4 位置公差及其公差带特征

位置公差是关联被测要素对其具有确定位置的理想要素的允许变动量，理想要素的位置由基准及理论正确尺寸确定。位置公差带是关联被测要素允许变动的区域，它具有如下特点：

1）位置公差带不仅有形状、大小要求，相对于基准还具有确定的位置。

2）位置公差带可以同时控制被测要素的形状误差、方向误差和位置误差。因此，当同一被测要素有位置公差要求时，一般不再给出方向公差和形状公差，仅在对其方向精度或（和）形状精度有进一步要求时，才另行给出方向公差和形状公差。而方向公差值必须小于位置公差值，形状公差值必须小于方向公差值。例如，图 3-20 中对被测表面同时给出了 0.05mm 位置度公差、0.03mm 平行度公差和 0.01mm 平面度公差。位置公差带定义、标注示例和解释见表 3-6。

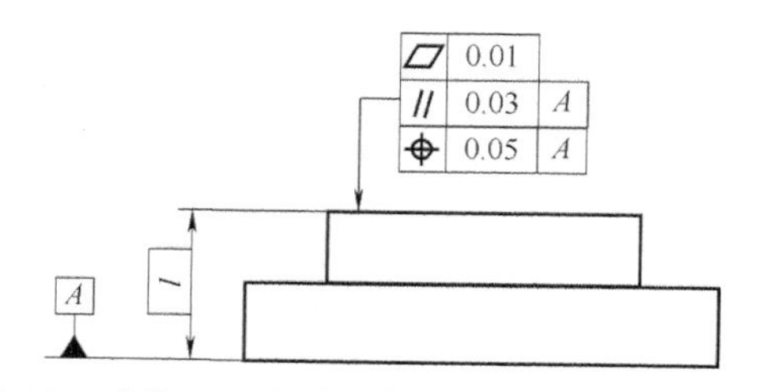

图 3-20 对被测表面同时给出位置、方向和形状公差

表 3-6　位置公差带定义、标注示例和解释

特征项目		公差带定义	标注示例和解释
位置度公差	点的位置度公差	公差带为直径等于公差值 $S\phi t$ 的圆球所限定的区域，该圆球的中心位置由相对于基准 A、B、C 的理论正确尺寸确定 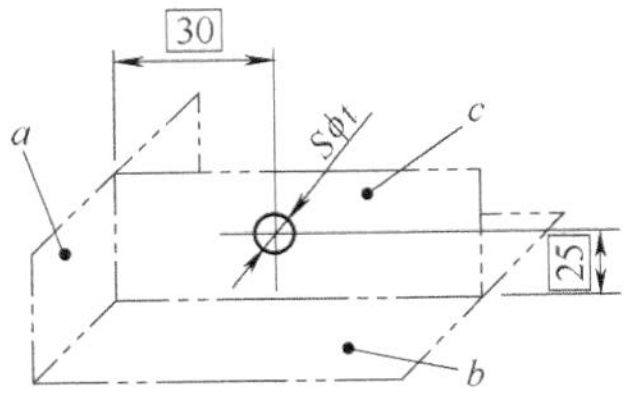 a—基准平面 A b—基准平面 B c—基准中心平面 C	实际球心应限定在直径等于 0.3mm 的圆球内，该圆球的中心与基准平面 A、基准平面 B、基准中心平面 C 及被测球所确定的理论正确位置一致 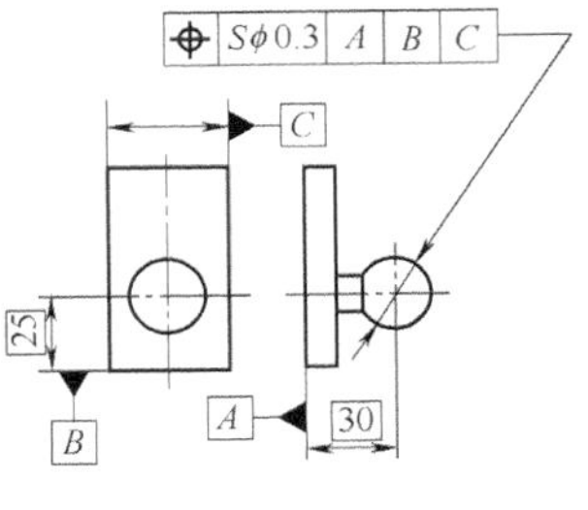 2D 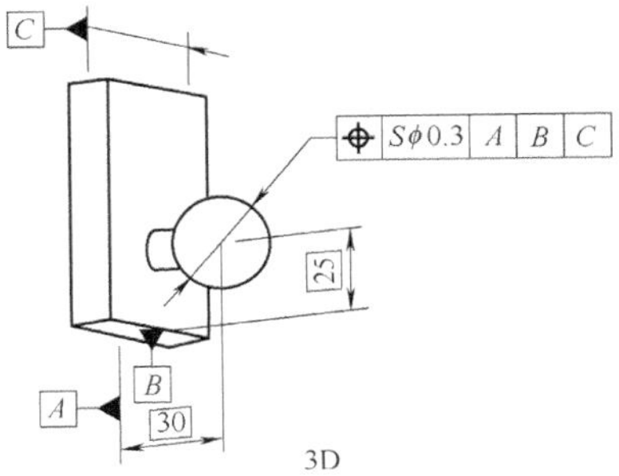 3D
	线的位置度公差	公差带为间距分别等于公差值 0.05mm 与 0.2mm，对称于理论正确位置的平行平面所限定的区域。该理论正确位置由相对于基准 C、A、B 的理论正确尺寸确定。该公差在基准体系的两个方向上给定 <// B>规定的限定平面平行于定向平面 B 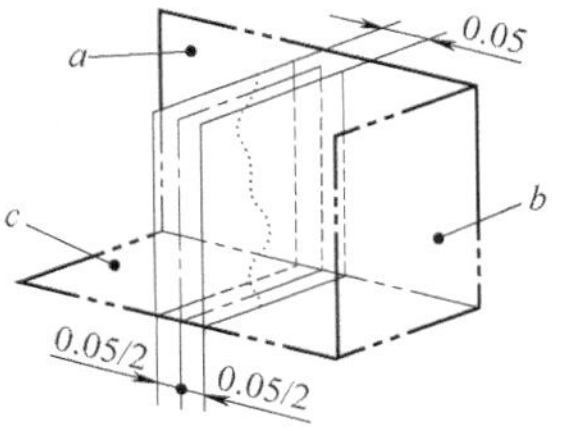 a) 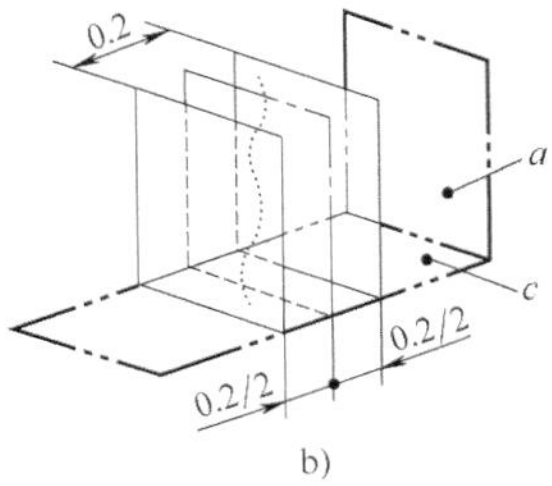 b) a—第二基准平面 A，垂直于基准平面 C b—第三基准平面 B；垂直于基准平面 C 和第二基准平面 A c—基准平面 C	被测孔的实际中心线在给定方向上应各自限定在间距分别等于 0.05mm 及 0.2mm 且相互垂直的两对平行平面内。每对平行平面的方向由基准体系确定，且对称于基准平面 C、A、B 及被测孔所确定的理论正确位置 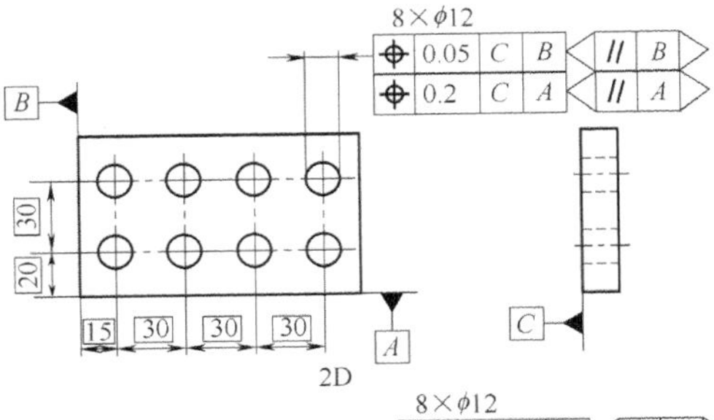 2D 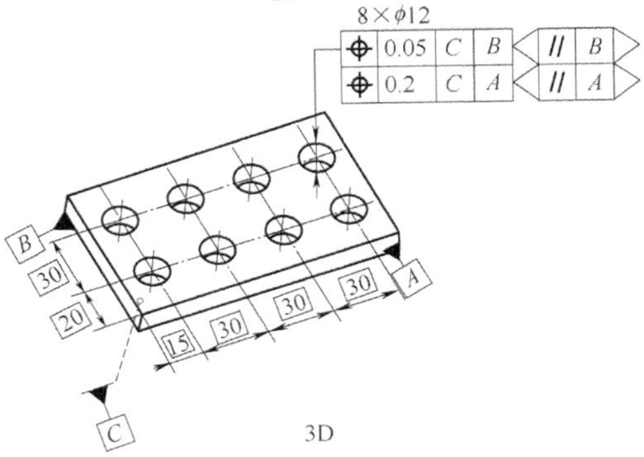 3D

（续）

<table>
<tr><th colspan="2">特征项目</th><th>公差带定义</th><th>标注示例和解释</th></tr>
<tr><td rowspan="2">位置度公差</td><td rowspan="2">线的位置度公差</td><td rowspan="2">公差带为直径等于公差值 ϕt 的圆柱面所限定的区域，该圆柱面轴线的位置由相对于基准 C、A、B 的理论正确尺寸确定 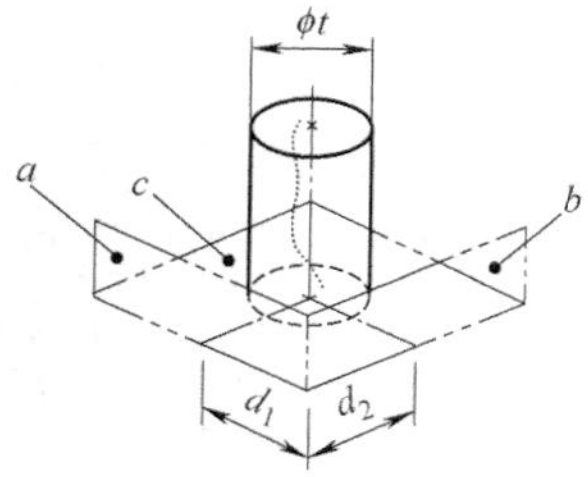

a—基准平面 A
b—基准平面 B
c—基准平面 C</td><td>实际中心线应限定在直径等于 0.08mm 的圆柱面内，该圆柱面的轴线应处于由基准平面 C、A、B 与被测孔所确定的理论正确位置 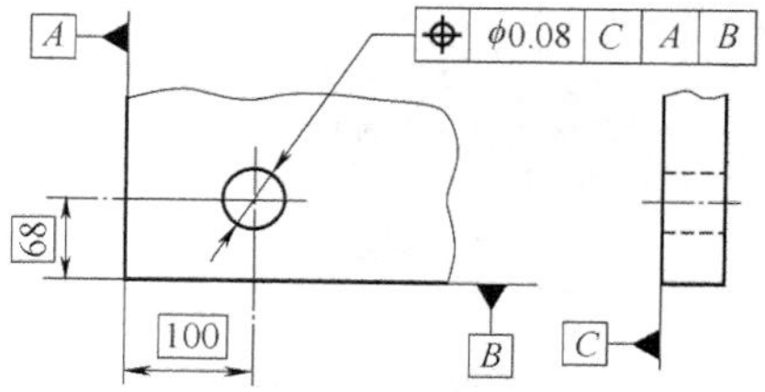

2D 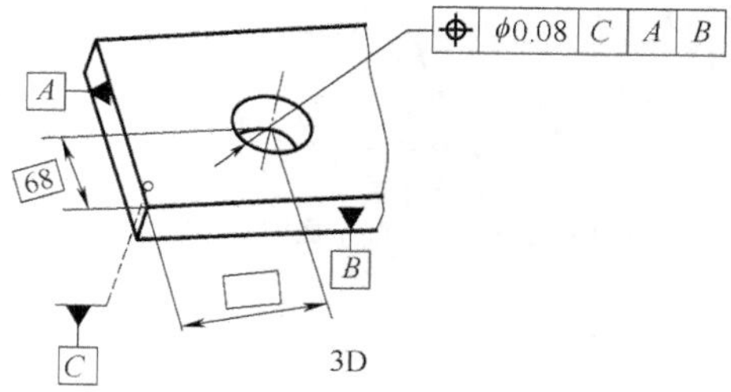

3D</td></tr>
<tr><td>被测孔的实际中心线应各自限定在直径等于 0.1mm 的圆柱内，该圆柱的轴线应处于由基准 C、A、B 与被测孔所确定的理论正确位置 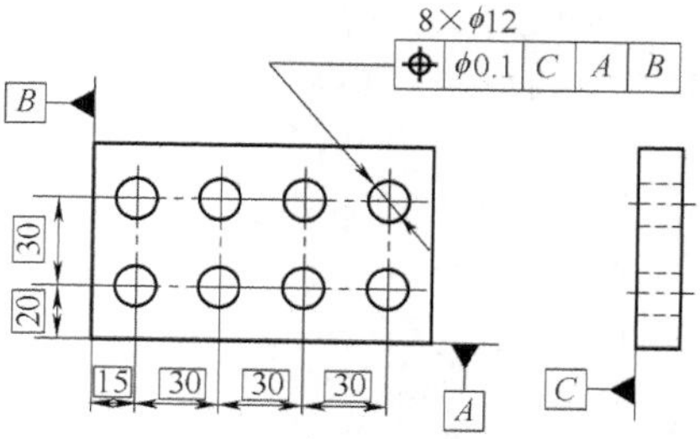

2D 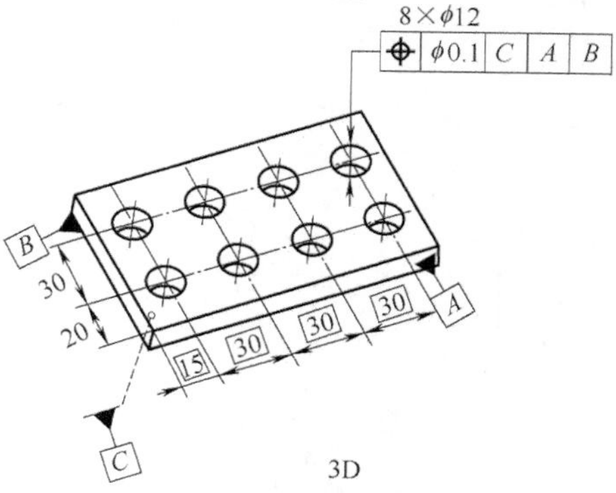

3D</td></tr>
</table>

（续）

特征项目		公差带定义	标注示例和解释
位置度公差	线的位置度公差	被测要素的公差带为间距等于公差值 0.1mm，对称于要素中心线的两平行平面所限定的区域。中心平面的位置由相对于基准 A、B 的理论正确尺寸确定 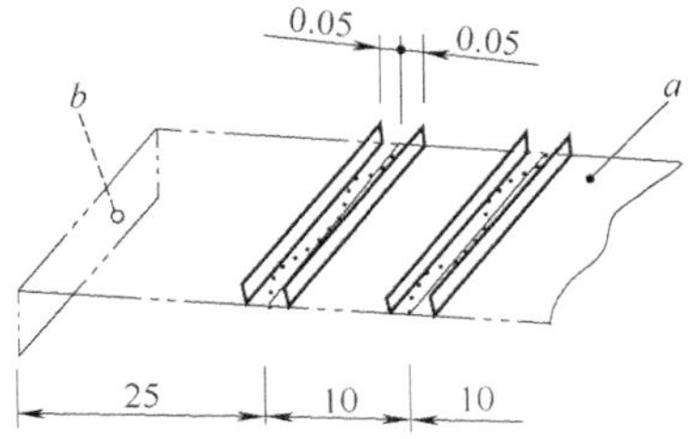 a—基准平面 A b—基准平面 B	被测刻线的实际中心线应限定在距离等于 0.1mm，对称于基准平面 A、B 与被测线所确定的理论正确位置的两平行平面之间 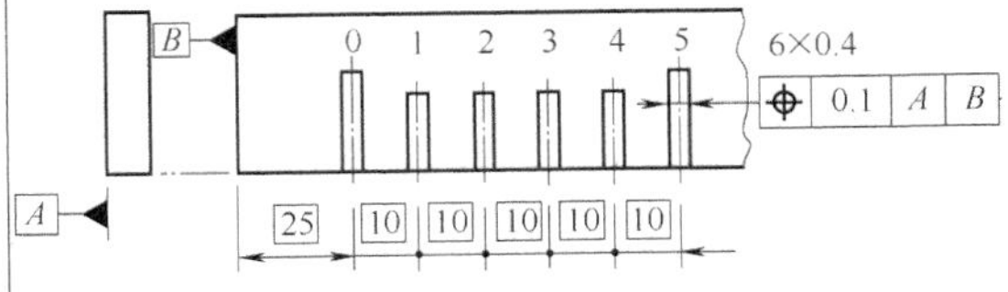 2D 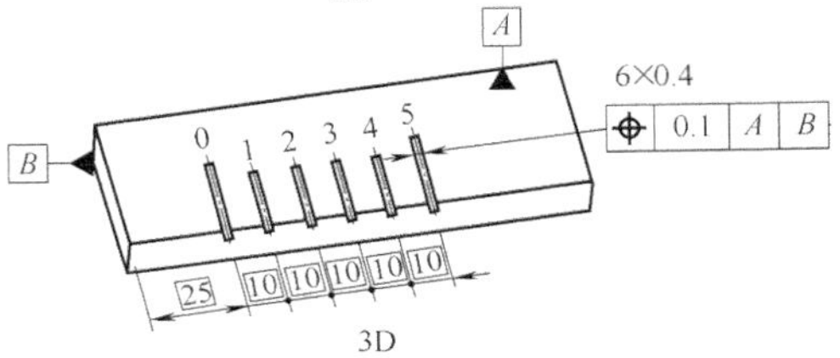 3D
	面的位置度公差	公差带为间距等于公差值 t 的两平行平面所限定的区域，该两平行平面对称于由相对于基准 A、B 的理论正确尺寸所确定的理论正确位置 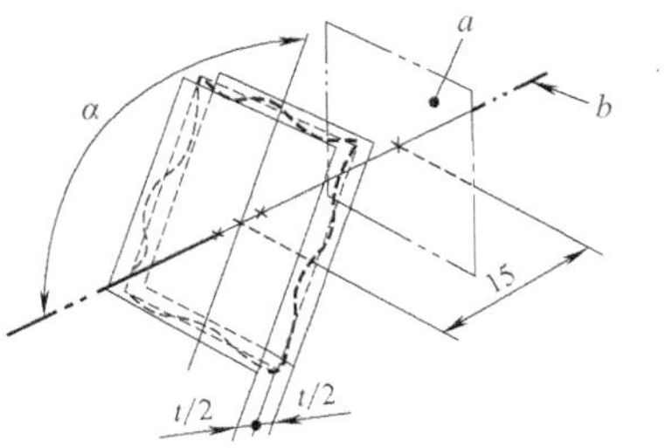 a—基准平面 A b—基准轴线 B	实际表面应限定在间距等于 0.05mm 的两平行平面之间，该两平行平面对称于由基准平面 A、基准轴线 B 与该被测表面所确定的理论正确位置 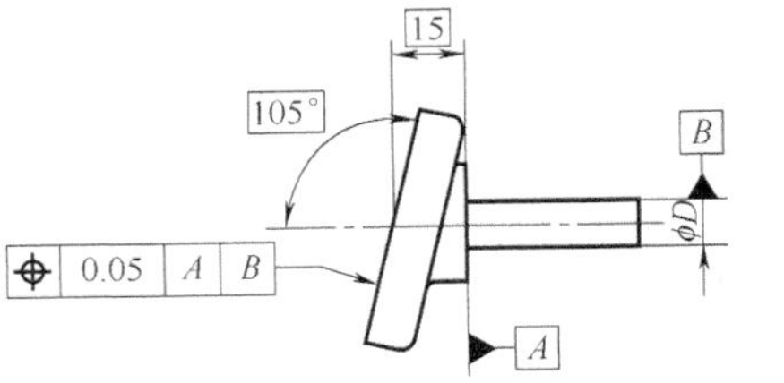 2D 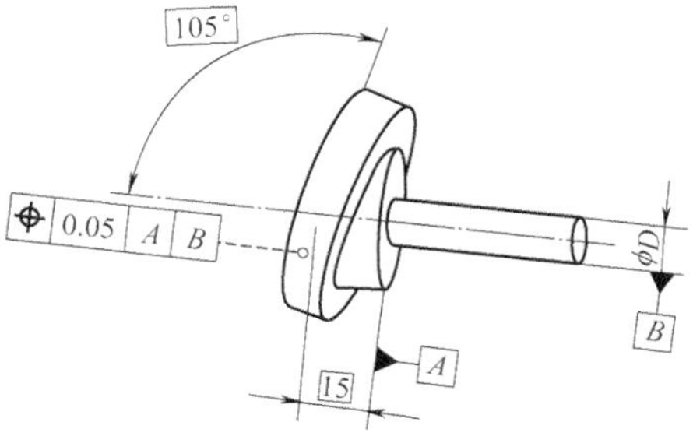 3D

（续）

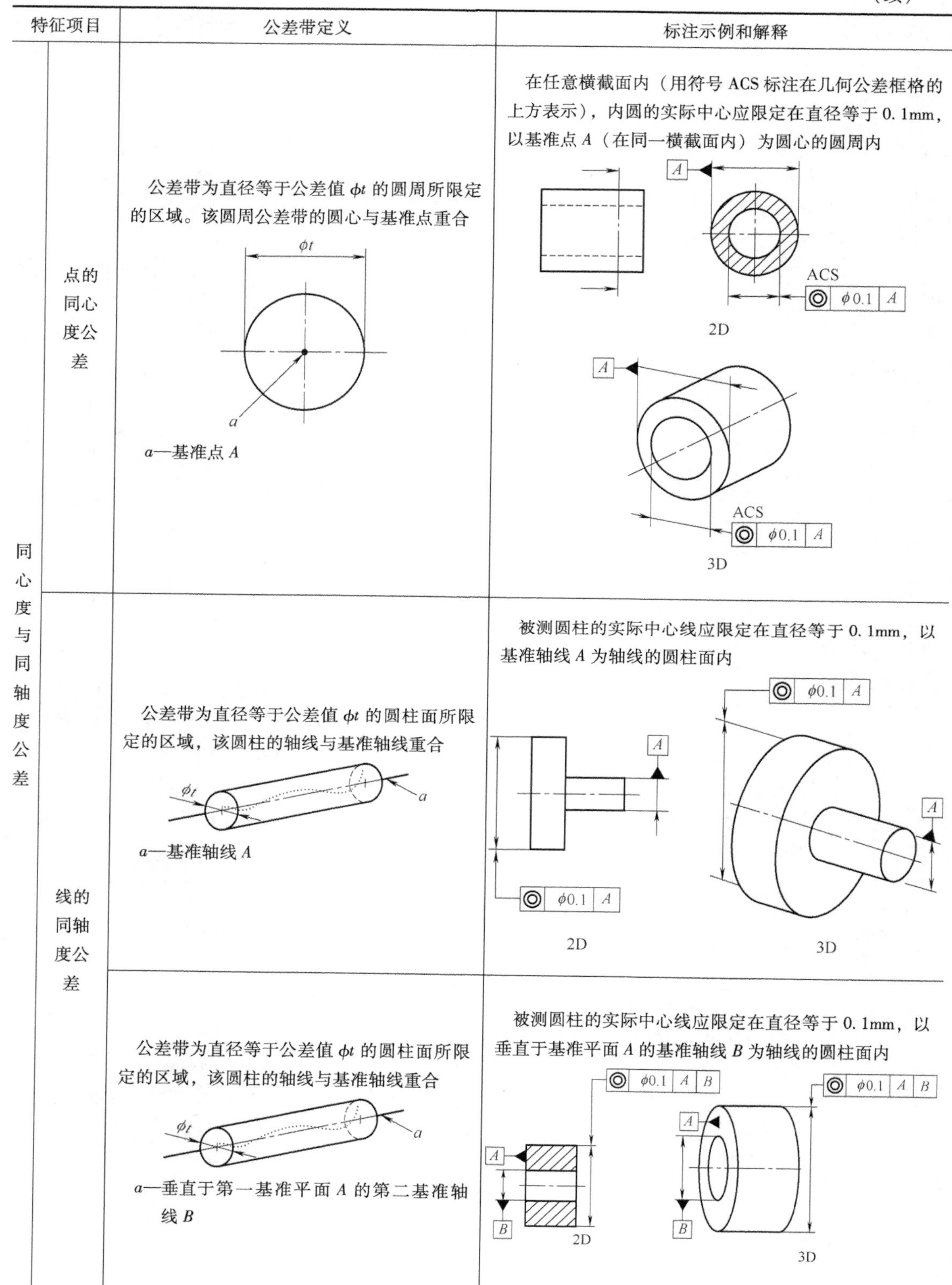

特征项目		公差带定义	标注示例和解释
同心度与同轴度公差	点的同心度公差	公差带为直径等于公差值 ϕt 的圆周所限定的区域。该圆周公差带的圆心与基准点重合 a—基准点 A	在任意横截面内（用符号 ACS 标注在几何公差框格的上方表示），内圆的实际中心应限定在直径等于 0.1mm，以基准点 A（在同一横截面内）为圆心的圆周内 2D 3D
	线的同轴度公差	公差带为直径等于公差值 ϕt 的圆柱面所限定的区域，该圆柱的轴线与基准轴线重合 a—基准轴线 A	被测圆柱的实际中心线应限定在直径等于 0.1mm，以基准轴线 A 为轴线的圆柱面内 2D 3D
		公差带为直径等于公差值 ϕt 的圆柱面所限定的区域，该圆柱的轴线与基准轴线重合 a—垂直于第一基准平面 A 的第二基准轴线 B	被测圆柱的实际中心线应限定在直径等于 0.1mm，以垂直于基准平面 A 的基准轴线 B 为轴线的圆柱面内 2D 3D

（续）

特征项目		公差带定义	标注示例和解释
对称度公差	面对面对称度公差	公差带为间距等于公差值 t，对称于基准中心平面的两平行平面所限定的区域 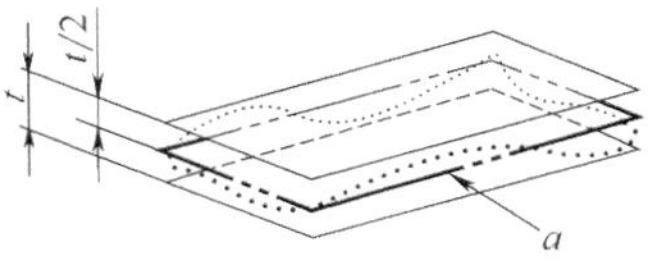 t $t/2$ a a—基准中心平面 A	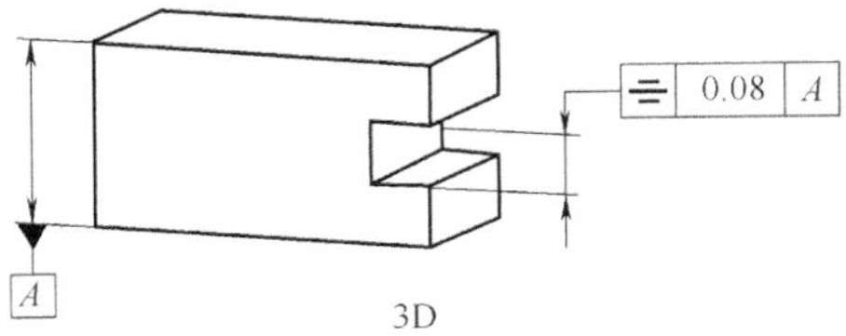 实际中心表面应限定在间距等于 0.08mm，对称于基准中心平面 A 的两平行平面之间 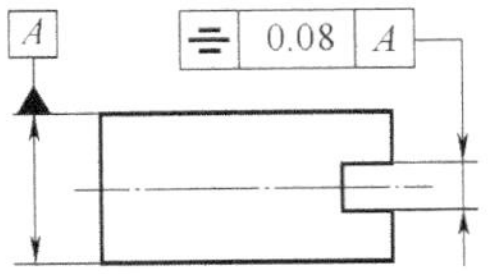 A ⌯ 0.08 A 2D ⌯ 0.08 A A 3D
	面对线对称度公差	公差带为间距等于公差值 t，对称于基准中心平面的两平行平面所限定的区域 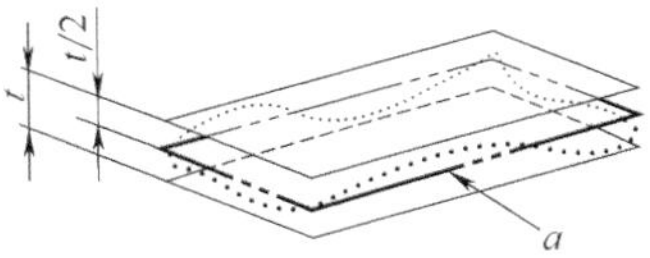 t $t/2$ a a—公共基准中心平面 A—B	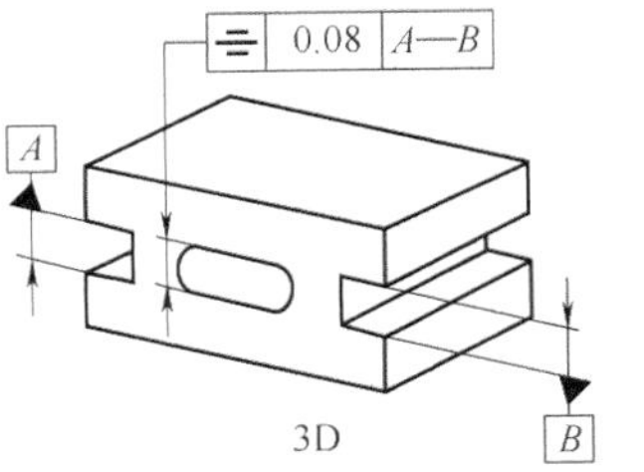 实际中心面应限定在间距等于 0.08mm，对称于公共基准中心平面 A—B 的两平行平面之间 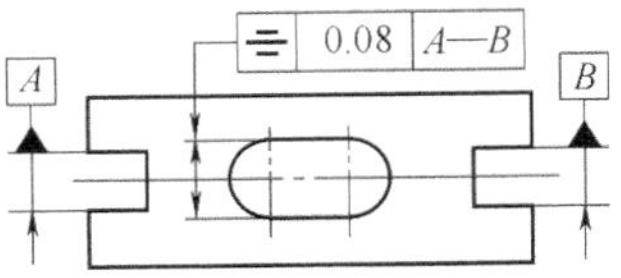 ⌯ 0.08 A—B A B 2D ⌯ 0.08 A—B A 3D B
		公差带为间距等于公差值 t 且对称于基准轴线的两平行平面所限定的区域 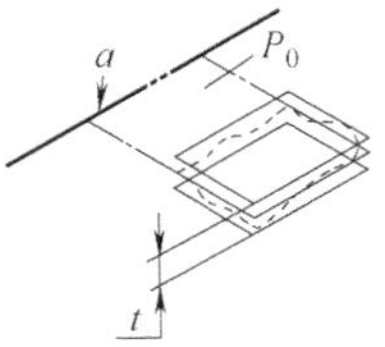 a P_0 t a—基准轴线 P_0—通过基准轴线的理想平面	宽度为 b 的被测键槽的实际中心平面应限定在间距为 0.05mm 的平行平面之间。该两平行平面对称于基准轴线 B，即对称于通过基准轴线 B 的理想平面 P。 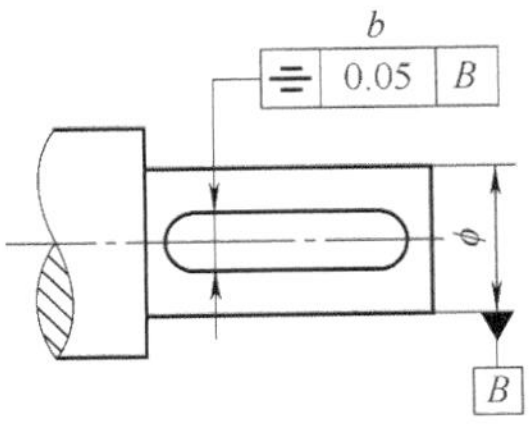 b ⌯ 0.05 B ϕ B

3.3.5 跳动公差

跳动公差是依据特定的检测方式而规定的几何公差项目，跳动公差的被测要素为组成要素，是回转表面（圆柱面或圆锥面）或端平面。

跳动公差分为圆跳动公差和全跳动公差。

圆跳动是被测要素无轴向移动绕基准轴线回转一周时，由位置固定的指示器在给定方向上所测得的最大与最小示值之差的允许值。圆跳动又分为径向圆跳动、轴向圆跳动和斜向圆跳动三种。

全跳动公差是被测要素无轴向移动绕基准轴线回转一周时，同时沿轴向或径向移动的指示器在给定方向上所测得的最大与最小示值之差的允许值。

跳动公差带定义、标注示例及解释见表 3-7。

表 3-7 跳动公差带定义、标注示例和解释

特征项目		公差带定义	标注示例和解释
圆跳动公差	径向圆跳动公差	公差带为在任一垂直于基准轴线的横截面内，半径差等于公差值 t，圆心在基准轴线上的两同心圆所限定的区域 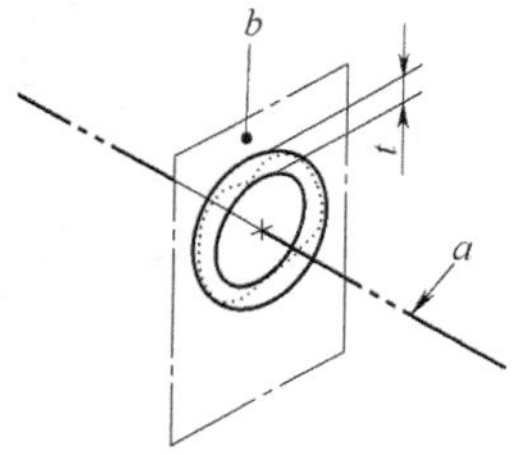 a—基准轴线 A b—垂直于基准轴线 A 的横截面	在任一垂直于基准轴线 A 的横截面内，实际线应限定在半径差等于 0.1mm，圆心在基准轴线 A 上的两共面同心圆之间 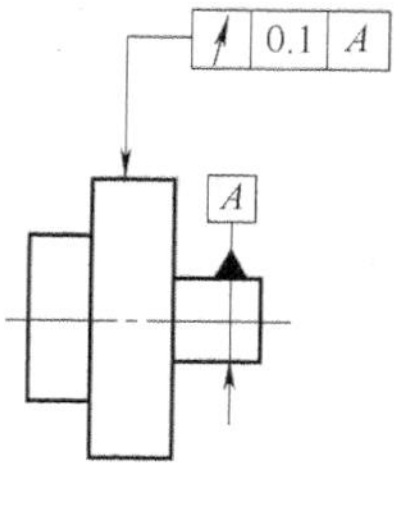 2D 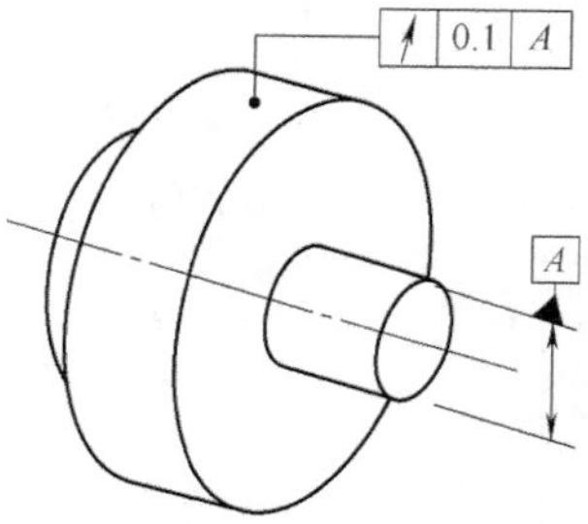　3D
		公差带为在任一垂直于基准轴线的横截面内，半径差等于公差值 t，圆心在基准轴线上的两同心圆所限定的区域 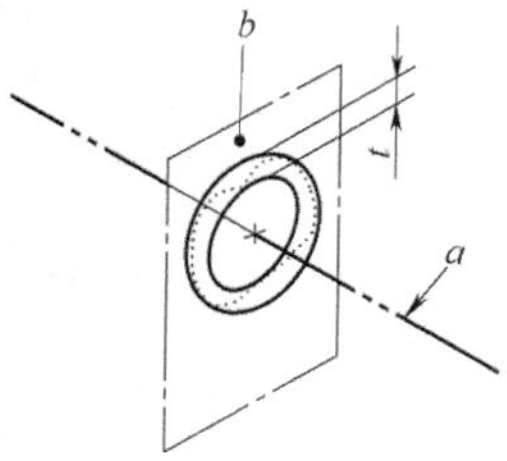 a—垂直于基准 B 的第二基准轴线 A b—平行于基准平面 B 的横截面	在任一平行于基准平面 B、垂直于基准轴线 A 的横截面上，实际圆应限定在半径差等于 0.1mm，圆心在基准轴线 A 上的两共面同心圆之间 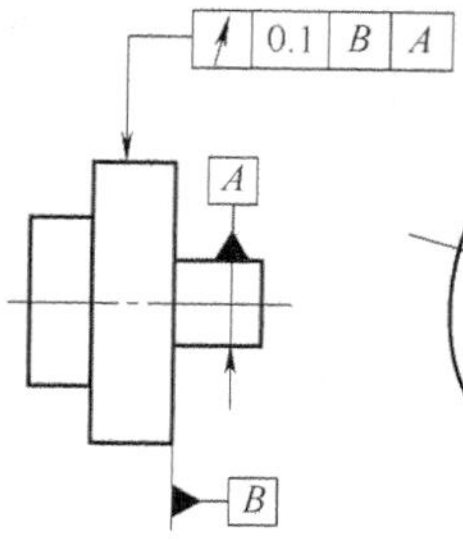 2D 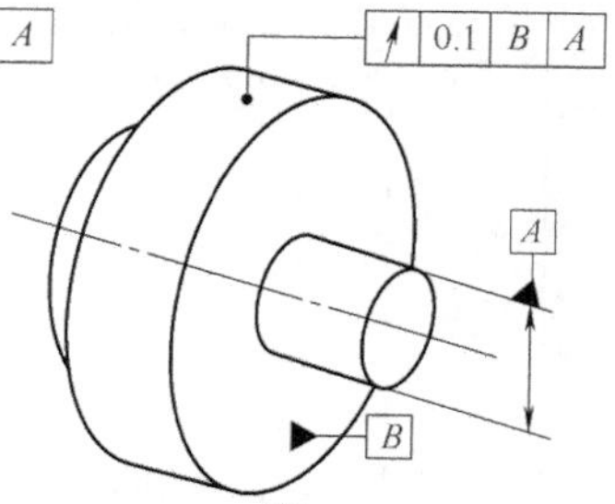　3D

（续）

特征项目		公差带定义	标注示例和解释
圆跳动公差	径向圆跳动公差	公差带为在任一垂直于基准轴线的横截面内，半径差等于公差值 t，圆心在基准轴线上的两同心圆所限定的区域 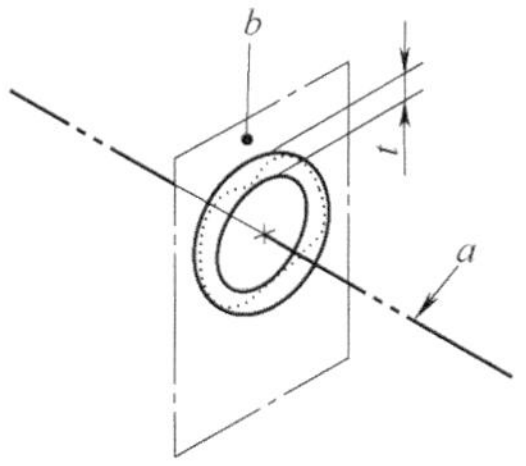 a—基准轴线 A—B b—垂直于基准轴线 A—B 的横截面	在任一垂直于公共基准直线 A—B 的横截面内，实际线应限定在半径差等于公差值 0.1mm，圆心在基准轴线 A—B 上的两共面同心圆之间 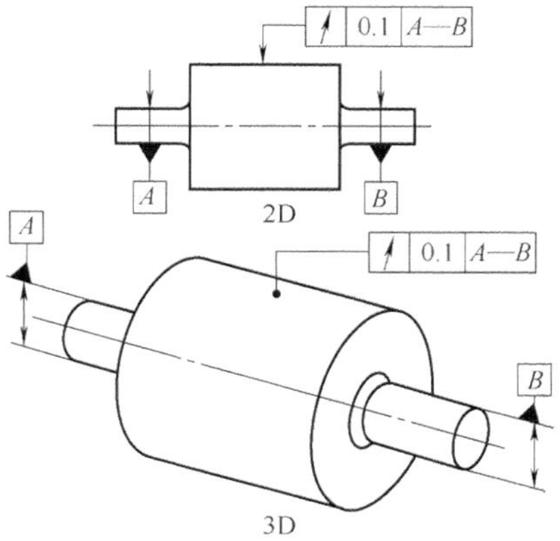 2D 3D
	轴向圆跳动公差	公差带为与基准轴线同轴的任一半径的圆柱截面上，间距等于公差值 t 的两圆所限定的圆柱面区域 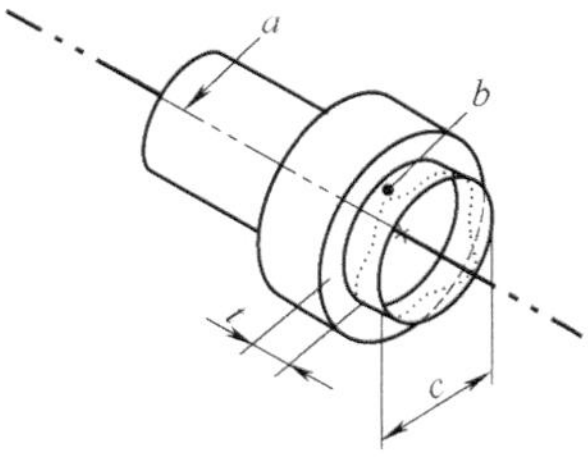 a—基准轴线 D　b—公差带 c—与基准轴线 D 同轴的任意直径	在与基准轴线 D 同轴的任一圆柱形截面上，实际圆应限定在轴向距离等于 0.1mm 的两个等圆之间 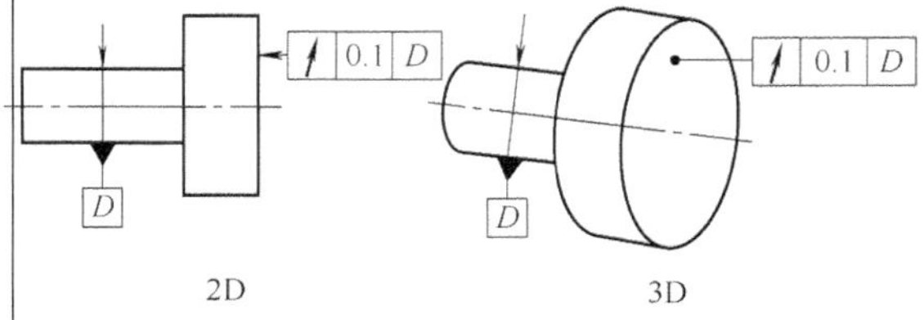 2D　3D
	斜向圆跳动公差	公差带为与基准轴线同轴的任一圆锥截面上，间距等于公差值 t 的两圆所限定的圆锥面区域 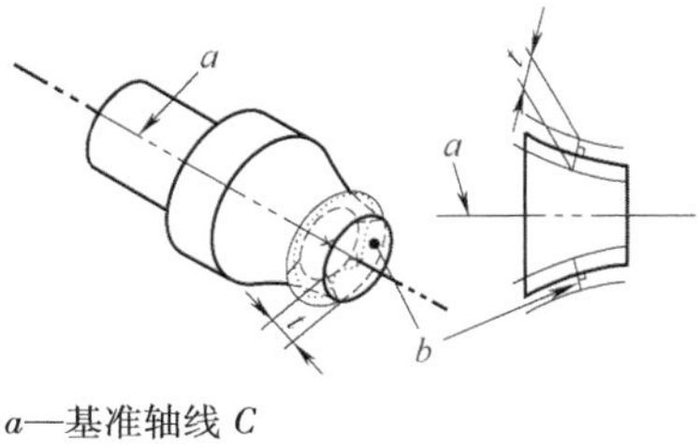 a—基准轴线 C b—公差带	在与基准轴线 C 同轴的任一圆锥截面上，实际线应限定在素线方向间距等于 0.1mm 的两不等圆之间，并且截面的锥角与被测要素垂直 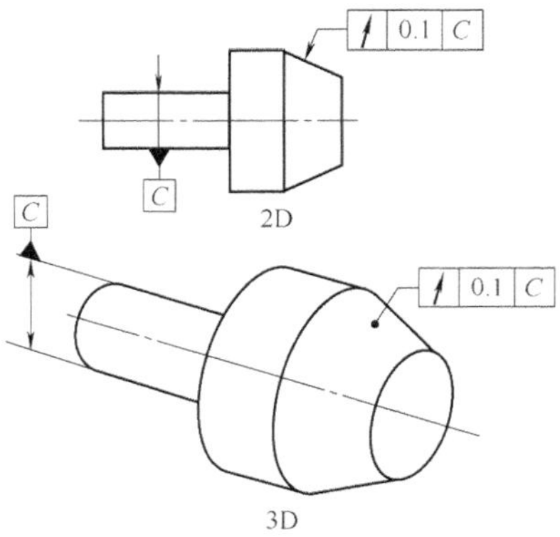 2D 3D

（续）

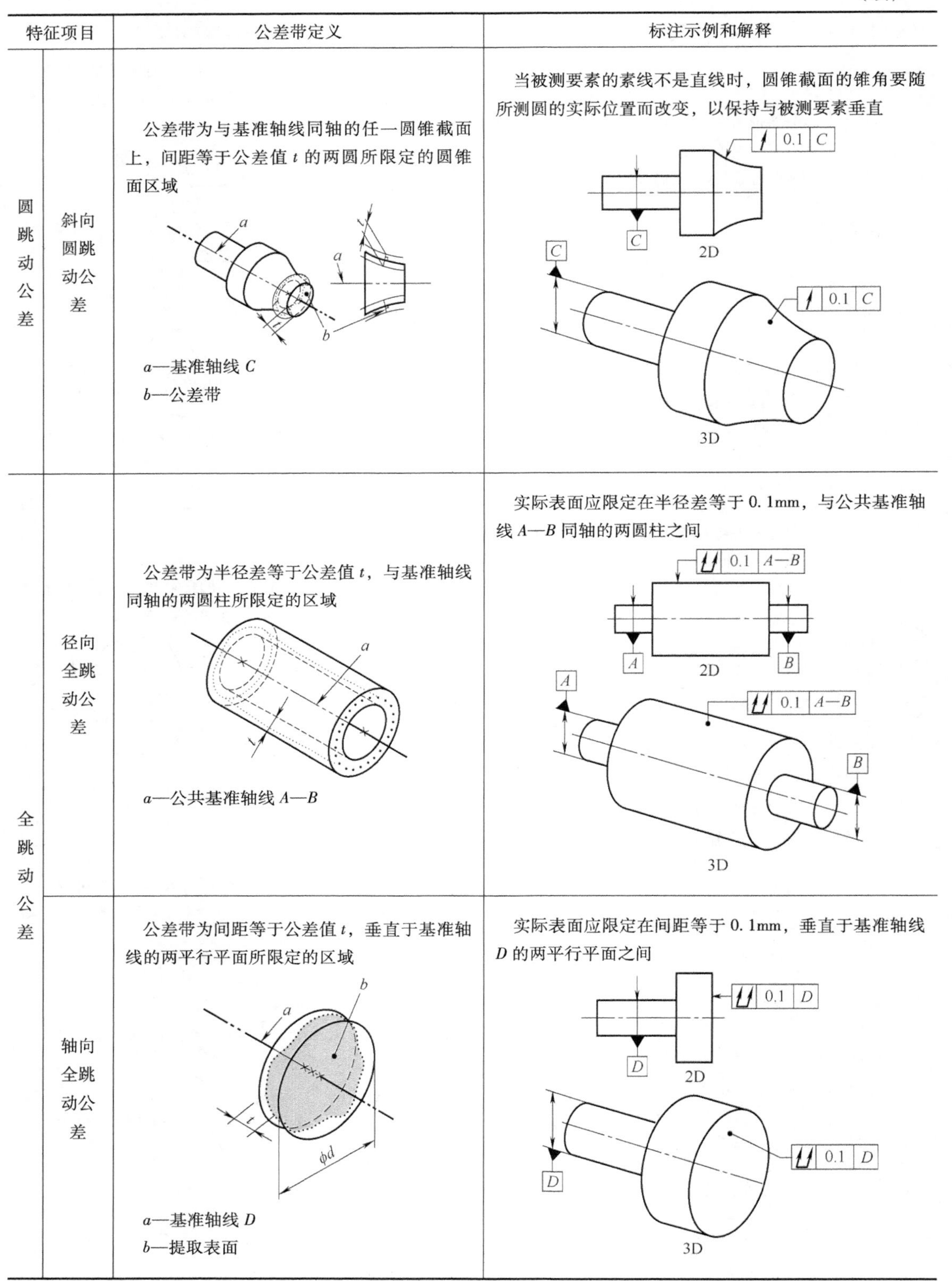

特征项目		公差带定义	标注示例和解释
圆跳动公差	斜向圆跳动公差	公差带为与基准轴线同轴的任一圆锥截面上，间距等于公差值 t 的两圆所限定的圆锥面区域 a—基准轴线 C b—公差带	当被测要素的素线不是直线时，圆锥截面的锥角要随所测圆的实际位置而改变，以保持与被测要素垂直 2D 3D
全跳动公差	径向全跳动公差	公差带为半径差等于公差值 t，与基准轴线同轴的两圆柱所限定的区域 a—公共基准轴线 $A—B$	实际表面应限定在半径差等于 0.1mm，与公共基准轴线 $A—B$ 同轴的两圆柱之间 2D 3D
	轴向全跳动公差	公差带为间距等于公差值 t，垂直于基准轴线的两平行平面所限定的区域 a—基准轴线 D b—提取表面	实际表面应限定在间距等于 0.1mm，垂直于基准轴线 D 的两平行平面之间 2D 3D

3.3.6　轮廓公差

轮廓度公差是对任意形状的线轮廓要素或面轮廓要素提出的公差要求，线轮廓要素和面轮廓要素的理想形状由理论正确尺寸确定。当线轮廓要素和面轮廓要素无基准要求时，为单一要素，其轮廓度公差为形状公差；当线轮廓要素和面轮廓要素有基准要求时，为关联要素，其轮廓度公差为方向公差或位置公差。

轮廓度公差带定义、标注示例及解释见表 3-8。

表 3-8　轮廓度公差带定义、标注示例和解释

特征项目	公差带定义	标注示例和解释
无基准的线轮廓度公差	公差带为直径等于公差值 t、圆心位于被测要素理论正确几何形状上的一系列圆的两包络线所限定的区域 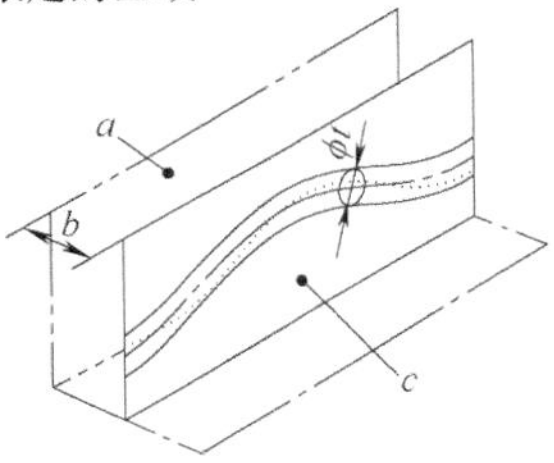 a—基准平面 A b—任意距离 c—平行于基准平面 A 的平面	在任一平行于图示投影面的截面内，实际轮廓线应限定在直径等于 0.04mm、圆心位于被测要素理论正确几何形状上的一系列圆的两等距包络线之间 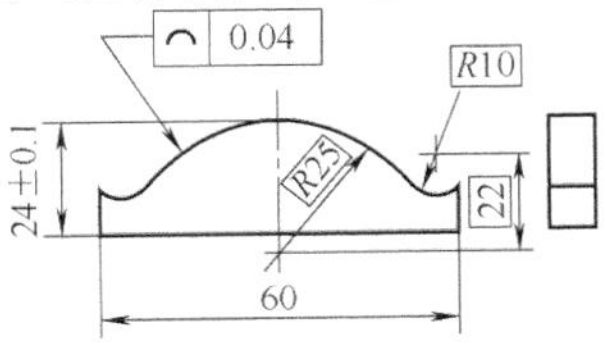 2D 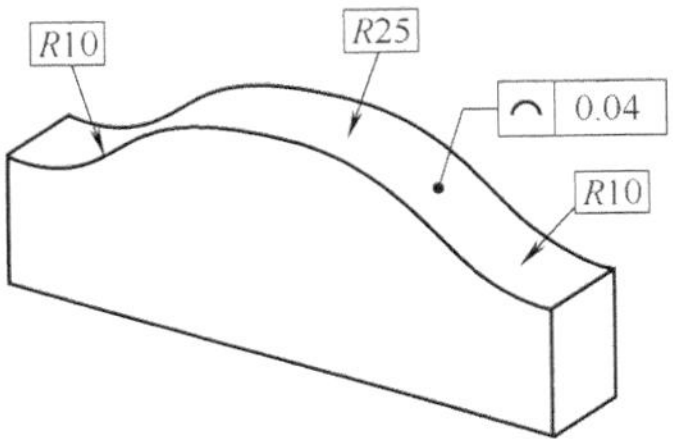 3D
相对于基准体系的线轮廓度公差	公差带为直径等于公差值 t、圆心位于由基准平面 A 和基准平面 B 确定的被测要素理论正确几何形状上的一系列圆的两包络线所限定的区域 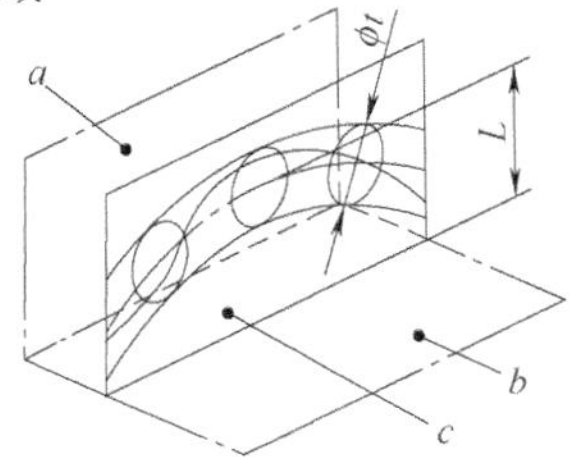 a、b—基准平面 A、基准平面 B c—平行于基准平面 A 的平面	在任一平行于图示投影面的截面内，实际轮廓线应限定在直径等于 0.04mm、圆心位于由基准平面 A 和基准平面 B 确定的被测要素理论正确几何形状上的一系列圆的两等距包络线之间 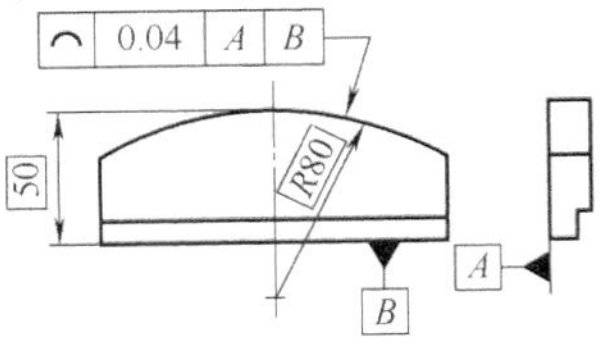 2D 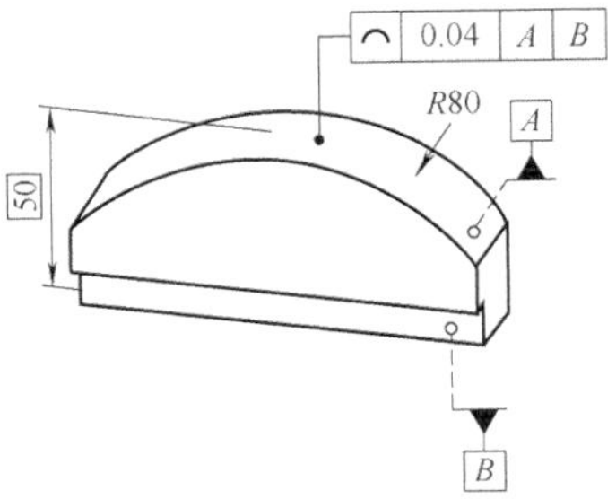 3D

（续）

特征项目	公差带定义	标注示例和解释
无基准的面轮廓度公差	公差带为直径等于公差值 t、球心位于被测要素理论正确几何形状上的一系列圆球的两包络线所限定的区域 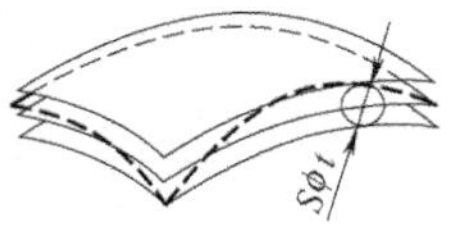 $S\phi t$	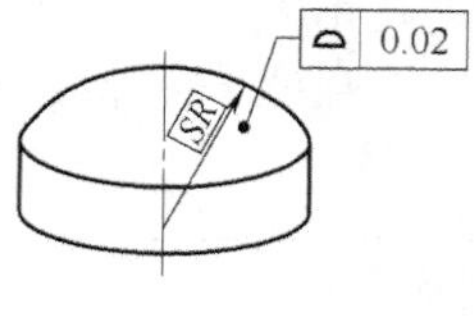 实际轮廓面应限定在直径等于 0.02mm、球心位于被测要素理论正确几何形状上的一系列圆球的两等距包络面之间 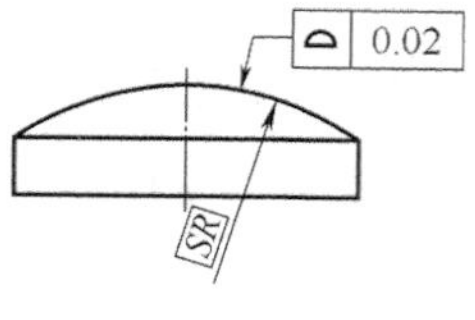 0.02　SR　2D 0.02　SR　3D
相对于基准体系的面轮廓度公差	公差带为直径等于公差值 t、球心位于由基准平面 A 确定的被测要素理论正确几何形状上的一系列圆球的两包络面所限定的区域 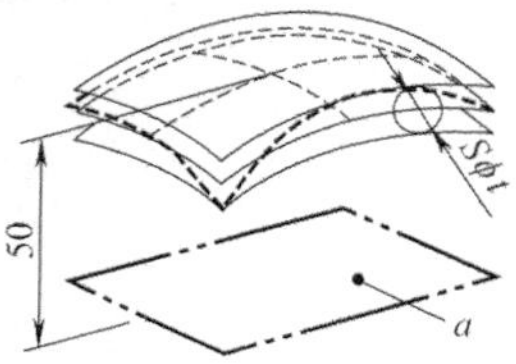 $S\phi t$　50　a	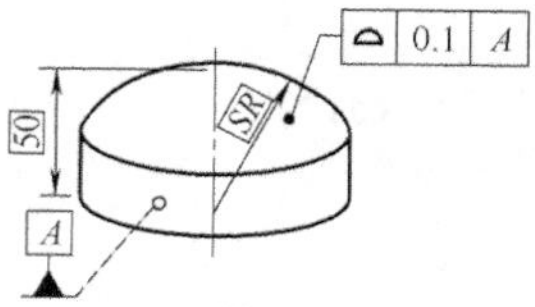 实际轮廓面应限定在直径等于 0.1mm、球心位于由基准平面 A 确定的被测要素理论正确几何形状上的一系列圆球的两等距包络面之间 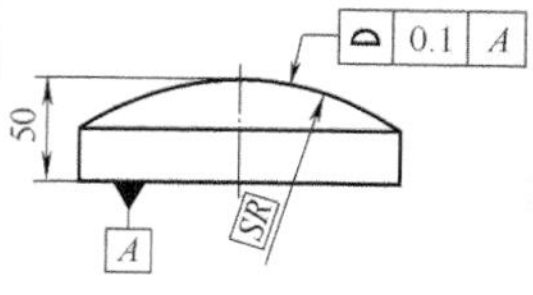 0.1 A　50　SR　A　2D 0.1 A　50　SR　A　3D

3.4 公差原则与公差要求

在零件几何精度设计时，根据功能和互换性的要求，对于一些重要的几何要素，需要同时给出尺寸公差和几何公差，确定尺寸公差和几何公差之间相互关系的原则称为公差原则。公差原则分为独立原则和相关要求。独立原则是基本的公差原则，它是指图样上给定的尺寸公差与几何公差相互独立无关，应分别满足各自的要求。相关要求是指图样上给定的尺寸公差与几何公差相互有关，相关要求又分为包容要求、最大实体要求、最小实体要求和可逆要求。

3.4.1 有关公差要求的术语

1. 作用尺寸

（1）体外作用尺寸　体外作用尺寸是指在被测要素的配合长度上，与实际内表面（孔）体外相接的最大理想面或与实际外表面（轴）体外相接的最小理想面的直径或宽度，如图 3-21 所示。

内表面（孔）的体外作用尺寸用 D_{fe} 表示，外表面（轴）的体外作用尺寸用 d_{fe} 表示。由图 3-21 可知，当孔轴存在形位误差 $f_{形位}$ 时，其体外作用尺寸的理想面位于零件的实体之外。孔的体外作用尺寸小于或等于孔的实际尺寸，轴的体外作用尺寸大于或等于轴的实际尺

寸，即

$$D_{fe}=D_a-f_{形位} \tag{3-1}$$

$$d_{fe}=d_a+f_{形位} \tag{3-2}$$

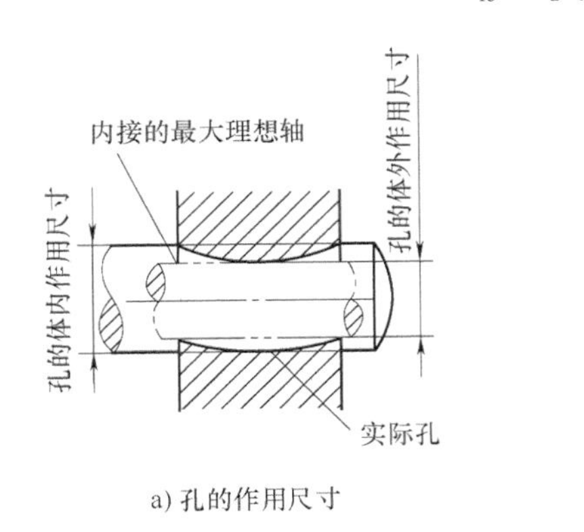

a) 孔的作用尺寸

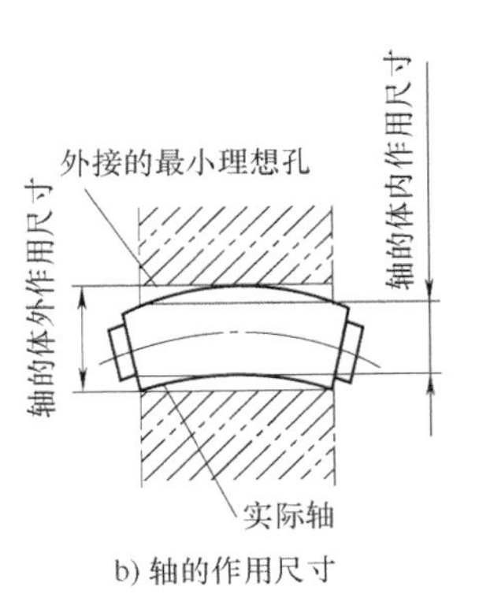

b) 轴的作用尺寸

图 3-21　孔、轴作用尺寸

（2）体内作用尺寸　体内作用尺寸是指在被测要素的配合长度上，与实际内表面（孔）体内相接的最小理想面或与实际外表面（轴）体内相接的最大理想面的直径或宽度，如图 3-21 所示。

内表面（孔）的体内作用尺寸用 D_{fi} 表示，外表面（轴）的体内作用尺寸用 d_{fi} 表示。由图 3-21 可知，当孔、轴存在几何误差 $f_{形位}$ 时，其体内作用尺寸的理想面位于零件的实体内。孔的体内作用尺寸大于或等于孔的实际尺寸，轴的体内作用尺寸小于或等于轴的实际尺寸，即

$$D_{fi}=D_a+f_{形位} \tag{3-3}$$

$$d_{fi}=d_a-f_{形位} \tag{3-4}$$

2. 最大实体状态（MMC）**和最大实体尺寸**（MMS）

最大实体状态是指零件的实际要素在给定长度上处处位于尺寸极限之内，并具有实体最大（占有材料最多）时的状态。

最大实体尺寸是指实际要素在最大实体状态下的尺寸，数值恰好等于某一个极限尺寸，对于内表面（孔）是其下极限尺寸 D_{min}，对于外表面（轴）是其上极限尺寸 d_{max}。

孔的最大实体尺寸用 D_M 表示，轴的最大实体尺寸用 d_M 表示。即

$$D_M=D_{min} \tag{3-5}$$

$$d_M=d_{max} \tag{3-6}$$

最大实体状态不要求实际要素具有理想形状，允许具有形状误差，如图 3-22、图 3-23 所示。

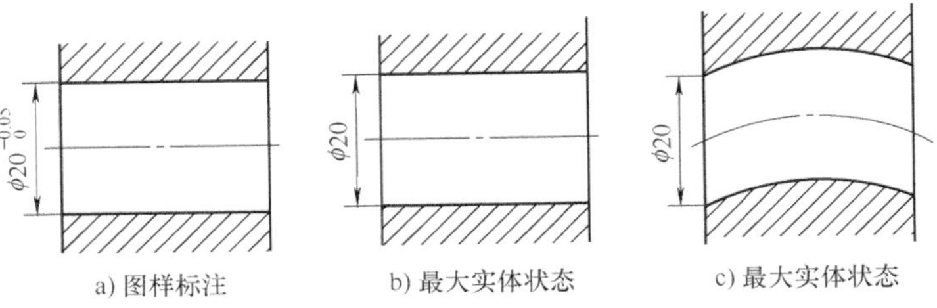

a) 图样标注　　b) 最大实体状态　　c) 最大实体状态

图 3-22　孔的最大实体状态和最大实体尺寸

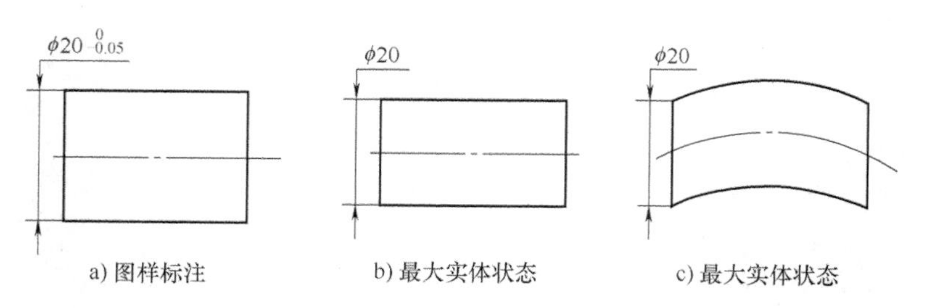

图 3-23 轴的最大实体状态和最大实体尺寸

3. 最小实体状态（LMC）**和最小实体尺寸**（LMS）

最小实体状态是指零件的实际要素在给定长度上处处位于尺寸极限之内，并具有实体最小（占有材料最少）时的状态。

最小实体尺寸是指实际要素在最小实体状态下的尺寸，数值恰好等于另一个极限尺寸，对于内表面（孔）是其上极限尺寸 D_{max}，对于外表面（轴）是其下极限尺寸 d_{min}。

孔的最小实体尺寸用 D_L 表示，轴的最小实体尺寸用 d_L 表示。即

$$D_L = D_{max} \tag{3-7}$$

$$d_L = d_{min} \tag{3-8}$$

最小实体状态不要求实际要素具有理想形状，允许具有形状误差，如图 3-24、图 3-25 所示。

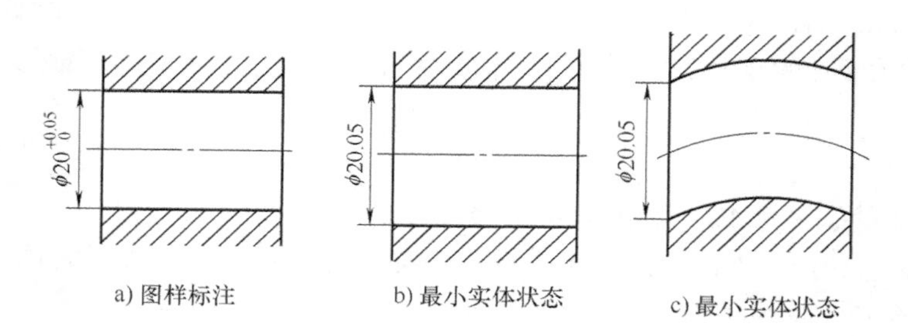

图 3-24 孔的最小实体状态和最小实体尺寸

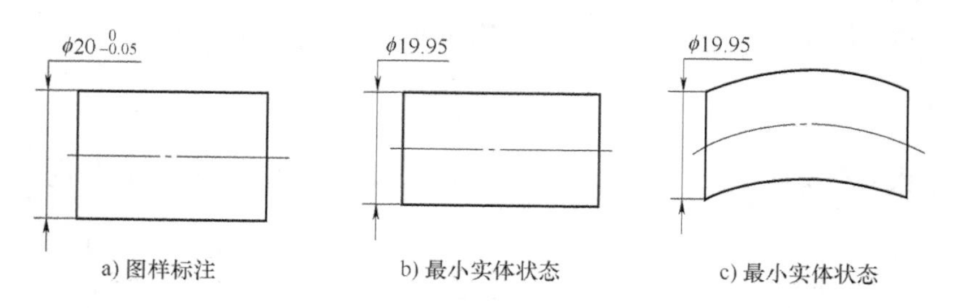

图 3-25 轴的最小实体状态和最小实体尺寸

4. 最大实体边界（MMB）**和最小实体边界**（LMB）

最大实体边界是最大实体状态的极限包容面；最小实体边界是最小实体状态的理想的极限包容面。与之对应的，还有最大实体实效边界（MMVB）和最小实体实效边界（LMVB）。

5. 最大实体实效状态（MMVC）和最大实体实效尺寸（MMVS）

最大实体实效状态是指实际要素在给定长度上处于最大实体状态，并且其中心要素的形状或位置误差等于给定公差值时的综合极限状态。

最大实体实效尺寸是指实际要素在最大实体实效状态下的体外作用尺寸。

孔的最大实体实效尺寸用 D_{MV} 表示，等于孔的最大实体尺寸减去中心要素的几何公差值 tⓂ；轴的最大实体实效尺寸用 d_{MV} 表示，等于轴的最大实体尺寸加上中心要素的几何公差值 tⓂ。即

$$D_{MV} = D_M - t\text{Ⓜ} \tag{3-9}$$

$$d_{MV} = d_M + t\text{Ⓜ} \tag{3-10}$$

图 3-26、图 3-27 分别为孔、轴最大实体实效状态和最大实体实效尺寸示例。

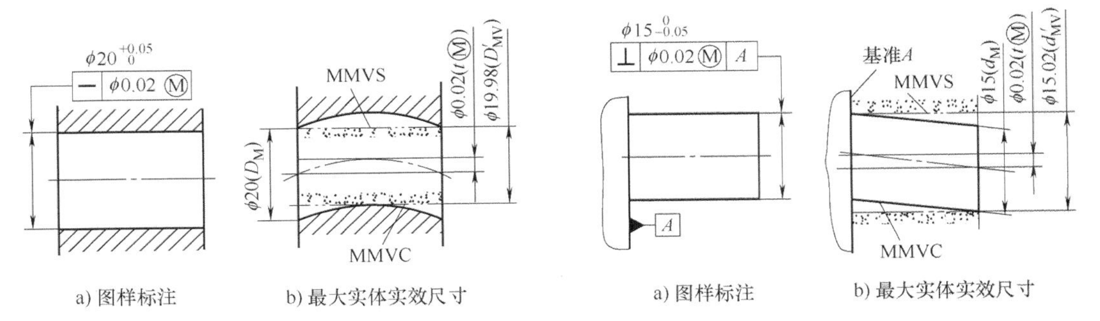

图 3-26 孔的最大实体实效状态和最大实体实效尺寸 **图 3-27 轴的最大实体实效状态和最大实体实效尺寸**

6. 最小实体实效状态（LMVC）和最小实体实效尺寸（LMVS）

最小实体实效状态是指实际要素在给定长度上处于最小实体状态，并且其中心要素的形状或位置误差等于给定公差值时的综合极限状态。

最小实体实效尺寸是指实际要素在最小实体实效状态下的体内作用尺寸。

孔的最小实体实效尺寸用 D_{LV} 表示，等于孔的最小实体尺寸加上中心要素的几何公差值 tⓁ；轴的最小实体实效尺寸用 d_{LV} 表示，等于轴的最小实体尺寸减去中心要素的几何公差值 tⓁ。即

$$D_{LV} = D_M + t\text{Ⓛ} \tag{3-11}$$

$$d_{LV} = d_M - t\text{Ⓛ} \tag{3-12}$$

图 3-28、图 3-29 分别为孔、轴最小实体实效状态和最小实体实效尺寸示例。

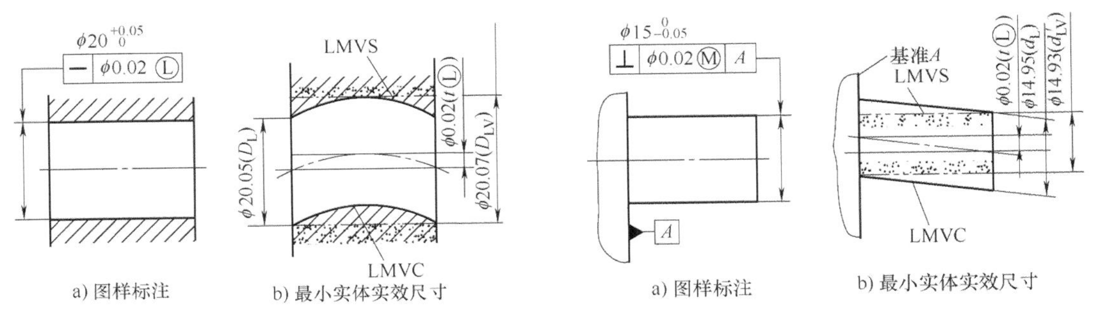

图 3-28 孔的最小实体实效状态和最小实体实效尺寸 **图 3-29 轴的最小实体实效状态和最小实体实效尺寸**

3.4.2 独立原则

1. 独立原则的含义

独立原则是指图样上所给定的尺寸公差和几何公差要求都是相互独立、彼此无关的，应分别满足各自的要求。如在图3-30a中，轴的尺寸为$\phi20_{-0.013}^{\ 0}$mm，采用独立原则，其尺寸公差仅控制轴的局部实际尺寸的变动，无论轴线如何弯曲，轴的实际尺寸只能在ϕ19.967～ϕ20mm内变动；而给定的直线度公差只能控制轴线的直线度误差，无论轴的实际尺寸如何变动，轴线的直线度误差不得超过ϕ0.02mm。

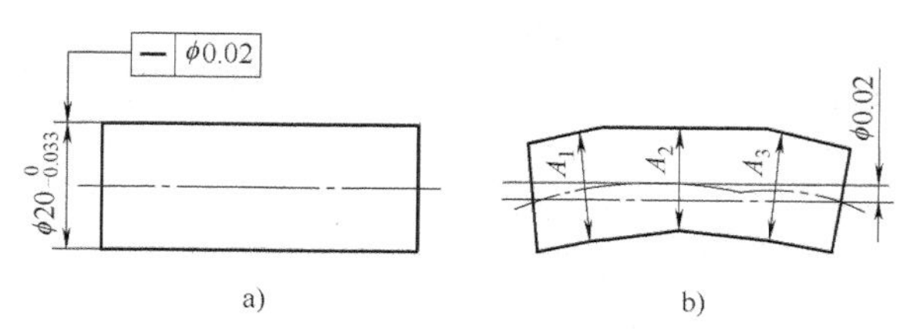

图3-30 独立原则图解

对于绝大多数零件来说，其功能要求对要素的尺寸公差和几何公差的要求都是相互无关的，故独立原则是尺寸公差和几何公差相互关系遵循的基本原则。

2. 独立原则的特点

1）尺寸公差仅控制要素的局部实际尺寸，不控制其几何误差。

2）图样上所给定的几何公差，不随要素的实际尺寸的变化而变化。

3）采用独立原则时，应在图样或技术文件中注明：公差原则按GB/T 4249—2018，对尺寸公差和几何公差则无需任何附加标注。

3.4.3 包容要求（ER）

1. 包容要求的含义

采用包容要求的实际要素应遵守最大实体边界，即其体外作用尺寸不超出最大实体边界，且局部实际尺寸不超出最小实体尺寸。在采用包容要求时的合格条件为

对于内表面（孔） $D_{fe} \geqslant D_M = D_{min}$ 且 $D_a \leqslant D_L = D_{max}$ （3-13）

对于外表面（轴） $d_{fe} \leqslant d_M = d_{max}$ 且 $d_a \geqslant d_L = d_{min}$ （3-14）

包容要求只适用于单一要素。采用包容要求的要素，应在其尺寸极限偏差或公差带代号后加注符号“Ⓔ”，如图3-31所示。

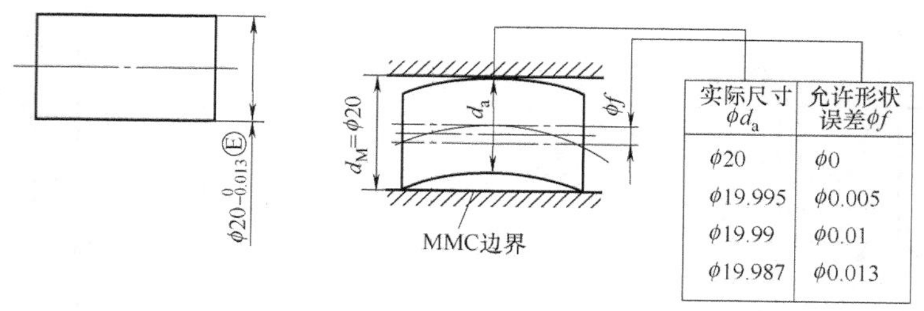

实际尺寸ϕd_a	允许形状误差ϕf
φ20	φ0
φ19.995	φ0.005
φ19.99	φ0.01
φ19.987	φ0.013

a) 图样标注　　b) 被测要素的最大实体边界

图3-31 包容要求的标注

2. 包容要求的特点

包容要求限定实际要素始终位于最大实体边界内。当要素的实际尺寸处处为最大实体尺寸时，不允许有形状误差；当要素的实际尺寸偏离最大实体尺寸时，其偏差量可补偿给形状公差。可知，当实际要素采用包容要求时，其尺寸公差为补偿公差，它不仅限制了要素的实际尺寸，也控制了要素的形状误差。

在图 3-31a 中，轴的尺寸为 $\phi20_{-0.013}^{\ 0}$Ⓔ，采用包容要求，实际轴应满足如下要求：

1）实际轴必须在最大实体边界内，最大实体边界尺寸为直径等于 ϕ20mm 的理想圆柱面，如图 3-31b 所示。

2）当轴各处的直径均为最大实体尺寸时，轴的直线度误差为零。

3）当轴的直径偏离最大实体尺寸时，轴允许有直线度误差，其允许的误差值就是轴的尺寸误差对其最大实体尺寸的偏离量。

4）当轴的直径均为最小实体尺寸时，轴允许的直线度误差为 ϕ0. 013mm。

5）轴的直线度公差在 $\phi0\sim\phi0.013$mm 内变动，如图 3-31b 所示。

3. 包容要求的应用

包容要求主要用于精确保证单一要素间的配合性质或配合精度要求较高的场合。用最大实体尺寸综合控制零件的实际尺寸和形状误差，在间隙配合中，保证必要的最小间隙，以使相配合的零件运转灵活；在过盈配合中，控制最大过盈量，既保证配合具有足够的连接强度，又避免过盈量过大而损坏零件。例如，$\phi30H7(^{+0.021}_{\ 0})$ Ⓔ孔与 $\phi30h6(^{\ 0}_{-0.013})$ Ⓔ轴的间隙配合，保证预定的最小间隙，既能保证零件的自由装配，又可避免由于孔、轴的形状误差而产生过盈。又如，滚动轴承内圈与轴颈的配合，采用包容要求可提高轴颈的尺寸精度。

3. 4. 4　最大实体要求（MMR）

1. 最大实体要求的含义

最大实体要求是指被测要素的实际轮廓遵守其最大实体实效边界的一种公差要求。当被测要素的实际尺寸偏离最大实体尺寸时，其几何误差允许超出图样上所给定的公差值。最大实体要求，对被测要素和基准要素均适用。

最大实体要求用于被测要素时，应在给定的公差值后标注符号Ⓜ，如图 3-32a 所示。最大实体要求用于基准要素时，应在相应的基准字母代号后标注符号Ⓜ，如图 3-32b 所示。

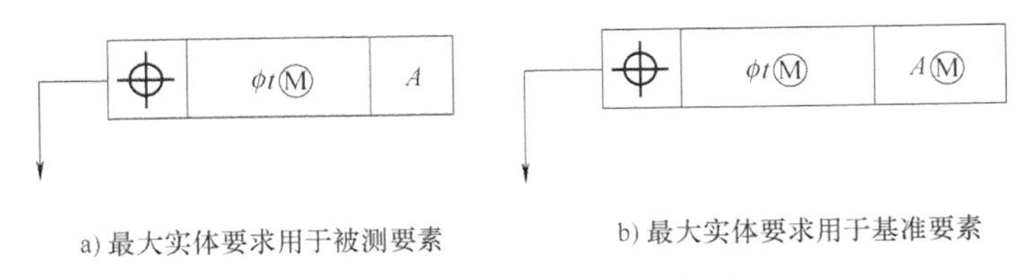

图 3-32　最大实体要求的标注

2. 最大实体要求的特点

1）被测要素的体外作用尺寸不超过其最大实体实效尺寸。

2）当被测要素的实际尺寸处处为最大实体尺寸时，所允许的几何误差为图样上给定的公差值。

3）当被测要素的实际尺寸偏离最大实体尺寸时，其几何公差值可以增大，所允许的几何误差为图样上给定的几何公差值与实际尺寸对最大实体尺寸的偏离量之和。

4）被测要素的实际尺寸处于最大实体尺寸和最小实体尺寸之间。

3. 最大实体要求用于被测要素

当最大实体要求用于被测要素时，被测要素的实际轮廓应遵守最大实体实效边界。即其体外作用尺寸不得超出最大实体实效边界，且其局部实际尺寸处于最大实体尺寸和最小实体尺寸之间。被测要素的合格条件为

对于内表面（孔）　$D_{fe} \geqslant D_{MV}$　且 $D_M = D_{min} \leqslant D_a \leqslant D_L = D_{max}$　(3-15)

对于外表面（轴）　$d_{fe} \leqslant d_{MV}$　且 $d_M = d_{max} \geqslant d_a \geqslant d_L = d_{min}$　(3-16)

若被测要素采用最大实体要求，图样上给定的几何公差值为零时，则称为最大实体要求用于零几何公差，用“0 Ⓜ”表示。

最大实体要求用于单一被测要素、关联被测要素及零几何公差的情况分析举例如下。

（1）被测要素为单一要素

例 3-1　图 3-33a 中 $\phi 20_{-0.3}^{\ 0}$mm 轴的轴线直线度公差采用最大实体要求。

解： 该轴应满足下列条件。

1）轴的体外作用尺寸不得大于其最大实体实效尺寸。

$$d_{MV} = d_M + t\text{Ⓜ} = \phi 20\text{mm} + \phi 0.1\text{mm} = \phi 20.1\text{mm}$$

2）当轴处于最大实体状态时，其轴线的直线度公差为 $\phi 0.1$mm，如图 3-33b 所示。

3）当轴偏离最大实体状态时，其轴线的直线度公差可以相应地增大。如图 3-33c 所示，当轴的实际尺寸处处为 $\phi 19.9$mm 时，其轴线的直线度公差为

$$t = \phi 0.1\text{mm} + \phi 0.1\text{mm} = \phi 0.2\text{mm}$$

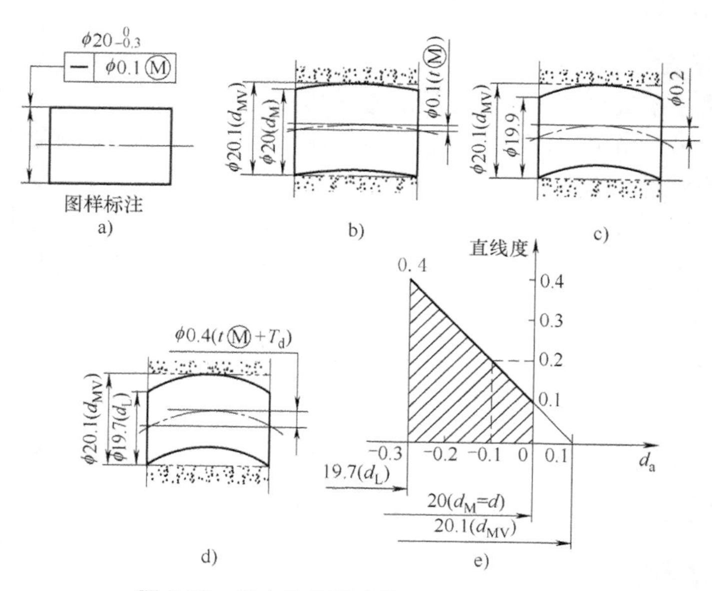

图 3-33　最大实体要求用于单一被测要素

4）如图 3-33d 所示，当轴处于最小实体状态时，其轴线允许的直线度公差达到最大值，等于图样上所给定直线度公差值与轴的尺寸公差之和，即

$$t=\phi 0.1\mathrm{mm}+\phi 0.3\mathrm{mm}=\phi 0.4\mathrm{mm}$$

由此可知，轴线的直线度公差不是一个恒定值，而是随着实际尺寸的变化而变动的。图 3-33e 为动态公差图，它反映了轴线的直线度公差与轴的实际尺寸之间的关系。

（2）被测要素为关联要素

例 3-2 图 3-34a 中 $\phi 50^{+0.13}_{0}$mm 孔的轴线对基准 A 的垂直度公差采用最大实体要求。

解： 该孔应满足下列条件。

1）孔的体外作用尺寸不小于其最大实体实效尺寸。

$$D_{\mathrm{MV}}=D_{\mathrm{M}}-t\,Ⓜ=\phi 50\mathrm{mm}-\phi 0.08\mathrm{mm}=\phi 49.92\mathrm{mm}$$

2）当孔处于最大实体状态时，其轴线对基准 A 的垂直度公差为 $\phi 0.08$mm，如图 3-34b 所示。

3）当孔偏离最大实体状态时，其轴线对基准 A 的垂直度公差可以相应地增大。如图 3-34c 所示，当孔的实际尺寸处处为 $\phi 50.07$mm 时，其轴线对基准 A 的垂直度公差为

$$t=\phi 0.08\mathrm{mm}+\phi 0.07\mathrm{mm}=\phi 0.15\mathrm{mm}$$

4）如图 3-34d 所示，当孔处于最小实体状态时，其轴线允许的直线度公差达到最大值，等于图样上所给定直线度公差值与孔的尺寸公差之和，即

$$t=\phi 0.08\mathrm{mm}+\phi 0.13\mathrm{mm}=\phi 0.21\mathrm{mm}$$

由上可知，孔的轴线对基准 A 的垂直度公差也是随着孔的实际尺寸变化而变动的。图 3-34e 为动态公差图，它反映了孔的轴线对基准 A 的垂直度公差与孔的实际尺寸之间的关系。

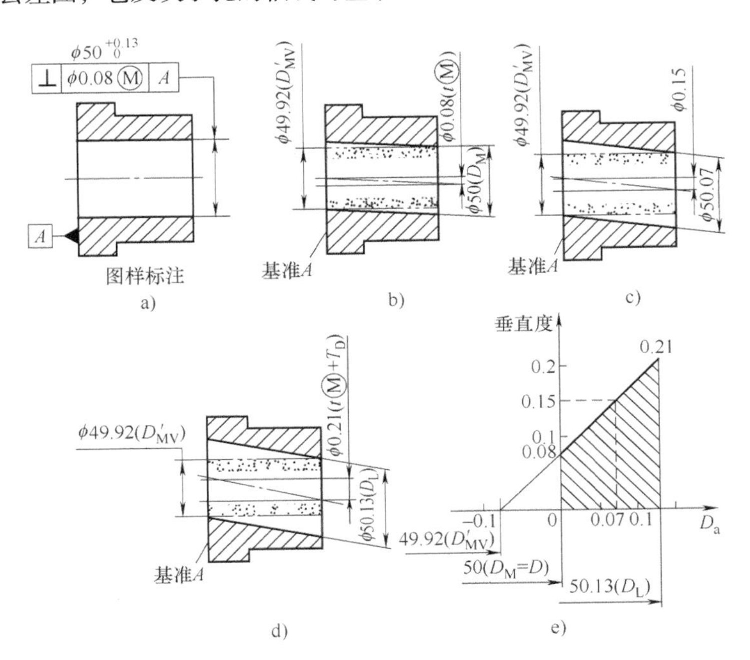

图 3-34 最大实体要求用于关联被测要素

（3）最大实体要求的零几何公差

例 3-3 图 3-35a 中 $\phi 50^{+0.13}_{-0.08}$mm 孔的轴线对基准 A 的垂直度公差采用最大实体要求时的零几何公差。

解： 该孔应满足下列条件。

1）孔的体外作用尺寸不小于其最大实体实效尺寸。

$$D_{MV}=D_M-t\text{Ⓜ}=\phi49.92\text{mm}-\phi0\text{mm}=\phi49.92\text{mm}$$

2）当孔处于最大实体状态时，其轴线对基准 A 的垂直度公差为零，如图 3-35b 所示。

3）当孔偏离最大实体状态时，允许轴线对基准 A 有垂直度误差。如图 3-35c 所示，当孔处于最小实体状态时，其轴线允许的直线度公差达到最大值，等于孔的尺寸公差，即

$$t=\phi0.21\text{mm}$$

同样，孔的轴线对基准 A 的垂直度公差也是随着孔的实际尺寸变化而变动的。图 3-35d 为动态公差图，它反映了孔的轴线对基准 A 的垂直度公差与孔的实际尺寸之间的关系。

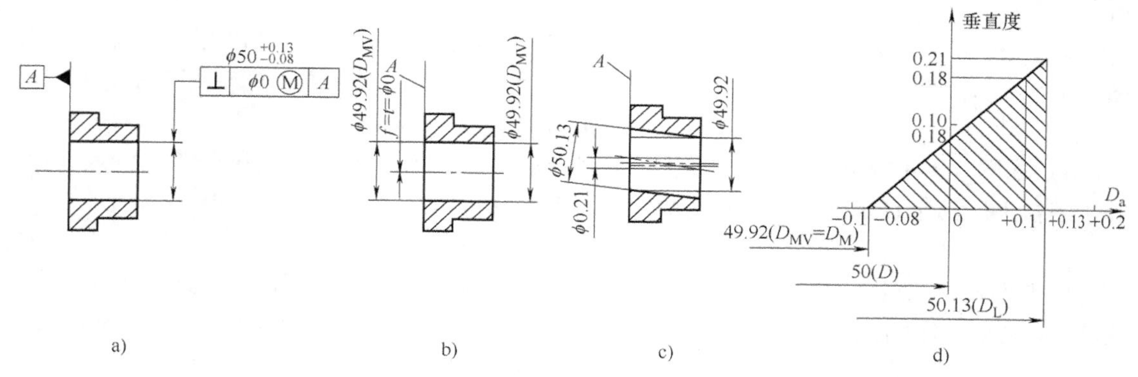

图 3-35　最大实体要求的零几何公差

4. 最大实体要求应用于基准要素

当最大实体要求应用于基准要素时，基准要素应遵守相应的边界。如果基准要素的实际轮廓偏离相应的边界，即当其体外作用尺寸偏离其相应的边界尺寸时，允许实际基准要素在一定范围内浮动，其浮动量等于基准要素的体外作用尺寸与其相应的边界尺寸之差。

当最大实体要求应用于基准要素时，基准要素应遵守的边界情况有两种：

1）基准要素本身采用最大实体要求，应遵守最大实体实效边界。在图样上，基准代号应标注在基准要素几何公差框格下方，如图 3-36 所示。

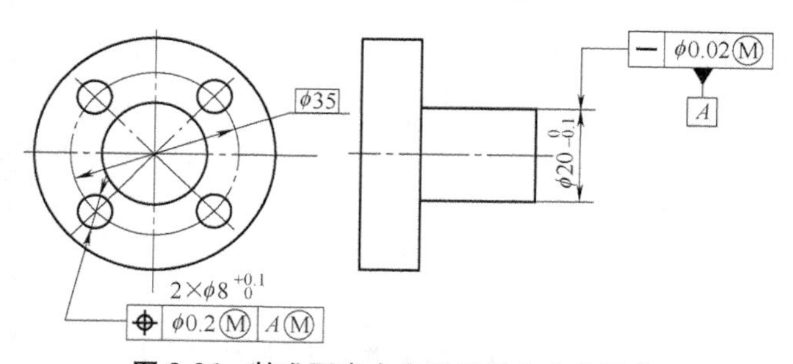

图 3-36　基准要素本身采用最大实体要求

在图 3-36 中，基准要素 A 本身轴线的直线度公差采用最大实体要求（$\phi0.02$Ⓜ），其遵守的最大实体实效边界尺寸为 $d_{MV}=d_M+t\text{Ⓜ}=\phi20\text{mm}+\phi0.02\text{mm}=\phi20.02\text{mm}$。

2）基准要素本身不采用最大实体要求，而是采用独立原则或包容要求时，应遵守最大

实体边界。在图样上，基准代号应标注在基准的尺寸线处，如图 3-37 所示。

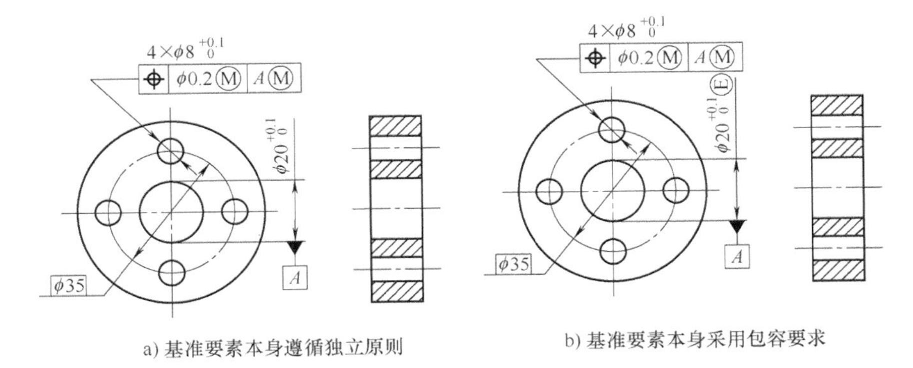

a) 基准要素本身遵循独立原则　　b) 基准要素本身采用包容要求

图 3-37　基准要素本身不采用最大实体要求

在图 3-37a、b 中，基准要素 A 本身分别采用独立原则（$\phi20^{+0.1}_{0}$ mm）和包容要求（$\phi20^{+0.1}_{0}$Ⓔ），其遵守的最大实体边界尺寸为 $D_M=\phi20$mm。

例 3-4　图 3-38a 表示最大实体要求应用于轴 $\phi12_{-0.05}^{0}$mm 的轴线对轴 $\phi25_{-0.05}^{0}$mm 的轴线的同轴度公差和基准要素。

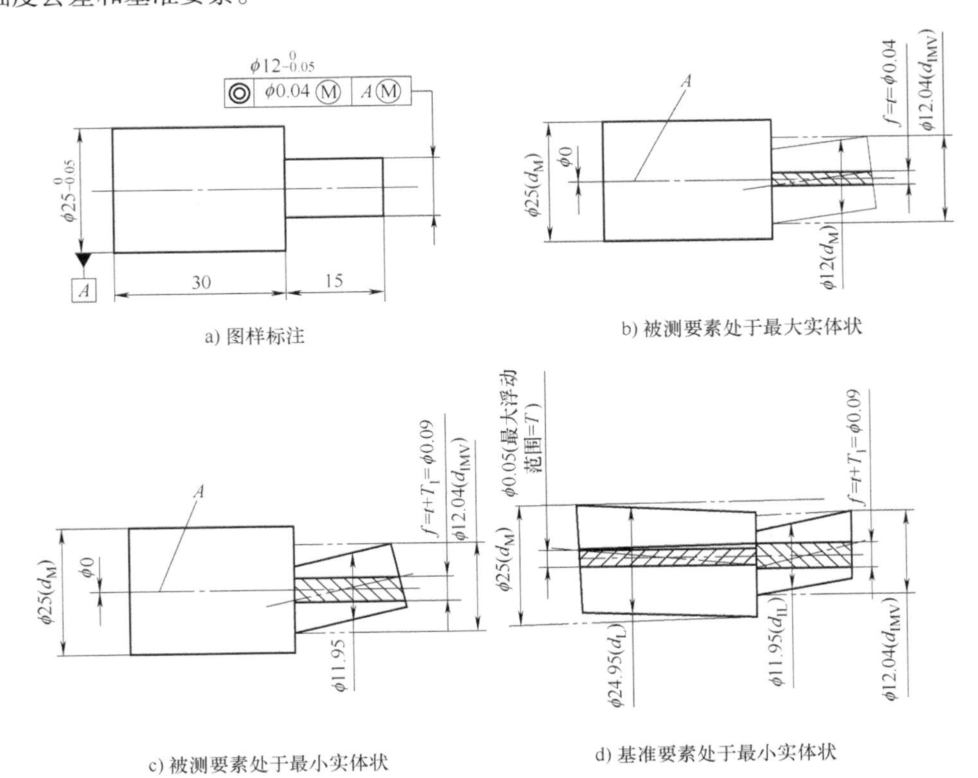

a) 图样标注　　b) 被测要素处于最大实体状

c) 被测要素处于最小实体状　　d) 基准要素处于最小实体状

图 3-38　最大实体要求应用于基准要素

解：在图 3-38 中，基准要素 A（$\phi25_{-0.05}^{0}$mm）本身采用独立原则，其遵守的最大实体边界尺寸为 $d_M=\phi25$mm。

被测轴应满足下列条件：

① 轴的体外作用尺寸不得大于其最大实体实效尺寸。

$$d_{MV}=d_M+t\text{Ⓜ}=(\phi12+\phi0.04)\text{mm}=\phi12.04\text{mm}$$

② 当轴处于最大实体状态时，被测轴线的同轴度公差为 $\phi0.04$mm，如图 3-38b 所示。

③ 如图 3-38c 所示，当轴处于最小实体状态时，其轴线允许的同轴度公差达到最大值，等于图样上所给定同轴度公差值与轴的尺寸公差之和，即

$$t=(\phi0.04+\phi0.05)\text{mm}=\phi0.09\text{mm}$$

④ 当基准 A 处于最大实体状态时，基准轴线不能浮动，如图 3-38b、c 所示。

⑤ 当基准 A 偏离最大实体状态时，基准轴线可以浮动。当其体外作用尺寸等于最小实体尺寸 $d_L=\phi24.95$mm 时，基准轴线的浮动量达到最大，等于其尺寸公差 $\phi0.05$mm，如图 3-38d 所示，此时被测轴线的同轴度公差可进一步增大。

3.4.5 最小实体要求（LMR）

1. 最小实体要求的含义

最小实体要求是指被测要素的实际轮廓遵守其最小实体实效边界的一种公差要求。当被测要素的实际尺寸偏离最小实体尺寸时，其几何公差允许超出图样上所给定的公差值。最小实体要求，对被测要素和基准要素均适用。

最小实体要求用于被测要素时，应在给定的公差值后标注符号Ⓛ，如图 3-39a 所示。最小实体要求用于基准要素时，应在相应的基准字母代号后标注符号Ⓛ，如图 3-39b 所示。

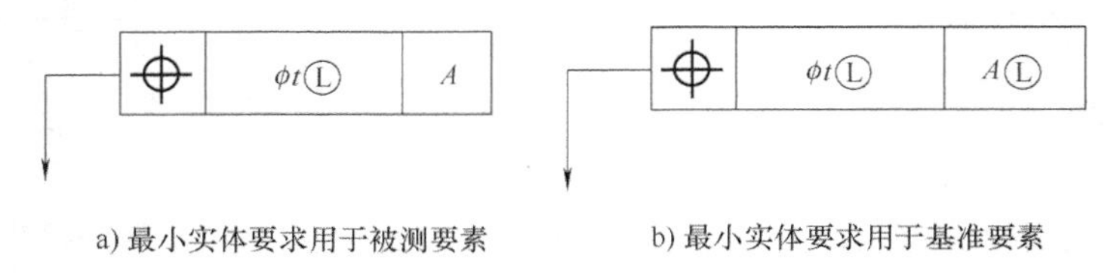

a) 最小实体要求用于被测要素　　b) 最小实体要求用于基准要素

图 3-39　最小实体要求的标注

2. 最小实体要求的特点

1）被测要素的体内作用尺寸不超过其最小实体实效尺寸。

2）当被测要素的实际尺寸处处为最小实体尺寸时，所允许的几何误差为图样上给定的公差值。

3）当被测要素的实际尺寸偏离最小实体尺寸时，其几何公差值可以增大，所允许的几何公差为图样上给定的几何公差值与实际尺寸对最小实体尺寸的偏离量之和。

4）被测要素的实际尺寸处于最大实体尺寸和最小实体尺寸之间。

3. 最小实体要求用于被测要素

当最小实体要求用于被测要素时，被测要素的实际轮廓应遵守最小实体实效边界。即其体内作用尺寸不得超出最小实体实效尺寸，且其局部实际尺寸处于最大实体尺寸和最小实体尺寸之间。被测要素的合格条件为

对于内表面（孔）　$D_{fi}\leqslant D_{LV}$　且 $D_M=D_{min}\leqslant D_a\leqslant D_L=D_{max}$　(3-17)

对于外表面（轴） $d_{fi} \geqslant d_{LV}$ 且 $d_M = d_{max} \geqslant d_a \geqslant d_L = d_{min}$ (3-18)

若被测要素采用最小实体要求，图样上给定的几何公差值为零，则称为最小实体要求的零几何公差，用“0Ⓛ”表示，此时，被测要素的最小实体实效尺寸就等于被测要素的最小实体尺寸。

例 3-5 轴线的位置度公差采用最小实体要求。图 3-40a 表示最小实体要求应用于孔 $\phi 8^{+0.25}_{0}$mm 的轴线对基准 A 的位置度公差，以保证孔与边缘之间的最小距离。

解： 该孔应满足下列条件。

1）孔的实际轮廓不超出最小实体实效边界，即其体内作用尺寸不大于其最小实体实效尺寸。

$$D_{LV} = D_L + t\,Ⓛ = \phi 8.25\text{mm} + \phi 0.4\text{mm} = \phi 8.65\text{mm}$$

2）当孔处于最小实体状态时，其轴线对基准 A 的位置度公差为 $\phi 0.4$mm，如图 3-40b 所示。

3）当孔偏离最小实体状态时，其轴线对基准 A 的位置度公差可以相应地增大。当孔处于最大实体状态时，其轴线允许的位置度公差达到最大值，等于图样上所给定位置度公差值与孔的尺寸公差之和，即

$$t = \phi 0.4\text{mm} + \phi 0.25\text{mm} = \phi 0.65\text{mm}$$

由上可知，孔的轴线对基准 A 的位置度公差也是随着孔的实际尺寸的变化而变动的。图 3-40c 为动态公差图，它反映了孔的轴线对基准 A 的位置度公差与孔的实际尺寸之间的关系。

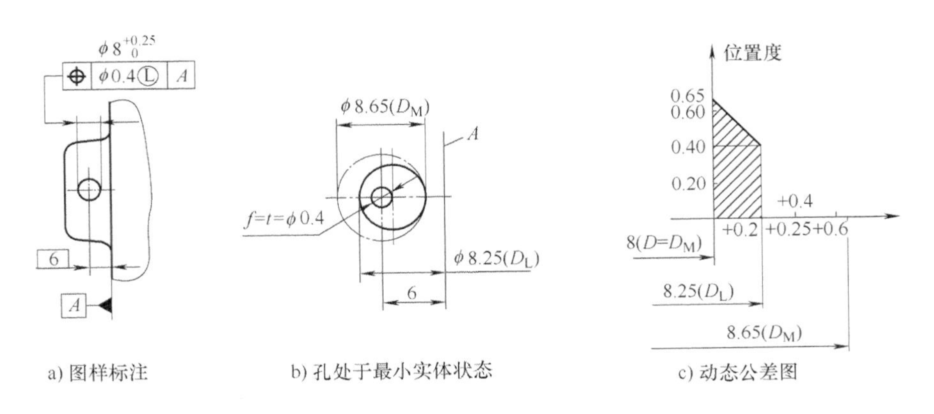

图 3-40 最小实体要求用于被测要素

4. 最小实体要求用于基准要素

最小实体要求用于基准要素时，基准要素应遵守相应的边界。如果基准要素的实际轮廓偏离相应的边界，即其体内作用尺寸偏离其相应的边界尺寸时，允许基准要素在一定范围内浮动，其浮动量等于基准要素的体内作用尺寸与其相应的边界尺寸之差。

当最小实体要求应用于基准要素时，基准要素应遵守的边界情况有两种：

1）当基准要素本身采用最小实体要求时，应遵守最小实体实效边界。在图样上，基准代号应标注在基准要素几何公差框格下方，如图 3-41 所示。

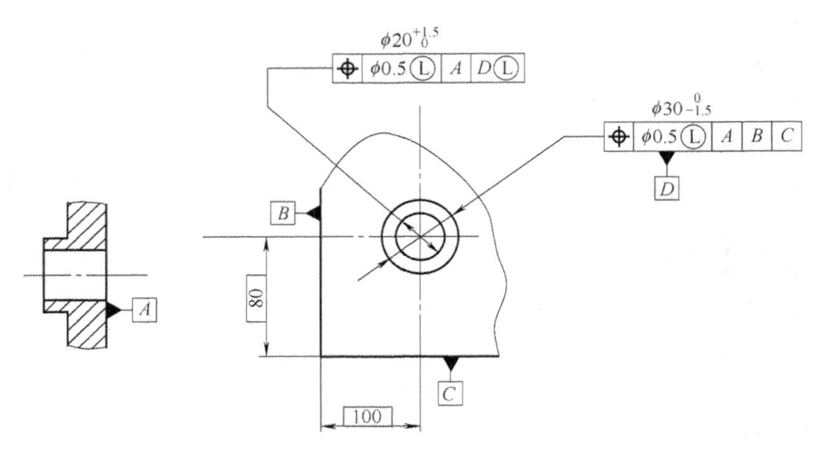

图 3-41　基准要素 D 本身采用最小实体要求

在图 3-41 中，基准要素 D 轴线本身的位置度公差采用最小实体要求（$\phi0.5$Ⓛ），其遵守的最小实体实效边界尺寸为 $D_{LV}=D_L+t$ Ⓛ $=\phi30\text{mm}+\phi0.5\text{mm}=\phi30.5\text{mm}$。

2）当基准要素本身不采用最小实体要求时，应遵守最小实体边界。在图样上，基准代号应标注在基准的尺寸线处，如图 3-42 所示。

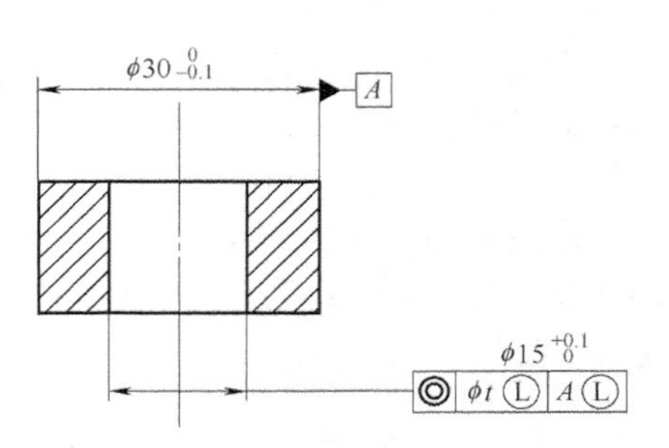

图 3-42　基准要素 A 本身不采用最小实体要求

在图 3-42 中，基准要素 A 轴线本身不采用最小实体要求，其遵守的最小实体边界尺寸为 $D_L=\phi29.9\text{mm}$。

3.4.6　可逆要求（RR）

可逆要求是指当中心要素的几何误差值小于给定的几何公差值时，允许在满足零件功能要求的条件下增大其轮廓要素的尺寸公差，即尺寸公差可以得到补偿。

可逆要求不能单独采用，应该与最大实体要求或最小实体要求同时采用。

可逆要求用于最大实体要求时，称为可逆的最大实体要求。在图样上标注时，将可逆要求的符号“Ⓡ”放置在最大实体要求符号“Ⓜ”之后，如图 3-43a 所示。

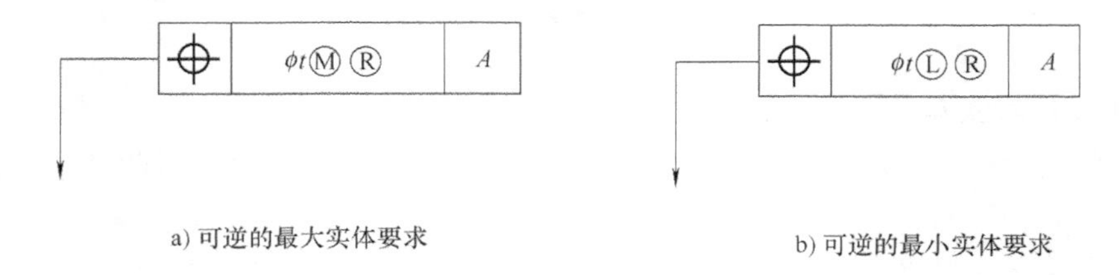

a) 可逆的最大实体要求　　b) 可逆的最小实体要求

图 3-43　可逆要求

可逆要求用于最小实体要求时，称为可逆的最小实体要求。被测要素的实际轮廓应遵守其最小实体实效边界，在图样上标注时，将可逆要求的符号“Ⓡ”放置在最小实体要求符号“Ⓛ”之后，如图 3-43b 所示。

1. 可逆要求用于最大实体要求

当采用可逆的最大实体要求时，被测要素的实际轮廓应遵守其最大实体实效边界。当实际尺寸偏离最大实体尺寸时，几何误差可以得到补偿而大于图样上给定的几何公差值。而当几何误差值小于给定的几何公差值时，也允许被测要素的实际尺寸超出最大实体尺寸。被测要素的合格条件为

对于内表面（孔）　　$D_{fe} \geqslant D_{MV}$　且　$D_a \leqslant D_L = D_{max}$　　(3-19)

对于外表面（轴）　　$d_{fe} \leqslant d_{MV}$　且　$d_a \geqslant d_L = d_{min}$　　(3-20)

例 3-6　轴线的垂直度公差采用可逆的最大实体要求。图 3-44a 为 $\phi 20_{-0.1}^{\ 0}$mm 轴的轴线垂直度公差采用可逆的最大实体要求。

解： 该轴应满足下列条件。

① 轴的体外作用尺寸不得大于其最大实体实效尺寸。

$$d_{MV} = d_M + t\ Ⓜ Ⓡ = \phi 20\text{mm} + \phi 0.2\text{mm} = \phi 20.2\text{mm}$$

② 当轴处于最大实体状态时，其轴线的垂直度公差为 ϕ0. 2mm，如图 3-44b 所示。

③ 当轴处于最小实体状态时，其轴线的垂直度公差为 ϕ0. 3mm，如图 3-44c 所示。

④ 当轴线的垂直度误差小于给定的几何公差值 ϕ0. 2mm 时，轴的尺寸公差可以相应地增大，即其实际尺寸可以超出（大于）其最大实体尺寸。当轴线的垂直度误差为零时，轴的实际尺寸可以达到最大值，即等于轴的最大实体实效尺寸 ϕ20. 2mm，如图 3-44d 所示。图 3-44e 为该轴的尺寸与轴线垂直度公差之间关系的动态公差图。

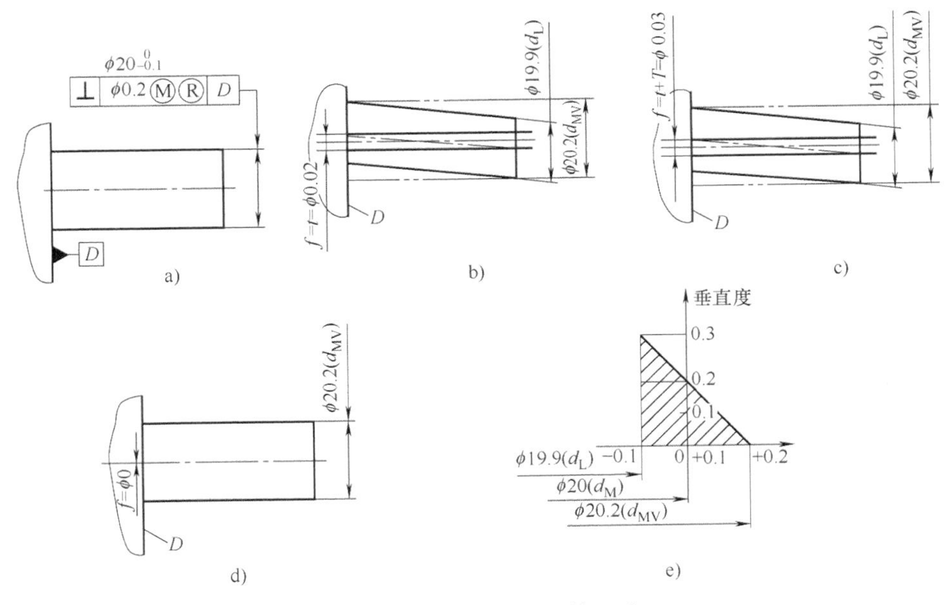

图 3-44　可逆的最大实体要求

轴线的垂直度误差可在 ϕ0～ϕ0. 3mm 之间变化，轴线的直径可在 ϕ19. 9～ϕ20. 2mm 之间变化。该轴的尺寸与轴线垂直度的合格条件为

$$d_{fe} \leqslant d_{MV} = d_M + t\ Ⓜ Ⓡ = (\phi 20 + \phi 0.2)\text{mm} = \phi 20.2\text{mm} \quad 且 \quad d_a \geqslant d_L = d_{min} = \phi 19.9\text{mm}$$

2. 可逆要求用于最小实体要求

当采用可逆的最小实体要求时，被测要素的实际轮廓应遵守其最小实体实效边界。当实际尺寸偏离最小实体尺寸时，几何误差可以得到补偿而大于图样上给定的几何公差值。而当几何误差值小于给定的几何公差值时，也允许被测要素的实际尺寸超出最小实体尺寸。被测要素的合格条件为

对于内表面（孔）　　$D_{fi} \leqslant D_{LV}$　且　$D_M = D_{min} \leqslant D_a$　　(3-21)

对于外表面（轴）　　$d_{fi} \geqslant d_{LV}$　且　$d_M = d_{max} \geqslant d_a$　　(3-22)

例 3-7　轴线的位置度公差采用可逆的最小实体要求。图 3-45a 为 $\phi 8^{+0.25}_{0}$mm 孔的轴线对基准平面 A 的位置度公差采用可逆的最小实体要求。

解： 该孔应满足下列条件。

① 孔的体内作用尺寸不得大于其最小实体实效尺寸。

$$D_{LV} = D_L + t \text{ Ⓛ Ⓡ} = \phi 8.25\text{mm} + \phi 0.4\text{mm} = \phi 8.65\text{mm}$$

② 当孔处于最小实体状态时，其轴线对基准 A 的位置度公差为 $\phi 0.4$mm，如图 3-45b 所示。

③ 当孔处于最大实体状态时，其轴线对基准 A 的位置度公差为 $\phi 0.65$mm（$\phi 0.4$mm+$\phi 0.25$mm），如图 3-45c 所示。

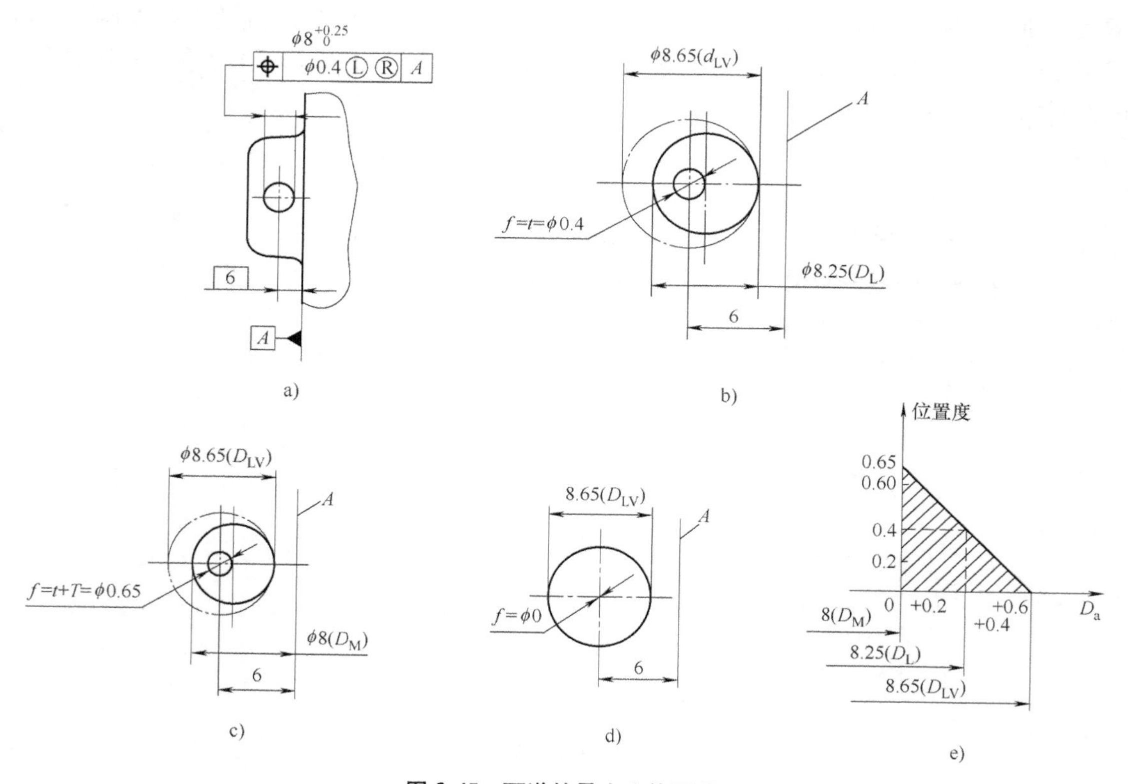

图 3-45　可逆的最小实体要求

④ 当孔的轴线对基准 A 的位置度误差小于给定的几何公差值 $\phi 0.4$ 时，孔的尺寸公差可以相应地增大，即其实际尺寸可以超出（大于）其最小实体尺寸。当孔的位置度误差为零

时，孔的实际尺寸可以达到最大值，即等于孔的最小实体实效尺寸 ϕ8. 65mm，如图 3-45d 所示。图 3-45e 为该孔的尺寸与轴线对基准平面 A 的位置度公差之间关系的动态公差图。

该孔的尺寸与轴线对基准 A 的位置度的合格条件为

$$D_{fi} \leqslant D_{LV} = D_L + t \text{Ⓛ}\text{Ⓡ} = \phi 8.25\text{mm} + \phi 0.4\text{mm} = \phi 8.65\text{mm} \quad 且 \quad D_a \geqslant D_M = D_{min} = 8\text{mm}$$

3.5 几何公差的选用

几何公差的选择主要包括：几何公差特征项目及公差值的选择、基准要素和公差原则的选择。

3.5.1 几何公差项目的选用

被测要素的几何形状、功能要求及测量的方便性是选用几何公差项目的基本依据。例如：

1）机床导轨。为了保证工作台运动的平稳性和较高的运动精度，应规定导轨的直线度公差或平面度公差。

2）滚动轴承内、外圈及滚动体。为了保证滚动轴承的装配精度和旋转精度，应规定滚动轴承及轴承座的圆度公差或圆柱度公差。

3）齿轮箱体上的孔组。为了保证齿轮副的运动精度及齿侧间隙的均匀性，应规定轴线的同轴度公差或平行度公差。

4）凸轮顶杆机构。为了保证从动杆的运动精度及运动的准确性，应规定凸轮的线轮廓度公差。

不同的几何公差项目其控制功能各不相同，有些是单一控制项目，如直线度、平面度、圆度等；有些是综合控制项目，如同轴度、垂直度、位置度及跳动等。在选用时，在保证零件功能要求的条件下，尽可能减少几何公差项目，充分发挥综合控制项目的功能。对于轴类零件，规定其径向圆跳动或全跳动公差，既可以控制零件的圆度或圆柱度误差，同时又控制其同轴度误差，如图 3-46 所示顶尖轴的 d_2 外圆柱面选用径向圆跳动代替同轴度公差，B 端面选用轴向圆跳动代替垂直度公差。

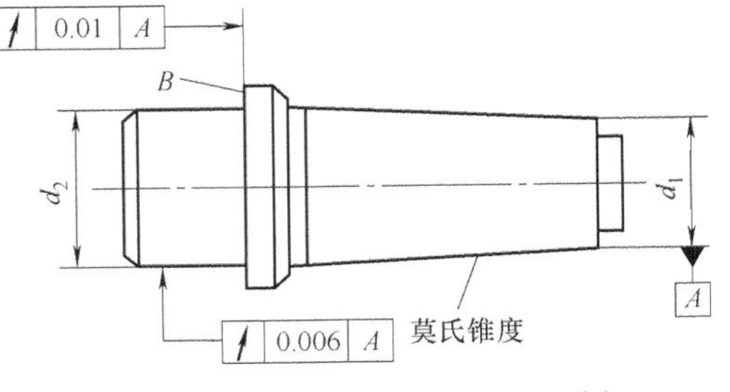

图 3-46　顶尖轴的几何公差项目选择

3.5.2 几何公差值的选用

几何公差值的选用原则是：在保证零件功能要求的前提下，尽可能选用最经济的公差值。

1. 几何公差等级的选用

除了线、面轮廓度和位置度外，按国家标准规定了公差等级，其中圆度、圆柱度公差分为 0 级、1 级……12 级共十三级，等级依次降低，公差值依次增加。直线度、平面度、平行度、垂直度、倾斜度、同轴度、对称度、圆跳动及全跳动公差分为1级、2级……12级共十二级，等级依次降低，公差值依次增加，见表3-9~表3-12。

表3-9　直线度、平面度公差等级应用

公差等级	应用举例
1，2	用于精密量具、测量仪器以及精度要求高的精密机械零件，如量块、零级样板、平尺、零级宽平尺、工具显微镜等精密量仪的导轨面等
3	1级宽平尺工作面，1级样板平尺的工作面，测量仪器圆弧导轨的直线度，量仪的测杆等
4	零级平板，测量仪器的V形导轨，高精度平面磨床的V形导轨和滚动导轨等
5	1级平板，2级宽平尺，平面磨床的导轨、工作台，液压龙门刨床导轨面，柴油机进气、排气阀门导杆等
6	普通机床导轨面，柴油机机体配合面等
7	2级平板，机床主轴箱配合面，液压泵盖、减速器壳体配合面等
8	机床传动箱体、交换齿轮箱体、溜板箱体，柴油机气缸体，连杆分离面，缸盖配合面，汽车发动机缸盖，曲轴箱配合面，液压管件和法兰连接面等
9	自动车床床身底面，摩托车曲轴箱体、汽车变速器箱体、手动机械的支承面等

表3-10　圆度、圆柱度公差等级应用

公差等级	应用举例
0，1	高精度量仪主轴，高精度机床主轴，滚动轴承的滚珠和滚柱等
2	精密量仪主轴、外套，阀套高压油泵柱塞及套，纺锭轴承，高速柴油机进、排气门，精密机床主轴轴颈，针阀圆柱体表面，喷油泵柱塞及柱塞套等
3	高精度外圆磨床轴承，磨床砂轮主轴套筒，喷油嘴针，阀体，高精度轴承内外圈等
4	较精密机床主轴、主轴箱孔，高压阀门，活塞、活塞销，阀体孔，高压液压泵柱塞，较高精度滚动轴承配合轴，铣削动力头箱体孔等
5	一般量仪主轴、测杆外圆柱面，陀螺仪轴颈，一般机床主轴轴颈及轴承孔，柴油机、汽油机的活塞、活塞销，与P6级滚动轴承配合的轴颈等
6	一般机床主轴及前轴承孔，泵、压缩机的活塞，气缸，汽油发动机凸轮轴，纺机锭子，减速传动轴轴颈，高速船用发动机曲轴、拖拉机曲轴主轴颈，与P6级滚动轴承配合的外壳孔，与P0级滚动轴承配合的轴颈等
7	大功率低速柴油机曲轴轴颈、活塞、活塞销、连杆、气缸，高速柴油机箱体轴承孔，千斤顶或液压缸活塞，机车传动轴，水泵及通用减速器转轴轴颈，与P0级滚动轴承配合的外壳孔等
8	低速发动机、大功率曲柄轴轴颈，压气机连杆盖、体，拖拉机气缸、活塞，炼胶机冷铸轴辊，印刷机传墨辊，内燃机曲轴轴颈，柴油机凸轮轴承孔、凸轮轴，拖拉机、小型船用柴油机气缸套等
9	空压机气缸体，液压传动筒，通用机械杠杆与拉杆用套筒销子，拖拉机活塞环、套筒孔等

表3-11　平行度、垂直度、倾斜度公差等级应用

公差等级	应用举例
1	高精度机床、测量仪器、量具等主要工作面和基准面等
2，3	精密机床、测量仪器、量具、模具的工作面和基准面，精密机床的导轨，重要箱体主轴孔对基准面的要求，精密机床主轴轴肩端面，滚动轴承座圈端面，普通机床的主要导轨，精密刀具的工作面和基准面等

（续）

公差等级	应用举例
4，5	普通机床导轨，重要支承面，机床主轴孔对基准的平行度，精密机床重要零件，计量仪器、量具、模具的工作面和基准面，床头箱体重要孔，通用减速器壳体孔，齿轮泵的油孔端面，发动机轴和离合器的凸缘，气缸支承端面，安装精密滚动轴承壳体孔的凸肩等
6，7，8	一般机床的工作面和基准面，压力机和锻锤的工作面，中等精度钻模的工作面，机床一般轴承孔对基准的平行度，变速器箱体孔，主轴花键对定心直径部位轴线的平行度，重型机械轴承盖端面，卷扬机、手动传动装置中的传动轴，一般导轨、主轴箱体孔，刀架，砂轮架，气缸配合面对基准轴线，活塞销孔对活塞中心线的垂直度，滚动轴承内、外圈端面对轴线的垂直度等
9，10	低精度零件，重型机械滚动轴承端盖，柴油机、煤气发动机箱体曲轴孔、曲轴颈、花键轴和轴肩端面，带运输机法兰盘等端面对轴线的垂直度，手动卷扬机及传动装置中的轴承端面，减速器壳体平面等

表 3-12　同轴度、对称度、跳动公差等级应用

公差等级	应用举例
1，2	精密测量仪器的主轴和顶尖。柴油机喷油嘴针阀等
3，4	机床主轴轴颈，砂轮轴轴颈，汽轮机主轴，测量仪器的小齿轮轴，安装高精度齿轮的轴颈等
5	机床轴颈，机床主轴箱孔，套筒，测量仪器的测量杆，轴承座孔，汽轮机主轴，柱塞油泵转子，高精度轴承外圈，一般精度轴承内圈等
6，7	内燃机曲面，凸轮轴轴颈，柴油机机体主轴承孔，水泵轴，油泵柱塞，汽车后桥输出轴，安装一般精度齿轮的轴颈，涡轮盘，测量仪器杠杆轴，电动机转子，普通滚动轴承内圈，印刷机传墨辊的轴颈、键槽等
8，9	内燃机凸轮轴孔，连杆小端铜套，齿轮轴，水泵叶轮，离心泵体，气缸套外径配合面对内径工作面，运输机械滚筒表面，压缩机十字头，安装低精度齿轮用轴颈，棉花精梳机前后滚子，自行车中轴等

2. 几何公差值的选用

在选用几何公差值时，除了应在保证零件功能要求的前提下，选用最经济的公差值外，还应遵循如下原则：

1）孔相对于轴、长径比较大的孔或轴、距离较远的孔或轴的线对线或线对面相对于面对面的定向公差，公差等级应适当降低 1~2 级。

2）对于同一被测平面：直线度公差值<平面度公差值。

3）对于同一被测要素：形状公差值<位置公差值<尺寸公差。

4）对于同一基准体系、同一被测要素：定向公差值<定位度公差值。

5）对于同一被测要素：单项公差项目的数值<综合公差项目的数值。

3. 几何公差值的未注公差值

对于一般机械加工方法和设备能够保证的几何精度，可不必在图样上注出几何公差，而应在技术要求或技术文件中注出标准号及公差等级代号，如未注几何公差按 GB/T 1184-H，表示采用 GB/T 1184 规定的 H 级未注几何公差值。

3.6 几何误差检测

在检测几何误差时，应根据被测对象的特点和检测条件，按照下述原则选择合理的检测方案。

1. 与理想要素比较原则

将被测实际要素与理想要素相比较，在比较过程中获得测量数据，然后按这些数据来评定几何误差值。在测量时，理想要素用模拟法获得，可以是实物、一束光线、水平面或运动轨迹。多数几何误差的检测都应用该原则。

刀口形直尺测量直线度误差，如图3-47所示。将实际被测轮廓线与模拟理想直线的刀口形直尺刃口相比较，根据它们之间的光隙大小来确定给定平面内的直线度误差。

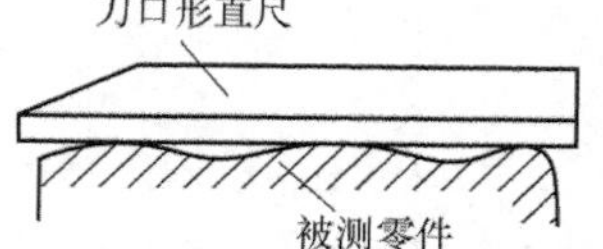

图3-47　刀口形直尺测量直线度误差

圆度仪测量圆度误差，如图3-48所示。将实际被测圆与精密回转轴上的测头在回转运动中所形成的轨迹（理想圆）为理想要素相比较，确定圆度误差。

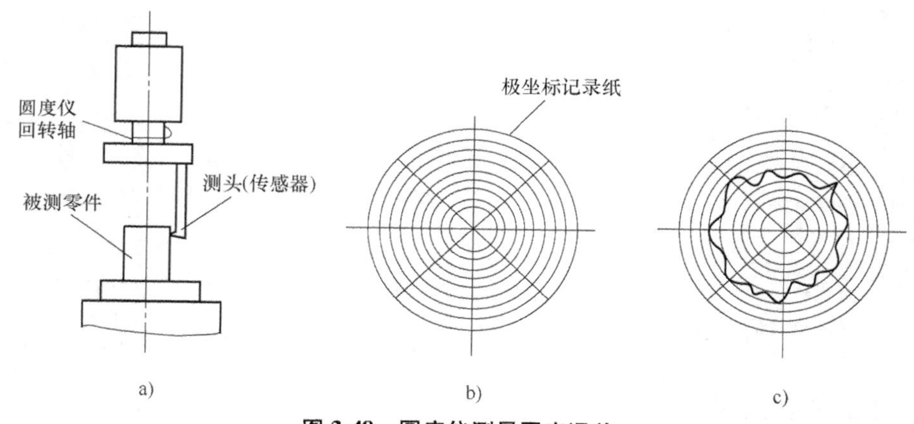

图3-48　圆度仪测量圆度误差

指示表测量平面度误差，如图3-49所示。平板为测量基准，按分布最远的三点调整被测件相对于测量基准的位置，使这三点与平板等高，来构成一个与平板平行的理想平面，并将指示计示值调零。指示计在被测面采样点处的示值，即为被测要素相对于理想平面的偏离量，根据在被测面上测得的一系列数据，来评定平面度误差。

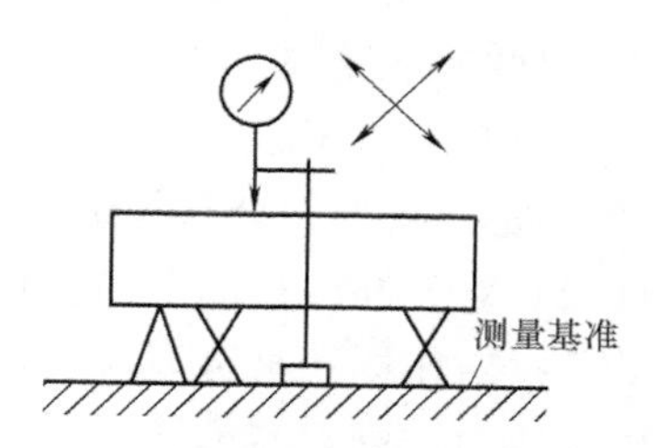

图3-49　指示表测量平面度误差

2. 测量坐标值原则

用坐标测量装置（如三坐标测量机、工具显微镜）测量被测实际要素的坐标值，并经过数据处理获得几何误差值。该原则在轮廓度和位置度的误差测量中应用最广。

3. 测量特征参数原则

测量被测实际要素上具有代表性的参数（特征参数）来表示被测实际要素的几何误差

值。按此原则得到的几何误差值是近似值，存在测量原理误差。但该原则的检测方法简单，不需要复杂的数据处理，且可以使测量设备和测量过程简化，提高测量效率。因此在生产现场，只要能满足测量精度，保证产品质量，就可以采用该原则。用两点法测量圆柱面的圆度误差，如图 3-50 所示。在同一横截面内的几个方向上测量直径，取相互垂直的两直径的差值中的最大值之半作为该截面内的圆度误差值。

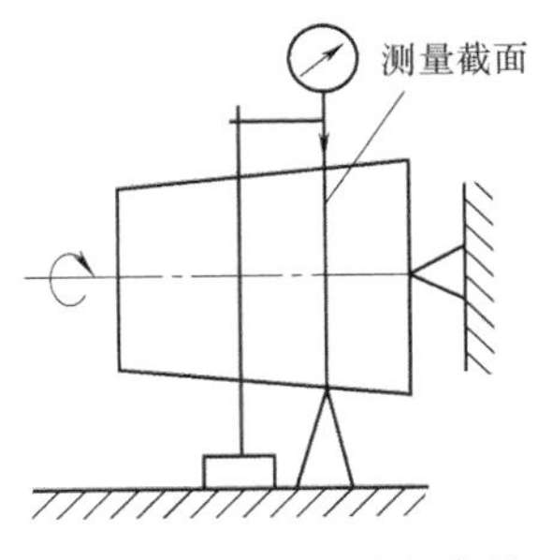

图 3-50 按测量特征参数原则测量圆度误差

4. 测量跳动原则

在被测要素绕基准轴线回转过程中，沿给定方向测量其对某参考点或线的变动量来表示跳动值。变动量是指指示器最大与最小读数之差。该原则主要用于圆跳动和全跳动的测量，但在测量精度允许的情况下，也可以测量同轴度或用轴向全跳动反映端面垂直度。

用 V 形架模拟基准轴线，如图 3-51a 所示，并对零件轴向限位。在被测要素回转过程中，指示器的最大与最小读数之差，即为径向圆跳动。如图 3-51b 所示，在被测要素回转过程中，指示器同时作径向或轴向移动，指示器将反映出端面和圆柱面相对于轴线的变化量，即测量径向和轴向的全跳动。

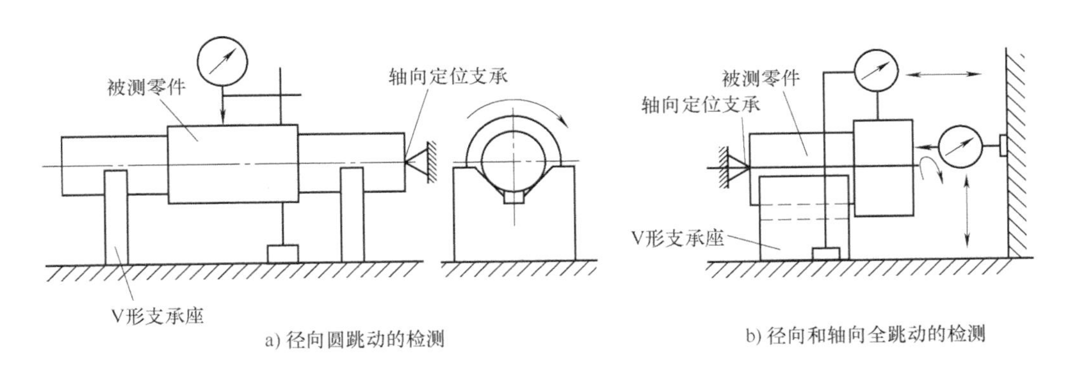

图 3-51 按测量跳动原则测量跳动误差

5. 控制实效边界原则

控制实效边界原则是指按包容要求或最大实体要求给出几何公差时，就给定了最大实体边界或最大实体实效边界，要求被测要素的实际轮廓不得超出该边界。通常用光滑极限量规或位置量规的工作表面模拟体现图样上给定的边界，来检测实际被测要素。若被测要素的实际轮廓能被量规通过，则表示合格，否则不合格。当最大实体要求应用于被测要素对应的基准要素时，可以使用同一位置量规检验该基准要素。

1. 几何公差的研究对象是什么，如何分类，各自的含义是什么？
2. 几何公差的标注应注意哪些问题？
3. 独立原则的含义是什么，如何标注？

4. 包容要求的含义是什么，如何标注？

5. 最大实体要求的含义是什么，如何标注？

6. 指出圆柱度与径向全跳动公差带的相同点和不同点。

7. 在生产中常用径向圆跳动来代替轴类或箱体零件上的同轴度公差要求，其使用前提条件是什么？

8. 某轴尺寸为 $\phi40^{+0.041}_{+0.030}$ mm，轴线直线度公差为 $\phi0.005$mm。实测得其局部尺寸为 $\phi40.025$mm，轴线直线度误差为 $\phi0.003$mm，请说明轴的最大实体尺寸、最大实体实效尺寸、所允许的轴线最大直线度误差是多少。

9. 某轴尺寸为 $\phi40^{+0.041}_{+0.030}$ mm Ⓔ，实测得其尺寸为 $\phi40.03$mm，则允许的轴线直线度误差值是多少？该轴允许的直线度误差最大值是多少？

10. 根据图 3-52，按要求填表 3-13 中。

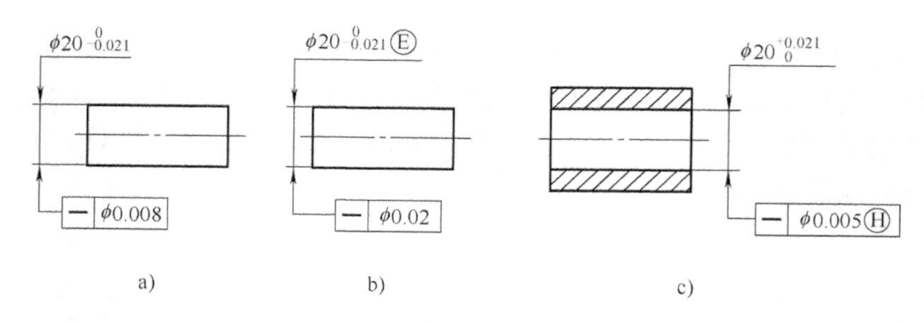

图 3-52

表 3-13

图例	采用公差原则	边界及边界尺寸	给定的几何公差值	可能允许的最大几何误差值
a)				
b)				
c)				

11. 图 3-53 所示为销轴的三种几何公差标注，它们的公差带有何不同？

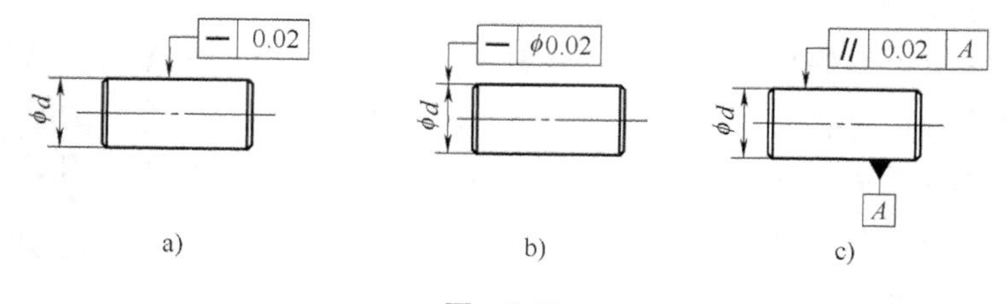

图 3-53

12. 图 3-54 中所示孔的位置公差要求有何异同？

13. 试将下列技术要求标注在图 3-55 上。

1）大端圆柱面的尺寸要求为 $\phi50^{\ 0}_{-0.02}$mm，采用包容要求。

2）小端圆柱面轴线对大端圆柱面轴线的同轴度公差为 $\phi0.04$mm。

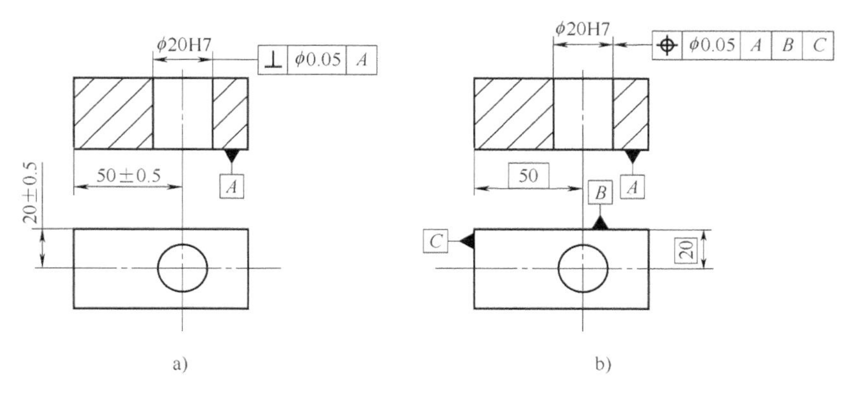

图　3-54

3）小端圆柱面的尺寸要求为 $\phi(30\pm0.008)$mm，素线直线度公差为 0.02mm，并采用包容要求。

4）大端圆柱面的表面粗糙度值 Ra 不允许大于 0.8μm，其余表面粗糙度值 Ra 不允许大于 1.6μm。

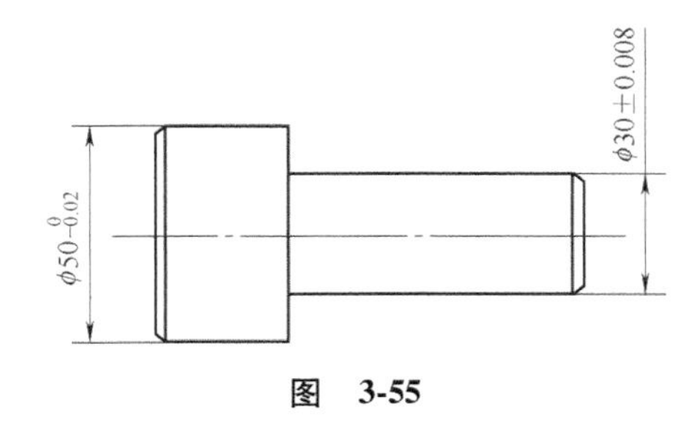

图　3-55

14. 将下列技术要求标注在图 3-56 中。

1）圆锥面的圆度公差为 0.01mm，圆锥素线直线度公差为 0.02mm。

2）圆锥轴线对 ϕd_1 和 ϕd_2 两圆柱面公共轴线的同轴度公差为 ϕ0.04mm。

3）端面 I 对 ϕd_1 和 ϕd_2 两圆柱面公共轴线的轴向圆跳动公差为 0.03mm。

4）ϕd_1 和 ϕd_2 圆柱面的圆柱度公差分别为 0.006mm 和 0.005mm。

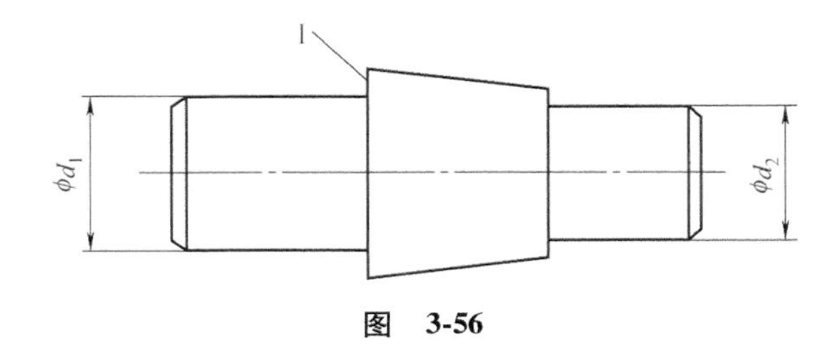

图　3-56

15. 改正图 3-57 中几何公差标注上的错误（不得改变几何公差项目）。

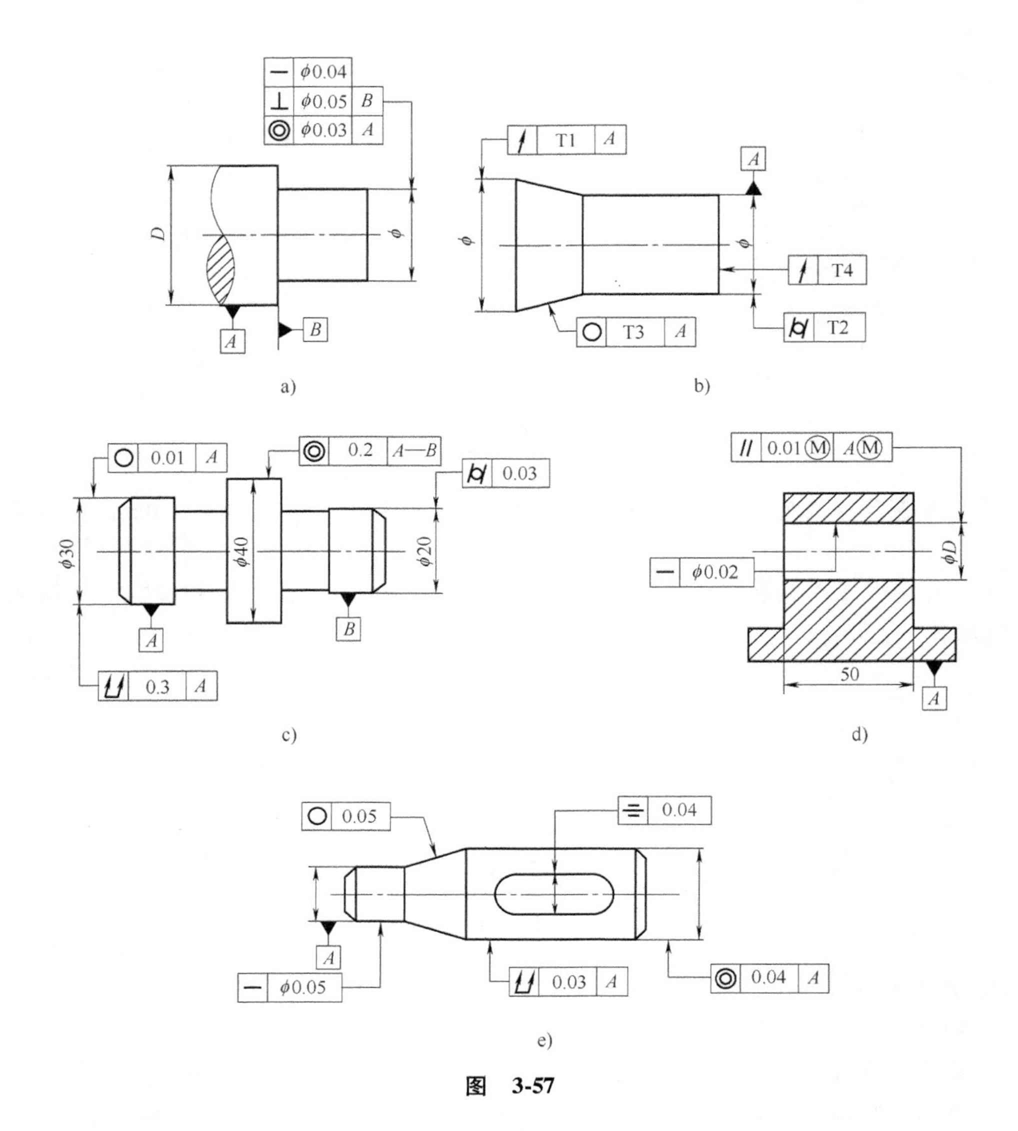

φ0.04
φ0.05 B
φ0.03 A
D
φ
A
B
a)
T1 A
A
φ
φ
T4
T3 A
T2
b)
0.01 A
0.2 A—B
0.03
φ30
φ40
φ20
A
B
0.3 A
c)
0.01Ⓜ AⓂ
φ0.02
φD
50
A
d)
0.05
0.04
A
φ0.05
0.03 A
0.04 A
e)

图 3-57

第4章 表面精度设计与检测

无论是切削加工的零件表面，还是铸、锻、冲压、冷热轧等方法加工的表面，都会存在微观几何误差，用表面粗糙度表示。零件的表面粗糙度对零件使用性能、使用寿命、外观美观度都有很大的影响，需要严格加以控制。为了能够精确控制表面粗糙度误差就必须正确测量和评定零件表面的粗糙度及在零件图上正确地标注表面粗糙度的技术要求，从而保证零件的互换性。为此，国家也发布了 GB/T 3505—2009《产品几何技术规范（GPS）表面结构 轮廓法 术语、定义及表面结构参数》、GB/T 10610—2009《产品几何技术规范（GPS）表面结构 轮廓法 评定表面结构的规则和方法》、GB/T 1031—2009《产品几何技术规范（GPS）表面结构 轮廓法 表面粗糙度参数及其数值》和 GB/T 131—2006《产品几何技术规范（GPS）技术产品文件中表面结构的表示法》等标准。

4.1 概述

4.1.1 表面粗糙度轮廓的界定

目前表面几何形状误差按波距（相邻两波峰或两波谷之间的距离）的大小划分为三类：波距小于 1mm 的称为表面粗糙度，波距在 1～10mm 的称为表面波纹度，波距大于 10mm 的称为形状误差，如图 4-1 所示。

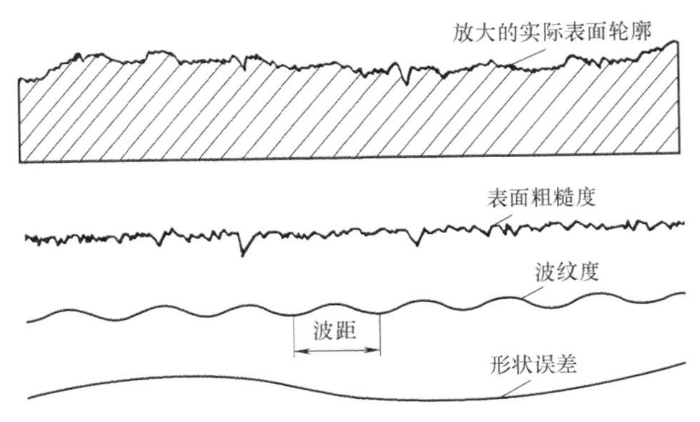

图 4-1 表面几何形状误差

表面粗糙度是微观几何形状误差，又称为微观不平度。它是指零件在表面加工后形成的具有较小间距和峰谷的微观几何形状特征。

表面粗糙度的产生主要是由于在切削加工过程中的刀痕、刀具和零件表面的摩擦、在切屑分离时工件表面金属的塑性变形，以及加工工艺系统的高频振动等因素造成的。所以，表面粗糙度是评定机器零件和产品质量的一个重要指标。

表面波纹度是零件表面具有明显周期性波动的中间几何形状误差，主要是由加工工艺系统的强迫振动等因素造成的。

4.1.2 表面粗糙度轮廓对零件工作性能的影响

表面粗糙度的大小对零件的使用性能和使用寿命有着很大的影响，主要有：

（1）对摩擦和磨损的影响　表面粗糙度影响零件的耐磨性，表面越粗糙，摩擦阻力就越大，两结合表面的磨损就越快。但并非零件表面越光滑越好，超出表面粗糙度的合理值，不仅增加了制造成本，而且易使零件表面发热、胶合，损坏表面。因此，有相对运动的接触表面，应规定合理的表面粗糙度。

（2）对零件疲劳强度的影响　表面粗糙度对零件疲劳强度的影响与零件的材料有关。粗糙的钢制零件表面，在交变应力作用下，对应力集中很敏感，往往导致零件因疲劳而损坏，对钢制零件影响较大，铸铁件因其组织松散而影响较小，有色金属零件影响更小。因此，适当提高钢制零件的表面粗糙度要求，可以增强钢制零件的抗疲劳强度。

（3）对耐蚀性的影响　粗糙的表面，易使腐蚀性气体或液体通过表面的微观凹谷渗入到金属内层，造成表面锈蚀。因此，提高对零件表面粗糙度的要求，可提高耐蚀能力，延长使用寿命。

（4）对配合性质的影响　表面粗糙度影响配合性质的稳定性，相互配合的表面粗糙度大，不仅会增加装配的难度，还会在工作时易于磨损，而且会导致表面间的有效接触面积减小，使承受载荷时在表面层出现塑性变形，使配合间隙增大，从而改变配合的性质。

（5）对配合面密封性的影响　粗糙的零件在表面配合时，两表面只在局部波峰上形成点接触，波谷交错纵横构成微观管道，使内外贯通影响密封性。因此，根据不同的密封要求，应规定合理的表面粗糙度。

此外，表面粗糙度还对测量精度、产品外观、表面光学性能、导电导热性能和胶合强度等也有一定的影响。

鉴于上述情况，在零件设计时提出表面粗糙度轮廓的技术要求，是几何精度设计中不可缺少的一个重要内容。

表面波纹度对零件使用功能具有重要的直接影响，会引起零件在运转时的振动、噪声，特别是对旋转零件的影响更大。

4.2 表面粗糙度的评定

零件在加工后，其表面粗糙度是否满足要求，应由测量和评定结果来确定。为了限制和减弱形状轮廓，特别是波纹度轮廓对测量结果的影响，在测量和评定表面粗糙度时，应规定取样长度。为了测量和评定表面粗糙度的需要，还应规定评定长度、中线和评定参数。当没有指定测量方向时，测量截面方向与表面粗糙度轮廓幅度参数最大值方向一致，该方向垂直于被测表面的加工纹理，即垂直于表面主要加工痕迹的方向。

4.2.1 取样长度和评定长度

1. 取样长度 *lr*

实际表面轮廓包含粗糙度、波纹度和形状误差三种几何误差。在测量表面粗糙度时，应将测量限制在一段足够短的长度上，以限制或减弱波纹度、排除形状误差对表面粗糙度测量的影响。这个足够短的长度被称为取样长度 *lr*，表面越粗糙，取样长度应越大。在取样长度范围内一般应含有五个以上的峰谷，如图 4-2 所示。国家标准 GB/T 1031—2009 规定的取样长度见表 4-1。

表 4-1 取样长度和评定长度的选用值（GB/T 1031—2009）

Ra/μm	*Rz*/μm	*Rsm*/mm	*lr*/mm	*ln*/mm(*ln*=5*lr*)
≥0.008~0.02	≥0.025~0.10	>0.013~0.04	0.08	0.4
>0.02~0.1	>0.10~0.50	>0.04~0.13	0.25	1.25
>0.1~2.0	>0.50~10.0	>0.13~0.4	0.8	4.0
>2.0~10.0	>10.0~50.0	>0.4~1.3	2.5	12.5
>10.0~80.0	>50~320	>1.3~4	8.0	40.0

2. 评定长度 *ln*

由于零件表面的微观轮廓不均匀，在实际表面轮廓不同位置的取样长度上的表面粗糙度测量值不尽相同。因此，为了客观全面地反映表面粗糙度的特性，应测量多个取样长度上的表面粗糙度值，在此基础上综合评定出该表面的粗糙度值。这几个取样长度的总长度被称为评定长度 *ln*。它可以包括一个或几个取样长度，如图 4-2 所示。一般取五个，即 $ln=5lr$；对均匀性好的表面，可少于五个，反之可多于五个。

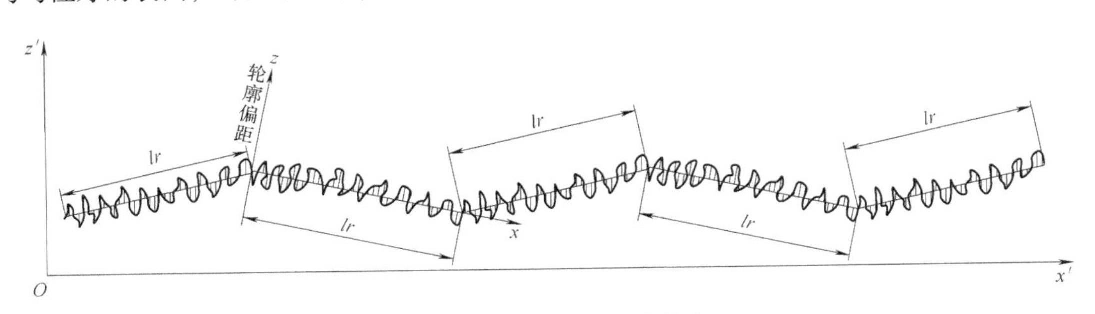

图 4-2 取样长度和评定长度

4.2.2 评定基准

评定粗糙度的测量基准是一条方向与零件表面提取轮廓线走向一致且位于轮廓线中部的直线，称作基准线或中线。它对评定表面粗糙度参数值有着至关重要的理论作用。基准线有下列两种：

1. 轮廓的最小二乘中线 m_{min}

轮廓的最小二乘中线是指在一个取样长度范围内，位于轮廓线中部有一条直线，当被测

轮廓线上各点到这条直线的距离平方和为最小时，这条直线就被称作最小二乘中线。即

$$\int_{0}^{lr} Z^2 \mathrm{d}x = \sum_{i=1}^{n} z_i^2 = m_{\min}$$

这是一条理论上存在的直线，如图 4-3 所示。轮廓的最小二乘中线符合最小二乘法原理，从理论上讲是非常理想的基准线。但在实际应用时，其位置很难准确地获得，因此，常用轮廓的算术平均中线来代替。

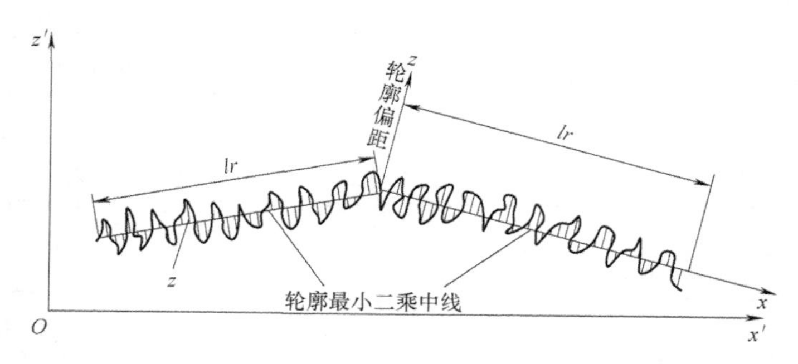

图 4-3　轮廓最小二乘中线

2. 轮廓的算术平均中线 *m*

指在一个取样长度范围内，位于轮廓线中部的一条直线，这条直线将被测轮廓线划分为上下两部分区域，且当所形成的上下部分区域的面积相等时，即

$$\sum_{i=1}^{n} F_i = \sum_{i=1}^{n} F_i'$$

这也是一条理论上存在的直线，如图 4-4 所示。轮廓的算术平均中线与最小二乘中线相差很小，故在实际测量中常用它代替最小二乘中线。通常用目测估计的方法来确定。

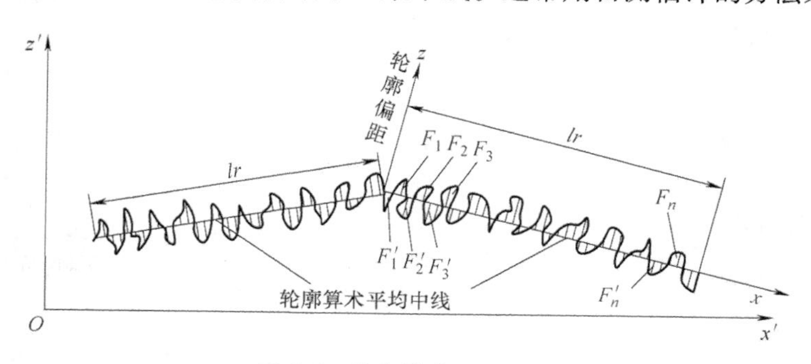

图 4-4　轮廓算术平均中线

4.2.3　表面粗糙度的评定参数

为了准确地描述表面粗糙的程度，必须用参数及其数值来定量地测量表面粗糙度。国家标准 GB/T 3505—2009 指出表面粗糙度的评定参数应从轮廓算术平均偏差 *Ra* 和轮廓最大高度 *Rz* 两个主要评定参数中选取。这两个参数均为幅度参数，除了这两个主要参数以外，还可以根据表面功能的需要，从轮廓单元的平均宽度 *Rsm* 和轮廓的支承长度率 *Rmr*(*c*) 两个附加参数中选取。

1. 幅度参数

（1）轮廓算术平均偏差 Ra　轮廓算术平均偏差 Ra 是指在一个取样长度 lr 范围内，被测轮廓线上所有点到基准中线距离（Z_i）绝对值的算术平均值，如图 4-5 所示。Ra 的数学表达式为

$$Ra = \frac{1}{lr}\int_0^{lr} |z| \mathrm{d}x \tag{4-1}$$

或近似为

$$Ra = \frac{1}{n}\sum_{i=1}^{n} |z_i| \tag{4-2}$$

式中　n——在取样长度范围内所测点的数目。

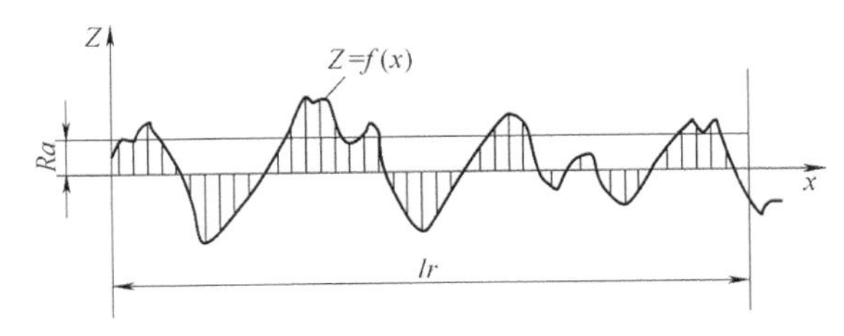

图 4-5　轮廓算术平均偏差

测得的 Ra 值越大，则表面越粗糙。Ra 值能客观地反映零件表面粗糙的程度，是普遍采用的评定参数，但因 Ra 值一般是用触针式轮廓仪测得的，因此不能用于过于粗糙或太光滑表面的评定。

（2）轮廓最大高度 Rz　在一个取样长度 lr 范围内，被测轮廓线上位于基准中线以上（指向材料表面外）的实体部分称为波峰；位于基准中线以下（指向材料表面内）的空缺部分称为波谷，各峰顶到中线的距离 Zp_i 中最大值 Zp_{max} 与各谷底到中线的距离 Zv_i 中最大值 Zv_{max} 之和就是轮廓最大高度 Rz。也就是在一个取样长度 lr 范围内，最高峰的峰顶到最低谷的谷底的垂直距离，如图 4-6 所示。

$$Rz = Zp_{max} + Zv_{max} \tag{4-3}$$

式中　Zp_{max}、Zv_{max}——峰高、谷深的最大值（Zp_i 为峰高、Zv_i 为谷深）。

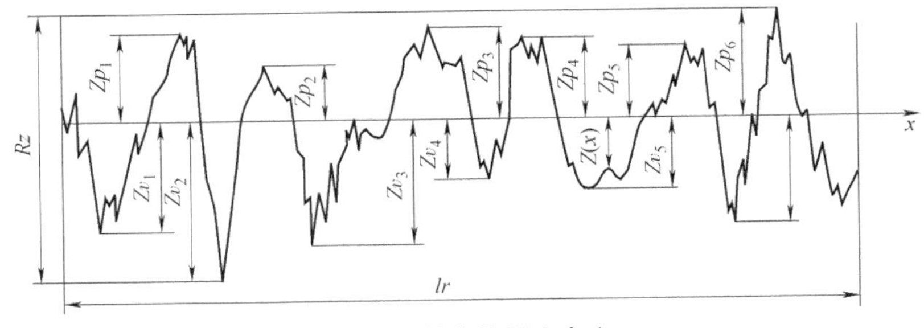

图 4-6　轮廓的最大高度

对同一表面，只标注 Ra 和 Rz 中的一个，一般不将两者同时标注出来。Rz 值只是反映被测轮廓线最高峰顶到最低谷底高度差的单一值，而 Ra 值反映被测轮廓线上所有点到基准中线偏离距离的平均值，因此 Rz 值不如 Ra 值对表面粗糙度的描述全面，在测量均匀性差的表面时尤其如此。但有时为了控制微观不平度的谷深，需要 Rz 与 Ra 联用，以达到控制表面

微观裂缝的目的，受交变应力作用的工作表面，如齿廓表面就是如此。此外，当被测表面为较小曲面时，其表面轮廓线不足一个取样长度，不能用 Ra 评定时，常采用 Rz 评定。

（3）旧标准（GB/T 3505—1983）中的幅度参数　由于目前在实际生产、学习中还较多地使用旧标准中的表面粗糙度评定参数，而在绝大多数情况下使用的是幅度参数，因此有必要为读者再介绍一下旧标准（GB/T 3505—1983）中的幅度参数。

新旧标准中的幅值参数的不同有三点：首先是测量的坐标系不同，在旧标准中 x 轴与基准中线重合，y 轴方向与幅度方向一致，而在新标准中虽然 x 轴同样与基准中线重合，但不同的是 z 轴方向与幅度方向一致。其次是参数不同，在旧标准中幅度参数有轮廓算术平均偏差 R_a、微观不平度十点高度 R_z 和轮廓最大高度 R_y，而在新标准中只有轮廓算术平均偏差 Ra 和轮廓最大高度 Rz。由于幅度方向的坐标轴由 y 轴变成了 z 轴，所以轮廓最大高度的参数也就由 R_y 变成了 Rz。第三点是旧标准中的取样长度代号为 l 而非新标准中的 lr。

1）轮廓算术平均偏差 R_a。旧标准中轮廓算术平均偏差用公式表示为

$$R_a = \frac{1}{l}\int_0^l |y| \mathrm{d}x \tag{4-4}$$

或近似为

$$R_a = \frac{1}{n}\sum_{i=1}^{n} |y_i| \tag{4-5}$$

2）微观不平度十点高度 R_z。微观不平度十点高度是指在一个取样长度 l 范围内，被测表面轮廓线上 5 个峰的峰顶到基准中线距离 y_{pi} 的平均值与 5 个谷的谷底到基准中线距离 y_{vi} 的平均值之和，用公式表示为

$$R_z = \frac{1}{5}\left(\sum_{i=1}^{5} y_{pi} + \sum_{i=1}^{5} y_{vi}\right) \tag{4-6}$$

3）轮廓最大高度 R_y。旧标准中的 R_y 与新标准中的 Rz 基本相同，只是由于坐标系的改变导致符号发生了改变，R_y 用公式表示为

$$R_y = y_{pmax} + y_{vmax} \tag{4-7}$$

2. 附加参数

（1）轮廓单元的平均宽度 Rsm（间距参数）　如图 4-7 所示，在基准中线上一个轮廓峰与相邻的一个轮廓谷组成一个轮廓单元，其在中线上的长度称为单元宽度。在一个取样长度 lr 范围内，所有轮廓单元宽度的平均值就是轮廓单元的平均宽度，用 Rsm 表示。

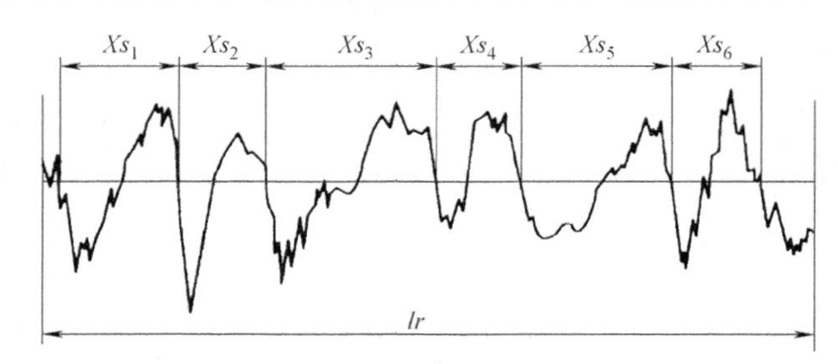

图 4-7　轮廓单元宽度与轮廓单元的平均宽度

Rsm 的数学表达式为

$$Rsm = \frac{1}{m}\sum_{i=1}^{m} Xs_i \tag{4-8}$$

式中　Xs_i——含有一个粗糙度轮廓峰（与中线有交点的峰）和相邻粗糙度轮廓谷（与中线有交点的谷）的中线长度；

m——在取样长度范围内间距 Xs_i 的个数。

（2）轮廓支承长度率 $Rmr(c)$（曲线参数）　在零件表面截取轮廓线的平面上（一般与被测表面垂直），在一个取样长度 lr 范围内，与中线平行，且到最高峰顶距离为 c 的一条直线，这条直线与轮廓实体重合部分的总长度为 $Ml(c)$，如图 4-8 所示。

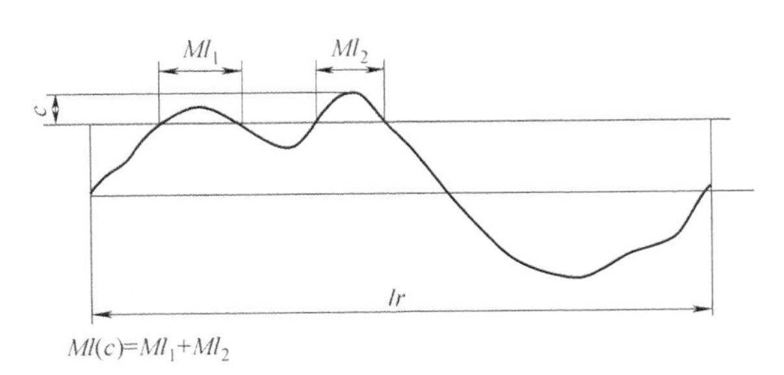

图 4-8　实体材料长度

$$Ml(c)=Ml_1+Ml_2+\cdots+Ml_m \tag{4-9}$$

轮廓支承长度率 $Rmr(c)$ 是在一个评定长度 ln 范围内，在各取样长度 lr 上的 $Ml(c)_i$ 之和与评定长度 ln 的比率。$Rmr(c)$ 的数学表达式为

$$Rmr(c)=\frac{\sum_{i=1}^{n}Ml(c)_i}{ln} \tag{4-10}$$

轮廓支承长度率 $Rmr(c)$ 与平行于中线且从峰顶向下两区的距离 c 有关。轮廓支承长度率 $Rmr(c)$ 随着 c 的变化曲线称为轮廓支承长度率曲线，如图 4-9 所示。c 不同时在评定长度 ln 范围内轮廓的实体材料长度 $Ml(c)$ 就不同，因此相应的轮廓支承长度率 $Rmr(c)$ 也不同。

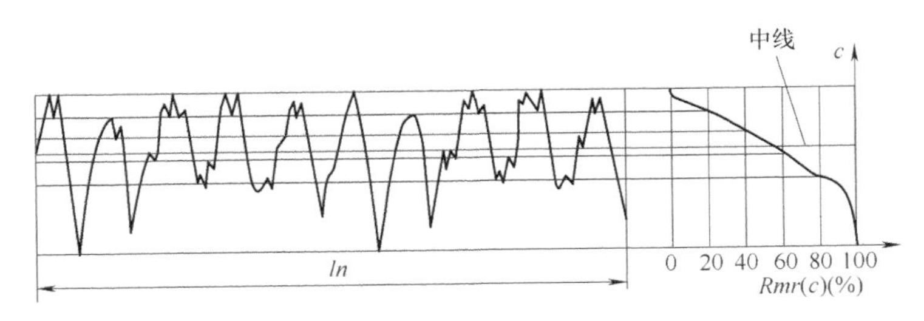

图 4-9　轮廓支承长度率曲线

所以，轮廓支承长度率 $Rmr(c)$ 应该对应于 c 给出，而 c 用 μm 或 Rz 的百分数表示。

轮廓支承长度率 $Rmr(c)$ 与零件表面的微观轮廓形状有关，是反映零件表面耐磨性能的指标。对于不同的实际轮廓形状，在评定长度相同和 c 相同时，$Rmr(c)$ 值越大零件表面凸起的实体部分就越大，承载面积就越大，接触刚度也就越高，耐磨性就越好。

4.3 表面粗糙度参数的选用

在表面粗糙度国家标准中，两个幅度（高度）参数 *Ra* 和 *Rz* 属于基本参数，间距参数 *Rsm* 和曲线参数 *Rmr*(*c*) 属于附加参数。在给出表面粗糙度的技术要求时，必须给出表面粗糙度的基本参数及其允许值和在测量时的取样长度，有时也可规定表面轮廓的附加评定参数。

4.3.1 评定参数的选用

1）如果表面没有特殊要求，一般仅给出一个幅度（高度）参数。

当表面粗糙度 *Ra* 值在 0.025～6.3μm 范围内时，用电动轮廓仪可以方便准确测量出 *Ra* 值，因此优先选用 *Ra* 值控制表面粗糙度。当表面过于粗糙或非常光滑时，即粗糙度 *Ra* 值在 6.3～100μm 和 0.008～0.020μm 范围内，这时电动轮廓仪不能客观准确地测量表面粗糙度，所以改用光切显微镜和干涉显微镜测量 *Rz* 值，通过 *Rz* 值来控制表面粗糙度。除此以外，当表面材料比较软或为较小曲面时，也要通过 *Rz* 值来控制表面粗糙度。

2）如果表面有特殊要求，为了保证功能要求，提高产品质量，这时可以同时选用几个参数综合控制表面质量。

① 当通过避免表面有较深加工痕迹，来防止表面出现应力集中从而保证零件的抗疲劳强度时，应用 *Rz* 值来控制表面粗糙度，通常 *Rz* 配合 *Ra* 一起使用。

② 以下情况下的表面都应该除了用 *Ra* 来控制表面粗糙度外还应规定 *Rsm* 值：对气密性有要求的表面或要求喷涂均匀、涂层有极好的附着性和光泽；为了使电机定子硅钢片的功率损失减少；冲压钢板尤其是在深冲时，为了使钢板与冲模之间的摩擦减小，避免在冲压时产生裂纹。

③ 当对表面有较高支承刚度和耐磨性要求时要规定 *Rmr*(*c*) 值。至于 *Rmr*(*c*) 和 *c* 各给多少，要经过研究决定。*Rmr*(*c*) 是表面耐磨性能的一个指标，但测量仪器也较复杂昂贵。

4.3.2 评定参数值的选用

表面粗糙度轮廓评定参数值的选用，通常采用类比法、试验法和计算法。不管用哪种方法，最终给出的粗糙度允许数值必须是 GB/T 1031—2009 中的数值，见表 4-2。

表 4-2 表面粗糙度评定参数 *Ra*、*Rz*、*Rsm*、*Rmr*(*c*) 基本系列数值

轮廓算术平均偏差 *Ra*/μm			轮廓最大高度 *Rz*/μm			轮廓单元的平均宽度 *Rsm*/μm		轮廓的支承长度率 *Rmr*(*c*)/μm	
0.012	0.8	50	0.025	1.6	100	0.006	0.4	10	50
0.025	1.6	100	0.05	3.2	200	0.0125	0.8	15	60
0.05	3.2		0.1	6.3	400	0.025	1.6	20	70
0.1	6.3		0.2	12.5	800	0.05	3.2	25	80
0.2	12.5		0.4	25	1600	0.1	6.3	30	90
0.4	25		0.8	50		0.2	12.5	40	

在机械零件精度设计中，合理地确定表面粗糙度轮廓评定参数值不仅影响零件的使用功能，而且还影响制造成本。选用表面粗糙度轮廓幅度参数的原则如下：

1）在满足功能要求的前提下，尽量选用较大的表面粗糙度参数值，以减少加工难度，降低生产成本。

2）同一零件上的工作表面应比非工作表面的表面粗糙度参数值要小。

3）摩擦表面比非摩擦表面、滚动摩擦表面比滑动摩擦表面的表面粗糙度参数值要小。

4）承受交变载荷的表面及易引起应力集中的部位（如圆角、沟槽等）的表面粗糙度参数值要小。

5）配合零件的表面粗糙度轮廓应与尺寸及形状公差相协调。一般尺寸与形状公差要求越严，表面粗糙度轮廓参数值就越小。表 4-3 列出了一般情况下表面粗糙度轮廓应与尺寸公差、形状公差的对应关系。

表 4-3　表面粗糙度参数公差与尺寸公差、形状公差的一般关系

尺寸公差等级	IT5～IT7	IT8～IT9	IT10～IT12	>IT12
形状公差	≈0.6IT	≈0.4IT	≈0.25IT	<0.25IT
Ra	≤0.05IT	≤0.025IT	≤0.012IT	≤0.15IT
Rz	≤0.2IT	≤0.1IT	≤0.05IT	≤0.6IT

6）配合性质要求高的配合表面（小间隙配合）及受重载荷作用要求连接强度高的过盈配合表面的表面粗糙度轮廓参数值要小。

7）同一公差等级的零件，小尺寸比大尺寸或轴比孔的表面粗糙度轮廓参数值要小。

8）密封性、耐蚀性要求高的表面或外形美观表面的表面粗糙度轮廓参数值要小。

9）凡有关标准已对表面粗糙度轮廓要求做出规定者（如轴承、量规、齿轮等），应按标准规定选取表面粗糙度轮廓参数值。

表面粗糙度轮廓幅度参数 *Ra*、*Rz* 的确定可参考表 4-4。孔和轴的表面粗糙度推荐值可参考表 4-5。

表 4-4　表面粗糙度参数值的选用实例

表面特征		*Ra*/μm	*Rz*/μm	应用举例
粗糙表面	明显可见刀痕	>40～80		表面粗糙度很大的加工表面，一般很少采用
	可见刀痕	>20～40		
	微见刀痕	>10～20	>63～125	粗加工表面，应用较广泛，如轴端面、倒角、穿螺钉孔和铆钉孔的表面、垫圈的接触面等
半光表面	可见加工痕迹	>5～10	>32～63	半精加工表面，支架、箱体、离合器、带轮侧面、凸轮侧面等非接触自由表面，与螺栓头和铆钉头相接触表面，轴和孔的退刀槽，一般遮板的配合面等
	微见加工痕迹	>2.5～5	>16～32	半精加工表面，支架、箱体、盖面、套筒等与其他零件连接而没有配合的表面，需要发蓝处理的表面，需要滚花的预先加工表面，主轴非接触的全部外表面等
	看不清加工痕迹	>1.25～2.5	>8～16	基面及表面质量要求较高的表面，中型普通精度机床工作台，组合机床主轴箱箱座和箱盖的配合面，中等尺寸带轮的工作面，衬套、滑动轴承的压入孔，低速转动的轴颈

（续）

表面特征		Ra/μm	Rz/μm	应用举例
光滑表面	可辨加工痕迹方向	>0.63~1.25	>4~8	中型普通机床的滑轨面，导轨压板，圆柱销和圆锥销的表面，一般精度的分度盘，需镀铬抛光的外表面，中转速的轴颈，定位销压入孔等
	微辨加工痕迹方向	>0.32~0.63	>2~4	中型较高精度机床的滑轨面，滑动轴承轴瓦的工作表面，夹具定位元件和钻套的主要表面，曲轴和凸轮轴轴颈的工作面，分度盘表面，高速轴轴颈及衬套的工作面等
	不可辨加工痕迹方向	>0.16~0.32	>1~2	精密机床主轴锥孔，顶尖圆锥面，小直径精密心轴和转轴的配合面，活塞销孔，要求气密的表面和支承面
	暗光泽面	>0.08~0.16	>0.5~1	精密机床主轴箱与套筒配合的孔，仪器在使用中要承受摩擦的表面（如导轨、槽面），液压传动用的孔表面，阀的工作面，气缸内表面，活塞销表面等
	亮光泽面	>0.04~0.08	>0.25~0.5	特别精密的滚动轴承套圈滚道、滚珠和滚柱表面，测量仪器中中等精度间隙配合零件工作表面，工作量规的测量表面等
	镜状光泽面	>0.02~0.04		特别精密的滚动轴承套圈滚道、滚珠和滚柱表面，高压油泵的柱塞和柱塞套的配合表面，保证高度气密性的配合表面等
	雾状镜面	>0.01~0.02		仪器的测量表面，测量仪器中高精度间隙配合零件工作表面，尺寸超过100mm的量块工作表面等
	镜面	≤0.01		量块的工作表面，高精度测量仪器的测量表面，光学测量仪器中的金属镜面等

表 4-5 表面粗糙度 *Ra* 的推荐选用值

应用场合	公差等级	表面	Ra/μm	
			公称尺寸/mm	
			≤50	>50~500
经常拆卸零件的配合表面	IT5	轴	≤0.2	≤0.4
		孔	≤0.4	≤0.8
	IT6	轴	≤0.4	≤0.8
		孔	≤0.8	≤1.6
	IT7	轴	≤0.8	≤1.6
		孔		
	IT8	轴	≤0.8	≤1.6
		孔	≤1.6	≤3.2

（续）

应用场合	公差等级	表面	Ra/μm		
			公称尺寸/mm		
			≤50	>50~120	>120~500
过盈配合的配合表面 1. 用压力机装配 2. 用热孔法装配	IT5	轴	≤0.2	≤0.4	≤0.4
		孔	≤0.4	≤0.8	≤0.8
	IT6~IT7	轴	≤0.4	≤0.8	≤1.6
		孔	≤0.8	≤1.6	≤1.6
	IT8	轴	≤0.8	≤1.6	≤3.2
		孔	≤1.6	≤3.2	≤3.2
	热装法	轴	≤1.6	≤1.6	≤1.6
		孔	≤3.2	≤3.2	≤3.2
滑动轴承配合表面	IT6~IT9	轴	≤0.8		
		孔	≤1.6		
	IT10~IT12	轴	≤1.6		
		孔	≤3.2		
	液体湿摩擦	轴	≤0.4		
		孔	≤0.8		
圆锥配合的工作表面	密封配合		≤0.4		
	对中配合		≤1.6		
	其他		≤6.3		

应用场合	密封形式	速度/(m/s)		
		≤3	>3~5	>5
密封处的孔、轴表面	橡胶圈密封	0.8~1.6（抛光）	0.4~0.8（抛光）	0.2~0.4（抛光）
	毡圈密封	0.8~1.6（抛光）		
	迷宫式密封	3.2~6.3		
	涂油槽式密封	3.2~6.3		

应用场合	公差等级	径向跳动	2.5	4	6	10	16	25
精密定心零件的配合表面	IT5~IT8	轴	≤0.05	≤0.1	≤0.1	≤0.2	≤0.4	≤0.8
		孔	≤0.1	≤0.2	≤0.2	≤0.4	≤0.8	≤1.6

应用场合	带轮直径/mm		
	≤120	>120~315	>315
V带和平带带轮工作表面	1.6	3.2	6.3

应用场合	类型	有垫片	无垫片
箱体分界面（减速器）	需要密封	3.2~6.3	0.8~1.6
	不需要密封	6.3~12.5	

4.4 表面粗糙度的标注

在国家标准 GB/T 131—2006 中，对表面结构的标注进行了详细的规定。在技术产品文件中对表面结构的要求可用几种不同的图形符号表示，每种符号都有特定含义，其形式有数字、图形符号和文本，在特殊情况下，图形符号可以在技术图样中单独使用以表达特殊意义。

4.4.1 表面粗糙度图形符号

1. 表面粗糙度图形符号的绘制及尺寸

标准 GB/T 131—2006 对表面粗糙度符号的绘制给出了详细的规定。长短斜线与标注表面的夹角均为 60°，对长短斜线顶端到标注表面的距离分别为 H_2 和 H_1，详见图 4-10 所示，具体绘制的尺寸详见表 4-6。

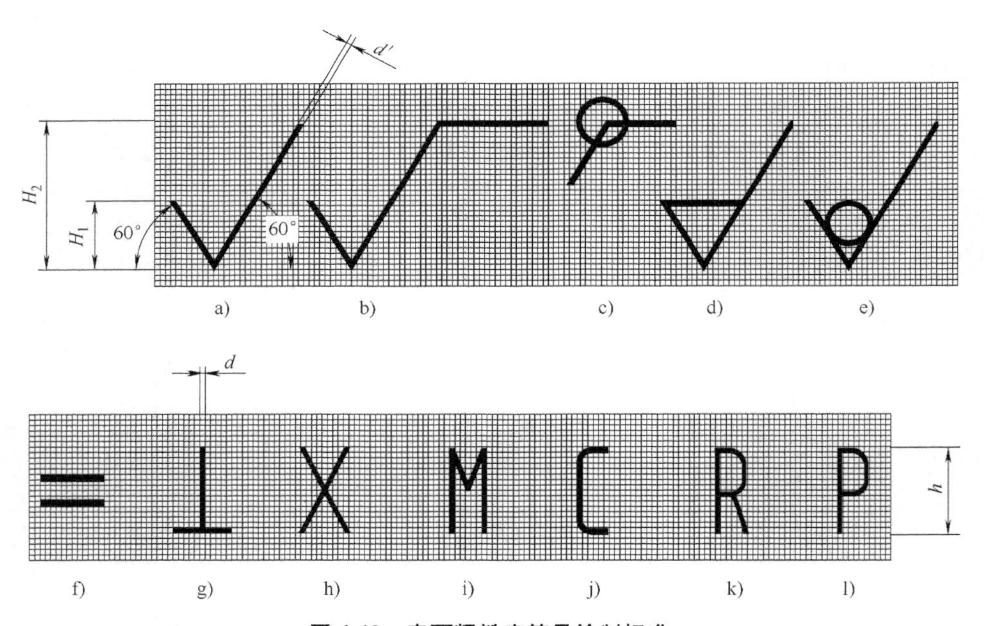

图 4-10 表面粗糙度符号绘制标准

表 4-6 标注图形符号的尺寸 （单位：mm）

数字和字母的高度 h（GB/T 14690—1993）	2.5	3.5	5	7	10	14	20
符号线宽 d' / 字母线宽 d	0.25	0.35	0.5	0.7	1	1.4	2
高度 H_1	3.5	5	7	10	14	20	28
高度 H_2（最小值）①	7	10.5	15	21	30	42	60

① H_2 取决于标注内容。

2. 表面粗糙度图形符号的种类和含义

表面结构的图形符号主要包括基本图形符号、扩展图形符号和完整图形符号，详见表 4-7。当图样某个视图上构成封闭轮廓的各表面有相同的表面粗糙度要求时，应在完整符号上加个圆圈，标注在图样中工件的封闭轮廓线上，如图 4-11 所示。

表 4-7　表面结构图形符号

符号名称	符　　号	含　　义
基本图形符号		仅在简化标注时使用，或带有参数时表示不规定是否去除材料加工得到所指表面，没有补充说明时不能单独使用
扩展图形符号		表示表面结构参数是用去除材料方法获得，例如车、铣、钻、磨、剪切、抛光、腐蚀、电火花等加工方法获得的表面
		表示所指表面是用不去除材料的方法获得的表面，例如铸、锻、冲压变形、热轧、冷轧、粉末冶金等。或者表示要保持原供应状况的表面（包括保持上道工序的表面状况）
完整图形符号		用于标注表面结构参数和各项附加要求，分别表示用不限定工艺、去除材料工艺和不允许去除材料工艺获得

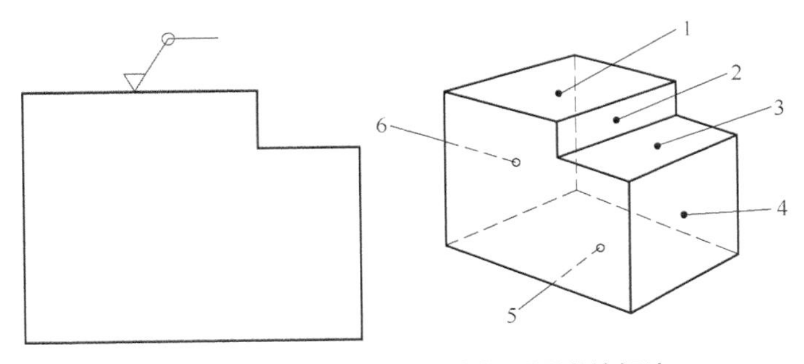

图 4-11　封闭轮廓各表面有相同要求的标注

4.4.2　表面粗糙度完整图形符号的组成和标注

表面结构参数完整图形在标注时，可能需要标注多项结构参数，除了标注表面结构参数和数值外，在必要时应标注补充要求，补充要求包括传输带、取样长度、加工工艺、表面纹理及方向、加工余量等。在完整符号中，对表面结构的单一要求和补充要求应注写在指定位置，如图 4-12 所示。

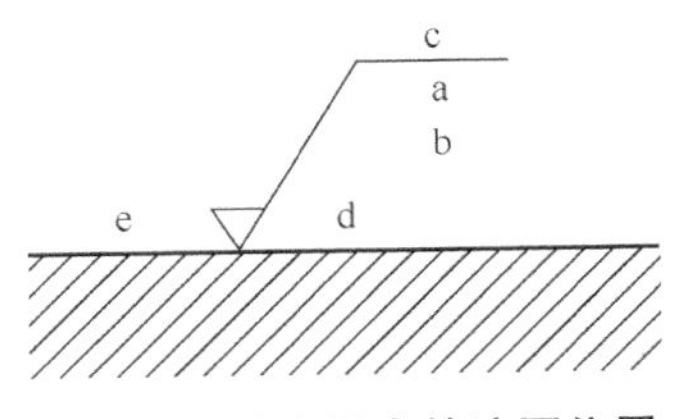

图 4-12　补充要求的注写位置

1. a 位置注写单一表面粗糙度要求

此处依次标注单向极限符号、滤波器类型、传输带、表面粗糙度参数、评定长度、极限判断规则和极限值如图 4-13 所示。

（1）单向极限符号　在图 4-14 中从左到右第一个位置有时要给出上限符号 U 或下限符号 L。只给出某一个粗糙度参数的单向极限要求，如果是上限，U 省略不写，如果是下限，L 就必须写出。如果和 b 位置配合使用，即当 a 位置给出上限值，b 位置给出同一个参数的下限值时，a 位置表面粗糙度极限要求最左端的 U 也可以省略。a 位置表面粗糙度极限要求应紧贴在完整图形符号的横线下面注写。

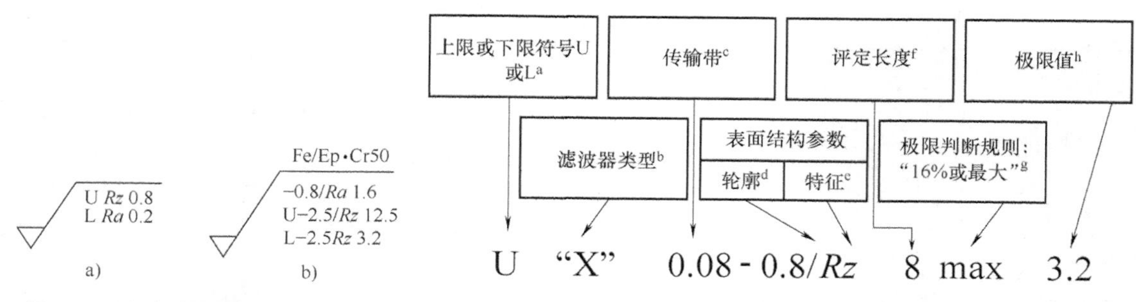

图 4-13 多个表面粗糙度极限要求

图 4-14 单一表面粗糙度要求的完整标注

（2）滤波器类型"X" 在图 4-14 中从左到右第二个位置有时要给出滤波器类型"X"。标准滤波器是高斯滤波器（GB/T 18777—2009），以前的标准滤波器是 2RC 滤波器，将来也可能对其他的滤波器进行标准化。转换期间，在图样上标注滤波器类型对某些公司比较方便。滤波器类型可以标注为"高斯滤波器"或"2RC"。滤波器名称并没有标准化，但这里建议标注的类型名称是明确的，无争议的。

（3）传输带 在图 4-14 中从左到右第三个位置有时要给出传输带。如果表面粗糙度要求采用默认传输带（详见表 4-8）时，要求注写中省去传输带。如果表面粗糙度参数没有定义默认传输带、默认短波滤波器或长波滤波器，则表面粗糙度应该指定传输带，即短波滤波器或长波滤波器，以保证表面粗糙度明确的要求。

在某些情况下，传输带只标注两个滤波器中的一个，另一个滤波器使用默认截止波长，应保留连字符"-"来区分是短波滤波器还是长波滤波器，波长值写在"-"前（如 0.008-）的是短波滤波器，波长值写在"-"后（如-0.25）的是长波滤波器。

表 4-8 λs、λc 数值

λs/μm	2.5	2.5	2.5	8	25
λc/μm	80	250	800	2500	8000
λc/λs	30	100	300	300	300
针尖半径最大值 r_{tip}max/μm	2	2	2①	5②	10②
最大取样长度间距/μm	0.5	0.5	0.5	1.5	5

① 对于 Ra>0.5μm 或 Rz>3μm 的表面，通常 r_{tip} = 5μm 可以使用的测针，在测量结果中没有明显差别。

② 当截止波长 λs 为 8μm 和 25μm 时，几乎可以肯定，因具有推荐针尖半径的触针机械滤波所致的衰减特性将位于定义的传输带之外。既然如此，在触针半径或在形状上的微小变化对在测量轮廓上计算的参数值的影响将是可以忽略的。如果认为其他截止波长比率是满足应用所必须的，则必须指定这个截止波长比率。

（4）表面粗糙度代号 在图 4-14 中从左到右第四个位必须要给出表面结构代号。表面结构代号有 R、W、P 三种，表面结构的粗糙度轮廓用 R 表示，表面结构的波纹度轮廓用 W 表示，表面结构的原始轮廓用 P 表示。这一节只涉及表面粗糙度，所以有关 W、P 代号的内容略去不讲。

新标准中的 *R* 轮廓（表面粗糙度）也只介绍比较常用的 *Ra*、*Rz*、*Rsm* 和 *Rmr*(*c*) 四个。其中 *R* 是轮廓代号，*a*、*z*、*sm* 和 *mr*(*c*) 是特征代号，分别代表平均值、峰谷值、间距和曲线。此处必须给出这四个代号中的某一个，如果表面粗糙的代号前有传输带，那么在传输带和粗糙代号之间必须用“/”隔开。

（5）评定长度　在图 4-14 中从左到右第五个位置有时要给出一个评定长度范围内取样长度的个数。如果一个评定长度范围内的取样长度个数不等于 5（默认值），就应在此处（相应的表面粗糙度参数代号后）注明其个数，如 *Ra*3 3.2 和 *Rz*1 3.2，这两个参数的取样长度个数分别是 3 和 1；如果一个评定长度范围内的取样长度个数等于 5，就不用注明，如 *Ra* 0.8 和 *Rz* 3.2。

（6）极限判断规则　在图 4-14 中从左到右第六个位置有时要给出极限判断规则。如果此处注写有“max”，说明表面粗糙参数应用最大规则，即表面粗糙度检测所得的所有相应参数值中，最大的数值不能超过“max”之后的极限值。如果此处没有注写“max”，说明表面粗糙度参数应用 16%规则，即表面粗糙度检测所得的所有相应参数值中，只有不到 16%的数值超过极限值。

（7）极限值　在图 4-14 中最右端必须给出表面粗糙度某个参数的极限值。极限值的选取参照表 4-2~表 4-5。为了避免误解，在极限值之前插入一个空格，如 *Ra* 0.8、*Rz*1 3.2 或 *Ra*max 0.8、*Rz*1max 3.2。

2. b 位置单向极限或双向极限符号

如果只给出某一个表面粗糙度参数的单向极限要求，则同前（a 位置注写单一表面粗糙度要求）所述。如果和 a 位置配合使用，a 位置给出上限值 b 位置给出下限值，当 a、b 为同一种参数时，表面粗糙度极限要求最左端的 U 和 L 可以省略；当 a、b 为不同种参数时，表面粗糙度极限要求最左端的 U 和 L 不能省略，如图 4-13a 所示。b 位置如果要给出某一个粗糙度参数的双向极限要求时，此时 b 位置要注写出上下两组要求，上面一组为上限要求，其最左端注写 U，下面一组为下限要求，其最左端注写 L。如果还有更多表面粗糙度极限要求，就依次注写在下一行，如图 4-13b 所示。如果由于注写表面粗糙度极限要求的行数过多（行与行之间间隔不宜过大），为了有足够空间注写表面粗糙度极限要求，可以适当增加图 4-10 中 H_2 的尺寸。

3. c 位置注写加工方法

如果对获得表面的最后一道工序的加工方法有要求，就要在此位置注写加工方法、表面处理、涂层或其他加工工艺要求等。如图 4-13b 所示，最后一道工序是铁件镀铬。如图 4-15 所示，图 4-15a 最后一道工序是车削加工，图 4-15b 最后一道工序是铁件镀镍/铬。

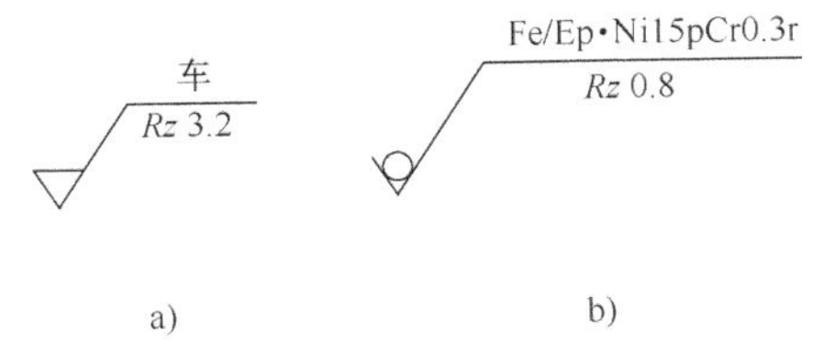

图 4-15　注写加工方法、表面处理、涂层或其他加工工艺要求

4. d 位置注写表面纹理和方向

表面纹理及其方向用表 4-9 中规定的符号标注在完整图形符号中。采用定义的符号标注表面纹理不适应于文本标注。表 4-9 中的符号包括了表面结构所要求的与图样平面相应的纹理及其方向。

表 4-9　表面纹理的标注

符号	解释	示　例	符号	解释	示　例
=	纹理平行于视图所在投影面	= 纹理方向	C	纹理呈近似同心圆与表面中心相关	C
⊥	纹理垂直于视图所在投影面	⊥ 纹理方向	R	纹理呈近似放射状与表面中心相关	R
×	纹理呈两斜向交叉且与视图所在投影面相交	× 纹理方向	P	纹理呈微粒、凸起，无方向	P
M	纹理呈多方向	M			

注：如果表面纹理不能清晰地用这些符号表示，在必要时，可以在图样上加注说明。

5. e 位置注写加工余量

在同一图样中，有多个加工工序的表面可标注加工余量，以 mm 为单位给出数值。例如，在表示完零件形状的铸锻件图样中给出加工余量，如图 4-16 所示，表示所有表面均有 3mm 加工余量。这种方式不适用于文本。

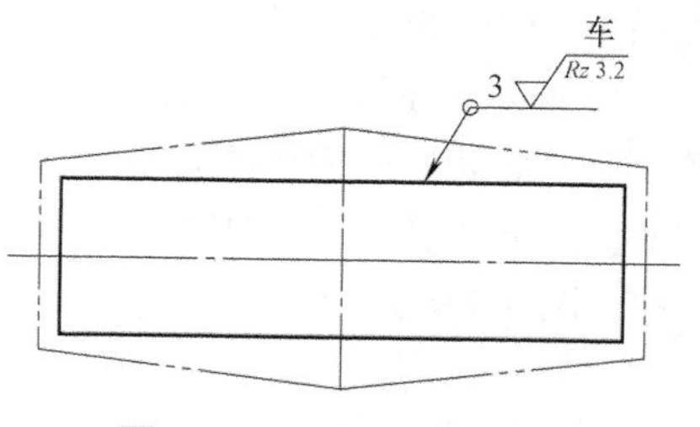

图 4-16　加工余量的注法

加工余量可以是加注在完整图形符号上的唯一要求。加工余量也可以同表面结构要求一起标注。

4.4.3　表面结构要求在图样和其他技术产品文件中的注法

表面结构的要求对每一表面一般只标注一次，并尽可能注在相应的尺寸及其公差的同一视图上，除非另有说明，所标注的表面结构要求是对完工零件表面的要求。

1. 表面结构符号、代号的标注位置和方向

总的原则是根据 GB/T 4458. 4—2013 的规定，表面结构的注写和读取方向与尺寸的注写和读取方向一致，如图 4-17 所示。

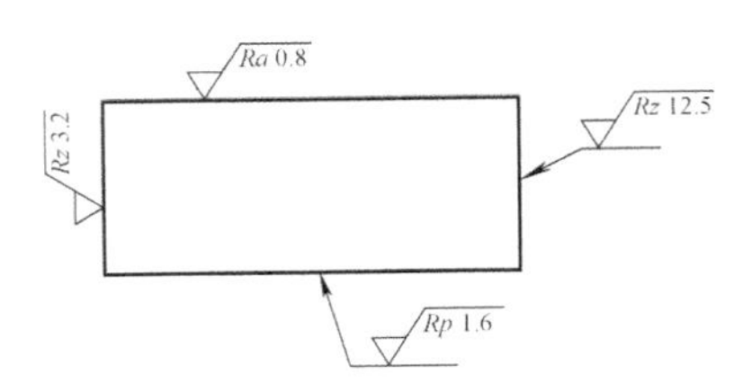

图 4-17　表面结构所要求的注写方向

（1）标注在轮廓线上或指引线上　表面结构要求可标注在轮廓线上，其符号应该从材料外指向并接触表面。在必要时，表面结构符号也可用带箭头或黑点的指引线引出标注，如图 4-18 和图 4-19 所示。

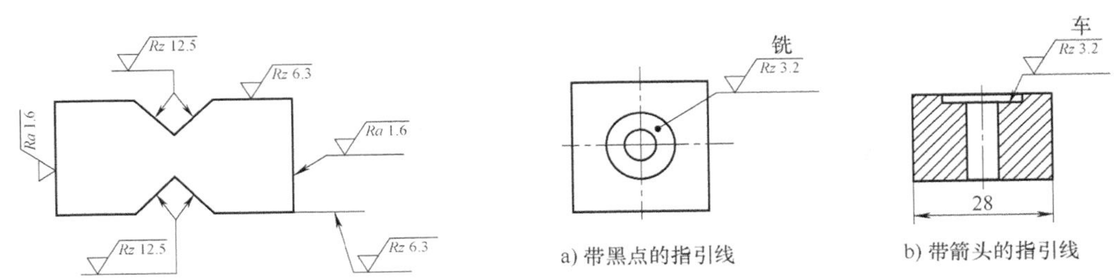

图 4-18　表面结构要求在轮廓线上的标注　　图 4-19　用指引线引出标注表面结构要求

（2）标注在特征尺寸线上　在不致引起误解时，表面结构要求可以标注在给定的尺寸线上，如图 4-20 所示。

（3）标注在几何公差框格上　表面结构要求可以标注在几何公差框格的上方，如图 4-21 所示。

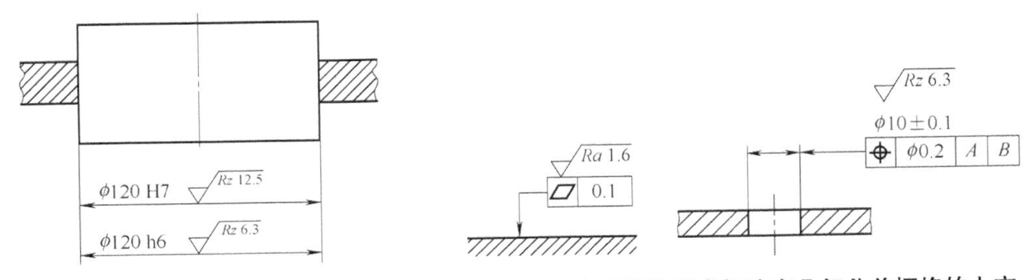

图 4-20　表面结构要求标注在尺寸线上　　图 4-21　表面结构要求标注在几何公差框格的上方

（4）标注在延长线上　表面结构要求可以直接标注在延长线上，或者用带箭头的指引线引出标注，如图 4-18 所示和图 4-22 所示。

（5）标注在圆柱和棱柱表面上　圆柱和棱柱的表面结构要求只标注一次，如图 4-22 所示。如果每个棱柱表面有不同的表面结构要求，则应分别单独标注，如图 4-23 所示。

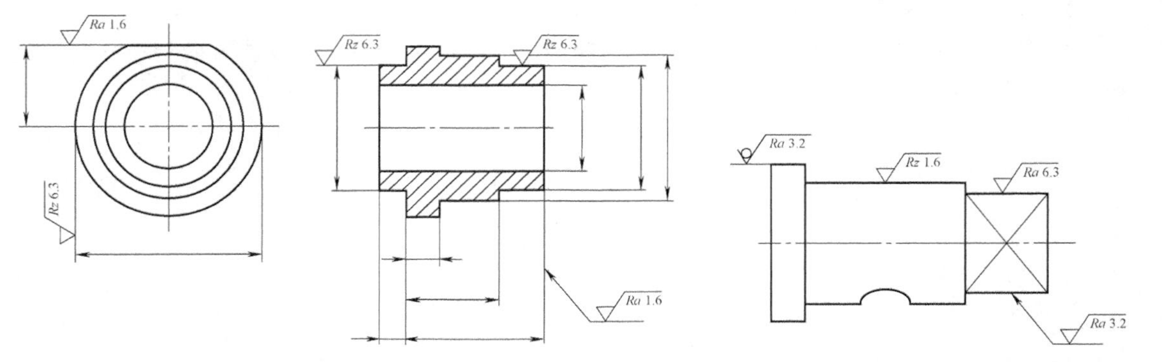

图 4-22 表面结构要求标注在圆柱特征的延长线上　　图 4-23 圆柱和棱柱的表面结构要求的标注

2. 表面结构要求的简化注法

（1）有相同表面结构要求的简化注法　如果在工件的多数（包括全部）表面有相同的表面结构要求，则其表面结构要求可统一标注在图样的标题栏附近。此时（除全部表面有相同要求的情况外），表面结构要求的符号后面应有：

1）在圆括号内给出无任何其他标注的基本符号，如图 4-24a 所示。

2）在圆括号内给出不同的表面结构要求，如图 4-24b 所示。不同的表面结构要求应直接标注在图形中，如图 4-24 所示。

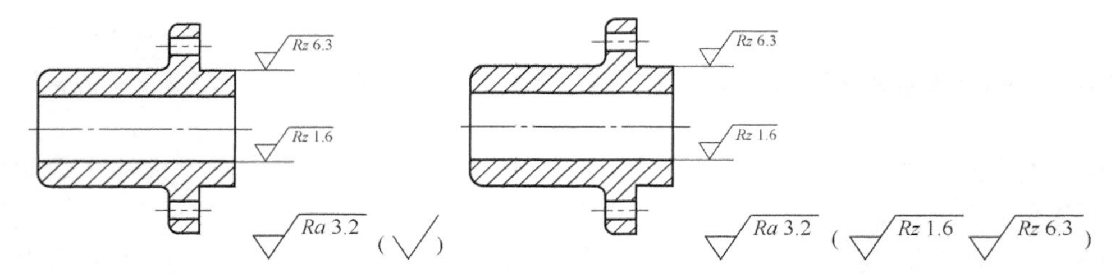

a) 括号内给出无任何其他标注的基本符号　　b) 圆括号内给出不同的表面结构要求

图 4-24 大多数表面有相同表面结构要求的简化注法

（2）多个表面有共同要求的注法　当多个表面具有相同的表面结构要求或图样空间有限时，可以采用简化注法。

1）用带字母的完整图形符号的简化注法。可用带字母的完整图形符号，以等式的形式，在图形或标题栏附近，对有相同表面结构要求的表面进行简化标注，如图 4-25 所示。

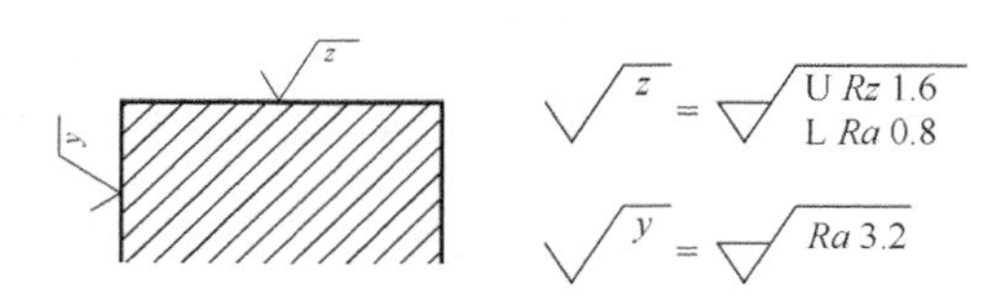

图 4-25 在图样空间有限时的简化注法

2）只用表面结构图形符号的简化注法。可用基本图形符号和扩展图形符号，以等式的形式给出对多个表面共同的表面结构要求，如图 4-26 所示。

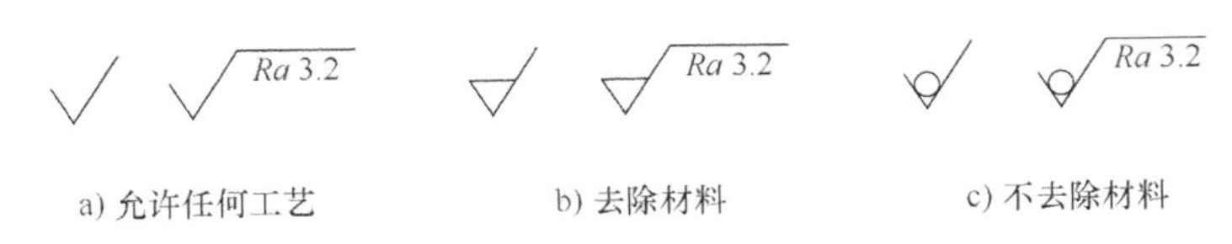

图 4-26　多个表面共同的表面结构要求

3. 两种或多种工艺获得的同一表面的注法

有几种不同的工艺方法获得的同一表面，当需要明确每种工艺方法的表面结构要求时，可按图 4-27 进行标注。

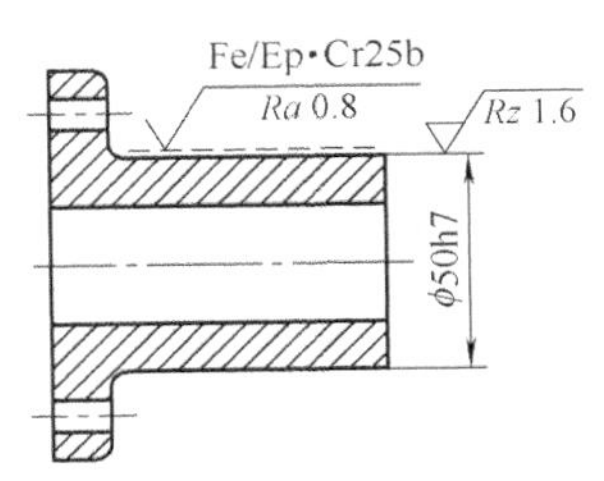

图 4-27　同时给出镀覆前后的表面结构要求的注法

4.5 表面结构精度的检测

表面粗糙度轮廓的检测方法主要有比较法、针描法、光切法、干涉法、激光反射法、激光全息法和几何表面三维测量法等。

1. 比较法

比较法是将被测零件表面直接与标有一定评定参数值的表面粗糙度轮廓标准样板进行比较，以确定被测表面粗糙度的方法。选用的表面粗糙度样板应与被测零件的加工方法相同，且其材料、形状、加工纹理方向等应尽可能与被测表面相同，否则将产生较大的误差。比较法虽测量精度不高，但器具简单，使用方便，能满足一般生产的需要，适宜于生产现场的检验，常用于表面粗糙度轮廓要求不高的零件表面。

触觉比较是指用手指甲感触来判别被测零件表面，适宜于检验 *Ra* 值为 1.25～10μm 的外表面。

视觉比较是指靠目测或用放大镜、比较显微镜等工具观察被测零件表面，*Ra* 值为 0.16～100μm 的外表面。

2. 针描法

针描法又称触针法或轮廓法，是一种接触式测量表面粗糙度轮廓的方法。常用仪器是根据针描法原理制造的触针式电动轮廓仪，其典型框图如图 4-28 所示。在测量时，金刚石触针在被测表面上以一定速度移动，被测表面的微观不平度使触针作垂直方向的位移，其位移量通过计算处理后，可在仪器上直接给出粗糙度、波纹度和原始轮廓的各种参数［如 *Ra*、*Rz*、*Rsm* 及 *Rmr*(*c*) 等多个参数］，同时测量仪器还可以将放大的被测表面轮廓图形记录下来。针描法适宜于测量 *Ra* 值为 0.04～5.0μm 的内、外表面和球面。

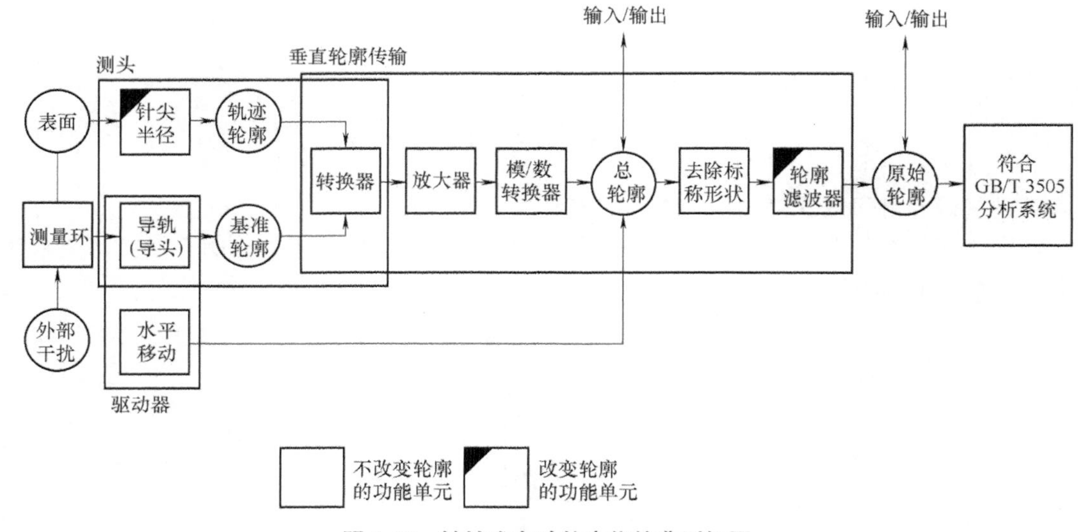

图 4-28 触针式电动轮廓仪的典型框图

3. 光切法

光切法是利用光切原理测量表面粗糙度轮廓的方法，属非接触测量方法。常用仪器是光切显微镜（又称双管显微镜），通常用于测量 Rz 值为 0.5~60μm，且用车、铣、刨等加工方法所得到的金属平面或外圆柱面。

4. 干涉法

干涉法是利用光波干涉原理和显微系统测量精密加工表面粗糙度轮廓的方法，属非接触测量的方法。常用仪器是干涉显微镜，主要用于测量 Rz 值为 0.025~0.8μm 的平面、外圆柱面和球面。

5. 激光反射法

激光反射法是用激光束以一定角度照射被测表面，根据光的几何原理，光线会被物体表面反射和散射，反射光和散射光的强度及其分布与被测表面粗糙度程度有关。反射光集中在一个很小的面积上，形成一个光斑；散射光分布在反射光的周围，形成光带。如果物体表面比较光滑，反射光斑比较强，散射光带比较窄；反之，如果物体表面比较粗糙，反射光斑比较弱，散射光带比较宽。这一现象定性地说明反射和散射光的强弱与物体表面粗糙程度有关。

整个测量系统由光源、光学测量系统、光电转换系统和计算机数据处理系统组成。激光器发出光束经准直聚焦后照射在被测物体表面，光束发生反射和散射，用线阵或矩阵 CCD 接收反射和散射光，计算机收集数据并计算出散射的特征值，再换算成所需要的表面粗糙度评定参数，通过显示器显示出 Ra 值。

基于光学散射原理的表面粗糙度检测方法，具有结构简单、体积小、易集成产品、动态响应好、适于在线测量等优点。该方法的缺点是测量精度不高，用于超光滑表面粗糙度的测量还有待进一步改进。

这种方法适宜测量 Ra 值为 0.012~2.0μm 的平面、外圆柱面和球面等，也可以用来测量零件表面的划线、镀层等深度。

6. 激光全息法

激光全息法是利用激光全息技术对表面粗糙度进行非接触法测量，提升了表面粗糙度的测量范围，将原来的线测量方式变为面测量方式，能够更加全面地反映表面的粗糙度分布情况。其原理为：将激光光源射出的一束激光经过准直器变成准直光，再经分光镜分成两束，一束激光垂直照射到被测物体表面反射到 CCD 感光元件上；另一束激光与前一束成很小夹角照射到被测物体表面也反光到 CCD 感光元件上，两束光在 CCD 上形成全息影像，全息影像再经过菲涅尔近似算法进行数值重建，就能得到被测表面的粗糙度数值。全息法可测量高反射表面（如镜面、经抛光表面）或微小表面。测量速度快、精度高，可达纳米级的测量精度。

7. 几何表面三维测量法

几何表面三维测量法是用三维评定参数来真实反映被测表面的几何特征，从而评定被测表面粗糙度轮廓的方法。在用粗糙度表征表面形貌方面，相比于传统的二维粗糙度参数，三维表面粗糙度参数能够更全面地提供被测工件表面的空间形貌特征，具备更好的统计学意义。工件表面三维粗糙度测量是获取工件微观表面形貌特征的一种重要手段，也是重构、记录和比较工件表面形貌特征的基础。三维表面形貌测量可以提取工件表面形貌的各种参数和信息，以对它进行综合性的评定和研究。

目前，三维表面粗糙度测量分为接触式测量、非接触式测量和纳米表面粗糙度分析三大类。接触式测量的唯一方法是触针扫描法。非接触式测量有相移干涉显微法、相干扫描干涉法、数字全息法、共聚集显微法、共聚焦色差显微法、点自动对焦发、变焦法、光切法和激光三角法九种方法。纳米表面粗糙度分析有扫描电子显微法、扫描隧道显微法、扫描近场光学显微法和原子力显微法。

接触式测量法具有测量范围大、精度高和重复性好的优势，但是其测量过程需要考虑测量方向和取样长度等因素。为了获得完整的微观表面高度数据，需要采集较多的数据，因此该方法的测量效率较低，并且存在损伤被测工件的可能性。

非接触式测量法具有非接触、高精度和高效率的特点。但是非接触式测量法对三维微观表面高度是非线性测量，测得的三维图像会因为表面污渍、缺陷或倾斜边缘而丢失数据点，因此，在测量后要根据需要进行数据点补偿。此外，非接触式测量法包含的测量误差种类较多，校准较为困难。

相对于接触式测量法的测量分辨率主要受触针半径的限制和非接触式测量法的横向分辨率通常与垂直分辨率差 3 个数量级，纳米表面粗糙度分析法的测量精度较高，个别仪器的原子级分辨率能够真实还原被测样品的三维形貌，使得纳米级三维形貌分析技术的研究不断深入。但是电镜类仪器成本高、结构复杂、测量范围小，并且对测量环境有较高的要求。

习题与思考题

1. 表面粗糙度对零件的使用性能有哪些影响？
2. 为什么要规定取样长度、评定长度和基准线？
3. 表面粗糙度的评定参数有哪些？如何选用这些参数及其数值？
4. 在选择表面粗糙度参数值时，应考虑哪些因素？

5. 在设计时如何协调尺寸公差、形状公差和表面粗糙度参数值之间的关系?

6. 将下列要求标注在图4-29上。

1) 直径为 ϕ50mm 的圆柱外表面粗糙度 *Ra* 的允许值为 3.2μm。

2) 左端面的表面粗糙度 *Ra* 的允许值为 0.8μm。

3) 直径为 ϕ50mm 圆柱的右端面的表面粗糙度 *Ra* 的允许值为 1.6μm。

4) 内孔表面粗糙度 *Rz* 的允许值为 0.8μm。

5) 螺纹工作面的表面粗糙度 *Ra* 的最大值为 1.6μm, 最小值为 0.8μm。

6) 其余各加工面的表面粗糙度 *Ra* 的允许值为 6.3μm。

7) 各加工面均采用去除材料法获得。

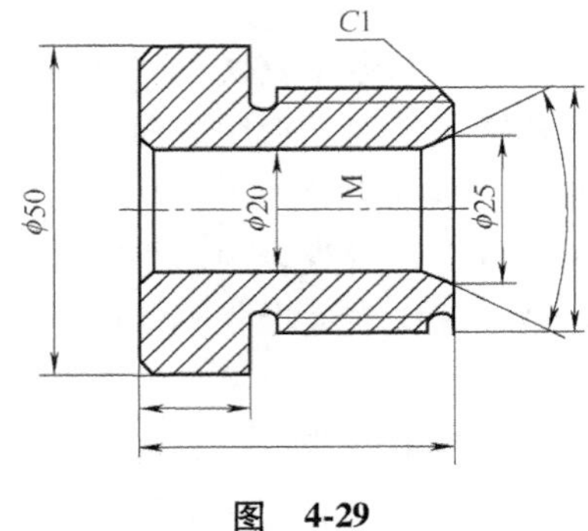

图 4-29

第5章 渐开线圆柱齿轮的精度设计

5.1 概述

齿轮传动是一种重要的机械传动形式。由于具有传递转动功率范围广、结构紧凑、可实现任意两轴间转动与转矩的传递、传动比恒定、传动效率高、工作可靠寿命长及维护保养方便等特点，齿轮传动在各类机械装置中应用非常广泛。

齿轮是机器、仪器中使用最多的传动元件，尤其是渐开线齿轮应用更为广泛。为了保证齿轮传动的精度和互换性，需要给出齿轮公差和齿轮在加工前的齿坯公差及齿轮箱体公差。为此，国家发布了相应的国家标准，其中较常用的有两项齿轮精度国家标准（GB/T 10095. 1~2—2008）和四项国家标准化指导性技术文件（GB/Z 18620. 1~4—2008）。

公元前400—前200年，人类就开始使用齿轮。我国在两千多年前的汉代就已经在翻水车上使用直线齿廓齿轮。直线齿廓影响齿轮传动的平稳性，且轮齿的强度比较低。1674年，丹麦天文学家奥拉夫·罗默（Olaf Roemer）提出用外摆线作齿轮齿廓，至今钟表齿轮都是以外摆线作为齿廓。1754年，瑞士数学家莱昂哈德·欧拉（Leonhard Euler）提出了渐开线齿轮，但由于制造工艺上的原因，一直没有实现。渐开线齿廓的制造始于19世纪末20世纪初，随着毛纺工业、造船工业、汽车工业的发展，被广泛应用。现在，齿轮传动是机械、仪表中最常用的传动形式之一，主要用于按恒定角速比传递回转运动及转矩的场合。

5.2 齿轮传动的使用要求及误差来源

齿轮传动由齿轮副、轴、轴承与箱体共同组成，由于组成齿轮传动装置的这些主要零件在制造和装配时不可避免地存在误差，因此必然会影响齿轮传动的质量。凡是采用齿轮传动的机械产品，其工作性能、承载能力和使用寿命等都与齿轮的制造精度和装配精度密切相关。为了保证齿轮传动质量，就要给出相应的公差。

5.2.1 齿轮传动使用要求

尽管齿轮传动的类型很多，应用领域广泛，使用要求各不相同，但是对齿轮传动的使用要求可归结为以下四个方面。

1. 传递运动的准确性

传递运动的准确性要求在一转范围内，传动比的变化要小。理论上当主动轮转过角度φ_1时，从动轮应当按传动比 i 准确地转过相应的角度 $\varphi_2=i\varphi_1$。然而，齿轮副存在加工和安装误差，致使从动轮的实际转角 φ_2'偏离理论转角 φ_2，从而引起转角误差 $\Delta\varphi_2=\varphi_2'-\varphi_2$。

传递运动的准确性就是将齿轮在一转范围内的最大转角误差限制在一定范围内，以保证从动轮与主动轮运动准确、协调。

2. 传递运动平稳性

在齿轮啮合传动过程中，如果瞬时传动比反复频繁变化，就会引起冲击、振动和噪声。传动平稳性要求齿轮在转过一个齿距角范围内，其瞬时传动比变化要小，即运转要平稳，不产生大的冲击、振动和噪声。为保证传动的平稳性要求，应控制齿轮在转过一个齿的过程中和换齿传动时的转角误差。

3. 载荷分布的均匀性

载荷分布均匀性要求在齿轮啮合传动时，工作齿面接触良好，在全齿宽和全齿高上承载均匀，避免载荷集中于局部区域而引起齿面局部磨损甚至折齿，使齿轮具有较高的承载能力和使用寿命。

4. 合理的齿侧间隙

在齿轮啮合传动过程中，必须保证齿轮副始终处于单面啮合状态，工作齿面必须保持接触，以传递运动和动力，而非工作齿面之间则必须留有一定的间隙，即齿侧间隙，简称侧隙。

侧隙用以补偿齿轮的加工误差、装配误差及齿轮承载受力后产生的弹性变形和热变形，防止齿轮传动发生卡死或烧伤现象，保证齿轮正常传动。侧隙还用于在齿面上形成润滑油膜，以保持良好的润滑。但对工作时有正反转的齿轮传动，侧隙会引起回程误差和反转冲击。

上述前 3 项要求是针对齿轮本身提出的精度要求，第 4 项是对齿轮副的，它是独立于精度之外的另一类问题，无论齿轮精度如何，都应根据齿轮传动的工作条件确定适当的侧隙。

不同用途和不同工作条件下的齿轮，对使用要求的侧重点不同，齿轮精度设计的任务就是合理确定齿轮的精度和侧隙。

对机械装置中常用的齿轮，如机床、通用减速器、汽车、内燃机及拖拉机上用的齿轮，通常对上述前 3 项使用要求差不多，而有些用途的齿轮则可能对某一项或某几项有特殊和更高要求，例如：测量仪器上分度机构和读数装置的齿轮主要要求传递运动的准确性，如果需要正反转，还应要求较小的侧隙以减小空回误差；低速、重载齿轮传动（如起重机、轧钢机、重型机械等）对载荷分布均匀性要求高，对侧隙要求较大；中速中载和高速轻载齿轮（如汽车变速装置等）主要要求传动平稳性，噪声及振动小；高速重载齿轮（如航空发动机和汽轮机减速器）则对运动准确性、传动平稳性和载荷分布均匀性的要求都很高，而且要求有较小的齿侧间隙。

5.2.2 齿轮传动误差的主要来源

齿轮是一种多参数的传动零件，影响齿轮传动使用要求的误差主要来源于齿轮制造和齿轮副安装两个方面，齿轮传动精度与齿轮、传动轴、箱体和滚动轴承等零部件精度及安装精度有关。齿轮制造误差来源于由机床、夹具和刀具组成的加工工艺系统，主要有齿坯的制造与安装误差、定位误差、齿轮加工机床误差、刀具的制造与安装误差和夹具误差等。齿轮副安装误差主要有箱体、齿轮支承件、轴、轴套等的制造和装配误差。

齿轮为圆周分度零件，其误差具有周期性，以一转为周期的误差为长周期误差，主要影响传递运动准确性；以一齿为周期的误差为短周期误差，主要影响工作平稳性。按误差变化方向，齿轮误差又可分为径向误差、切向误差和轴向误差。

下面以滚齿加工（图 5-1）为例讨论齿轮加工误差的主要来源。

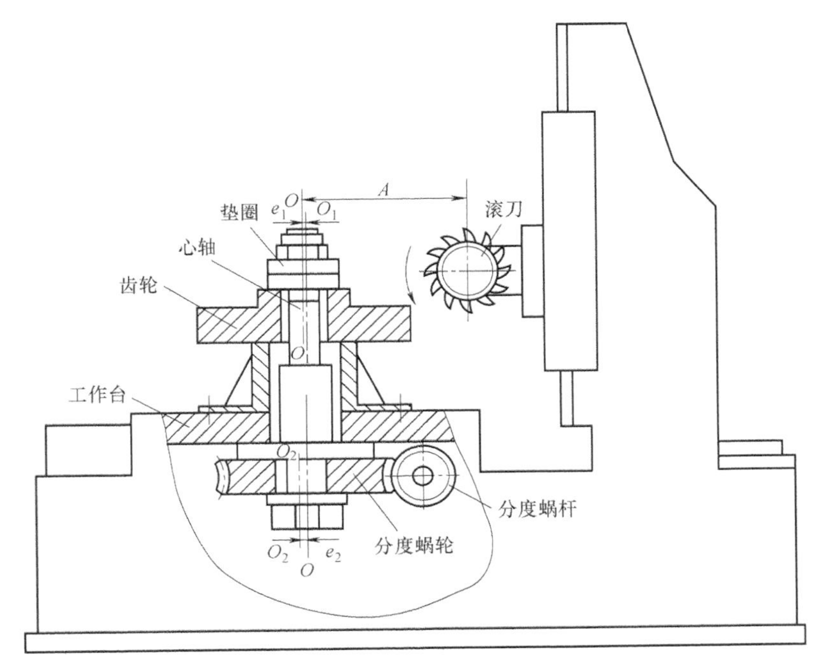

图 5-1　滚齿加工示意图

1. 影响传递运动准确性的主要因素

影响运动精度的因素是同侧齿面间的各类长周期误差，主要来源于几何偏心和运动偏心。

（1）几何偏心（安装偏心）　几何偏心是指齿坯在机床上安装时，齿坯基准轴线 O_1O_1 与机床工作台回转轴线 OO 不重合而产生的偏心 e_1，如图 5-1 所示。如图 5-2a 所示，在加工时滚刀轴线 $O'O'$ 与 OO 的距离 A 保持不变，但由于存在几何偏心 e_1，使得滚刀轴线 $O'O'$ 与 O_1O_1 之间的距离不断变化，其轮齿就形成图 5-2b 所示的高瘦、矮肥情况，使齿距在以 OO 为中心的圆周上均匀分布，而在以齿轮基准轴线 O_1O_1 为中心的圆周上，齿距呈不均匀分布（从小到大再从大到小变化）。此时基圆中心 O 与齿轮基准中心 O_1 不重合，形成基圆偏心，在工作时产生以一转为周期的转角偏差，使传动比不断改变。

几何偏心使齿面位置相对于齿轮基准中心在径向发生变化，使被加工齿轮产生径向偏差。

（2）运动偏心　滚齿在加工时，机床分度蜗轮的安装偏心会影响到被加工齿轮，使齿轮产生运动偏心，如图 5-1 所示。机床分度蜗轮轴线 O_2O_2 与机床工作台回转轴线 OO 不重合

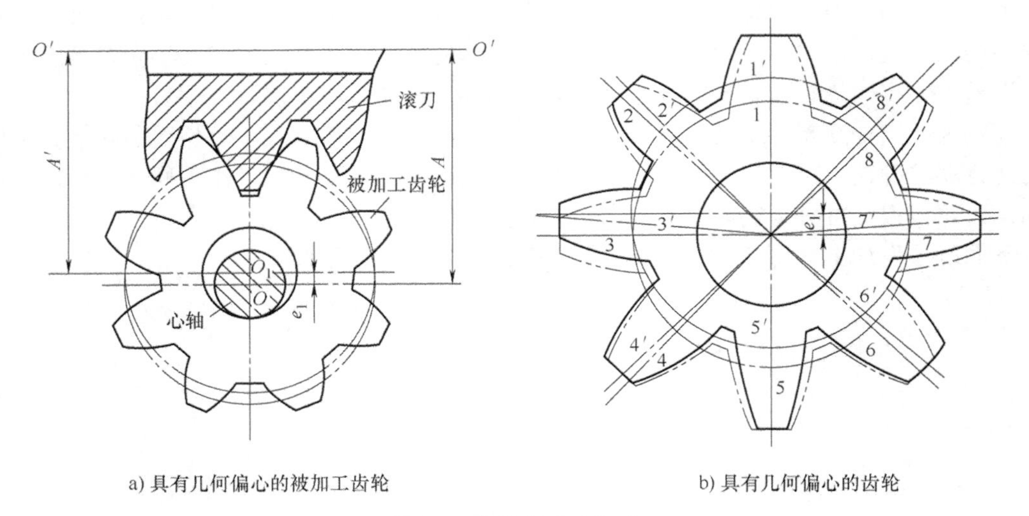

a) 具有几何偏心的被加工齿轮　　b) 具有几何偏心的齿轮

图 5-2　齿轮的几何偏心

就形成运动偏心 e_2。此时，分度蜗杆匀速旋转，蜗杆与蜗轮啮合节点的线速度相同，但蜗轮上啮合节点的半径不断改变，使得分度蜗轮和齿坯产生不均匀回转，角速度以一转为周期不断变化。齿坯的不均匀回转使齿廓沿切向位移和变形，导致齿距分布不均匀，如图 5-3 所示。

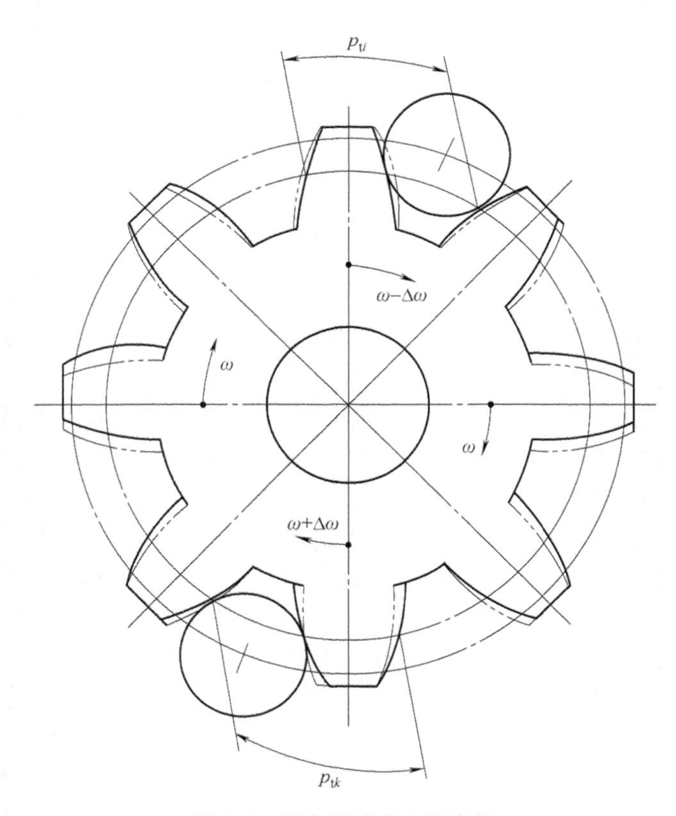

图 5-3　具有运动偏心的齿轮

在图 5-3 中，双点画线为理论齿廓，实线为实际齿廓。齿坯的不均匀回转还会引起齿坯与滚刀啮合节点半径的不断变化，使基圆半径和渐开线形状随之变化。当齿坯转速较高时，节点半径减小，因而基圆半径减小，渐开线曲率增大，相当于产生了基圆偏心。这种由于齿坯角速度变化引起的基圆偏心称为运动偏心，其数值为基圆半径最大值与最小值之差的一半。由此可知，齿距不均匀和基圆偏心的同时存在，引起齿轮在工作时传动比以一转为周期变化。

当仅有运动偏心时，滚刀与齿坯的径向位置并未改变，当用球形或锥形测头在齿槽内测量齿圈径向跳动时，测头径向位置并不改变（图 5-3），因而运动偏心并不产生径向偏差，而是使齿轮产生切向偏差。

2. 影响齿轮传动平稳性的主要因素

影响齿轮传动平稳性的主要因素是同侧齿面间的各类短周期误差。造成这类误差的主要原因有滚刀制造和安装误差、机床传动链误差等。

当存在机床传动链误差（如分度蜗杆的安装误差）时，由于分度蜗杆转速高，使得分度蜗轮产生短周期的角速度变化，会使被加工齿轮齿面产生波纹，造成实际齿廓形状与标准的渐开线齿廓形状的差异，即齿廓总偏差。

滚齿加工时，滚刀安装误差会使滚刀与被加工齿轮的啮合点脱离正常啮合线，使齿轮产生由基圆误差引起的基圆齿距偏差和齿廓总偏差。滚刀旋转一转，齿轮转过一个齿，因而滚刀安装误差使齿轮产生以一齿为周期的短周期误差。滚刀的制造误差，如滚刀的齿距和齿廓误差、刃磨误差等也会使齿轮基圆半径变化，从而产生基圆齿距偏差和齿廓总偏差。

下面分析齿廓总偏差和基圆齿距偏差对齿轮传动平稳性的影响。

（1）齿廓总偏差　根据齿轮啮合原理，理想的渐开线齿轮传动的瞬时啮合点保持不变，如图 5-4 所示。当存在齿廓总偏差时，会使齿轮瞬时啮合节点发生变化，导致齿轮在一齿啮合范围内的瞬时传动比不断改变，从而引起振动、噪声，影响齿轮传动平稳性。

（2）基圆齿距偏差　齿轮传动正确啮合条件是两个齿轮基圆齿距（基节）相等且等于公称值，否则将使齿轮在啮合过程中，特别是在每个轮齿进入和退出啮合时产生瞬时传动比变化，如图 5-5 所示。

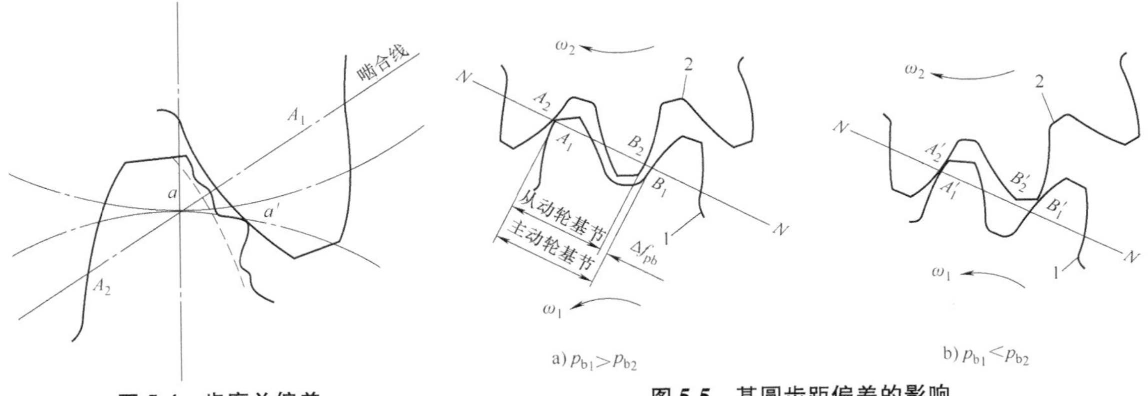

图 5-4　齿廓总偏差

a) $p_{b_1}>p_{b_2}$　　b) $p_{b_1}<p_{b_2}$

图 5-5　基圆齿距偏差的影响

设齿轮 1 为主动轮，其基圆齿距 p_{b_1} 为无误差的公称基圆齿距，齿轮 2 为从动轮，如果 $p_{b_1}>p_{b_2}$，当第一对齿 A_1、A_2 啮合终了时，第二对齿 B_1、B_2 尚未进入啮合。此时，A_1 的齿顶

将沿着 A_2的齿根"刮行"（顶刃啮合），发生啮合线外的非正常啮合，使从动轮 2 突然降速，直至 B_1和 B_2进入啮合为止，此时从动轮又突然加速，恢复正常啮合。因此，在啮合换齿过程中将产生瞬时传动比变化，引起冲击、振动和噪声。$p_{b_1}<p_{b_2}$时同样也影响传动平稳性。

3. 影响载荷分布均匀性的因素

根据齿轮啮合原理，一对轮齿在啮合过程中，是由齿顶到齿根或由齿根到齿顶在全齿宽上依次接触。如果不考虑弹性变形的影响，对直齿轮，沿齿宽方向接触直线应在基圆柱切平面内，且与齿轮轴线平行；对斜齿轮，接触直线应在基圆柱切平面内，且与齿轮轴线成 β_b 角。沿齿高方向，该接触直线应按渐开面（直齿轮）或螺旋渐开面（斜齿轮）轨迹扫过整个齿廓的工作部分。由于齿轮存在制造和安装误差，轮齿啮合并不是沿全齿宽和齿高接触，齿轮轮齿载荷分布是否均匀，与一对啮合齿面沿齿高和齿宽方向的接触状态有关。

滚齿机刀架导轨相对于工作台回转轴线的平行度误差、在加工时齿坯定位端面与基准孔轴线的垂直度误差等因素会形成齿廓总偏差和螺旋线总偏差。螺旋线总偏差实质上是分度圆柱面与齿面的交线（即螺旋线）的形状和方向偏差。

4. 影响齿轮副侧隙的主要因素

影响齿轮副侧隙的主要因素是单个齿轮的齿厚偏差和齿轮副中心距偏差。侧隙随着齿厚的减小或中心距的增大而增大。中心距偏差主要由箱体上两组轴承孔公共轴线距离偏差引起，而齿厚偏差主要取决于切齿时刀具的进刀位置及齿厚减薄量的控制。

综上所述，在齿轮加工过程中安装偏心和运动偏心通常同时存在，主要引起齿轮同侧齿面间的长周期误差，两种偏心均以齿轮一转为周期变化，可能抵消，也可能叠加，其结果影响齿轮运动精度。这类偏差包括切向综合总偏差、齿距累积偏差、径向综合总偏差和径向跳动等。

同侧齿面间的短周期误差主要是由齿轮加工过程中的刀具误差、机床传动链误差等引起的，其结果影响齿轮传动平稳性。这类偏差包括一齿切向综合偏差、一齿径向综合偏差、单个齿距偏差、单个基圆齿距偏差、齿廓形状偏差等。

同侧齿面的轴向偏差主要是由齿坯轴线的歪斜和机床刀架导轨的不精确造成的，如螺旋线偏差。在齿轮的每一个端截面中，轴向偏差不变。对直齿轮，它影响纵向接触；对斜齿轮，它既影响纵向接触也破坏齿高方向接触。

5.3 渐开线圆柱齿轮精度的评定参数

现行齿轮精度标准（GB/T 10095. 1~2—2008）所规定的渐开线圆柱齿轮精度的评定参数见表 5-1。

表 5-1 渐开线圆柱齿轮精度评定参数一览表

单个齿轮轮齿同侧齿面偏差	齿距偏差	单个齿距偏差 f_{pt}，齿距累积偏差 F_{pk}，齿距累积总偏差 F_p
	齿廓偏差	齿廓总偏差 F_α，齿廓形状偏差 $f_{f\alpha}$，齿廓倾斜偏差 $f_{H\alpha}$
	螺旋线偏差	螺旋线总偏差 F_β，螺旋线形状偏差 $f_{f\beta}$，螺旋线倾斜偏差 $f_{H\beta}$
	切向综合偏差	切向综合总偏差 F_i'，齿切向综合偏差 f_i'
径向综合偏差和径向跳动	径向综合总偏差 F_i''，齿径向综合偏差 f_i''，径向跳动 F_r	

现行标准将齿轮误差和偏差通称为偏差，而且偏差和公差用同一个符号表示。单项要素测量所用的偏差符号用小写 f 和相应下标组成，由若干单项偏差组合而成的累积偏差或总偏差符号则用大写 F 和相应下标组成。为了能从符号上区分实际偏差与其允许值（极限偏差），在其符号前加注 Δ 表示实际偏差。

影响渐开线圆柱齿轮精度的因素可分为轮齿同侧齿面偏差、径向综合偏差和径向跳动。由于其各自的特性不同，各种偏差对齿轮传动精度的影响也不同。

齿距偏差、齿廓偏差及螺旋线偏差是渐开线齿面影响齿轮传动要求（除合理侧隙外）的形状、位置和方向等单项几何参数的精度。考虑到各单项误差叠加和抵消的综合作用，还可采用各种综合精度指标，如切向综合偏差、径向综合偏差和径向跳动。

5.3.1　轮齿同侧齿面偏差

1. 齿距偏差

渐开线圆柱齿轮轮齿同侧齿面的齿距偏差反映位置变化，它直接反映了一个齿距和一转内任意齿距的最大变化即转角误差，是几何偏心和运动偏心的综合结果，因而可以比较全面地反映齿轮的传递运动准确性和平稳性，是综合性的评定项目。齿距偏差包括单个齿距偏差、齿距累积偏差及齿距累积总偏差。

（1）单个齿距偏差 $\Delta f_{pt}(\pm f_{pt})$　Δf_{pt}是在齿轮的端平面上，在接近齿高中部的一个与齿轮轴线同心的圆上，实际齿距与理论齿距（公称齿距）的代数差（图 5-6）。当齿轮存在单个齿距偏差时，无论是正值还是负值，在一对齿轮啮合完毕而另一对齿轮进入啮合时，主动齿与被动齿都会发生碰撞，影响齿轮传动的平稳性精度，是平稳性必检参数。

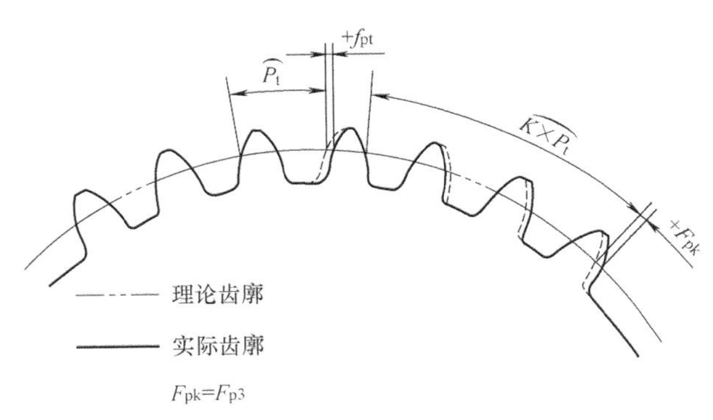

图 5-6　单个齿距偏差和齿距累积偏差（$F_{pk}=F_{p3}$）

Δf_{pt}反映了轮齿在圆周上分布的均匀性，$\pm f_{pt}$用来控制齿轮一个齿距角内的分度精度。在测量中，实际齿距大于公称齿距时，Δf_{pt}为正，否则为负。Δf_{pt}无论正负，都会影响啮合换齿过程的传动平稳性。

（2）齿距累积偏差 $\Delta F_{pk}(\pm F_{pk})$　对于齿数较多且精度要求很高的齿轮、非整圆齿轮（如扇形齿轮）和低速齿轮，在评定传递运动准确性精度时，有时还要增加一段齿数内（k 个齿距范围）的齿距累积偏差 ΔF_{pk}。

ΔF_{pk}反映在齿轮局部圆周上的齿距累积偏差，即多齿数齿轮的齿距累积总误差在整个齿圈上分布的均匀性，如果在较少齿数上齿距累积偏差过大，在实际工作中将产生很大的加速度力、动载荷及振动、冲击和噪声，影响齿轮传动的平稳性，这对高速齿轮尤为重要。

ΔF_{pk}是在齿轮的端平面上，在接近齿高中部的一个与齿轮轴线同心的圆上，任意 k 个齿距的实际弧长与公称弧长的代数差（图 5-6）。

k 个齿距累积偏差 ΔF_{pk} 等于所含 k 个齿距的单个齿距偏差的代数和。标准规定，一般 F_{pk}适用于齿距数 $k=2\sim z/8$（z 为齿数）的圆弧内，通常 $k=z/8$ 就足够了。

（3）齿距累积总偏差 $\Delta F_p(\pm F_p)$　ΔF_p是在齿轮端平面上，在接近齿高中部的一个与齿轮轴线同心的圆上，任意两个同侧齿面（$k=1\sim z$）间实际弧长与公称弧长之差中的最大绝对值，即任意 k 个齿距累积偏差的最大绝对值。齿距累积总偏差等于齿距累积偏差曲线的总幅值（图 5-7）。

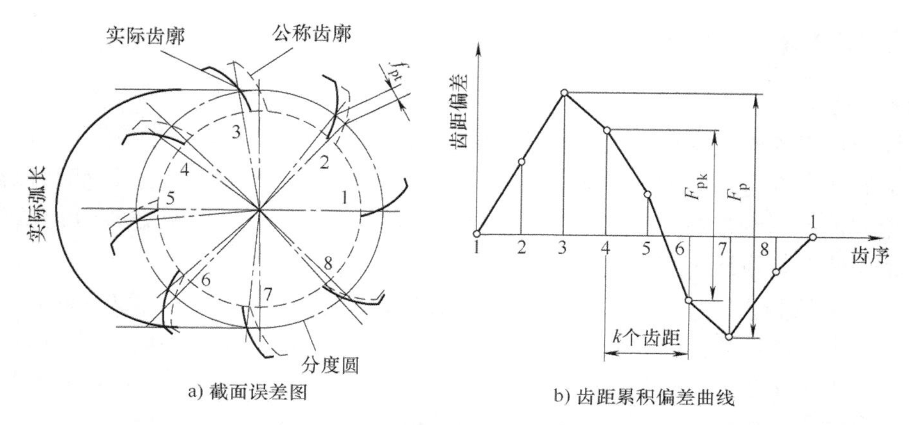

图 5-7　齿距偏差和齿距累积总偏差

ΔF_p 可反映齿轮在转一转过程中任意齿距的最大变化，它直接反映齿轮的转角误差，可以较全面地反映齿轮传递运动的准确性，是一项综合性评定参数，是转递运动准确性的必检参数。但因为只在接近齿高中部测量，故不如切向综合偏差 F_i'反映得全面。

在评定 F_p和 F_{pk}时，它们的合格条件是：ΔF_p 不大于齿距累积公差 $F_p(\Delta F_p\leqslant F_p)$；$\Delta F_{pk}$在齿距累积极限偏差$\pm F_{pk}$范围内（$-F_{pk}\leqslant\Delta F_{pk}\leqslant+F_{pk}$）。

2. 齿廓偏差

渐开线齿轮的齿廓反映形状变化。实际齿廓偏离设计齿廓的量称为齿廓偏差，它在端平面内且垂直于渐开线齿廓的方向计值（图 5-8）。设计齿廓是指符合设计规定的齿廓，当无特别规定时是指端面齿廓。齿廓曲线图包括实际齿廓迹线、设计齿廓迹线和平均齿廓迹线。

齿廓工作部分通常为理论渐开线。在近代齿轮设计中，对于高速齿轮传动，为了减小基圆齿距偏差和轮齿弹性变形所引起的冲击、振动和噪声，采用以理论渐开线齿廓为基础的修正齿廓，如修缘齿形、凸齿形等。因而设计齿廓可为渐开线齿廓或修形齿廓，如图 5-8 所示。齿廓计值范围 L_α等于从有效长度 L_{AE}的顶端的倒棱处的长度减去 8%。

渐开线圆柱齿轮轮齿同侧齿面的齿廓偏差用于控制实际齿廓对设计齿廓的变动，包括齿廓总偏差、齿廓形状偏差和齿廓倾斜偏差。

（1）齿廓总偏差 F_α　在计值范围内，包容实际齿廓迹线的两条设计齿廓迹线间的距离（图 5-8a）。齿廓总偏差主要影响齿轮传动平稳性，这是因为具有齿廓总偏差的齿轮，其齿廓不是标准的渐开线，不能保证瞬时传动比为常数，从而产生振动和噪声。齿廓总公差 F_α

是允许的齿廓总偏差。

（2）齿廓形状偏差 $f_{f\alpha}$ 在计值范围内，包容实际齿廓迹线的两条与平均齿廓迹线完全相同的曲线间的距离，且两条曲线与平均齿廓迹线的距离为常数（图 5-8b）。平均齿廓迹线是指设计齿廓迹线的纵坐标减去一条斜直线的纵坐标后得到的一条迹线，使得在计值范围内，实际齿廓迹线对平均齿廓迹线偏差的平方和最小。齿廓形状公差 $f_{f\alpha}$ 是允许的齿廓形状偏差。

（3）齿廓倾斜偏差 $f_{H\alpha}$ 在计值范围的两端与平均齿廓迹线相交的两条设计轮廓迹线之间的距离（图 5-8c）。齿廓倾斜偏差主要由压力角偏差引起。齿廓倾斜极限偏差 $\pm f_{H\alpha}$ 用于控制齿廓倾斜偏差的变化。在齿轮质量分等时只需检验 F_α 即可，为了某些目的也可检测 $f_{f\alpha}$ 和 $f_{H\alpha}$。

齿廓偏差的测量方法有：展成法（如用渐开线检查仪等）、坐标法（如用万能齿轮测量仪、齿轮测量中心、坐标测量机等）和啮合法。渐开线检查仪分为单圆盘式渐开线检查仪及万能式渐开线检查仪两类，其基本原理都是利用精密机构产生正确的渐开线轨迹与实际齿廓进行比较，以确定齿廓形状偏差。

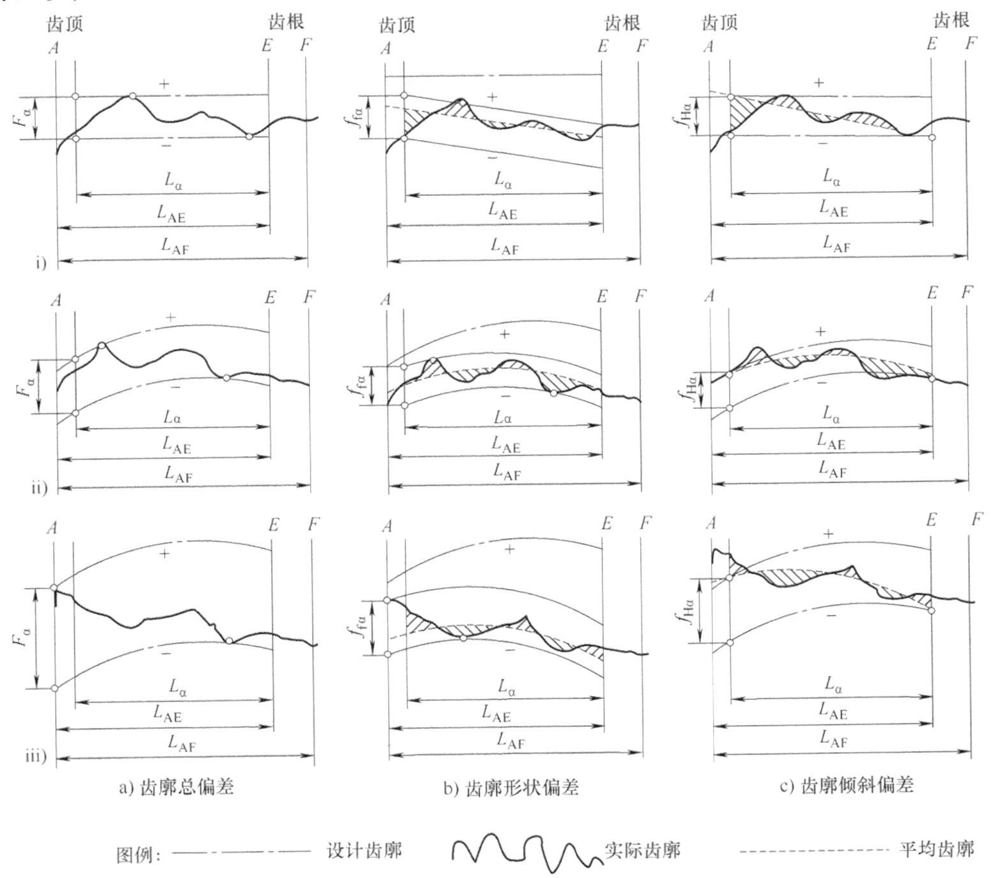

图 5-8 齿廓偏差

A—轮齿齿顶或倒角的起点 E—有效齿廓起始点 F—可用齿廓起始点 L_{AF}—可用长度 L_{AE}—有效长度

注：ⅰ）设计齿廓：未修形的渐开线。实际齿廓：在减薄区内具有偏向体内的负偏差。

ⅱ）设计齿廓：修形的渐开线（举例）。实际齿廓：在减薄区内具有偏向体内的负偏差。

ⅲ）设计齿廓：修形的渐开线（举例）。实际齿廓：在减薄区内具有偏向体外的正偏差。

3. 螺旋线偏差

在端面基圆切线方向上测得的实际螺旋线偏离设计螺旋线的量称为螺旋线偏差，如图 5-9 所示。设计螺旋线为符合设计规定的螺旋线。螺旋线曲线图包括实际螺旋线迹线、设计螺旋线迹线和平均螺旋线迹线。螺旋线计值范围 L_β 等于迹线长度两端各减去 5%的迹线长度，但减去量不超过一个模数。

螺旋线偏差包括螺旋线总偏差、螺旋线形状偏差和螺旋线倾斜偏差，它影响齿轮在啮合过程中的接触状况，影响齿面载荷分布的均匀性。螺旋线偏差用于评定轴向重合度 $\varepsilon_\beta>1.25$ 的宽斜齿轮及人字齿轮，它适用于大功率、高速高精度宽斜齿轮传动。

（1）螺旋线总偏差 F_β　在计值范围内，包容实际螺旋线迹线的两条设计螺旋线迹线间的距离（图 5-9a）。可在螺旋线检查仪上测量未修形螺旋线的斜齿轮螺旋线偏差。对于渐开线直齿圆柱齿轮，螺旋角 $\beta=0$，此时 F_β称为齿向偏差。螺旋线总公差 F_β是螺旋线总偏差的允许值。

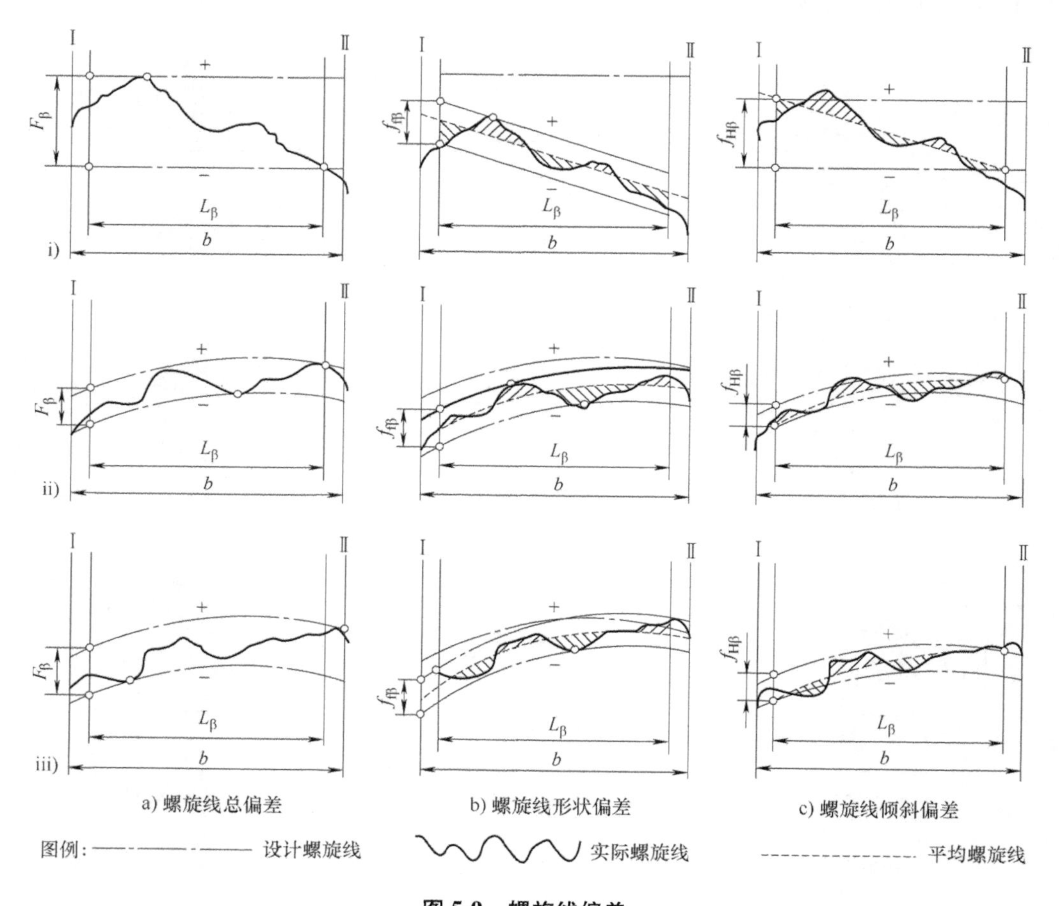

图 5-9　螺旋线偏差

注：ⅰ）设计螺旋线：未修形的螺旋线。实际螺旋线：在减薄区内具有偏向体内的负偏差。

ⅱ）设计螺旋线：修形的螺旋线（举例）。实际螺旋线：在减薄区内具有偏向体内的负偏差。

ⅲ）设计螺旋线：修形的螺旋线（举例）。实际螺旋线：在减薄区内具有偏向体外的正偏差。

（2）螺旋线形状偏差 $f_{f\beta}$　在计值范围内，包容实际螺旋线迹线的两条设计螺旋线迹线完全相同的曲线间的距离，且两条曲线与平均螺旋线迹线的距离为常数（图 5-9b）。螺旋线形状公差 $f_{f\beta}$ 是螺旋线形状偏差的允许值。

（3）螺旋线倾斜偏差 $f_{H\beta}$　在计值范围内的两端与平均螺旋线迹线相交的设计螺旋线迹线间的距离（图 5-9c）。螺旋线倾斜极限偏差 $\pm f_{H\beta}$ 是螺旋线倾斜偏差的允许值。

在齿轮质量分等时只需检验 F_β 即可，为了某些目的也可检测 $f_{f\beta}$ 和 $f_{H\beta}$。

4. 切向综合偏差

（1）切向综合总偏差 F_i'　切向综合总偏差是指被测齿轮与理想精确的测量齿轮单面啮合检验时，在被测齿轮一转内，齿轮分度圆上实际圆周位移与理论圆周位移的最大差值，即在齿轮的同侧齿面处于单面啮合状态下测得的齿轮一转内转角误差的总幅度值，它以分度圆弧长计值，如图 5-10 所示。

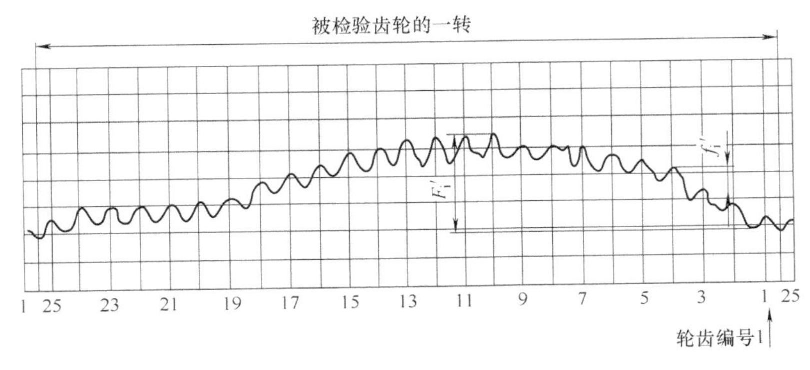

图 5-10　切向综合总偏差和齿切向综合偏差

理想精确的测量齿轮简称为测量齿轮，是精度远高于被测齿轮的工具齿轮。被测量或评定的齿轮也称为产品齿轮。切向综合公差 F_i' 是允许的切向综合总偏差。

切向综合总偏差是几何偏心、运动偏心等各种加工误差的综合反映，因而是评定齿轮传递运动准确性的最佳综合评定指标。

（2）齿切向综合偏差 f_i'　实测齿轮与理想精确的测量齿轮单面啮合时，在被测齿轮一个齿距角内，实际转角与公称转角之差的最大幅度值，以分度圆弧长计值，如图 5-10 所示。它是齿轮切向综合偏差曲线上小波纹中幅值最大的那一段所代表的误差。齿切向综合公差 f_i' 是允许的一齿切向综合偏差。

齿切向综合偏差反映齿轮在工作时引起振动、冲击和噪声等的高频运动误差的大小，是齿轮的齿形、齿距等各项短周期误差综合结果的反映，它直接反映齿轮传动的平稳性，也属于综合性指标。

切向综合总偏差和齿切向综合偏差通常用单面啮合综合检查仪（单啮仪）测量，比较接近齿轮传动的实际工作情况，但单啮仪结构复杂，价格昂贵，适用于较重要的齿轮的检测。

5.3.2　渐开线圆柱齿轮径向综合偏差和径向跳动

1. 径向综合总偏差 F_i''

在双面啮合（双啮）综合检验时，产品齿轮的左右齿面同时与测量齿轮接插，在被测齿轮一转内出现的中心距最大值和最小值之差，即双啮中心距的最大变动量称为径向综合总偏差（见图 5-11）。径向综合总公差 F''_i是径向综合总偏差的允许值。

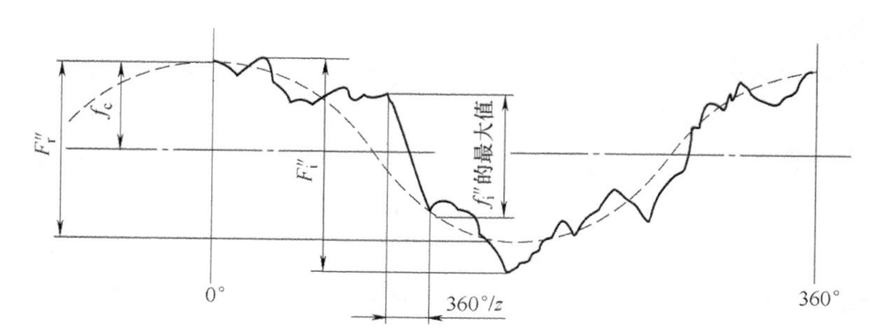

图 5-11　径向综合偏差和一齿径向综合偏差

若被测齿轮的齿廓存在径向误差及一些短周期误差（如齿廓形状偏差、基圆齿距偏差等），在与测量齿轮保持双面啮合转动时，其中心距就会在转动过程中不断改变，因此，径向综合偏差主要反映由几何偏心引起的径向误差及一些短周期误差。但由于径向综合总偏差只能反映齿轮的径向误差，不能反映切向误差，故不能像 F'_i那样确切和充分地表示齿轮运动精度。

2. 齿径向综合偏差 f''_i

齿径向综合偏差是指被测齿轮与理想精确的测量齿轮双面啮合时，在被测齿轮一个齿距角（360°/z）内，双啮中心距的最大变动量（图 5-11）。f''_i反映了基圆齿距偏差和齿廓形状偏差，属于综合性参数。产品齿轮所有轮齿的f''_i最大值不应超过齿径向综合公差f''_i。

径向综合总偏差和齿径向综合偏差采用齿轮双面啮合检查仪（双啮仪）进行测量，如图 5-12 所示。在测量径向综合总偏差时可同时得到齿径向综合偏差。径向综合偏差的测量值受测量齿轮的精度及产品齿轮与测量齿轮的总重合度的影响。

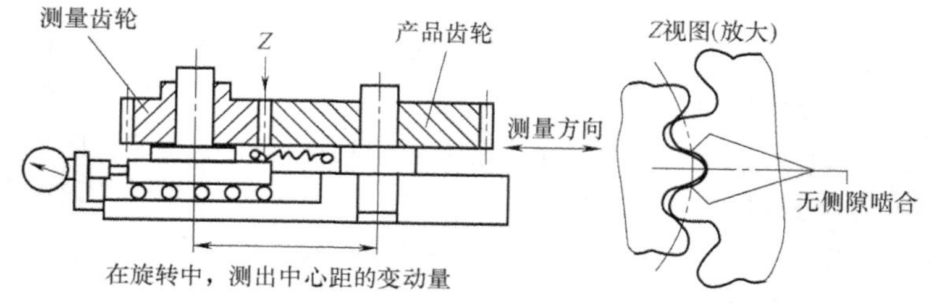

图 5-12　用齿轮双面啮合检查仪测量径向综合偏差

由于在双面啮合综合测量时的啮合情况与切齿时的啮合情况相似，因而能够反映齿轮坯和刀具安装调整误差。测量所用的双啮仪远比单啮仪简单，操作方便，测量效率高，故在中等精度大批量生产中应用比较普遍。

由于齿径向综合偏差在测量时受左右齿面的共同影响，因而它不如一齿切向综合偏差反映那么全面，不适用于验收高精度的齿轮。

3. 径向跳动 F_r

轮齿的径向跳动是指一个适当的测头（球形、圆柱形、砧形等）在齿轮旋转时逐齿放置于每个齿槽中，相对于齿轮的基准轴线的最大和最小径向位置之差。在检查中测头在近似齿高中部与左右齿面同时接触，如图 5-13 所示。

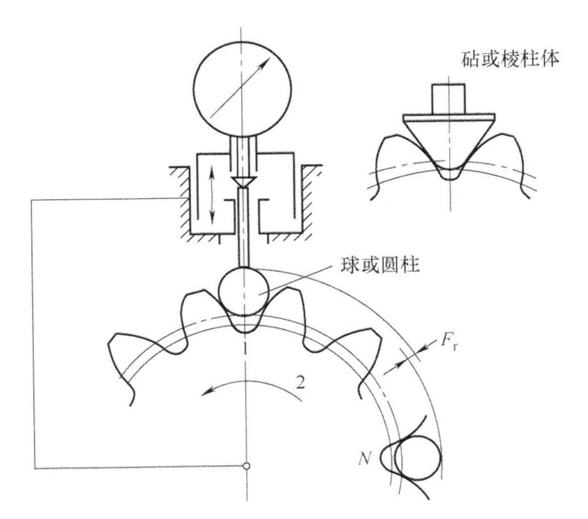

图 5-13　轮齿径向跳动测量原理

径向跳动是由于齿轮的轴线和基准孔的中心线存在几何偏心引起的，当几何偏心为 e 时，$F_r=2e$。由几何偏心引起的误差是沿齿轮径向产生的，属于径向误差。几何偏心与径向跳动的关系如图 5-14 所示。

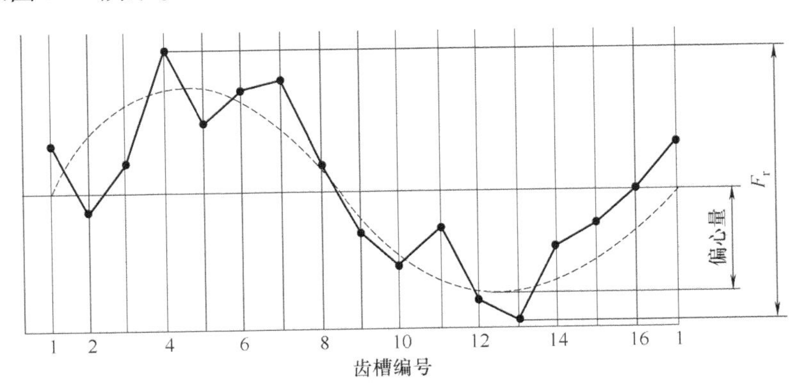

图 5-14　几何偏心与径向跳动的关系

5.4　渐开线圆柱齿轮精度标准

5.4.1　渐开线圆柱齿轮精度标准体系的组成及特点

现行的渐开线圆柱齿轮精度标准体系由两项齿轮精度国家标准（GB/T 10095.1～2—2008）和四项国家标准化指导性技术文件（GB/Z 18620.1～4—2008）共同构成，它们均等同采用了相应的 ISO 标准，见表 5-2。

表 5-2 渐开线圆柱齿轮精度标准一览表

标准名称	标准号
渐开线圆柱齿轮 精度 第 1 部分：轮齿同侧齿面偏差的定义和允许值	GB/T 10095.1—2008
渐开线圆柱齿轮 精度 第 2 部分：径向综合偏差与径向跳动的定义和允许值	GB/T 10095.2—2008
圆柱齿轮 检验实施规范 第 1 部分：轮齿同侧齿面的检验	GB/Z 18620.1—2008
圆柱齿轮 检验实施规范 第 2 部分：径向综合偏差、径向跳动、齿厚和侧隙的检验	GB/Z 18620.2—2008
圆柱齿轮 检验实施规范 第 3 部分：齿轮坯、轴中心距和轴线平行度	GB/Z 18620.3—2008
圆柱齿轮 检验实施规范 第 4 部分：表面结构和轮齿接触斑点的检验	GB/Z 18620.4—2008

由于 ISO/TR 10063 圆柱齿轮——功能组、检验组、公差族正在制定中，我国尚未制定相关标准。

从几何精度要求考虑，渐开线圆柱齿轮（含直齿、斜齿）在设计时，只要齿轮各轮齿的分度准确、齿形正确、螺旋线正确，那么齿轮就是没有误差的理想几何体，也没有任何传动误差。因此，现行标准以单项偏差为基础，在 GB/T 10095.1—2008 中规定了单个渐开线圆柱齿轮轮齿同侧齿面的精度，包括齿距（位置）、齿廓（形状）、齿向（方向）和切向综合偏差的精度。该标准规定了 9 项单项指标，此外还规定了 5 项综合指标。

齿轮的质量最终还是由制造和检测获得，为了保证齿轮质量，必须对检测进行规范化。齿轮精度标准体系中的四项指导性技术文件就是为此而设置的，它规定了各项偏差的检测实施规范。

5.4.2 精度等级

1. 轮齿同侧齿面偏差的精度等级

GB/T 10095.1—2001 对分度圆直径为 5~10000mm、法向模数为 0.5~70mm、齿宽为 4~1000mm 的渐开线圆柱齿轮的同侧齿面偏差规定了 0、1、2……12 共 13 个精度等级。其中，0 级最高，12 级最低。

2. 径向综合偏差的精度等级

GB/T 10095.2—2001 对分度圆直径为 5~1000mm、法向模数为 0.2~11mm 的渐开线圆柱齿轮的径向综合总偏差和一齿径向综合偏差规定了 4……12 共 9 个精度等级。其中，4 级最高，12 级最低。

3. 径向跳动的精度等级

对于分度圆直径为 5~10000mm、法向模数为 0.5~70mm 的渐开线圆柱齿轮的径向跳动，GB/T 10095.2—2001 附录 B 中推荐了 0、1、2……12 共 13 个精度等级。其中，0 级最高，12 级最低。

在齿轮精度等级中，0~2 级目前一般尚不能制造，属有待发展的展望级；3~5 级为高精度等级，5 级为基本等级，是计算其他等级偏差允许值的基础；6~8 级为中等精度等级，使用最为广泛；9 级为较低精度等级；10~12 级为低精度等级。

5.4.3 偏差允许值（公差）及计算公式

通过实测偏差值与标准规定的允许值比较来确定齿轮的精度等级。GB/T 10095.1~2—2008 规定，公差表格中其他精度等级的数值是用对 5 级精度规定的公式乘以级间公比计算出来的。5 级精度齿轮轮齿偏差、径向综合偏差和径向圆跳动允许值（公差）的计算公式见表 5-3。

表 5-3　5 级精度齿轮的公差或极限偏差的计算公式

项目名称及代号	公差值或极限偏差计算公式
单个齿距偏差	$\pm f_{pt}=0.3(m_n+0.4\sqrt{d})+4$
齿距累积偏差	$\pm F_{pk}=f_{pt}+1.6\sqrt{(k-1)m_n}$
齿距累积总偏差	$F_p=0.3m_n+1.25\sqrt{d}+7$
齿廓总偏差	$F_\alpha=3.2\sqrt{m_n}+0.22\sqrt{d}+0.7$
螺旋线总偏差	$F_\beta=0.1\sqrt{d}+0.63\sqrt{b}+4.2$
齿切向综合偏差	$f_i'=K(4.3+f_{pt}+F_\alpha)=K(9+0.3m_n+3.2\sqrt{m_n}+0.34\sqrt{d})$ 当总重合度 $\varepsilon_r<4$ 时，$K=0.2\left(\frac{\varepsilon_r+4}{\varepsilon_r}\right)$；$\varepsilon_r\geqslant4$ 时，$K=0.4$
切向综合总偏差	$F_i'=F_p+f_i'$
齿廓形状偏差	$f_{f\alpha}=2.5\sqrt{m_n}+0.17\sqrt{d}+0.5$
齿廓倾斜极限偏差	$\pm f_{H\alpha}=2\sqrt{m_n}+0.14\sqrt{d}+0.5$
螺旋线形状偏差	$f_{f\beta}=0.07\sqrt{d}+0.45\sqrt{b}+3$
螺旋线倾斜极限偏差	$\pm f_{H\beta}=0.07\sqrt{d}+0.45\sqrt{b}+3$
径向综合总偏差	$F_i''=3.2m_n+1.01\sqrt{d}+6.4$
齿径向综合偏差	$f_i''=2.96m_n+0.01\sqrt{d}+0.8$
径向跳动	$F_r=0.8F_p=0.24m_n+1.0\sqrt{d}+5.6$

表 5-3 中，m_n 表示模数，d 表示分度圆直径，b 表示齿宽。如无另行规定，在不考虑齿顶和齿端倒角的情况下，m_n 与 b 可认为是名义值。当齿轮参数不在给定的范围内或供需双方同意时，可在公式中代入实际的齿轮参数。

两相邻精度等级的级间公比为$\sqrt{2}$，本级数值除以（或乘以）$\sqrt{2}$即可得到相邻较高（或较低）等级的数值。5 级精度未圆整的计算值乘以$\sqrt{2}^{(Q-5)}$，即可得任一精度等级 Q 的待求值。

标准中各级精度齿轮及齿轮副规定的各个项目的公差或极限偏差数值见表 5-12～表 5-22，它们由表 5-3 中的公式计算并圆整后得到。标准中没有给出 F_{pk}的极限偏差数值表，而是给出了 5 级精度齿轮 F_{pk}的计算式，它可通过计算得到。

5.5 渐开线圆柱齿轮精度设计和选用

5.5.1 精度等级的选用

1. 精度等级的选择依据

确定齿轮精度等级的主要依据是齿轮的用途、使用要求、工作条件及其他技术条件。在选用精度等级时，应认真分析齿轮传动的功能要求和工作条件，如齿轮的用途、运动精度、工作速度、是否正反转、振动、噪声、传动功率、负荷、润滑条件、持续工作时间和寿命等。

2. 精度等级的选用方法

齿轮精度等级的选用方法有计算法和类比法。常用类比法确定齿轮的精度等级。

（1）计算法　根据机构最终需要达到的精度要求，即整个传动链末端元件传动精度的要求，应用传动链方法，计算出允许的转角误差（推算出 F_i'），计算和分配各级齿轮副的传动精度，确定齿轮的运动精度等级；根据机械动力学和机械振动学，考虑振动、噪声及圆周速度，计算确定传动平稳的精度等级；在强度计算或寿命计算的基础上确定承载能力的精度等级。

影响齿轮传动精度的因素不仅有齿轮自身的精度，还有安装误差的影响，很难计算出准确的精度等级，计算结果只能作为参考，故计算法仅适用于极少数高精度的重要齿轮和特殊机构使用的齿轮。

（2）类比法（经验法）　首先以现有在齿轮用途和工作条件方面相似的，并且已证实可靠的类似产品或机构的齿轮为参考对象，然后根据新设计齿轮的具体工作要求、精度要求、生产条件和工作条件等进行适当修正调整，或者采用相同的精度等级，或者选取稍高或稍低的精度等级。表 5-4～表 5-6 给出了部分齿轮精度等级的应用，可供设计时参考。

3. 精度等级的选用

在齿轮精度设计时，齿轮同侧齿面各精度项目可选用同一精度等级。对齿轮的工作齿面和非工作齿面可规定不同的精度等级，也可只给出工作齿面的精度等级，而对非工作齿面不提精度要求。对不同偏差项目可规定不同的精度等级。径向综合公差和径向跳动公差不一定要选用与同侧齿面的精度项目相同的精度等级。机械传动中常用的齿轮精度等级见表 5-4。

表 5-4　机械传动中常用的齿轮精度等级

产品或机构	精度等级	产品或机构	精度等级
精密仪器、测量齿轮	2～5	通用减速器	6～9
汽轮机、透平机	3～6	拖拉机、载重汽车	6～9
金属切削机床	3～8	轧钢机	6～10
航空发动机	4～8	起重机械	7～10
轻型汽车、汽车底盘、机车	5～8	矿用绞车	8～10
内燃机车	6～7	农用机械	8～11

机械装置中的绝大多数齿轮既传递运动又传递功率，其精度等级与圆周速度密切相关，因此可按齿轮的工作圆周速度来选用精度等级，见表 5-5。

表 5-5　不同圆周速度下齿轮精度等级的应用情况

工作条件	圆周速度/(m/s)		应用情况	精度等级
	直齿	斜齿		
机床	>30	>50	高精度和精密的分度链末端的齿轮	4
	>15~30	>30~50	一般精度分度链末端齿轮、高精度和精密的分度链的中间齿轮	5
	>10~15	>15~30	Ⅴ级机床主传动的齿轮、一般精度分度链的中间齿轮、Ⅲ级和Ⅲ级以上精度机床的进给齿轮、液压泵齿轮	6
	>6~10	>8~15	Ⅳ级和Ⅳ级以上精度机床的进给齿轮	7
	<6	<8	一般精度机床的齿轮	8
			没有传动要求的手动齿轮	9
动力传动		>70	用于很高速度的透平传动齿轮	4
		>30	用于高速度的透平传动齿轮、重型机械进给机构、高速重载齿轮	5
		<30	高速传动齿轮、有高可靠性要求的工业机器齿轮、重型机械的功率传动齿轮、作业率很高的起重运输机械齿轮	6
	<15	<25	高速和适度功率或大功率和适度速度条件下的齿轮；冶金、矿山、林业、石油、轻工、工程机械和小型工业齿轮箱（通用减速器）有可靠性要求的齿轮	7
	<10	<15	中等速度较平稳传动的齿轮、冶金、矿山、林业、石油、轻工、工程机械和小型工业齿轮箱（通用减速器）的齿轮	8
	≤4	≤6	一般性工作和噪声要求不高的齿轮、受载低于计算载荷的齿轮、速度大于 1m/s 的开式齿轮传动和转盘的齿轮	9
航空船舶和车辆	>35	>70	需要很高的平稳性、低噪声的航空和船用齿轮	4
	>20	>35	需要高的平稳性、低噪声的航空和船用齿轮	5
	≤20	≤35	用于高速传动有平稳性低噪声要求的机车、航空、船舶和轿车的齿轮	6
	≤15	≤25	用于有平稳性和噪声要求的航空、船舶和轿车的齿轮	7
	≤10	≤15	用于中等速度较平稳传动的载重汽车和拖拉机的齿轮	8
	≤4	≤6	用于较低速和噪声要求不高的载重汽车第一档与倒档，拖拉机和联合收割机的齿轮	9
其他			检验 7 级精度齿轮的测量齿轮	4
			检验 8~9 级精度齿轮的测量齿轮、印刷机印刷辊子用的齿轮	5
			读数装置中特别精密传动的齿轮	6
			读数装置的传动及具有非直尺的速度传动齿轮、印刷机传动齿轮	7
			普通印刷机传动齿轮	8
单级传动效率			不低于 0.99（包括轴承不低于 0.985）	4~6
			不低于 0.98（包括轴承不低于 0.975）	7
			不低于 0.97（包括轴承不低于 0.965）	8
			不低于 0.96（包括轴承不低于 0.95）	9

表5-6列出了4~9级齿轮的适用范围、与传动平稳性的精度等级相适应的齿轮圆周速度范围及切齿方法，供设计时参考。

表5-6 各个齿轮精度等级的适用范围

精度等级	圆周速度/(m/s)		面的终加工	工作条件
	直齿	斜齿		
3级（极精密）	到40	到75	特精密的磨削和研齿；用精密滚刀或单边剃齿后的大多数不经淬火的齿轮	要求特别精密的或在最平稳且无噪声的特别高速下工作的齿轮传动；特别精密机构中的齿轮；特别高速传动（透平齿轮）；检测5~6级齿轮用的测量齿轮
4级（特别精密）	到35	到70	精密磨齿；用精密滚刀和挤齿或单边剃齿后的大多数齿轮	特别精密分度机构中或在最平稳且无噪声的极高速下工作的齿轮传动；特别精密分度机构中的齿轮；高速透平传动；检测7级齿轮用的测量齿轮
5级（高精密）	到20	到40	精密磨齿；大多数用精密滚刀加工，进而挤齿或剃齿的齿轮	精密分度机构中或要求极平稳且无噪声的高速工作的齿轮传动；精密机构用齿轮；透平齿轮；检测8级和9级齿轮用测量齿轮
6级（高精密）	到16	到30	精密磨齿或剃齿	要求最高效率且无噪声的高速下平稳工作的齿轮传动或分度机构的齿轮传动；特别重要的航空、汽车齿轮；读数装置用特别精密传动的齿轮
7级（精密）	到10	到15	无须热处理仅用精确刀具加工的齿轮；至于淬火齿轮必须精整加工（磨齿、挤齿、珩齿等）	增速和减速用齿轮传动；金属切削机床送刀机构用齿轮；高速减速器用齿轮；航空、汽车用齿轮；读数装置用齿轮
8级（中等精密）	到6	到10	不磨齿，必要时光整加工或对研	无须特别精密的一般机械制造用齿轮；包括在分度链中的机床传动齿轮；飞机、汽车制造业中的不重要齿轮；起重机构用齿轮；农业机械中的重要齿轮，通用减速器齿轮
9级（较低精度）	到2	到4	无须特殊光整工作	用于粗糙工作的齿轮

5.5.2 齿轮精度检验项目的选择

1. 单项检验和综合检验

齿轮的检验可分为单项检验和综合检验。

（1）单项检验　检验项目有单个齿距偏差、齿距累积偏差、齿距累积总偏差、齿廓总偏差、螺旋线总偏差和齿厚偏差（由设计者确定其极限偏差值）。结合企业贯彻旧标准的经验和我国齿轮制造现状，建议单项检验中增加径向跳动。

（2）综合检验　单面啮合综合检验项目有：切向综合总偏差和齿切向综合偏差。双面啮合综合检验项目有：径向综合总偏差和齿径向综合偏差。

当生产批量较大时宜采用综合性项目，如切向综合总偏差和径向综合总偏差，以提高检测效率，减少测量费用。

2. 精度项目选用时的考虑因素

齿轮精度检验项目选用时的主要考虑因素有：齿轮精度等级和用途，检查目的（工序检验或最终检验），齿轮的切齿加工工艺，生产批量，齿轮的尺寸大小和结构形式，项目间的协调，企业现有测试设备条件和检测费用等。

精度等级较高的齿轮，应该选用同侧齿面的精度项目，如齿廓偏差、齿距偏差、螺旋线偏差、切向综合偏差等。精度等级较低的齿轮，可以选用径向综合偏差或径向跳动偏差等双侧齿面的精度项目。因为同侧齿面的精度项目比较接近齿轮的实际工作状态，而双侧齿面的精度项目受非工作齿面精度的影响，反映齿轮实际工作状态的可靠性较差。

当运动精度选用切向综合总偏差 F'_i时，传动平稳性最好选用一齿切向综合偏差f'_i；当运动精度选用齿距累积总偏差 F_p 时，传动平稳性最好选用单个齿距偏差。原因是它们可采用同一种测量方法。当检验切向综合总偏差和一齿切向综合偏差时，可不必检验单个齿距偏差和齿距累积总偏差。当检验径向综合总偏差和一齿径向综合偏差时，可不必重复检验径向跳动。

精度项目的选用还应考虑测量设备等实际条件，在保证满足齿轮功能要求的前提下，充分考虑测量过程的经济性。

3. 齿轮精度检验项目的确定

GB/T 10095. 1—2008 明确指出，通过检验同侧齿面的单个齿距偏差、齿距累积总偏差、齿廓总偏差和螺旋线总偏差来确定齿轮的精度等级。它虽然也提出了齿轮单面啮合测量参数、双面啮合测量参数、径向跳动等，但明确指出切向综合偏差（F'_i, f'_i）、齿廓和螺旋线的形状偏差与倾斜偏差（$f_{fα}$、$f_{Hα}$、$f_{fβ}$、$f_{Hβ}$）都不是必检项目，而是出于某种目的，如为检测方便、提高检测效率等而派生的替代项目，有时可作为有用的参数和评定值。

GB/T 10095. 2—2008 规定了单个渐开线圆柱齿轮有关的径向综合总偏差 F''_i、一齿径向综合偏差f''_i和齿轮径向跳动 F_r，它们均只适用于单个齿轮的各要素，而不包括相互啮合的齿轮副精度。检验径向综合偏差和径向跳动不能确定同侧齿面的单项偏差，但是包含了两侧齿面的偏差成分，可迅速提供由于生产用机床、工具或产品齿轮装夹而导致的质量缺陷信息。

在检验中，测量全部轮齿要素的偏差既不经济也无必要，因为其中有些要素偏差对于特定齿轮的功能没有明显影响。有些测量项目可代替别的一些项目，如切向综合偏差检验能代替齿距偏差检验，径向综合偏差检验能代替径向跳动检验。标准中给出的其他参数一般不是必检项目，然而对于质量控制，测量项目的多少须由采购方和供货方协商确定，以充分体现客户第一的思想。故正在制订中的 ISO/TR 10064 将按齿轮工作性能推荐检验组和公差。

虽然齿轮精度标准及其指导性技术文件中所给出的精度项目和评定参数很多，但是作为评价齿轮制造质量的客观标准，齿轮精度检验项目应当以单项指标为主。为了评定单个齿轮的加工精度，应检验齿距偏差、齿廓总偏差、螺旋线总偏差及齿厚偏差。GB/T 10095. 1—2008、GB/T 10095. 2—2008 均未规定齿厚偏差，GB/Z 18620. 2—2008 也未推荐齿厚极限偏差。齿厚极限偏差由设计者按齿轮副侧隙计算确定。

5.5.3 齿轮副精度

1. 侧隙和齿厚极限偏差的确定

（1）侧隙的分类　侧隙是在节圆上齿槽宽度超过相啮合的轮齿齿厚的量，它是在端平面上或啮合平面（基圆切平面）上计算和规定的。侧隙通常分为法向侧隙和圆周侧隙，如图 5-15a 所示。

法向侧隙j_{bn}是当两个齿轮的工作齿面啮合时，其非工作齿面之间的最短距离，可在法平面或沿啮合线方向上测量。用塞尺直接测量法向侧隙如图 5-15b 所示。圆周侧隙j_{wt}是指固定两相啮合齿轮中的一个，另一个齿轮所能转过的节圆弧长的最大值，可沿圆周方向测得。

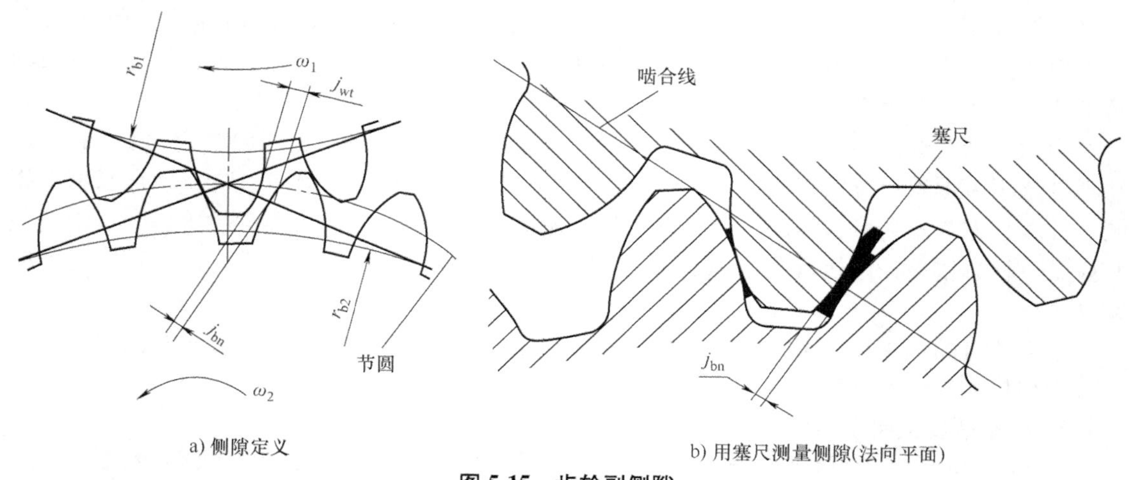

a) 侧隙定义　　b) 用塞尺测量侧隙(法向平面)

图 5-15　齿轮副侧隙

理论上法向侧隙和圆周侧隙的关系为

$$j_{bn}=j_{wt}\cos\alpha_{wt}\cos\beta_b \tag{5-1}$$

式中　α_{wt}——端面工作压力角（°）；

β_b——基圆螺旋角（°）。

所有相啮合的齿轮必定都有一定的侧隙，以保证非工作齿面不会相互接触。在齿轮啮合传动中侧隙会随着速度、温度和负载等变化。在静态可测量的条件下，必须有足够的侧隙，以保证在带负载运行于最不利的工作条件下时仍有足够的侧隙。

齿轮副（配合）的侧隙值与小齿轮实际齿厚s_1、大齿轮实际齿厚s_2、中心距a、精度、安装和应用情况有关，还受齿轮的形状和位置偏差及轴线平行度等的影响。

单个齿轮的齿厚会影响齿轮副侧隙。假定齿轮在最小中心距时与一个理想的相配齿轮啮合，所需的最小侧隙对应于最大齿厚。通常从最大齿厚开始减小齿厚来增大侧隙。

（2）最小法向侧隙的确定　最小法向侧隙j_{bnmin}是当一个齿轮的齿以最大允许实效齿厚与另一个也具有最大允许实效齿厚的相配齿在最紧的允许中心距相啮合时，在静态条件下存在的最小保证侧隙。这是设计者所提供的传统“允许间隙”，以防备下列情况：箱体、轴和轴承的偏斜；由于箱体的偏差和轴承的间隙导致齿轮轴线的不一致；由于箱体的偏差和轴承的间隙导致齿轮轴线的歪斜；安装误差（如轴的偏心）；轴承径向跳动；温度影响（箱体与齿轮零件的温度差、中心距和材料差异所致）；旋转零件的离心胀大；其他因素，如由于润滑剂的允许污染及非金属齿轮材料的溶胀等。如果能很好地控制这些因素，最小侧隙值则可以很小。每个因素均可用分析其影响来进行估计，然后可计算出最小要求量。在估计最小期望要求值时也需要经验和判断，因为在最坏情况时的误差不大可能都叠加起来。

在齿轮传动设计中，必须保证有足够的最小法向侧隙j_{bnmin}，以确保齿轮机构正常工作。确定齿轮副最小法向侧隙一般有三种方法。

1）经验法。参考国内外同类产品中齿轮副的侧隙值来确定最小侧隙。

2）计算法。根据齿轮副的工作条件，如工作速度、温度、负载、润滑等条件来计算齿轮副最小侧隙。为补偿由温度变化引起的齿轮及箱体热变形所必需的最小侧隙j_{bnmin1}为

$$j_{bnmin1}=a(\alpha_1\Delta t_1-\alpha_2\Delta t_2)2\sin\alpha_n \tag{5-2}$$

式中 a——齿轮副中心距（mm）；

α_1，α_2——齿轮及箱体材料的线胀系数；

Δt_1，Δt_2——齿轮温度t_1、箱体温度t_2与标准温度（20℃）之差（℃）；

α_n——法向压力角（°）。

为保证正常润滑所必需的最小侧隙j_{bnmin2}取决于润滑方式及工作速度，其取值见表5-7。

表5-7 最小侧隙j_{bnmin2}

润滑方式	齿轮圆周速度/(m/s)			
	≤10	>10~25	>25~60	>60
喷油润滑	$10m_n$	$20m_n$	$30m_n$	$(30\sim50)m_n$
油池润滑	$(5\sim10)m_n$			

注：m_n为法向模数。

由设计计算得到的j_{bnmin}为

$$j_{bnmin}=j_{bnmin1}+j_{bnmin2} \tag{5-3}$$

3）查表法。GB/Z 18620.2—2008列出了用黑色金属制造齿轮和箱体的工业传动装置推荐的最小侧隙，见表5-8，在工作时节圆线速度<15m/s，其箱体、轴和轴承都采用常用的商业制造公差。

表5-8中的数值按下式计算

$$j_{bnmin}=(2/3)(0.06+0.0005|a_i|+0.03m_n) \tag{5-4}$$

为了获得齿轮副最小法向侧隙，必须削薄齿厚，其最小削薄量（齿厚上极限偏差值）可通过下式求得

$$E_{sns1}+E_{sns2}=-j_{bn}/\cos\alpha_n \tag{5-5}$$

式中，E_{sns1}、E_{sns2}为小齿轮、大齿轮的齿厚上极限偏差。

表5-8 对大、中模数齿轮最小侧隙j_{bnmin}的推荐值（摘自GB/Z 18620.2—2008）

（单位：mm）

m_n	最小中心距a_i					
	50	100	200	400	800	1600
1.5	0.09	0.11	—	—	—	—
2	0.10	0.12	0.15	—	—	—

（续）

m_n	最小中心距 a_i					
	50	100	200	400	800	1600
3	0.12	0.14	0.17	0.24	—	—
5	—	0.18	0.21	0.28	—	—
8	—	0.24	0.27	0.34	0.47	—
12	—	—	0.35	0.42	0.55	—
18	—	—	—	0.54	0.67	0.94

（3）齿厚极限偏差的确定　应按 GB/Z 18620.2—2008 关于齿厚公差和侧隙的推荐内容来确定影响侧隙的所有尺寸的公差。齿厚偏差是指分度圆柱面上实际齿厚与公称齿厚之差（对于斜齿轮，指法向齿厚）（图 5-16）。

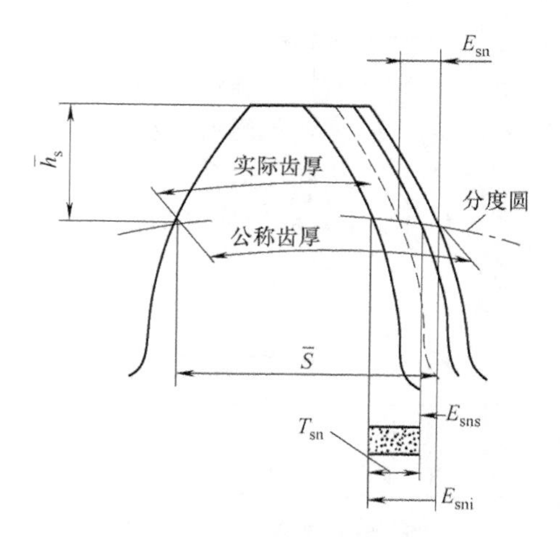

图 5-16　齿厚偏差

齿轮轮齿的配合采用"基中心距制"，即在中心距一定的前提条件下，通过控制齿厚的办法获得必要的侧隙。对任何检测方法，所规定的最大齿厚必须减小，以确保径向圆跳动及其他切齿时变化对检测结果的影响，不致增加最大实效齿厚；也必须减小规定的最小齿厚，使所选择的齿厚公差能实现经济的齿轮制造，且不会被来自精度等级的其他公差所耗尽。

1）齿厚上极限偏差 E_{sns} 的确定。确定齿厚上极限偏差时应同时考虑最小侧隙、中心距偏差、齿轮和齿轮副的加工及安装误差。计算式为

$$E_{sns1}+E_{sns2}=-2f_a\tan\alpha_n-\frac{j_{bnmin}+J_n}{\cos\alpha_n} \tag{5-6}$$

式中　E_{sns1}、E_{sns2}为小齿轮、大齿轮的齿厚上极限偏差；f_a为中心距偏差；J_n为齿轮加工误差和齿轮副安装误差对侧隙减小的补偿量，即

$$J_n=\sqrt{f_{pb1}^2+f_{pb2}^2+2(F_\beta\cos\alpha_n)^2+(f_{\Sigma\delta}\sin\alpha_n)^2+(f_{\Sigma\beta}\cos\alpha_n)^2} \tag{5-7}$$

式中　f_{pb1}，f_{pb2}——小齿轮、大齿轮的基圆齿距偏差（mm）；

F_β——小齿轮、大齿轮的螺旋线总偏差（mm）；

$f_{\Sigma\delta}$，$f_{\Sigma\beta}$——齿轮副轴线平行度偏差（mm）；

α_n——法向压力角（°）。

由于$f_{pb1}=f_{pt1}\cos\alpha_n$、$f_{pb2}=f_{pt2}\cos\alpha_n$、$f_{\Sigma\delta}=(L/b)F_\beta$、$f_{\Sigma\beta}=0.5(L/b)F_\beta$及 $\alpha_n=20°$，将它们代入式（5-7）得

$$J_n=\sqrt{0.88(f_{pt1}^2+f_{pt2}^2)+[1.77+0.34(L/b)^2]F_\beta^2} \tag{5-8}$$

求得大、小齿轮的上极限偏差之和后，可按等值分配法或不等值分配法确定大、小齿轮的齿厚上极限偏差。一般使大齿轮齿厚的减薄量大一些，使小齿轮齿厚的减薄量小一些，以

使大、小齿轮的强度匹配。在进行齿轮承载能力计算时，需要验算加工后的齿厚是否会变薄，如果$|E_{sni}/m_n|>0.05$，在任何情况下都会出现变薄现象。

通常取主动轮和从动轮的齿厚上极限偏差相等，则由式（5-6）可推得

$$E_{sns}=E_{sns1}=E_{sns2}=-f_a\tan\alpha_n-\frac{j_{bnmin}+J_n}{2\cos\alpha_n} \tag{5-9}$$

2）法向齿厚公差T_{sn}的确定。最大侧隙不会影响齿轮传动性能和承载能力，因此在很多应用场合允许较大的齿厚公差或工作侧隙，以获得较经济的制造成本。法向齿厚公差的选择基本上与齿轮精度无关，除非十分必要，不应采用很紧的齿厚公差，这会对制造成本有很大的影响。当出于工作运行的原因必须控制最大侧隙时，则需仔细研究各影响因素，并仔细确定有关齿轮的精度等级、中心距公差和测量方法。可采用 GB/Z 18620.2—2008 附录 A 提供的方法进行计算。

法向齿厚公差T_{sn}建议按下式计算

$$T_{sn}=(\sqrt{F_r^2+b_r^2})2\tan\alpha_n \tag{5-10}$$

式中 F_r——径向跳动偏差（mm）；

b_r——切齿径向进给偏差（mm），可按表 5-9 选用。

表 5-9 切齿径向进给公差

齿轮精度等级	4	5	6	7	8	9
b_r	1.26IT7	IT8	1.26IT8	IT9	1.26IT9	IT10

注：IT 值以分度圆直径为尺寸在表 2-4 中查取。

3）齿厚下极限偏差的确定。法向齿厚公差T_{sn}确定后，即可得到齿厚下极限偏差E_{sni}。

$$E_{sni}=E_{sns}-T_{sn} \tag{5-11}$$

（4）公法线平均长度极限偏差的确定　齿轮齿厚的变化必然引起公法线长度的变化，测量公法线长度同样也可以控制侧隙。

公法线长度的公称值w_k及跨齿数k计算公式为

$$w_k=m[1.476(2k-1)+0.014Z] \tag{5-12}$$

$$k=\frac{Z}{9}+0.5 \tag{5-13}$$

公法线平均长度上极限偏差E_{bns}和下极限偏差E_{bni}与齿厚偏差之间的对应关系为

$$E_{bns}=E_{sns}\cos\alpha_n-0.72F_r\sin\alpha_n \tag{5-14}$$

$$E_{bni}=E_{sni}\cos\alpha_n+0.72F_r\sin\alpha_n \tag{5-15}$$

与测量齿厚偏差不同，公法线平均长度偏差测量简便，不受齿顶圆误差的影响，因而公法线平均长度偏差常用于代替齿厚偏差。

2. 齿轮中心距极限偏差

齿轮副公称中心距是在考虑了最小侧隙及两齿轮的齿顶和其相啮合的非渐开线齿廓齿根部分的干涉后确定的，应对中心距规定适当的公差。在齿轮仅单向运转而不经常反转时，最大侧隙的控制不是一个重要的考虑因素，此时中心距极限偏差主要取决于对重合度的考虑。

在控制运动用的齿轮中，必须控制其侧隙。当齿轮上的负载常常反向时，对中心距的公差必须仔细考虑的因素见本节“侧隙和齿厚极限偏差的确定”。

GB/Z 18620.3—2008 未提供中心距极限偏差，可借鉴有关成熟产品的设计来确定，也可参考表 5-10。中心距偏差 Δf_a 的合格条件是在其极限偏差 $\pm f_a$ 范围内，即 $-f_a \leqslant \Delta f_a \leqslant +f_a$。

表 5-10　中心距极限偏差 $\pm f_a$　　（单位：μm）

中心距 a/mm	精度等级	
	5、6	7、8
>18~30	10.5	16.5
>30~50	12.5	19.5
>50~80	15	23
>80~120	17.5	27
>120~180	20	31.5
>180~250	23	36
>250~315	26	40.5
>315~400	28.5	44.5
>400~500	31.5	48.5

3. 轴线平行度偏差

如果一对啮合的圆柱齿轮的两条轴线不平行，则形成空间的异面（交叉）直线，将影响齿轮的接触精度，必须加以控制。由于轴线平行度偏差的影响与其向量的方向有关，标准对轴线平面内的偏差 $f_{\Sigma\delta}$ 和垂直平面上的偏差 $f_{\Sigma\beta}$ 做了不同的规定（图 5-17）。

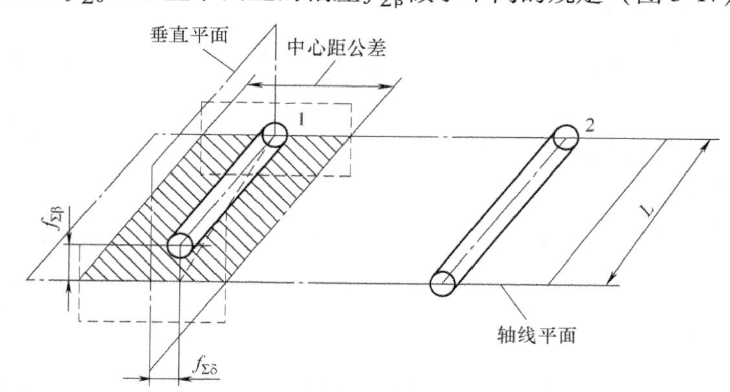

图 5-17　轴线平行度偏差

轴线平面内的平行度偏差在两轴线的公共平面上测量，此公共平面由两轴承跨距中较长的一个 L 和另一根轴上的一个轴承来确定。如果两个轴承的跨距相同，则用小齿轮轴和大齿轮轴的一个轴承。在与轴线公共平面相垂直的交错轴平面上测量垂直平面上的平行度偏差。

轴线平面内的平行度偏差影响螺旋线啮合偏差，其影响是工作压力角的正弦函数，而垂直平面上的平行度偏差的影响是工作压力角的余弦函数。因而在一定量的垂直平面上偏差所导致的啮合偏差要比同样大小的轴线平面内的偏差所导致的啮合偏差大 2~3 倍。故应对轴线平面内的偏差和垂直平面上的偏差规定不同的最大推荐值。

轴线平行度偏差的推荐最大值为

$$f_{\Sigma\beta}=0.5(L/b)F_\beta \tag{5-16}$$

式中　L——轴承中间距即轴承跨距（mm）；

b——齿宽（mm）。

$$f_{\Sigma\delta}=(L/b)F_{\beta} \tag{5-17}$$

4. 齿轮接触斑点

检测刚安装好（在箱体内或试验台上）的产品齿轮副以轻微制动下运转所产生的接触斑点，可评估轮齿间的载荷分布。产品齿轮与测量齿轮的接触斑点，可用于评估装配后的齿轮螺旋线和齿廓精度。接触斑点分布示意图如图 5-18 所示。作为定量和定性控制齿轮齿长方向配合精度的方法，接触斑点常用于工作现场没有检查仪及大齿轮不能装在现有检查仪上的场合。表 5-27 给出了直齿轮装配后齿轮副接触斑点的最低要求。

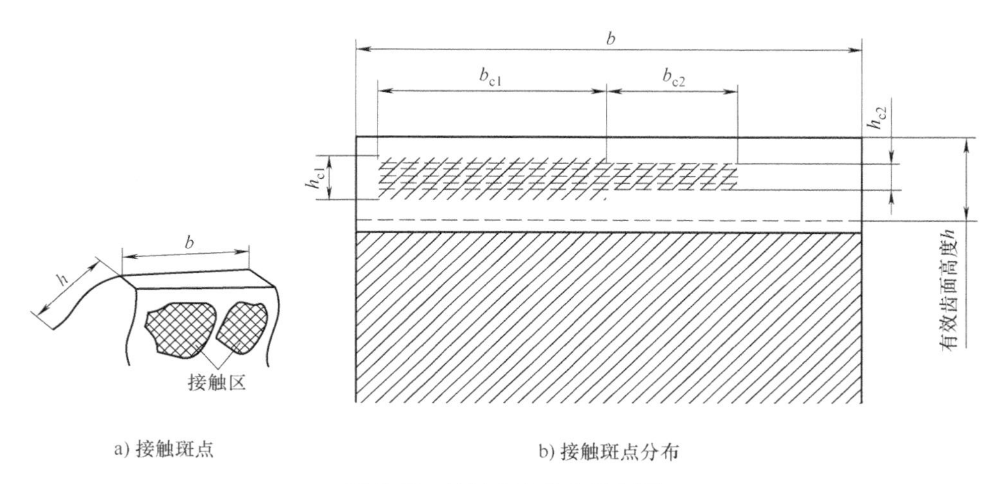

图 5-18　接触斑点分布示意图

5.5.4　齿轮坯精度

1. 基准轴线的确定

（1）术语定义

1）工作安装面。用来安装齿轮的面。

2）制造安装面。在齿轮制造或检测时用来安装齿轮的面。

3）工作轴线。齿轮在工作时绕其旋转的轴线称为工作轴线。它是由工作安装面的中心确定的。工作轴线只有在考虑整个齿轮组件时才有意义。

4）基准轴线。制造者（检验者）对单个零件确定轮齿几何形状的轴线，设计者的责任是确保基准轴线得到足够清楚和精确的确定，从而保证齿轮相对工作轴线的技术要求得以满足。

5）基准面。用来确定基准轴线的面称为基准面。基准轴线是由基准面中心确定的。齿轮依此轴线来确定齿轮的细节，特别是确定齿距、齿廓和螺旋线偏差的允许值。

（2）确定基准轴线的方法　只有明确其特定的旋转轴线，有关齿轮轮齿精度参数数值才有意义。当测量时齿轮围绕其旋转的轴线改变，这些参数中的多数测量值也将改变。因此，在齿轮图样上必须明确地标注出规定轮齿偏差允许值的基准轴线，事实上整个齿轮的几何形状均以其为准。

通常使基准轴线与工作轴线重合，即以安装面作为基准面。一般情况首先需要确定一个基准轴线，然后将其他所有轴线（包括工作轴线及其他制造轴线）用适当的公差与之联系。

一个零件的基准轴线用基准面来确定，基本实现方法可用两个“短的”基准面、一个“长的”基准面或一个“短的”圆柱面和一个端面确定。对于与轴做成一体的小齿轮则常用中心孔来确定基准轴线。

2. 齿轮坯的精度

齿轮坯即齿坯，是指在轮齿加工前供制造齿轮用的工件。齿轮坯的尺寸偏差和齿轮箱体的尺寸偏差对于齿轮副的接触条件和运行状况影响极大。齿轮坯的精度对切齿工序的精度影响极大，适当提高齿轮坯精度，即在加工齿轮坯和箱体时保持较紧的公差，要比加工高精度的轮齿经济得多，因此应首先根据拥有的制造设备条件，尽量使齿轮坯和箱体的制造公差保持最小值，可使加工的齿轮有较松的公差，从而获得更经济的整体设计。

由于齿轮的齿廓、齿距和齿向等要素的精度都是相对于公共轴线定义的。因此，对齿轮坯的精度要求主要是指明基准轴线，并给出相关要素的几何公差要求。当制造时的定位基准与工作基准不一致时，还需考虑基准转换引起的误差，适当提高有关表面的精度。

对齿轮坯的公差要求如下：

（1）齿轮坯尺寸公差　齿轮内孔的尺寸精度根据与轴的配合性质要求确定。应适当选择顶圆直径的公差，以保证最小限度设计重合度的同时又有足够的顶隙。表 5-11 给出了齿轮坯的尺寸公差参考。

表 5-11　齿轮坯的尺寸公差

齿轮精度等级		1	2	3	4	5	6	7	8	9	10	11	12
孔	尺寸公差	IT4				IT5	IT6	IT7		IT8		IT9	
轴	尺寸公差	IT4				IT5		IT6		IT7		IT8	
顶圆直径公差		IT6		IT7			IT8			IT9		IT11	

注：1. 齿轮的三项精度等级不同时，按最高等级确定。

2. 齿顶圆柱面不作基准时，顶圆直径公差为 IT11，但不大于 $0.1m_n$。

3. 齿顶圆的尺寸公差带通常采用 h11 或 h8。

（2）齿轮坯基准面、工作安装面及制造安装面的形状公差　基准面的几何公差取决于规定的齿轮精度。标准推荐的基准面与安装面的形状公差数值见表 5-23。

（3）工作安装面的跳动公差　当基准轴线与工作轴线不重合时，则工作安装面相对于基准轴线的跳动必须在图样上予以控制。标准推荐的齿轮坯安装面的跳动公差见表 5-24。

5.5.5　齿轮齿面表面粗糙度

齿轮表面结构的两个主要特征为表面粗糙度和表面波纹度，它影响齿轮的传动精度（产生噪声和振动）和承载能力。表面结构对轮齿耐久性的影响表现在齿面劣化（如磨损、胶合或擦伤和点蚀）和轮齿折断（齿根过渡区应力）。

齿轮 *Ra* 推荐数值见表 5-25，齿轮各基准面 *Ra* 参考数值见表 5-26。根据齿面的表面粗糙度影响齿轮传动精度、承载能力和抗弯强度的实际情况，参照表 5-25 选取表面粗糙度数值。

其他尺寸公差、几何公差和表面粗糙度的选取参照有关章节的内容。

5.5.6　齿轮精度在图样上的标注

标准规定：在技术文件中需叙述齿轮精度要求时，应注明标准编号。关于齿轮精度等级和齿厚偏差的标注建议如下。

1. 齿轮精度等级的标注

当齿轮的检验项目同为某一精度等级时，可标注精度等级和标准编号。如齿轮检验项目同为 7 级，则标注为 7 GB/T 10095.1—2008 或 7 GB/T 10095.2—2008。

若齿轮检验项目的精度等级不同，如齿廓总偏差 F_α 为 6 级，而齿距累积总偏差 F_P 和螺旋线总偏差 F_β 均为 7 级时，则标注为 6（F_α）、7（F_p、F_β）GB/T 10095.1—2008。

2. 齿厚偏差的标注

齿厚偏差（或公法线平均长度偏差）应在图样右上角的参数表中注出其极限偏差数值。当齿轮的公称齿厚为 S_n，齿厚上极限偏差为 E_{sns}，齿厚下极限偏差为 E_{sni} 时，标注为 $S_{n}{}_{E_{sni}}^{E_{sns}}$。

当齿轮的公法线公称长度为 W_k，公法线平均长度上极限偏差为 E_{bns}、下极限偏差为 E_{bni} 时，标注为 $W_{k}{}_{E_{bni}}^{E_{bns}}$，同时注明跨齿数 k。

5.6　齿轮精度设计示例

例 5-1　某机床主轴箱传动轴上的一对直齿圆柱齿轮，小齿轮和大齿轮的齿数分别为 $z_1=26$，$z_2=56$，模数 $m=2.75$mm，齿宽分别为 $b_1=28$mm，$b_2=24$mm，小齿轮中心孔直径为 $\phi30$mm，轮毂的外圆柱面直径为 $\phi65$mm，两对轴承孔的跨距相同，均为 $L=90$mm，小齿轮的转速 $n_1=1650$r/min，齿轮材料为钢，箱体材料为铸铁，单件小批量生产。试进行小齿轮精度设计，并绘制齿轮工作图。

解：① 确定齿轮的精度等级　采用类比法。由表 5-4 查得，齿轮精度等级在 3~8 级之间。该齿轮用于机床主轴箱，既传递运动，又传递动力，因此可根据圆周线速度确定其精度等级。

$$V=\frac{\pi d n_1}{60\times1000}=\frac{\pi m z_1 n_1}{60\times1000}=\frac{3.14\times2.75\times26\times1650}{60\times1000}\text{m/s}=6.2\text{m/s}$$

从表 5-5 查得，该齿轮精度等级确定为 7 级，由于齿轮为小批量生产，没有严格的噪声、振动要求，传递运动准确性要求不高，传递转矩也不是很大，因此准确性、平稳性和承载均匀性都为 7 级精度，则该齿轮精度表示为 7 GB/T 10095.1~2—2008。

② 确定齿轮精度检验项目及其公差　分度圆直径

$$d_1=mz_1=26\text{mm}\times2.75=71.5\text{mm}$$

$$d_2=mz_2=56\text{mm}\times2.75=154\text{mm}$$

精度检验项目可选单齿距偏差 $\pm f_{pt}$、齿距累积总偏差 F_p、齿廓总偏差 F_α 和螺旋线总偏差 F_β。分别查表 5-12、表 5-13、表 5-14 及表 5-17 得，$\pm f_{pt}=\pm0.012$mm，$F_P=0.038$mm，$F_\alpha=$

0.016mm，$F_\beta=0.017\text{mm}$。

（3）确定齿轮副侧隙和齿厚偏差　该齿轮副中心距为

$$a=\frac{m}{2}(z_1+z_2)=\frac{2.75}{2}(26+56)\text{mm}=112.75\text{mm}$$

按式（5-4）计算最小侧隙（也可查表 5-8 通过插值法计算）

$$j_{\text{bnmin}}=\frac{2}{3}(0.06+0.0005a_\text{i}+0.03m_\text{n})=\frac{2}{3}(0.06+0.0005\times112.75+0.03\times2.75)\text{mm}=0.133\text{mm}$$

在确定齿厚极限偏差时，首先要确定补偿齿轮和箱体制造安装误差所引起的侧隙减小量 j_n。由表 5-12、表 5-17 查得 $f_{\text{pt}_1}=12\mu\text{m}$，$f_{\text{pt}_2}=13\mu\text{m}$，$F_\beta=17\mu\text{m}$，已知 $L=90\text{mm}$、$b_1=28\text{mm}$，根据式（5-8）得

$$\begin{aligned}J_\text{n}&=\sqrt{0.88(f_{\text{pt}_1}^2+f_{\text{pt}_2}^2)+[1.77+0.34(L/b)^2]F_\beta^2}\\&=\sqrt{0.88(12^2+13^2)+[1.77+0.34(90/28)^2]\times17^2}\,\mu\text{m}\\&=42.5\mu\text{m}\end{aligned}$$

由表 5-10 查得 $f_\text{a}=27\mu\text{m}$，根据式（5-9）得齿厚上极限偏差为

$$E_\text{sns}=-f_\text{a}\tan\alpha_\text{n}-\frac{j_\text{bnmin}+J_\text{n}}{2\cos\alpha_\text{n}}=-0.027\tan20°-\frac{0.133+0.0425}{2\cos20°}\text{mm}=-0.103\text{mm}$$

由表 5-9 查得 $b_\text{r}=\text{IT9}=74\mu\text{m}$，由表 5-22 查得 $F_\text{r}=30\mu\text{m}$，根据式（5-10）得齿厚公差为

$$T_\text{sn}=(\sqrt{F_\text{r}^2+b_\text{r}^2})2\tan\alpha_\text{n}=\sqrt{30^2+74^2}\times2\tan20°\mu\text{m}=58\mu\text{m}$$

那么齿厚下极限偏差为

$$E_\text{sni}=E_\text{sns}-T_\text{sn}=(-0.103-0.058)\text{mm}=-0.161\text{mm}$$

通常对中小模数齿轮用检查公法线平均长度偏差来代替齿厚偏差，根据式（5-14）、式（5-15）求公法线平均长度上、下极限偏差。

$$E_\text{bns}=E_\text{sns}\cos\alpha_\text{n}-0.72F_\text{r}\sin\alpha_\text{n}=(-0.103\times\cos20°-0.72\times0.030\times\sin20°)\text{mm}=-0.105\text{mm}$$

$$E_\text{bni}=E_\text{sni}\cos\alpha_\text{n}+0.72F_\text{r}\sin\alpha_\text{n}=(-0.161\times\cos20°+0.72\times0.030\sin20°)\text{mm}=-0.143\text{mm}$$

按式（5-13），跨齿数 $k=\frac{z}{9}+0.5=\frac{26}{9}+0.5=3.39$，取 $k=3$。根据式（5-12），公法线长度的公称值为

$$w_\text{k}=m_\text{n}[1.476(2k-1)+0.014Z]=2.75\times[1.476\times(2\times6-1)+0.014\times26]\text{mm}=21.296\text{mm}$$

则公法线长度及其偏差 $w_{\text{k}}{}_{E_\text{bni}}^{E_\text{bns}}$ 为 $21.296_{-0.143}^{-0.105}\text{mm}$。

（4）确定齿坯精度

1）齿轮中心孔尺寸公差。由表 5-11 查得，齿轮内孔尺寸公差等级为 IT7，即 $\phi30\text{H7}(_{0}^{+0.021})$。

2）齿顶圆直径及其偏差。齿顶圆直径为

$$d_\text{a}=m_\text{n}(z+2)=2.75\times(26+2)\text{mm}=77\text{mm}$$

由表 5-11 查得齿顶圆尺寸公差等级为 IT8，则齿顶圆直径及其偏差为 $\phi77\text{h8}=\phi77_{-0.046}^{0}\text{mm}$。

3）基准面的形状公差。根据表 5-23 推荐的计算公式求中心孔圆柱度公差

$$0.04(L/b)F_\beta=0.04\times(90/28)\times0.017\text{mm}\approx0.002\text{mm}$$

$$0.1F_p = 0.1 \times 0.038\text{mm} \approx 0.004\text{mm}$$

取以上两值的较小者，则中心孔圆柱度公差值为 0.002mm。

齿顶圆圆柱度公差取 $0.04(L/b)\ F_\beta$ 和 $0.2F_p$ 中较小的，圆柱度公差为 0.002mm。

根据表 5-24 计算得齿顶圆对中心孔轴线的径向圆跳动公差为

$$0.3F_p = 0.3 \times 0.038\text{mm} = 0.011\text{mm}$$

如果齿顶圆柱面不作基准，图样上不给出齿顶圆柱面的圆柱度公差和对中心孔轴线的径向圆跳动公差。

4）基准端面的轴向圆跳动公差。根据表 5-24 计算得基准端面对中心孔轴线的轴向圆跳动公差为

$$0.2(D_d/b)F_\beta = 0.2(65/28) \times 0.017\text{mm} = 0.008\text{mm}$$

5）齿坯及齿面表面粗糙度。可由表 5-25、表 5-26 查得齿面粗糙度为 $Ra = 1.25\mu\text{m}$ 以及齿坯中心孔圆柱面、基准端面和齿顶圆柱面的粗糙度分别为 $Ra = 1.25\mu\text{m}$、$Ra = 2.5\mu\text{m}$ 和 $Ra = 3.2\mu\text{m}$。

（5）齿轮副精度

1）中心距极限偏差 $\pm f_a$。由表 5-10 查得 $\pm f_a = \pm 27\mu\text{m}$，将在图样上标注（$112.75 \pm 0.027$）mm。

2）轴线平行度偏差 $f_{\Sigma\beta}$ 和 $f_{\Sigma\delta}$。垂直轴线平面方向轴线平行度偏差和轴线平面内轴线平行度偏差可根据式（5-16）和式（5-17）计算得

$$f_{\Sigma\beta} = 0.5(L/b)F_\beta = 0.028\text{mm}$$

$$f_{\Sigma\delta} = 2f_{\Sigma\beta} = 0.056\text{mm}$$

中心距极限偏差 $\pm f_a$ 和轴线平行度偏差 $f_{\Sigma\beta}$、$f_{\Sigma\delta}$ 将在箱体图样上标注。

齿轮工作图如图 5-19 所示。

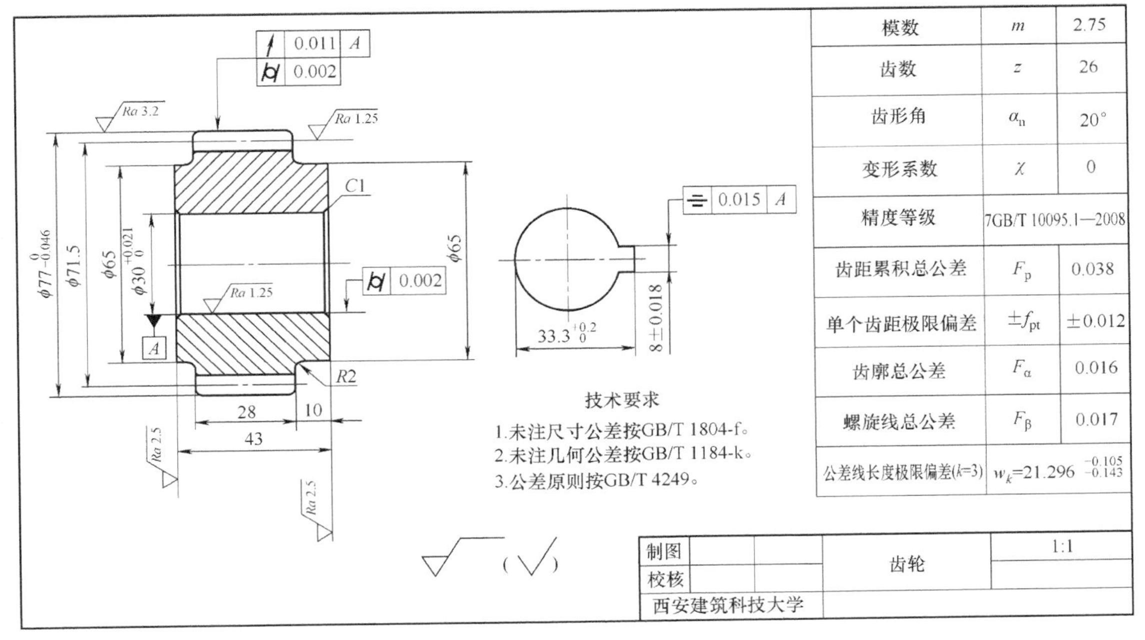

图 5-19　齿轮工作图

5.7 齿轮精度检验

5.7.1 单项检验和综合检验

齿轮的检验可分为单项检验和综合检验。

1. 单项检验

单项检验是对被测齿轮的单个被测项目分别进行测量的方法，它主要用于测量齿轮的单项误差。单项检验项目包括单个齿距偏差、齿距累积偏差、齿距累积总偏差、总偏差、螺旋线总偏差和齿厚偏差（由设计者确定其极限偏差值）。结合企业贯彻旧标准的经验和我国齿轮制造现状，建议单项检验中增加径向圆跳动。

2. 综合检验

综合检验是指在被测齿轮与理想精确的测量齿轮相啮合的状态下进行测量，通过测得的读数或记录的曲线，来综合判断被测齿轮精度的测量方法，分为单面啮合综合检验和双面啮合综合检验。单面啮合综合检验项目有切向综合总偏差和一齿切向综合偏差。双面啮合综合检验项目有径向综合总偏差和一齿径向综合偏差。综合测量多用于批量生产齿轮的检验，以提高检测效率，减少测量费用。

5.7.2 齿轮精度检测方法

1. 齿距偏差检验

齿距偏差的检验分为绝对法和相对法。绝对法是测量齿距的实际值（或齿距角度值）；相对法是沿齿轮圆周上同侧齿面间距离做比较测量，应用比较广泛。常用的齿距偏差测量仪器有齿距比较仪（齿距仪）、万能测齿仪、光学分头等。用带两个触头的齿距比较仪测量齿距偏差如图 5-20 所示。该方法属于相对法。

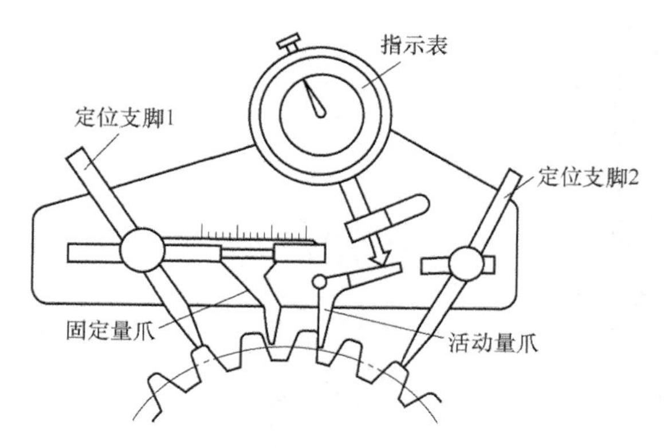

图 5-20 用齿距比较仪测量齿距偏差

在测量时，先将固定量爪调整为固定于仪器刻线上的一个齿距值上，然后通过调整定位支脚 1 和 2，使固定量爪和活动量爪同时与相邻两同侧的齿面接触于分度圆上。以任一齿距作为基准齿距，并将指示表调零，然后逐个测量所有齿距，得到各个齿距相对于基准齿距的偏差，齿距偏差的数值可从指示表 2 的示值读出。还可求出齿距累积偏差及齿距累积总偏差。

图 5-21 所示为利用分度装置测量齿距偏差。该方法属于绝对测量法。

在测量时，把被测齿轮安装在分度装置的心轴上，被测齿轮的一个齿面调整到起始角 0°的位置，测量杠杆的测头与此齿面接触，并调整指示表的示值零位。然后每转一个公称齿距角（360°/z），测取实际齿距角对公称齿距角的差值，经数据处理就可求得 ΔF_{p}。

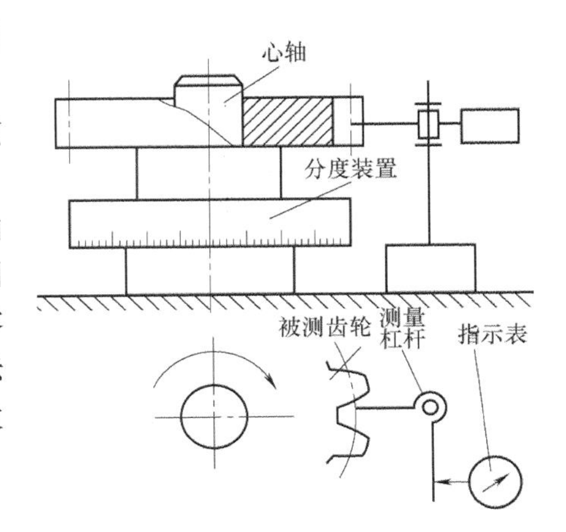

图 5-21 用分度装置测量齿距偏差

2. 齿廓偏差检验

齿廓偏差的测量方法有展成法（如用渐开线检查仪等）、坐标法（如用万能齿轮测量仪、齿轮测量中心、坐标测量机等）和啮合法。渐开线检查仪分为单圆盘式及万能式两类，其基本原理都是利用精密机构产生正确的渐开线轨迹与实际齿廓进行比较，以确定齿廓形状偏差。齿廓总偏差（F_{α}）通常在基圆盘式或万能式渐开线测量仪上进行测量。对小模数齿轮的齿廓总偏差可在万能工具显微镜或投影仪上进行测量。

用单圆盘式渐开线测量仪测量齿廓总偏差的工作原理如图 5-22 所示。

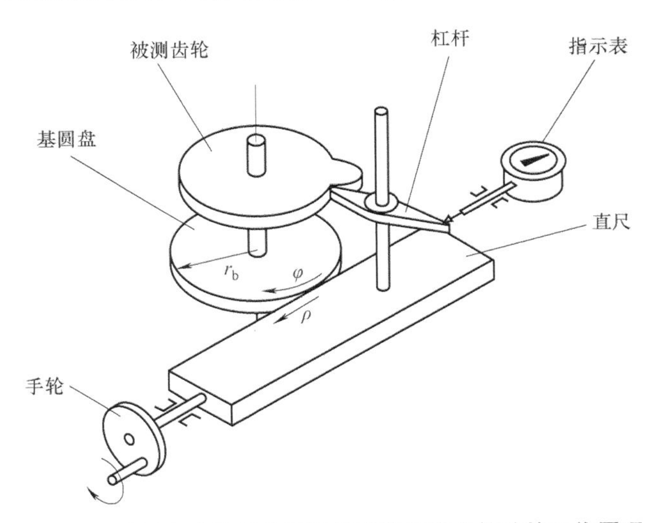

图 5-22 单圆盘式渐开线测量仪测量齿廓总偏差的工作原理

测量仪通过直尺与基圆盘作纯滚动来产生精确的渐开线，被测齿轮与基圆盘同轴安装，指示表和杠杆安装在直尺上，并随直尺移动。在测量时，按基圆半径 r_{b} 调整杠杆的测头位置，使测头位于渐开线的发生线上。然后，将测头与被测齿面接触，转动手轮使直尺移动，由直尺带动基圆盘转动。如果被测齿廓有偏差，则在测量过程中测头相对直尺产生相对移动。齿廓总偏差的数值由指示表读出，或者由记录器记录下来而得到记录齿廓。

3. 切向综合总偏差和齿切向综合偏差的检验

切向综合总偏差和齿切向综合偏差通常用光栅式单面啮合综合检查仪（单啮仪）测量。

在单啮仪上测量比较接近齿轮传动的实际工作情况，但其结构复杂，价格昂贵，故单啮仪适用于较重要的齿轮的检测。

4. 径向综合总偏差和齿径向综合偏差的检验

径向综合总偏差和齿径向综合偏差采用齿轮双面啮合检查仪（双啮仪）进行测量，如图 5-23 所示。在测量径向综合总偏差时可同时得到齿径向综合偏差。径向综合总偏差的测量值受测量齿轮的精度及产品齿轮与测量齿轮的总重合度的影响。

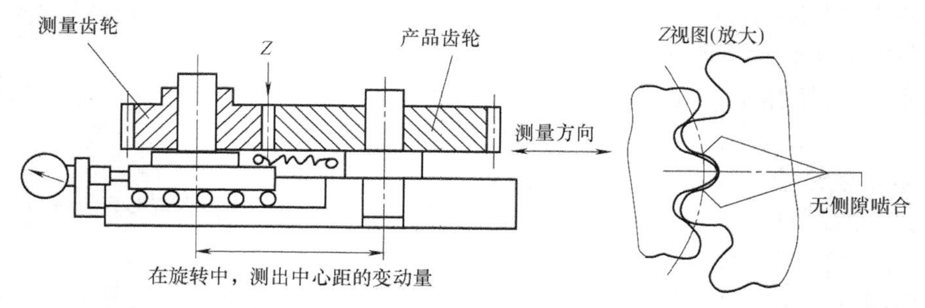

图 5-23　用齿轮双面啮合检查仪测量径向综合偏差

由于双面啮合综合测量时的啮合情况与切齿时的啮合情况相似，因而能够反映齿轮坯和刀具安装调整误差，测量所用的双啮仪远比单啮仪简单，操作方便，测量效率高，故在中等精度大批量生产中应用比较普遍。

5. 径向圆跳动的测量

径向圆跳动（F_r）通常用径向跳动检查仪或万能测齿仪来测量，也可以用普通顶尖座和千分表、圆棒、表架组合测量。测头采用球形或锥形。用径向圆跳动检查仪测量径向圆跳动如图 5-24 所示。

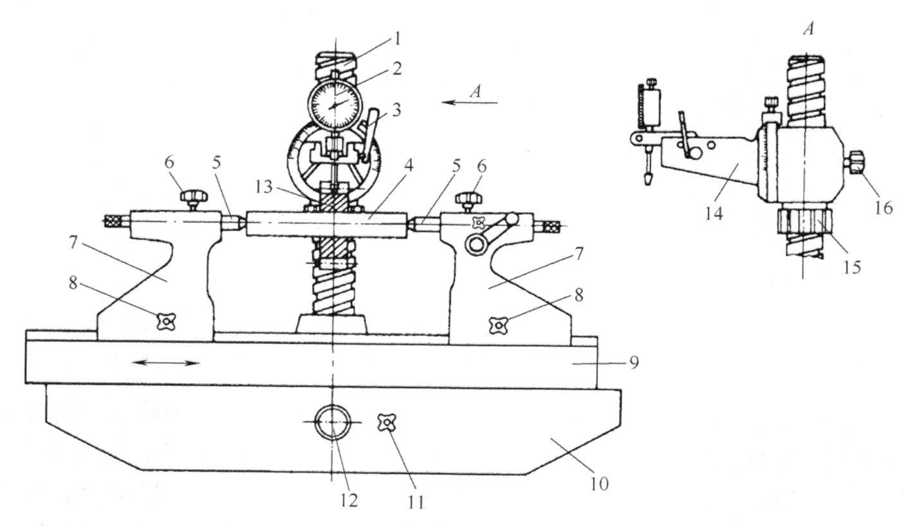

图 5-24　用径向圆跳动检查仪测量径向圆跳动

1—立柱　2—指示表　3—指示表抬升器　4—心轴　5—顶尖　6—顶尖锁紧螺钉　7—顶尖座　8—顶尖座锁紧螺钉　9—顶尖座支承滑台　10—仪器底座　11—滑台锁紧螺钉　12—滑台纵向移动手轮　13—被测齿轮　14—指示表摇臂支架（可偏转±90°）　15—指示表支架升降调节螺母　16—指示表支架锁紧螺钉

在测量时，被测齿轮装在心轴上，轴支承在仪器的两顶尖之间，使百分表测杆上专用的测量头与轮齿的齿高中部双面接触，并记录下测得的数值，逐点测量，其中最大与最小读数值之差，即为该齿轮的径向圆跳动值。

6. 齿厚偏差的测量

按照定义，齿厚以分度圆弧长计值（弧齿厚），但弧长不便于测量，因此，实际上是按分度圆上的齿弦高定位来测量齿厚。齿厚偏差常用游标齿厚卡尺测量，也可用精度更高的光学测齿仪来测量。用游标齿厚卡尺测量齿厚偏差如图 5-25 所示。

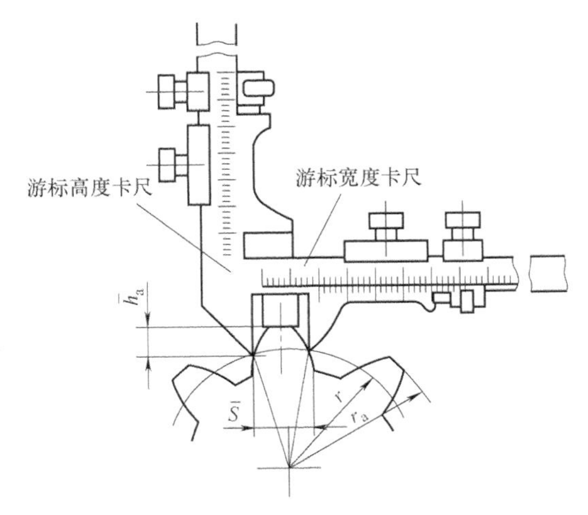

图 5-25　用游标齿厚卡尺测量齿厚偏差

在测量时，应先将游标齿厚卡尺垂直的齿高卡尺调整到被测齿轮分度圆上的弦齿高处，然后用游标齿厚卡尺水平的齿宽卡尺测量出分度圆上弦齿厚的实际值，将弦齿厚的实际值减去其公称值，即可得到分度圆弦齿厚的实际偏差。

5.7.3　齿轮精度检验项目的选择

1. 齿轮精度项目选用时的考虑因素

齿轮精度检验项目选用时的主要考虑因素包括齿轮精度等级和用途，检查目的（工序检验或最终检验），齿轮的切齿加工工艺，生产批量，齿轮的尺寸大小和结构形式，项目间的协调，企业现有测试设备条件和检测费用等。

精度等级较高的齿轮，应该选用同侧齿面的精度项目，如齿廓偏差、齿距偏差、螺旋线偏差、切向综合总偏差等。精度等级较低的齿轮，可以选用径向综合总偏差或径向圆跳动等双侧齿面的精度项目。因为同侧齿面的精度项目比较接近齿轮的实际工作状态，而双侧齿面的精度项目受非工作齿面精度的影响，反映齿轮实际工作状态的可靠性较差。

当运动精度选用切向综合总偏差 F_i'时，传动平稳性最好选用一齿切向综合偏差 f_i'；当运动精度选用齿距累积总偏差 F_p时，传动平稳性最好选用单个齿距偏差。因为它们可采用同一种测量方法。当检验切向综合总偏差和一齿切向综合偏差时，不必检验单个齿距偏差和齿距累积总偏差。当检验径向综合总偏差和齿径向综合偏差时，可不必重复检验径向圆跳动。

精度项目的选用还应考虑测量设备等实际条件，在保证满足齿轮功能要求的前提下，充分考虑测量过程的经济性。

2. 齿轮精度检验项目的确定

GB/T 10095.1—2008 规定，齿距偏差（f_{pt}、F_{pk}、F_p）、齿廓总偏差和螺旋线总偏差是属于强制性检测精度指标，而切向综合总偏差、径向综合总偏差和径向跳动属于非强制性检测精度指标。在采用某种切齿方法加工第一批齿轮时，为了评定齿轮加工后的精度是否达到设计规定的技术要求，需要按强制性检测精度指标对齿轮进行检测，以确定齿轮的精度等级。当检测合格后，在工艺条件保持不变的条件下，用相同切齿方法继续生产相同要求的齿轮时，可以采用非强制性检测精度指标来评定齿轮运动精度和传动平稳性精度。

国家标准虽然也提出了齿轮单面啮合测量参数、双面啮合测量参数、径向圆跳动等，但明确指出切向综合总偏差（F'_i、f'_i），齿廓和螺旋线的形状偏差与倾斜偏差（$f_{f\alpha}$、$f_{H\alpha}$、$f_{f\beta}$、$f_{H\beta}$）都不是必检项目，而是出于某种目的，如为检测方便、提高检测效率等而派生的替代项目，有时可作为有用的参数和评定值。

GB/T 10095.2—2008 规定了单个渐开线圆柱齿轮有关的径向综合总偏差 F''_i、一齿径向综合偏差f''_i和齿轮径向跳动 F_r，它们均只适用于单个齿轮的各要素，而不包括相互啮合的齿轮副精度。检验径向综合总偏差和径向圆跳动不能确定同侧齿面的单项偏差，但是包含了两侧齿面的偏差成分，可迅速提供由于生产用机床、工具或产品齿轮装夹而导致的质量缺陷信息。

在检验中，测量全部齿轮指标的偏差既不经济也无必要，因为其中有些指标的偏差对于特定齿轮的功能没有明显影响。有些测量项目可代替别的另一些项目，如切向综合总偏差检验能代替齿距偏差检验，一齿切向综合偏差可代替单个齿距偏差，径向综合总偏差检验能代替径向圆跳动检验等。标准中给出的其他参数一般不是必检项目，然而对于质量控制，测量项目的多少可由采购方和供货方协商确定，以充分体现客户第一的思想。

虽然齿轮精度标准及其指导性技术文件中所给出的精度项目和评定参数很多，但是作为评价齿轮制造质量的客观标准，齿轮精度检验项目应当以单项指标为主。为了评定单个齿轮的加工精度，应检验齿距偏差、齿廓总偏差、螺旋线总偏差及齿厚偏差。

5.8 螺旋传动精度设计

5.8.1 螺旋传动概述

1. 传动螺纹的功能要求

螺旋传动由传动螺纹实现，用于传递动力、运动或位移，如机床丝杠螺母、测微螺杆、千斤顶等。机床丝杠螺母副既用于传递运动和动力，又用于精确传递位移，具有传动效率高、加工方便等优点，在机械行业广泛应用。本节仅介绍机床丝杠螺母精度设计。

对传动螺纹的使用要求为传动准确、可靠，螺牙接触良好及耐磨等，即：从动件（螺母）的精确轴向位移以保证传动准确，内外螺纹螺旋面的良好接触以保证工作寿命和承载能力。

传动准确就是要求控制主动件（丝杠）等速转动时，从动件（螺母）在全部轴向工作长度 L 内的实际位移对理论位移的最大变动 ΔL，以及在任意给定轴向长度 l 内的实际变动 Δl。

内、外螺旋面的接触状况取决于螺纹牙侧的形状、方向与位置误差。牙侧的方向误差可由牙型半角极限偏差控制，形状误差一般由切削刀具保证，轴向位置误差由螺距极限偏差控制，径向位置误差由中径极限偏差控制。牙顶与牙底均留有保证间隙，不参与传动。

2. 传动螺纹的牙型

GB/T 5796.1—2005《梯形螺纹　牙型》规定了传动用梯形螺纹基本牙型。机床丝杠螺母梯形螺纹的基本牙型如图 5-26 所示。

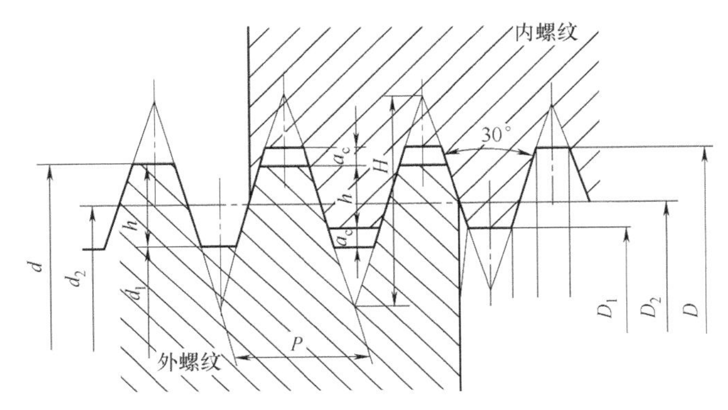

图 5-26　机床丝杠螺母梯形螺纹的基本牙型

机床丝杠螺母副精度要求高，通常采用牙型角 30°的单线梯形螺纹。与普通螺纹不同，传动用梯形螺纹的设计牙型是设计给定的牙型，它是相对于基本牙型规定出功能所需要的各种间隙和圆弧半径的牙型。设计牙型是内、外螺纹各直径的基本偏差的起算点。

5.8.2　梯形螺纹丝杠螺母精度标准及应用

GB/T 5796.4—2005《梯形螺纹　公差》规定的公差不能满足机床丝杠螺母的精度要求，为此又专门制定了 JB/T 2886—2008《机床梯形螺纹丝杠、螺母　技术条件》，规定了机床梯形螺纹丝杠螺母的精度等级、精度项目及其相应的公差或极限偏差数值、检验方法等，见表 5-28~表 5-36。

1. 精度等级

根据功能、用途和使用要求的不同，机床梯形螺纹丝杠及螺母分为 7 个精度等级：3、4、5、6、7、8、9 级。其中，3 级最高，9 级最低。3、4 级用于精度要求特别高的场合，如超高精度坐标镗床、坐标磨床和测量仪器；5、6 级用于高精度传动丝杠螺母，如高精度坐标镗床、螺纹磨床、齿轮磨床、不带校正机构的分度机构和测量仪器；7 级用于精确传动丝杠螺母，如精密螺纹车床、镗床、磨床和齿轮机床等；8 级用于一般传动丝杠螺母，如普通车床和铣床；9 级用于低精度传动丝杠螺母，如普通机床进给机构。

2. 机床丝杠公差

为了保证丝杠在工作时能准确地传递运动，对丝杠规定了下列公差或极限偏差。

（1）螺旋线轴向公差　螺旋线轴向偏差是指在中径线上实际螺旋线相对于理论螺旋线

在轴向偏离的最大代数差值，如图 5-27 所示。螺旋线轴向偏差又可细分为：①在丝杠螺纹的任意 2πrad 转角内的螺旋线轴向偏差 $\Delta l_{2\pi}$；②在丝杠螺纹规定轴向长度上（25mm，100mm，300mm）的螺旋线轴向偏差 Δl_{25}、Δl_{100}、Δl_{300}；③在丝杠螺纹的有效长度内的螺旋线轴向偏差 Δl_{μ}。

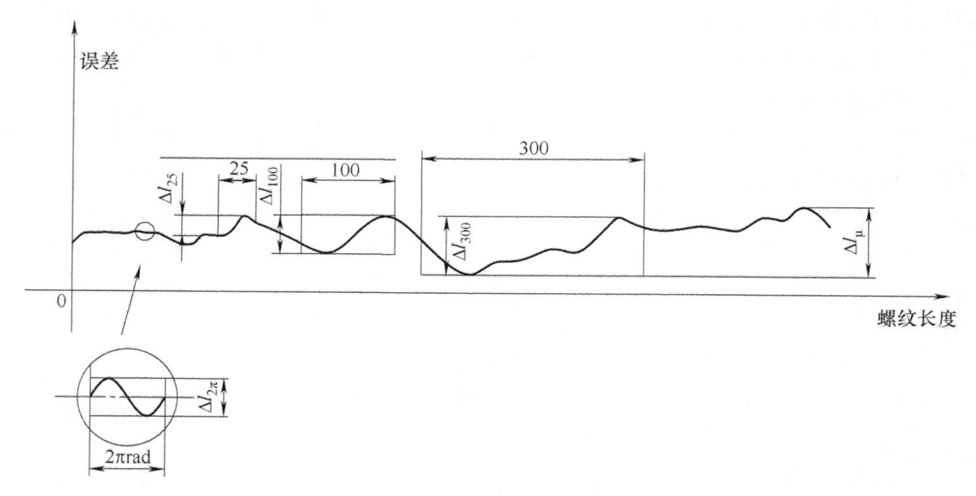

图 5-27　螺旋线轴向偏差曲线

螺旋线轴向公差是指螺旋线轴向实际测量值相对于理论值允许的变动量，用于控制丝杠螺旋线轴向偏差，相应的表示符号为 $\delta l_{2\pi}$、δl_{25}、δl_{100}、δl_{300} 和 δl_{μ}。

螺旋线轴向偏差虽能较全面反映丝杠转角与轴向位移精度，但其动态测量方法尚未普及，故目前只对 3～6 级高精度丝杠规定了螺旋线轴向公差，并规定用动态测量方法进行检测。

（2）螺距公差及螺距累积公差　丝杠的螺距偏差是指在丝杠中径线上实际螺距与公称螺距的最大代数差，如图 5-28 所示。

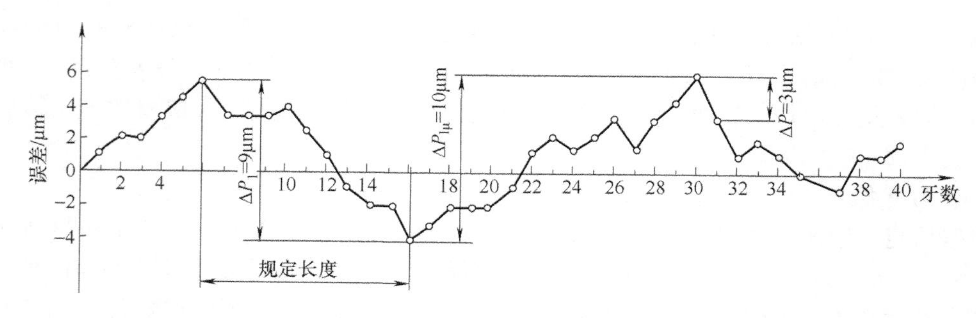

图 5-28　螺距偏差曲线

螺距偏差分为：①单个螺距偏差：实际螺距与基本螺距之差 ΔP；②螺距累积偏差：在规定的螺纹长度内，螺纹牙型在螺纹中径线上任意两同侧表面的轴向实际尺寸相对于公称尺寸的最大代数差。螺距累积偏差按需要分别在丝杠螺纹的任意 60mm、300mm 及螺纹有效长度上考核，记为 ΔP_1 和 $\Delta P_{1\mu}$。

螺距公差是指螺距的实际尺寸相对于公称尺寸允许的变动量，用于控制螺距偏差。螺距累积公差是指在规定的螺纹长度内，螺纹牙型任意两同侧表面的轴向实际尺寸相对于公称尺寸允许的变动量，用于控制螺距累积偏差。

螺距公差及螺距累积公差实际上是控制牙侧轴向位置误差，它不仅影响传动精度，而且影响轴向载荷在螺母全长范围内螺牙牙侧上分布的均匀性。

虽然螺距偏差不如螺旋线轴向偏差全面，但对 7~9 级丝杠，测量螺距偏差可在一定程度反映丝杠的位移精度，且测量容易、方便，所以规定了螺距公差及螺距累积公差。

（3）牙型半角极限偏差　丝杠螺纹牙型半角偏差是丝杠螺纹牙型半角实际值与公称值的代数差，反映牙侧的方向误差，它使丝杠与螺母牙侧面接触不良，直接影响牙侧面耐磨性及传动精度。对 3~8 级精度丝杠规定了牙型半角极限偏差。对 9 级精度丝杠，可同普通螺纹一样，由中径公差综合控制。

（4）大径、中径和小径极限偏差　为了保证丝杠螺母副易于旋转和存储足够润滑油，丝杠螺母配合在大径、中径和小径处均留有间隙，配合性质较松，对公差变化较不敏感。故对丝杠螺纹的大径、中径和小径极限偏差不分精度等级，分别只规定了一种公差值较大的公差带。

由于大径、中径和小径的误差不影响螺旋传动的功能，所以规定大径和小径的上极限偏差为零，下极限偏差为负值，中径的上、下极限偏差均为负值。对于高精度丝杠螺母副，在制造中常按丝杠配置螺母，6 级以上配置螺母的丝杠中径公差带应相对于基本尺寸的零线对称分布。

（5）中径尺寸的一致性公差　在丝杠螺纹的有效长度内，丝杠螺纹各处的中径实际尺寸在公差范围内相差较大，中径尺寸的不一致将影响丝杠螺母配合间隙的均匀性和丝杠螺旋面的一致性。故标准规定了丝杠有效长度范围内中径尺寸的一致性公差，以控制同一丝杠上不同位置中径实际尺寸的变动。中径极限偏差和中径尺寸一致性公差实际上是对牙侧面径向位置误差的控制。

（6）大径表面对螺纹轴线的径向圆跳动公差　当丝杠全长与螺纹公称直径之比（长径比）较大时，丝杠易产生变形，引起丝杠轴线弯曲，从而影响丝杠螺纹螺旋线的精度及丝杠与螺母配合间隙的均匀性，降低丝杠位移的准确性。为保证丝杠螺母传动的轴向位移精度，应控制丝杠因轴向弯曲而产生的跳动。考虑到测量上的方便，标准规定了丝杠螺纹大径表面对螺纹轴线的径向圆跳动公差。

3. 机床螺母公差

（1）螺母中径公差　螺母属于内螺纹，其螺距和牙型半角均很难测量，为保证螺母精度，未单独规定螺距及牙型半角的极限偏差，而是采用中径公差来综合控制螺距偏差及牙型半角偏差。

对 6~9 级螺母，采用非配作加工，非配作螺母螺纹的中径极限偏差见表 5-34。对 5 级以上的高精度丝杠螺母副，为提高精密丝杠合格率，在生产中绝大部分按先加工好的丝杠配作螺母，以保证两者的径向配合间隙及接触面积。以丝杠螺纹中径实际尺寸为基数，按 JB/T 2886—2008 规定的螺母与丝杠配作的中径径向间隙来确定配作螺母螺纹中径的极限尺寸。

（2）螺母螺纹大径、小径公差　丝杠螺母副在大、小径处均有较大的间隙，对其尺寸精度无严格要求，故螺母螺纹大径和小径的极限偏差不分精度等级，分别只规定了一种公差值较大的公差带。

4. 丝杠和螺母的螺纹表面粗糙度

丝杠和螺母螺纹牙型侧面及大径、小径表面的表面粗糙度 *Ra* 值见表 6-36。

5. 丝杠和螺母的标记

机床丝杠螺母螺纹的标记由特征代号 T、尺寸规格（公称直径×螺距）、旋向和精度等级代号组成。左旋螺纹用 LH 表示，右旋螺纹无特别标记。例如 T55×12LH-6 表示公称直径为 55mm、螺距 12mm、6 级精度的左旋螺纹。丝杠工作图的标注示例如图 5-29 所示。

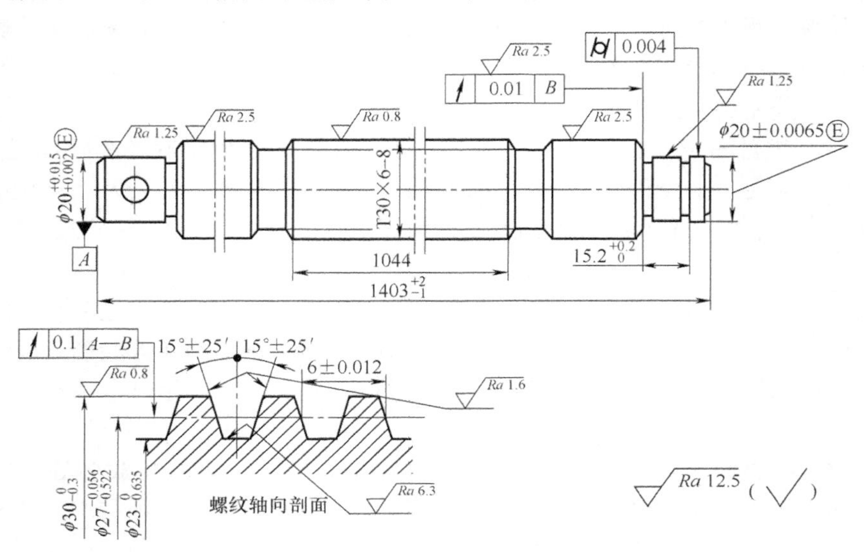

图 5-29　丝杠工作图

1. 对齿轮传动有哪些使用要求？侧隙对齿轮传动有何意义？
2. 单个齿轮精度的评定指标包括哪些齿轮偏差项目（列出名称、代号及其公差代号）？
3. 齿轮运动精度主要受到哪些齿轮偏差影响？
4. 齿轮传动平稳性主要受到哪些齿轮偏差影响？齿面接触精度主要受到哪些齿轮偏差影响？
5. 齿轮切向综合总偏差和齿轮径向综合总偏差有什么差别？
6. 是否所有的齿轮偏差都取一样的等级？在设计时如何选择精度等级？
7. 某 7 级精度的齿轮，其所有的偏差项目都达到了 7 级精度，这种说法对吗？
8. 是否需要检验齿轮所有要素的偏差？在选择检验项目时应考虑哪些因素？
9. 影响齿轮副精度的有哪些偏差项目？
10. 如何保证齿轮侧隙？对单个齿轮，应控制哪些偏差？
11. 在设计中如何选择中心距与轴线平行度的公差？
12. 在设计中如何对齿坯提出技术要求？齿坯误差如何影响齿轮副精度？

13. 某齿轮减速器中有一对直齿圆柱齿轮，其功率为 5kW，$m=3\text{mm}$，$z_1=20$，$z_2=79$，$\alpha=20°$，$b=60\text{mm}$。小齿轮最高转速 $n_1=750\text{r/min}$。箱体材料为铸铁，线胀系数 $\alpha_1=10.5\times10^{-6}\text{K}^{-1}$，齿轮材料为钢，线胀系数 $\alpha_2=11.5\times10^{-6}\text{K}^{-1}$。在工作时齿轮最大温升至 60℃，箱体最大温升至 40℃，小批量生产。试进行齿轮精度设计，并绘制齿轮工作图。

14. 试比较梯形螺纹丝杠螺母精度标准与普通螺纹精度标准的不同之处。

15. 熟悉并熟练查阅表 5-12～表 5-36 中的数据。

表 5-12　单个齿距极限偏差 $\pm f_{pt}$（摘自 GB/T 10095.1—2008）

分度圆直径 d/mm	法向模数 m_n/mm	精度等级 5	6	7	8	9
		$\pm f_{pt}$/μm				
$20<d\leq50$	$2<m_n\leq3.5$	5.5	7.5	11.0	15.0	22.0
	$3.5<m_n\leq6$	6.0	8.5	12.0	17.0	24.0
$50<d\leq125$	$2<m_n\leq3.5$	6.0	8.5	12.0	17.0	23.0
	$3.5<m_n\leq6$	6.5	9.0	13.0	18.0	26.0
	$6<m_n\leq10$	7.5	10.0	15.0	21.0	30.0
$125<d\leq280$	$2<m_n\leq3.5$	6.5	9.0	13.0	18.0	26.0
	$3.5<m_n\leq6$	7.0	10.0	14.0	20.0	28.0
	$6<m_n\leq10$	8.0	11.0	16.0	23.0	32.0
$280<d\leq560$	$2<m_n\leq3.5$	7.0	10.0	14.0	20.0	29.0
	$3.5<m_n\leq6$	8.0	11.0	16.0	22.0	31.0
	$6<m_n\leq10$	8.5	12.0	17.0	25.0	35.0

表 5-13　齿距累积总公差 F_p（摘自 GB/T 10095.1—2008）

分度圆直径 d/mm	法向模数 m_n/mm	精度等级 5	6	7	8	9
		F_p/μm				
$20<d\leq50$	$2<m_n\leq3.5$	15.0	21.0	30.0	42.0	59.0
	$3.5<m_n\leq6$	15.0	22.0	31.0	44.0	62.0
$50<d\leq125$	$2<m_n\leq3.5$	19.0	27.0	38.0	53.0	76.0
	$3.5<m_n\leq6$	19.0	28.0	39.0	55.0	78.0
	$6<m_n\leq10$	20.0	29.0	41.0	58.0	82.0
$125<d\leq280$	$2<m_n\leq3.5$	25.0	35.0	50.0	70.0	100.0
	$3.5<m_n\leq6$	25.0	36.0	51.0	72.0	102.0
	$6<m_n\leq10$	26.0	37.0	53.0	75.0	106.0
$280<d\leq560$	$2<m_n\leq3.5$	33.0	46.0	65.0	92.0	131.0
	$3.5<m_n\leq6$	33.0	47.0	66.0	94.0	133.0
	$6<m_n\leq10$	34.0	48.0	68.0	97.0	137.0

表 5-14 齿廓总公差 F_{α}（摘自 GB/T 10095. 1—2008）

分度圆直径 d/mm	法向模数 m_n/mm	精度等级				
		5	6	7	8	9
		F_{α}/μm				
$20<d\leqslant50$	$2<m_n\leqslant3.5$	7.0	10.0	14.0	20.0	29.0
	$3.5<m_n\leqslant6$	9.0	12.0	18.0	25.0	35.0
$50<d\leqslant125$	$2<m_n\leqslant3.5$	8.0	11.0	16.0	22.0	31.0
	$3.5<m_n\leqslant6$	9.5	13.0	19.0	27.0	38.0
	$6<m_n\leqslant10$	12.0	16.0	23.0	33.0	46.0
$125<d\leqslant280$	$2<m_n\leqslant3.5$	9.0	13.0	18.0	25.0	36.0
	$3.5<m_n\leqslant6$	11.0	15.0	21.0	30.0	42.0
	$6<m_n\leqslant10$	13.0	18.0	25.0	36.0	50.0
$280<d\leqslant560$	$2<m_n\leqslant3.5$	10.0	15.0	21.0	29.0	41.0
	$3.5<m_n\leqslant6$	12.0	17.0	24.0	34.0	48.0
	$6<m_n\leqslant10$	14.0	20.0	28.0	40.0	56.0

表 5-15 齿廓形状公差 $f_{f\alpha}$（摘自 GB/T 10095. 1—2008）

分度圆直径 d/mm	法向模数 m_n/mm	精度等级				
		5	6	7	8	9
		$f_{f\alpha}$/μm				
$20<d\leqslant50$	$2<m_n\leqslant3.5$	5.5	8.0	11.0	16.0	22.0
	$3.5<m_n\leqslant6$	7.0	9.5	14.0	19.0	27.0
$50<d\leqslant125$	$2<m_n\leqslant3.5$	6.0	8.5	12.0	17.0	24.0
	$3.5<m_n\leqslant6$	7.5	10.0	15.0	21.0	29.0
	$6<m_n\leqslant10$	9.0	13.0	18.0	25.0	36.0
$125<d\leqslant280$	$2<m_n\leqslant3.5$	7.0	9.5	14.0	19.0	28.0
	$3.5<m_n\leqslant6$	8.0	12.0	16.0	23.0	33.0
	$6<m_n\leqslant10$	10.0	14.0	20.0	28.0	39.0
$280<d\leqslant560$	$2<m_n\leqslant3.5$	8.0	11.0	16.0	22.0	32.0
	$3.5<m_n\leqslant6$	9.0	13.0	18.0	26.0	37.0
	$6<m_n\leqslant10$	11.0	15.0	22.0	31.0	43.0

表 5-16 齿廓倾斜极限偏差 $\pm f_{H\alpha}$（摘自 GB/T 10095. 1—2008）

分度圆直径 d/mm	法向模数 m_n/mm	精度等级				
		5	6	7	8	9
		$\pm f_{H\alpha}$/μm				
$20<d\leqslant50$	$2<m_n\leqslant3.5$	4.5	6.5	9.0	13.0	18.0
	$3.5<m_n\leqslant6$	5.5	8.0	11.0	16.0	22.0

（续）

分度圆直径 d/mm	法向模数 m_n/mm	精度等级				
		5	6	7	8	9
		$\pm f_{H\alpha}$/μm				
$50<d\leqslant125$	$2<m_n\leqslant3.5$	5.0	7.0	10.0	14.0	20.0
	$3.5<m_n\leqslant6$	6.0	8.5	12.0	17.0	24.0
	$6<m_n\leqslant10$	7.5	10.0	15.0	21.0	29.0
$125<d\leqslant280$	$2<m_n\leqslant3.5$	5.5	8.0	11.0	16.0	23.0
	$3.5<m_n\leqslant6$	6.5	9.5	13.0	19.0	27.0
	$6<m_n\leqslant10$	8.0	11.0	16.0	23.0	32.0
$280<d\leqslant560$	$2<m_n\leqslant3.5$	6.5	9.0	13.0	18.0	26.0
	$3.5<m_n\leqslant6$	7.5	11.0	15.0	21.0	30.0
	$6<m_n\leqslant10$	9.0	13.0	18.0	25.0	35.0

表 5-17 螺旋线总公差 F_β（摘自 GB/T 10095.1—2008）

分度圆直径 d/mm	齿宽 b/mm	精度等级				
		5	6	7	8	9
		F_β/μm				
$20<d\leqslant50$	$10<b\leqslant20$	7.0	10.0	14.0	20.0	29.0
	$20<b\leqslant40$	8.0	11.0	16.0	23.0	32.0
$50<d\leqslant125$	$10<b\leqslant20$	7.5	11.0	15.0	21.0	30.0
	$20<b\leqslant40$	8.5	12.0	17.0	24.0	34.0
	$40<b\leqslant80$	10.0	14.0	20.0	28.0	39.0
$125<d\leqslant280$	$10<b\leqslant20$	8.0	11.0	16.0	22.0	32.0
	$20<b\leqslant40$	9.0	13.0	18.0	25.0	36.0
	$40<b\leqslant80$	10.0	15.0	21.0	29.0	41.0
$280<d\leqslant560$	$20<b\leqslant40$	9.5	13.0	19.0	27.0	38.0
	$40<b\leqslant80$	11.0	15.0	22.0	31.0	44.0
	$80<b\leqslant160$	13.0	18.0	26.0	36.0	52.0

表 5-18 螺旋线形状公差 $f_{f\beta}$ 和螺旋线倾斜极限偏差 $\pm f_{H\beta}$（摘自 GB/T 10095.1—2008）

分度圆直径 d/mm	齿宽 b/mm	精度等级				
		5	6	7	8	9
		$f_{f\beta}$/μm 和 $\pm f_{H\beta}$/μm				
$20<d\leqslant50$	$10<b\leqslant20$	5.0	7.0	10.0	14.0	20.0
	$20<b\leqslant40$	6.0	8.0	12.0	16.0	23.0
$50<d\leqslant125$	$10<b\leqslant20$	5.5	7.5	11.0	15.0	21.0
	$20<b\leqslant40$	6.0	8.5	12.0	17.0	24.0
	$40<b\leqslant80$	7.0	10.0	14.0	20.0	28.0

（续）

分度圆直径 d/mm	齿　宽 b/mm	精　度　等　级				
		5	6	7	8	9
		$f_{f\beta}$/μm 和 $\pm f_{H\beta}$/μm				
$125<d\leqslant280$	$10<b\leqslant20$	5.5	8.0	11.0	16.0	23.0
	$20<b\leqslant40$	6.5	9.0	13.0	18.0	25.0
	$40<b\leqslant80$	7.5	10.0	15.0	21.0	29.0
$280<d\leqslant560$	$20<b\leqslant40$	7.0	9.5	14.0	19.0	27.0
	$40<b\leqslant80$	8.0	11.0	16.0	22.0	31.0
	$80<b\leqslant160$	9.0	13.0	18.0	26.0	37.0

表 5-19　f_i'/K 的值（摘自 GB/T 10095.1—2008）

分度圆直径 d/mm	法向模数 m_n/mm	精　度　等　级				
		5	6	7	8	9
		(f_i'/K)/μm				
$20<d\leqslant50$	$2<m_n\leqslant3.5$	17.0	24.0	34.0	48.0	68.0
	$3.5<m_n\leqslant6$	19.0	27.0	38.0	54.0	77.0
$50<d\leqslant125$	$2<m_n\leqslant3.5$	18.0	25.0	36.0	51.0	72.0
	$3.5<m_n\leqslant6$	20.0	29.0	40.0	57.0	81.0
	$6<m_n\leqslant10$	23.0	33.0	47.0	66.0	93.0
$125<d\leqslant280$	$2<m_n\leqslant3.5$	20.0	28.0	39.0	56.0	79.0
	$3.5<m_n\leqslant6$	22.0	31.0	44.0	62.0	88.0
	$6<m_n\leqslant10$	25.0	35.0	50.0	70.0	100.0
$280<d\leqslant560$	$2<m_n\leqslant3.5$	22.0	31.0	44.0	62.0	87.0
	$3.5<m_n\leqslant6$	24.0	34.0	48.0	68.0	96.0
	$6<m_n\leqslant10$	27.0	38.0	54.0	76.0	108.0

表 5-20　径向综合总公差 F_i''（摘自 GB/T 10095.2—2008）

分度圆直径 d/mm	法向模数 m_n/mm	精　度　等　级				
		5	6	7	8	9
		F_i''/μm				
$20<d\leqslant50$	$1.0<m_n\leqslant1.5$	16	23	32	45	64
	$1.5<m_n\leqslant2.5$	18	26	37	52	73
$50<d\leqslant125$	$1.0<m_n\leqslant1.5$	19	27	39	55	77
	$1.5<m_n\leqslant2.5$	22	31	43	61	86
	$2.5<m_n\leqslant4.0$	25	36	51	72	102
$125<d\leqslant280$	$1.0<m_n\leqslant1.5$	24	34	48	68	97
	$1.5<m_n\leqslant2.5$	26	37	53	75	106
	$2.5<m_n\leqslant4.0$	30	43	61	86	121
	$4.0<m_n\leqslant6.0$	36	51	72	102	144

（续）

分度圆直径 d/mm	法向模数 m_n/mm	精度等级				
		5	6	7	8	9
		F_i''/μm				
280<d≤560	1.0<m_n≤1.5	30	43	61	86	122
	1.5<m_n≤2.5	33	46	65	92	131
	2.5<m_n≤4.0	37	52	73	104	146
	4.0<m_n≤6.0	42	60	84	119	169

表 5-21　一齿径向综合总公差 f_i''（摘自 GB/T 10095.2—2008）

分度圆直径 d/mm	法向模数 m_n/mm	精度等级				
		5	6	7	8	9
		f_i''/μm				
20<d≤50	1.0<m_n≤1.5	4.5	6.5	9.0	13	18
	1.5<m_n≤2.5	6.5	9.5	13	19	26
50<d≤125	1.0<m_n≤1.5	4.5	6.5	9.0	13	18
	1.5<m_n≤2.5	6.5	9.5	13	19	26
	2.5<m_n≤4.0	10	14	20	29	41
125<d≤280	1.0<m_n≤1.5	4.5	6.5	9.0	13	18
	1.5<m_n≤2.5	6.5	9.5	13	19	27
	2.5<m_n≤4.0	10	15	21	29	41
	4.0<m_n≤6.0	15	22	31	44	62
280<d≤560	1.0<m_n≤1.5	4.5	6.5	9.0	13	18
	1.5<m_n≤2.5	6.5	9.5	13	19	27
	2.5<m_n≤4.0	10	15	21	29	41
	4.0<m_n≤6.0	15	22	31	44	62

表 5-22　径向跳动公差 F_r（摘自 GB/T 10095.2—2008）

分度圆直径 d/mm	法向模数 m_n/mm	精度等级				
		5	6	7	8	9
		F_r/μm				
20<d≤50	2.0<m_n≤3.5	12	17	24	34	47
	3.5<m_n≤6.0	12	17	25	35	49
50<d≤125	2.0<m_n≤3.5	15	21	30	43	61
	3.5<m_n≤6.0	16	22	31	44	62
	6.0<m_n≤10	16	23	33	46	65
125<d≤280	2.0<m_n≤3.5	20	28	40	56	80
	3.5<m_n≤6.0	20	29	41	58	82
	6.0<m_n≤10	21	30	42	60	85

（续）

分度圆直径 d/mm	法向模数 m_n/mm	精度等级				
		5	6	7	8	9
		F_r/μm				
280<d≤560	2.0<m_n≤3.5	26	37	52	74	105
	3.5≤m_n≤6.0	27	38	53	75	106
	6.0≤m_n≤10	27	39	55	77	109

表 5-23　基准面与安装面的形状公差（摘自 GB/Z 18620.3—2008）

确定轴线的基准面	公差项目		
	圆度	圆柱度	平面度
用两个“短的”圆柱或圆锥形基准面上设定的两个圆的圆心来确定轴线上的两个点	$0.04(L/b)F_\beta$ 或 $0.1F_p$ 取两者中小值		
用一个“长的”圆柱或圆锥形的面来同时确定轴线的位置和方向。孔的轴线可以用与之相匹配正确地装配的工作芯轴的轴线来代表		$0.04(L/b)F_\beta$ 或 $0.1F_p$ 取两者中小值	
轴线位置用一个“短的”圆柱形基准面上一个圆的圆心来确定，其方向则用垂直于此轴线的一个基准端面来确定	$0.06F_p$		$0.06(D_d/b)F_\beta$

注：齿坯公差应减至能经济制造的最小值，L 为较大轴承跨距，D_d 为与工作台接触的基准面直径，b 为齿宽。

表 5-24　安装面的跳动公差（摘自 GB/Z 18620.3—2008）

确定轴线的基准面	跳动量（总的指示幅度）	
	径向	轴向
仅指圆柱或圆锥形基准面	$0.15(L/b)F_\beta$ 或 $0.3F_p$ 取两者中大值	
一个圆柱基准面和一个端面基准面	$0.3F_p$	$0.2(D_d/b)F_\beta$

表 5-25　齿轮各主要表面 *Ra* 推荐数值（摘自 GB/Z 18620.4—2008）（单位：μm）

等级	*Ra*			等级	*Ra*		
	模数 m/mm				模数 m/mm		
	m<6	6<m<25	m>25		m<6	6<m<25	m>25
1		0.04		7	1.25	1.6	2.0
2		0.08		8	2.0	2.5	3.2
3		0.16		9	3.2	4.0	5.0
4		0.32		10	5.0	6.3	8.0
5	0.5	0.63	0.80	11	10.0	12.5	16
6	0.8	1.00	1.25	12	20	25	32

表 5-26　齿轮各基准面的表面粗糙度 *Ra* 推荐数值（供参考）　（单位：μm）

各面的粗糙度 *Ra*	齿轮的精度等级						
	5	6	7		8	9	
齿面加工方法	磨齿	磨或珩齿	剃或珩齿	精插精铣	插齿或滚齿	滚齿	铣齿
齿轮基准孔	0.32~0.63	1.25	1.25~2.5			5	
齿轮轴基准轴颈	0.32	0.63	1.25		2.5		
齿轮基准端面	2.5~1.25	2.5~5			3.2~5		
齿轮顶圆	1.25~2.5	3.2~5					

表 5-27　直齿轮装配后的接触斑点（摘自 GB/Z 18620.4—2008）

精度等级 按 GB/T 10095—2001	b_{c1}占齿宽的百分比	h_{c1}占有效齿面高度的百分比	b_{c2}占齿宽的百分比	h_{c2}占有效齿面高度的百分比
4 级及更高	50%	70%	40%	50%
5 和 6	45%	50%	35%	30%
7 和 8	35%	50%	35%	30%
9 至 12	25%	50%	25%	30%

表 5-28　丝杠螺旋线轴向公差（摘自 JB/T 2886—2008）　（单位：μm）

精度等级	$\delta l_{2\pi}$	在下列长度内（mm）的螺旋线轴向公差			在下列螺纹有效长度内（mm）螺旋线轴向公差				
		25	100	300	≤1000	>1000~2000	>2000~3000	>3000~4000	>4000~5000
3	0.9	1.2	1.8	2.5	4	—	—	—	—
4	1.5	2	3	4	6	8	12	—	—
5	2.5	3.5	4.5	6.5	10	14	19	—	—
6	4	7	8	11	16	21	27	33	39

注：7、8、9 级精度丝杠不规定螺旋线轴向公差。$\delta l_{2\pi}$为任意一个螺距长度内的螺旋线轴向公差。

表 5-29　丝杠螺纹螺距公差和螺距累积公差（摘自 JB/T 2886—2008）（单位：μm）

精度等级	螺距公差	在下列长度（mm）内螺距累积公差		下列螺纹有效长度（mm）内螺距累积公差					
		60	300	1000	>1000~2000	>2000~3000	>3000~4000	>4000~5000	>5000 每增加 1000 应增加
7	6	10	18	28	36	44	52	60	8
8	12	20	35	55	65	75	85	95	10
9	25	40	70	110	130	150	170	190	20

表 5-30 丝杠螺纹牙型半角的极限偏差（摘自 JB/T 2886—2008）

螺距 P/mm		精度等级					
		3	4	5	6	7	8
自	至	半角极限偏差/(′)					
2	5	±8	±10	±12	±15	±20	±30
6	10	±6	±8	±10	±12	±18	±25
12	20	±5	±6	±8	±10	±15	±20

注：9 级精度丝杠不规定牙型半角极限偏差。

表 5-31 丝杠螺纹大径、中径和小径的极限偏差（摘自 JB/T 2886—2008）

螺距 P/mm	公称直径 D/mm		螺纹大径		螺纹中径		螺纹小径	
	自	至	上极限偏差/μm	下极限偏差/μm	上极限偏差/μm	下极限偏差/μm	上极限偏差/μm	下极限偏差/μm
6	30	42	0	-300	-56	-522	0	-635
	44	60				-550		-646
	65	80				-572		-665
	120	150				-585		-720
8	22	28	0	-400	-67	-590	0	-720
	44	60				-620		-758
	65	80				-656		-765
	160	190				-682		-930
10	30	40	0	-550	-75	-680	0	-820
	44	60				-696		-854
	65	80				-710		-865
	200	220				-738		-900
12	30	42	0	-600	-82	-754	0	-892
	44	60				-772		-948
	65	80				-789		-955
	85	110				-800		-978

注：螺纹大径表面作工艺基准时，其尺寸公差及形状公差由工艺提出。

表 5-32 丝杠螺纹中径尺寸的一致性公差（摘自 JB/T 2886—2008） （单位：μm）

精度等级	螺纹有效长度/mm					
	≤1000	>1000～2000	>2000～3000	>3000～4000	>4000～5000	>5000 每增加 1000 应增加
3	5	—	—	—	—	—
4	6	11	17	—	—	—
5	8	15	22	30	38	—
6	10	20	30	40	50	5
7	12	26	40	53	65	10
8	16	36	53	70	90	20
9	21	48	70	90	116	30

表 5-33　大径表面对螺纹轴线的径向圆跳动公差（摘自 JB/T 2886—2008）

（单位：μm）

长径比	精度等级						
	3	4	5	6	7	8	9
>20~25	4	6	10	16	40	63	125
>25~30	5	8	12	20	40	80	160
>30~35	6	10	16	25	50	100	200
>35~40	—	12	20	32	63	125	250
>40~45	—	16	25	40	80	160	315
>45~50	—	20	32	50	100	200	400
>50~60	—	—	—	63	125	250	500

注：长径比系指丝杠全长与螺纹公称直径之比。

表 5-34　非配作螺母螺纹的中径极限偏差（摘自 JB/T 2886—2008）

螺距 P/mm		精度等级			
		6	7	8	9
自	至	极限偏差/μm			
2	5	+55 0	+65 0	+85 0	+100 0
6	10	+65 0	+75 0	+100 0	+120 0
12	20	+75 0	+85 0	+120 0	+150

表 5-35　螺母螺纹的大径、中径、小径的极限偏差（摘自 JB/T 2886—2008）

螺距 P/mm	公称直径 D/mm		螺纹大径		螺纹小径	
	自	至	上极限偏差/μm	下极限偏差/μm	上极限偏差/μm	下极限偏差/μm
6	30 44 65 120	42 60 80 150	+578 +590 +610 +660	0	+300	0
8	22 44 65 160	28 60 80 190	+650 +690 +700 +765	0	+400	0
10	30 44 65 200	42 60 80 220	+745 +778 +790 +825	0	+500	0

（续）

螺距 P/mm	公称直径 D/mm		螺纹大径		螺纹小径	
	自	至	上极限偏差/μm	下极限偏差/μm	上极限偏差/μm	下极限偏差/μm
12	30	42	+813	0	+600	0
	44	60	+865			
	65	80	+872			
	85	110	+895			

注：螺纹大径或小径表面作为工艺基准时，其尺寸公差及形状公差由工艺提出。

表 5-36　丝杠和螺母的螺纹表面粗糙度 *Ra* 值（摘自 JB/T 2886—2008）（单位：μm）

精度等级	螺纹大径表面		牙 型 侧 面		螺纹小径表面	
	丝　杠	螺　母	丝　杠	螺　母	丝　杠	螺　母
3	0.2	3.2	0.2	0.4	0.8	0.8
4	0.4	3.2	0.4	0.8	0.8	0.8
5	0.4	3.2	0.4	0.8	0.8	0.8
6	0.4	3.2	0.4	0.8	1.6	0.8
7	0.4	6.3	0.8	1.6	3.2	1.6
8	0.8	6.3	1.6	1.6	6.3	1.6
9	1.6	6.3	1.6	1.6	6.3	1.6

注：丝杠和螺母的牙型侧面不应有明显的波纹。

第 6 章 典型零部件精度设计与检测

6.1 概述

滚动轴承、键、花键、普通螺纹及圆锥结构件是几种常用的典型零部件。滚动轴承通常用于回转体的相对转动，起支承回转体等作用，如在汽车变速器中，轴与变速箱之间依靠滚动轴承支承实现轴的转动运动；键、花键通常用于与轴一起转动部分的连接，如用于连接轴与带轮等；作为传递运动的螺纹是连接的一种重要形式，这些典型件不但用于连接，有时还用于传递运动；对于圆锥件，其结构利于调整配合的性质（间隙配合、过渡配合及过盈配合），便于装拆及轴类零件的定心要求。以上这几种连接形式在机械设计中应用广泛，并且已经标准化、系列化。因此，这几种典型零部件及应用设计的合理与否，对保证机械的性能及工作精度有很大的影响。

6.2 滚动轴承的精度设计

6.2.1 滚动轴承概述

滚动轴承是一种重要的通用部件，在机械中主要支承旋转部件（通常为轴），使轴类部件可以相对座孔做旋转运动。滚动轴承也是一种精密部件，由于起旋转支承作用，一般也作为旋转件的回转基准。因此，正确选用滚动轴承的配合精度，对有效保证回转部件的工作精度及使用要求有重要作用。

滚动轴承基本结构由内圈、外圈、滚动体（钢球或滚子）和保持架（又称保持器或隔离圈）所组成，如图 6-1 所示。它结构简单，润滑方便，摩擦力小，常被用于有回转要求的机构中。

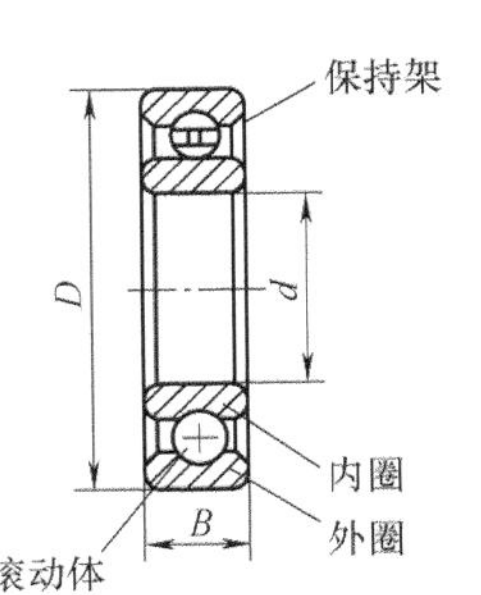

图 6-1 滚动轴承的结构

滚动轴承是一种标准化的部件，其外部尺寸如内径、外径、轴承宽等已标准化、系列化。

滚动轴承的专业化生产由来已久。为了实现滚动轴承及其相配件的互换性，正确进行滚动轴承的公差与配合设计，我国发布了一系列国家标准，主要有下面几个：

1）《滚动轴承　公差　定义》（GB/T 4199—2003）。

2)《滚动轴承 向心轴承 产品几何技术规范（GPS）和公差值》（GB/T 307.1—2017）。

3)《滚动轴承 测量和检验的原则及方法》（GB/T 307.2—2005）。

4)《滚动轴承 通用技术规则》（GB/T 307.3—2017）。

5)《滚动轴承 游隙 第1部分：向心轴承的径向游隙》（GB/T 4604—2012）。

6)《滚动轴承 配合》（GB/T 275—2015）。

6.2.2 滚动轴承的公差等级及应用

滚动轴承作为一种常用的精密部件，其公差等级可由轴承的尺寸精度和旋转精度确定。滚动轴承的尺寸精度包括：轴承内径（d）、轴承外径（D）、轴承宽度（B）或（C）的制造精度及圆锥滚子轴承装配高度（T）的精度，如图6-2所示。

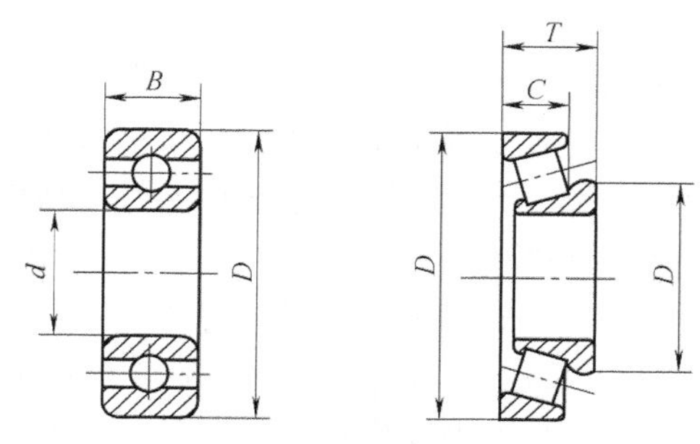

图6-2 滚动轴承基本尺寸图

轴承的旋转精度包括：轴承内、外圈的径向跳动；轴承内、外圈端面对滚道的跳动；内圈基准端面对内孔的跳动；外径表面素线对基准端面的倾斜度的变动量等。

根据滚动轴承的尺寸公差和旋转精度，标准《滚动轴承 通用技术规则》（GB 307.3—2017）中，滚动轴承的精度分为五级，即N、6(6X)、5、4、2级，依次从低到高，N级最低，2级最高。其中，向心轴承的精度分为N、6、5、4、2五级，圆锥滚子轴承的精度分为N、6X、5、4、2级；其他轴承的精度则分为四级，即N、6、5、4级。6X级轴承与6级轴承的内径公差、外径公差和径向圆跳动公差均相同，差别在于前者装配宽度要求较为严格。

N级轴承用于中等负荷、中等转速、旋转精度要求不高的一般机构中，如普通机床、汽车、拖拉机的变速机构中所用的轴承。

6级轴承用于旋转精度要求较高的机构中，如普通机床的主轴轴承、汽车变速器中使用的轴承。

5级轴承、4级轴承常用于旋转精度和转速要求较高的机构中，如精密机床的主轴轴承，磨齿机、精密仪器和精密机械所用的轴承。

2级轴承常用于对旋转精度和旋转速度要求很高的机构中，如精密坐标镗床、高精度齿轮磨床的主轴轴承。

在多数情况下，轴承内圈与轴一起旋转，为了防止内圈和轴颈的配合面相对滑动而产生磨损，要求配合具有一定的过盈。但由于内圈是薄壁零件，过盈量不能太大。轴承外圈安装在外壳孔中，通常不旋转。在工作时温度升高，会使轴膨胀，两端轴承中有一端应是游动支承，因此可把外圈与壳体孔的配合稍微松一点，使之能补偿轴的热胀伸长。轴承的内外圈都是薄壁零件，在制造和自由状态下都易变形，在装配后又得到校正。根据这些特点，滚动轴承公差的国家标准不仅规定了两种尺寸公差，还规定了两种形状公差。其目的是控制轴承的变形程度、轴承与轴和壳体孔配合的尺寸精度。

两种尺寸公差是：

1）轴承单一内径（d_s）与单一外径（D_s）的偏差（Δd_s，ΔD_s）

$$\Delta d_s = d_s - d,\ \Delta D_s = D_s - D \tag{6-1}$$

2）轴承单一平面平均内径（d_{mp}）与平均外径（D_{mp}）的偏差（Δd_{mp}，ΔD_{mp}）

$$\Delta d_{mp} = d_{mp} - d,\ \Delta D_{mp} = D_{mp} - D \tag{6-2}$$

3）轴承单一径向平面内，内径（d_s）与外径（D_s）的变动量（V_{dsp}，V_{Dsp}）

$$V_{dsp} = d_{smax} - d_{smin},\ V_{Dsp} = D_{smax} - D_{smin} \tag{6-3}$$

式中 $d_{smax}(D_{smax})$——单个套圈最大单一内（外）径（mm）；

$d_{smin}(D_{smin})$——单个套圈最小单一内（外）径（mm）。

4）轴承平均内径与平均外径的变动量 V_{dmp}（V_{Dmp}）：

$$V_{dmp} = d_{mpmax} - d_{mpmin},\ V_{Dmp} = D_{mpmax} - D_{mpmin} \tag{6-4}$$

式中 $d_{mpmax}(D_{mpmax})$——单个套圈最大单一平面平均内（外）径（mm）；

$d_{mpmin}(D_{mpmin})$——单个套圈最小单一平面平均内（外）径（mm）。

向心轴承内、外径的尺寸公差和形状公差及轴承的旋转精度公差见表 6-1 和表 6-2。

表 6-1 向心轴承内圈公差 （单位：μm）

d/mm	公差等级	Δd_{mp}		Δd_s①		V_{dsp}②			V_{dmp}	K_{ia}	S_d	S_{ia}③	ΔB_s			V_{Bs}
						直径系列							全部	正常	修正④	
		上极限偏差	下极限偏差	上极限偏差	下极限偏差	9	0、1	2、3、4					上极限偏差	下极限偏差		
						最大			最大	最大	最大	最大				最大
>18-30	N	0	-10	—	—	13	10	8	8	13	—	—	0	-120	-250	20
	6	0	-8	—	—	10	8	6	6	8	—	—	0	-120	-250	20
	5	0	-6	—	—	6	5	5	3	4	8	8	0	-120	-250	5
	4	0	-5	0	-5	5	4	4	2.5	3	4	4	0	-120	-250	2.5
	2	0	-2.5	0	-2.5	—	2.5	2.5	1.5	2.5	1.5	2.5	0	-120	-250	1.5
>30-50	N	0	-12	—	—	15	12	9	9	15	—	—	0	-120	-250	20
	6	0	-10	—	—	13	10	8	8	10	—	—	0	-120	-250	20
	5	0	-8	—	—	8	6	6	4	5	8	8	0	-120	-250	5
	4	0	-6	0	-6	6	5	5	3	4	4	4	0	-120	-250	3
	2	0	-2.5	0	-2.5	—	2.5	2.5	1.5	2.5	1.5	2.5	0	-120	-250	1.5

注：表中“—”表示未规定公差值。

① 仅适用于 4、2 轴承直径系列 0、1、2、3 及 4。

② 直径系列 7、8 无规定。

③ 仅适用于沟型球轴承。

④ 适用于在成对或成组安装时单个轴承的内、外圈。

表 6-2 向心轴承外圈公差 （单位：μm）

D/mm	公差等级	ΔD_{mp}		ΔD_s①		V_{Dsp}②					V_{Dmp}	K_{ea}	S_D	S_{ea}③	ΔC_s③		V_{Cs}
						开型轴承			闭型轴承								
						直径系列											
		上极限偏差	下极限偏差	上极限偏差	下极限偏差	9	0、1	2、3、4	2、3、4	0、1					上极限偏差	下极限偏差	
						最大					最大	最大	最大	最大			最大
>50-80	N	0	-13	—	—	16	13	10	20	—	10	25	—	—	与同一轴承内圈的 ΔB_s 相同		与同一轴承内圈的 V_{Bs} 相同
	6	0	-11	—	—	14	11	8	16	16	8	13	—	—			
	5	0	-9	—	—	9	7	7	—	—	5	8	8	10			6
	4	0	-7	0	-7	7	5	5	—	—	3.5	5	4	5			3
	2	0	-4	0	-4	—	4	4	4	4	2	4	1.5	4			1.5
>80-120	N	0	-15	—	—	19	19	11	26	—	11	35	—	—			与同一轴承内圈的 V_{Bs} 相同
	6	0	-13	—	—	16	16	10	20	20	10	18	—	—			
	5	0	-10	—	—	10	8	8	—	—	5	10	9	11			6
	4	0	-6	0	-8	8	6	6	—	—	4	6	5	6			3
	2	0	-5	0	-5	—	5	5	5	5	2.5	5	2.5	5			1.5

注：表中“—”表示未规定公差值。

① 仅适用于 4、2 轴承直径系列 0、1、2、3 及 4。

② 对于 N、6 级轴承，用于内、外止动环安装前或拆卸后，直径系列 7 和 8 无规定值。

③ 仅适用于沟型球轴承。

表 6-1 和表 6-2 中，K_{ia}、K_{ea}为成套轴承内、外圈的径向圆跳动允许值；S_{ia}、S_{ea}为成套轴承内外圈的轴向圆跳动允许值；S_d 为内圈基准端面对内孔的垂直度允许值；S_D 为外圈外表面对基准端面的垂直度允许值；V_{Bs}为内圈宽度变动的允许值；ΔB_s 为内圈单一宽度偏差允许值；ΔC_s 为外圈单一宽度偏差允许值；V_{Cs}为外圈宽度变动的允许值。直径系列是指对于同一内径的轴承，由于不同的使用场合所需承受的负荷大小和寿命极限不同，必须使用不同大小的滚动体，因而使轴承的外径和宽度也随之改变，这种内径相同而外径不同的变化称为直径系列。

6.2.3 滚动轴承内、外径公差带的特点

滚动轴承是标准件，滚动轴承外圈与外壳孔的配合应采用基轴制，内圈与轴颈的配合应采用基孔制。轴承外圈外圆公差带位于以公称外径 D 为零线的下方，与具有基本偏差 h 的公差带相类似，但公差值不同。同时规定：内圈基准孔的公差带位于以公称直径 d 为零线的下方，即滚动轴承内圈内径的公差带在零线的下方，其上极限偏差为零，下极限偏差为负值。所以轴承内圈内圆柱面与轴颈得到的配合比相应光滑圆柱体按基孔制形成的配合有不同程度的变紧，可以满足滚动轴承配合的特殊要求，如图 6-3 所示。

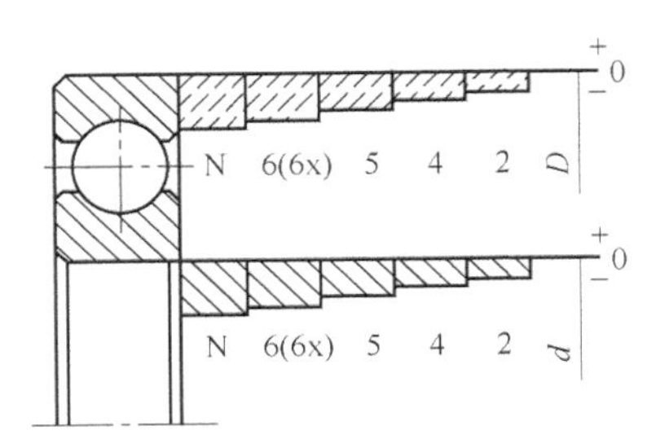

图 6-3　滚动轴承内、外圈公差带

6.2.4　滚动轴承与轴颈及外壳孔的配合

滚动轴承配合指轴承内、外圈与轴颈及外壳孔的配合。滚动轴承是标准化部件，通常由专门工厂生产，为方便于互换和大量生产，轴承内径与轴颈的配合采用类似于基孔制的配合，轴承外径与外壳孔的配合采用类似于基轴制的配合。在 GB/T 275—2015《滚动轴承 配合》中，规定了轴颈、外壳孔与 N、6(6x) 级滚动轴承配合的公差带的位置，如图 6-4、图 6-5 所示。

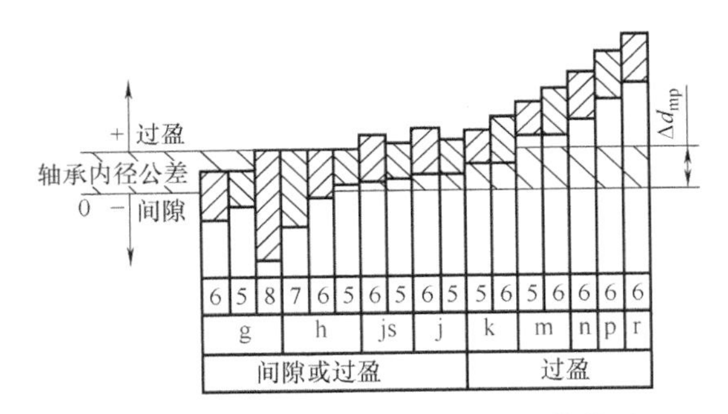

图 6-4　轴承与轴配合的常用公差带关系

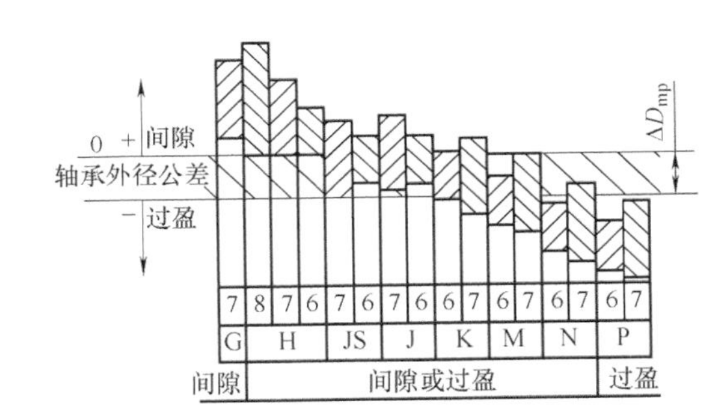

图 6-5　轴承与外壳孔配合的常用公差带关系

由图 6-4、图 6-5 可见，轴承内径与轴颈的这种基孔制配合，虽然在概念上和一般圆柱体的基孔制配合相当，可是由于轴承内、外径的公差带采用上极限偏差为零的单向布置，其公差值也是特殊规定的。所以，同样一个轴，与轴承内径形成的配合，要比与一般基孔制配合下的孔形成的配合紧得多，有的由间隙配合变为过渡配合，有的由过渡配合变为过盈配合。轴承外径的公差带，其布置方案虽然与一般圆柱体基准轴的公差带相同，即均采用上极限偏差为零的单向布置，但轴承外径的公差值也是特殊规定的。因此，同样的孔，与轴承外径的配合和基轴制的轴配合也不完全相同。

图 6-6 所示为 ϕ50k6 轴，分别与 6 级轴承内圈和 ϕ50H7 基准孔配合，由公差带图可以看出，与轴承内圈配合是过盈配合，其结合比与基准孔 50H7 配合要紧。

6.2.5　滚动轴承配合的精度设计

合理地选择滚动轴承与轴颈及外壳孔的配合，可有效保证机器的精度，提高机器的运转质量，延长其使用寿命，使产品制造经济合理。

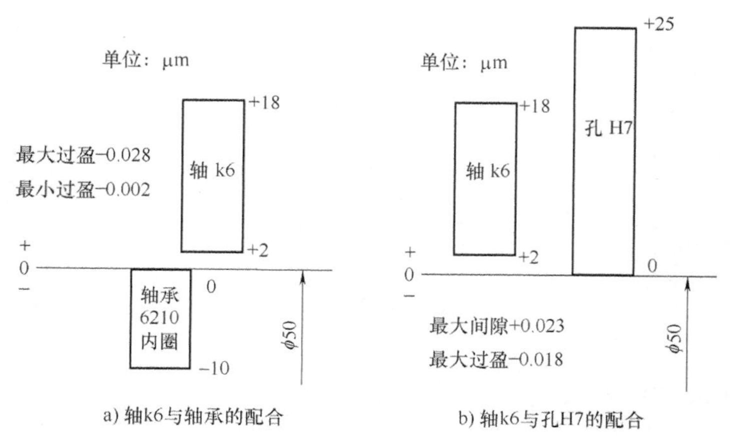

图 6-6　轴 ϕ50k6 分别与轴承、孔 ϕ50H7 的配合比较

按 GB/T 275—2015 的规定，滚动轴承与轴和外壳孔的配合选择的基本原则如下：

1. 负荷类型

当轴承工作时，轴承承受一个方向不变的径向负荷 P_r 和一个旋转负荷 P_c，二者的合成径向负荷为 P，轴承承受负荷如图 6-7a～图 6-7f 所示组合形式。其类型可分成以下三类：

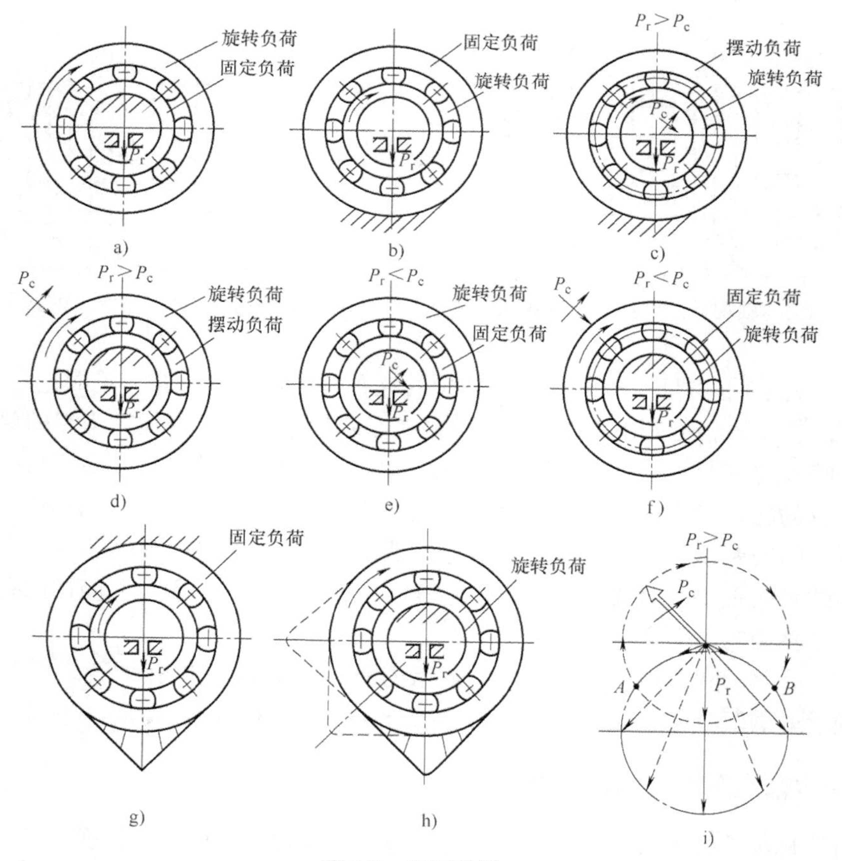

图 6-7　负荷类型

1）固定负荷。作用在轴承上的合成径向负荷与外圈（或内圈）相对静止，此时，外圈（或内圈）上承受的负荷称为固定负荷。如图 6-7b、f 的外圈及图 6-7a、e 的内圈，其负荷形式如图 6-7g 所示。

2）旋转负荷。作用在轴承上的合成径向负荷与外圈（或内圈）相对旋转，并依次作用在外圈（或内圈）的整个圆周上，周而复始。此时，外圈（或内圈）上承受的负荷称为旋转负荷。如图 6-7a、d、e 的外圈及图 6-7b、c、f 的内圈，其负荷形式如图 6-7h 所示。

3）摆动负荷。作用在轴承上的合成径向负荷在外圈（或内圈）滚道的一定区域内相对摆动，此时，负荷连续变动地作用在外圈（或内圈）的局部圆周上，则外圈（或内圈）所承受的负荷为摆动负荷。如图 6-7c 的外圈及图 6-7d 的内圈，其负荷形式如图 6-7i 所示。

在选择配合时，应考虑当外圈（或内圈）承受固定负荷作用时，配合应稍松，可以有不大的间隙，以便在滚动体摩擦力作用下，使外圈（或内圈）相对于外壳孔（或轴颈）表面偶尔有游动的可能，从而消除滚道的局部磨损，装拆也较方便。一般可选过渡配合或间隙配合。

当内圈（外圈）承受旋转负荷时，为了防止内圈（外圈）相对于轴颈（外壳孔）打滑，引起配合表面磨损、发热，内圈（外圈）与轴颈（外壳孔）的配合应较紧，一般选用过渡配合或过盈配合。

受摆动负荷的内圈与轴颈（外圈与外壳孔）的配合，一般与受旋转负荷的相同或稍松。

2. 负荷大小

轴承套圈（指内、外圈）与轴颈或外壳孔配合的最小过盈量取决于负荷的大小。轴承承受的负荷越大或承受冲击负荷时，最小过盈量应越大。

负荷依大小分三类：径向负荷 $P \leqslant 0.07C$ 时称为轻负荷；$0.07C < P \leqslant 0.15C$ 时称为正常负荷；$P > 0.15C$ 时称为重负荷。其中，C 为轴承的额定负荷。

表 6-3、表 6-4 列出了根据负荷类型和负荷大小选择与轴承配合的轴颈和外壳孔的公差带。

表 6-3　向心轴承和轴承座孔的配合——孔公差带

<table>
<tr><th colspan="3">运转状态</th><th rowspan="2">其他情况</th><th colspan="2">公差带[①]</th></tr>
<tr><th colspan="2">载荷情况</th><th>举　例</th><th>球轴承</th><th>滚子轴承</th></tr>
<tr><td rowspan="2">外圈承受固定负荷</td><td>轻、正常重</td><td rowspan="2">一般机械、铁路机车车辆轴箱</td><td>轴向易移动，可采用剖分式轴承座</td><td colspan="2">H7、G7[②]</td></tr>
<tr><td>冲击</td><td rowspan="2">轴向能移动，可采用整体或剖分式轴承座</td><td colspan="2" rowspan="2">J7、JS7</td></tr>
<tr><td rowspan="3">方向不定载荷</td><td>轻、正常</td><td rowspan="2">电动机、泵、曲轴主轴承</td></tr>
<tr><td>正常、重</td><td rowspan="5">轴向不移动，采用整体式轴承座</td><td colspan="2">K7</td></tr>
<tr><td>重冲击</td><td>牵引电动机</td><td colspan="2">M7</td></tr>
<tr><td rowspan="3">外圈承受旋转负荷</td><td>轻</td><td rowspan="3">皮带张紧轮、轮毂轴承</td><td>J7</td><td>K7</td></tr>
<tr><td>正常</td><td>M7</td><td>N7</td></tr>
<tr><td>重</td><td>—</td><td>N7、P7</td></tr>
</table>

① 并列公差带随尺寸的增大从左至右选择，当对旋转精度有较高要求时，可相应提高一个精度等级。

② 不适用于剖分式轴承座。

表 6-4 向心轴承和轴的配合——轴公差带

载荷情况		举例	深沟球轴承、调心球轴承和角接触球轴承	圆柱滚子轴承和圆锥滚子轴承	调心滚子轴承	公差带
圆柱孔轴承						
			轴承公称内径/mm			
内圈承受逆转载荷或方向不定载荷	轻载荷	输送机、 轮载齿轮箱	≤18 >18~100 >100~200 —	— ≤40 >40~140 >140~200	— ≤40 >40~140 >140~200	h5 j6① k6① m6①
	正常载荷	一般通用机械、电动机、泵、内燃机、正齿轮传动装置	≤18 >18~100 >100~140 >140~200 >200~280 — —	— ≤40 >40~100 >100~140 >140~200 >200~400 —	— ≤40 >40~65 >65~100 >100~140 >140~280 >280~500	j5、js5 k5② m5② m6 n6 p6 r6
	重载荷	铁路机车车辆轴箱、牵引电动机、破碎机等	— — — —	>50~140 >140~200 >200 —	>50~100 >100~140 >140~200 >200	n6③ p6③ r6③ r7③
内圈承受固定载荷	所有载荷：内圈需在轴向易移动	非旋转轴上的各种轮子	所有尺寸			f6 g6
	所有载荷：内圈不需在轴向易移动	张紧轮、绳轮	所有尺寸			h6 j6
仅有轴向载荷		所有尺寸				j6、js6
圆锥孔轴承						
所有载荷	铁路机车车辆轴箱	装在退卸套上所有尺寸				h8(IT6)④⑤
	一般机械传动	装在紧定套上所有尺寸				h9(IT7)④⑤

① 凡对精度有较高要求的场合，应用 j5、k5、m5 代替 j6、k6、m6。
② 圆锥滚子轴承、角接触球轴承配合对游隙影响不大，可用 k6、m6 代替 k5、m5。
③ 重负荷下轴承游隙应选大于 N 组。
④ 凡有较高精度或转速要求的场合，应选用 h7（IT5）代替 h8（IT6）等。
⑤ IT6、IT7 表示圆柱度公差数值。

当轴承内圈受旋转负荷时，它与轴颈配合所需的最小过盈 δ_{min} 可按下式近似计算

$$\delta_{min}=\frac{13Rk}{10^6 b} \tag{6-5}$$

式中 R——轴承承受的最大径向负荷（kN）；

k——与轴承系列有关的系数，轻系列 $k=2.8$，中系列 $k=2.3$，重系列 $k=2$；

b——轴承内径的配合宽度（mm），$b=B-2r$（B 为轴承宽度，r 为内圈的圆角半径。为避免套圈破裂，还需要按不超出套圈允许的强度计算其最大过盈量（mm）

$$\delta_{max}=\frac{11.4kd[\sigma_p]}{(2k-2)\times10^3} \tag{6-6}$$

式中　$[\sigma_p]$——许用拉应力（$\times10^5$Pa），对轴承钢 $[\sigma_p]\approx400\times10^5$Pa；

d——轴承内圈内径（m）。

例 6-1　某一旋转机构用中系列 6 级精度的深沟球轴承，其内径 $d=40$mm，宽度 $B=23$mm，圆角半径 $r=2.5$mm，承受正常的最大径向负荷为 4kN，试计算它与轴颈配合的最小过盈，并选择出合适的公差带。

解： 由式（6-5）可得

$$\delta_{min}=\frac{13Rk}{10^6b}=\frac{13\times4\times2.3}{10^6\times(23-2\times2.5)\times10^{-3}}\text{mm}\approx0.007\text{mm}$$

按计算所得的最小过盈量，可选与该轴承内圈相配合的轴公差带为 m5，查表 6-1 得 $d=40$mm 的 6 级轴承，d_{mp}上极限偏差为零，下极限偏差为−0.01mm；从 GB/T 1800.1—2020 中查 ϕ40m5，得其下极限偏差为+0.009mm，上极限偏差为+0.02mm。因此，该轴承内圈与轴颈相配合为过盈配合。

$\delta'_{min}=0.009$mm，$\delta'_{max}=0.020$mm，如图 6-8 所示。由式（6-6），验算轴承内圈与轴颈相配合时，不致使套圈胀破的最大过盈量为

$$\delta_{max}=\frac{11.4kd[\sigma_p]}{(2k-2)\times10^3}=\frac{11.4\times2.3\times400\times40\times10}{(2\times2.3-2)\times10^3}\text{mm}\approx0.161\text{mm}$$

经计算可见，$\delta_{min}<\delta'_{min}$，$\delta_{max}>\delta'_{max}$，故与此轴承相配合的轴公差带可选 m5。

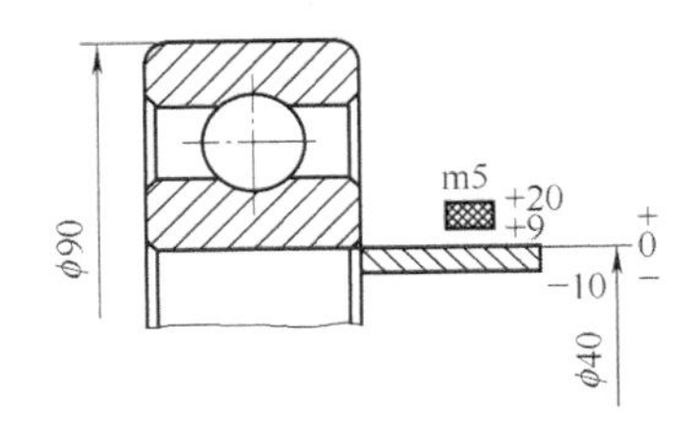

图 6-8　内圈与轴的配合

上述计算公式安全裕度较大，按这种计算选择的配合往往过紧。本例中系列负荷 $P=4$kN，6308 号轴承的额定负荷 $C=32$kN，$P\approx0.13C$。按表 6-2、表 6-3 推荐的配合，轴颈的公差带也可选择 k5。

3. 工作温度的影响

在轴承工作时，由于摩擦发热和其他热源的影响，使轴承套圈的温度经常高于与其配合的零件温度。由于发热膨胀，轴承内圈与轴颈的配合可能变松，外圈与外壳孔的配合可能变紧。因此在选择配合时，必须考虑温度的影响，并加以修正。

4. 轴颈和外壳孔的公差等级应符合轴承的精度要求

轴承的选择应根据机械的使用要求进行选择。若机械需要较高的旋转工作精度，就应选择较高精度等级的轴承（如 5 级和 4 级），相应地与之配合的轴颈、外壳孔也要选择较高的精度等级，以满足轴承的配合精度要求。一般 N 级、6 级轴承配合的轴颈选 IT6，外壳孔选 IT7。

5. 其他影响配合精度选择的因素

其他影响因素还有轴承的径向游隙，回转体的旋转精度、旋转速度，与轴承配合的材料及安装拆卸要求等。例如，空心轴颈比实心轴颈、薄壁壳体比厚壁壳体、轻合金壳体比钢或

铸铁壳体采用的配合要紧些；而剖分式壳体比整体式壳体采用的配合要松些，以免过盈将轴承外圈夹扁，甚至将轴卡住。

在设计时，应根据轴承承受的负荷类型、负荷大小及旋转精度要求初步确定轴承的公差等级，再根据回转件的旋转速度、工作环境等修正精度等级选择。在确定了轴承精度后，最后再查图、表，选择与轴承配合的轴颈和外壳孔的公差等级。

6.2.6 轴颈、轴承座孔的几何公差与表面粗糙度选择要求

在机械结构中，轴承既要承受负荷的作用，同时还作为旋转件的重要基准，精度一般比较高。而且，轴承的结构特点为薄壁零件，在装配后，轴颈和轴承座孔的几何形状误差会直接反映到套圈滚道上，导致套圈滚道变形，在旋转时引起振动或噪声，降低工作质量。因此，对轴颈和轴承座孔还应规定几何公差和表面粗糙度。

GB/T 275—2015 根据轴承的工作及检测要求，已经给出了与轴承配合的轴颈、轴承座孔及端面的几何公差项目及要求。其公差可查光滑圆柱体有关几何公差项目表。

与轴承配合的轴颈和轴承座孔的几何公差项目应满足有配合面的圆柱度、端面对配合面的跳动及配合面尺寸包容原则三项要求，如图 6-9 所示。其几何公差选择可从表 6-5 中选出。

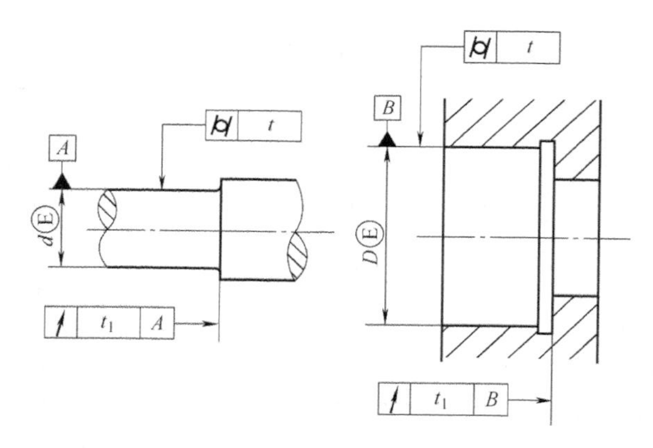

图 6-9 与轴承配合的轴颈和轴承座孔的几何公差项目及要求

表 6-5 轴和轴承座孔的几何公差值

公称尺寸/mm		圆柱度 t				轴向圆跳动 t_1			
		轴颈		轴承座孔		轴肩		轴承座孔肩	
		轴承公差等级							
		0	6(6X)	0	6(6X)	0	6(6X)	0	6(6X)
超过	到	公差值/μm							
—	6	2.5	1.5	4	2.5	5	3	8	5
6	10	2.5	1.5	4	2.5	6	4	10	6
10	18	3.0	2.0	5	3.0	8	5	12	8
18	30	4.0	2.5	6	4.0	10	6	15	10

（续）

公称尺寸/mm		圆柱度 t				轴向圆跳动 t_1			
		轴颈		轴承座孔		轴肩		轴承座孔肩	
		轴承公差等级							
		0	6(6X)	0	6(6X)	0	6(6X)	0	6(6X)
超过	到	公差值/μm							
30	50	4.0	2.5	7	4.0	12	8	20	12
50	80	5.0	3.0	8	5.0	15	10	25	15
80	120	6.0	4.0	10	6.0	15	10	25	15
120	180	8.0	5.0	12	8.0	20	12	30	20
180	250	10.0	7.0	14	10.0	20	12	30	20
250	315	12.0	8.0	16	12.0	25	15	40	25
315	400	13.0	9.0	18	13.0	25	15	40	25
400	500	15.0	10.0	20	15.0	25	15	40	25

与轴承配合的轴颈和轴承座孔的表面粗糙度要求可从表 6-6 选出，可根据要求直接查表选用。

表 6-6　轴颈和轴承孔的表面粗糙度

轴或轴承座直径/mm		轴或轴承孔配合表面直径公差等级					
		IT7		IT6		IT5	
		表面粗糙度 Ra/μm					
超过	到	磨	车	磨	车	磨	车
—	80	1.6	3.2	0.8	1.6	0.4	0.8
80	500	1.6	3.2	1.6	3.2	0.8	1.6
端面		3.2	6.3	3.2	6.3	1.6	3.2

例 6-2　有一圆柱齿轮减速器，从动轴两端的轴承为 P0 级 6211 深沟球轴承（d=55mm，D=100mm），轴承承受当量径向动负荷 P=883N，轴承的额定动负荷 C=33540N，试确定轴颈和轴承座孔的公差带及各项技术要求，并将它们分别标注在装配图和零件图上。

解： 1）$P=0.03C\leqslant0.07C$，故为轻负荷。

2）由表 6-3 和表 6-4 查得轴的公差带为 j6，轴承座孔公差带为 H7。

3）由表 6-5 查得轴的圆柱度公差值为 0.005mm，轴肩轴向圆跳动的公差值为 0.015mm；轴承座孔圆柱度公差值为 0.01mm，轴向圆跳动公差值为 0.025mm。

4）由表 6-6 查得，轴颈表面 Ra=1.6μm，轴肩端面 Ra=6.3μm，轴承座孔表面 Ra=3.2μm，孔肩端面 Ra=6.3μm。

5）将上述技术要求标于图 6-10 中。

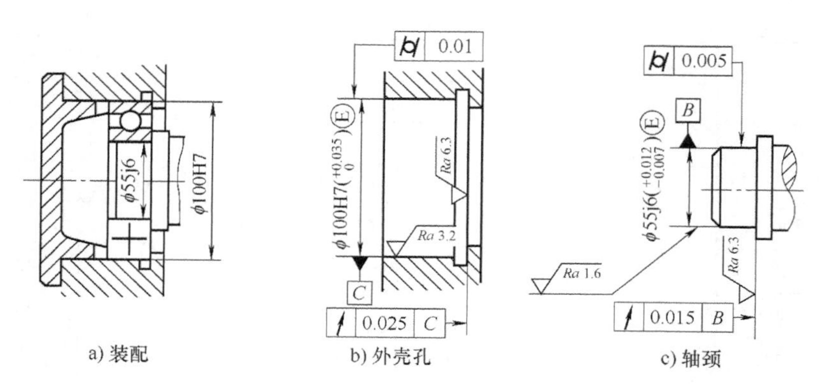

图 6-10　轴颈和轴承座孔公差在图样上的标注示例

6.3 键、花键配合的精度设计

6.3.1　键、花键概述

键、花键连接的种类较多。键连接用得最多的是平键，其次为半圆键，如图 6-11 所示。花键按轮廓的不同可分为矩形花键、渐开线花键和三角形花键等，如图 6-12 所示。其中矩形花键应用较为广泛，渐开线花键多用于承受动载荷且传递运动精度要求较高的场合，三角形花键多用于传递运动的场合。键、花键已经标准化、系列化。

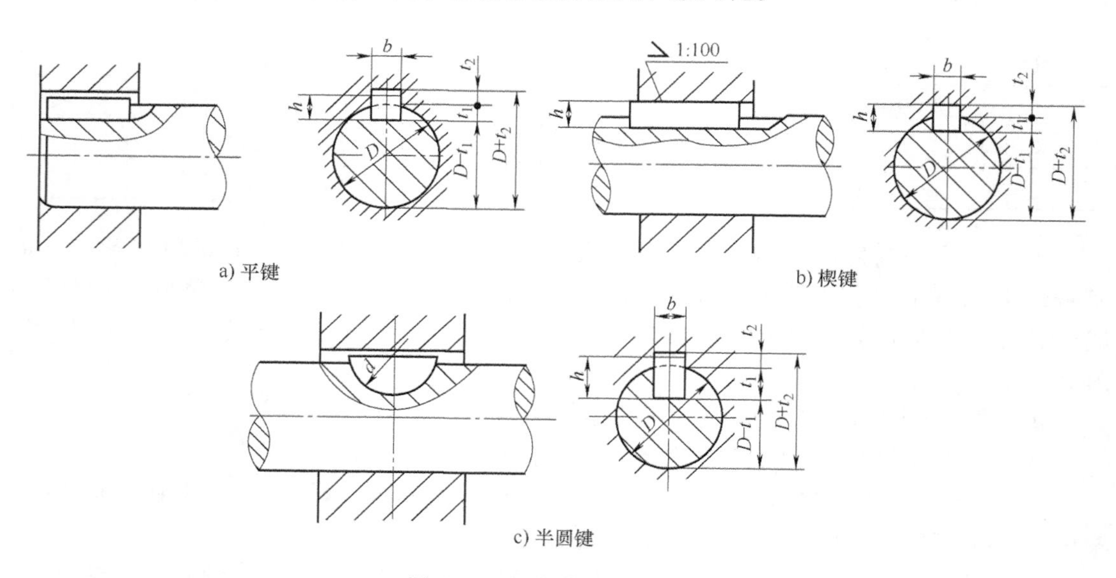

图 6-11　各种单键连接形式

下面仅以应用最为广泛的平键、矩形花键说明其精度及配合特点。

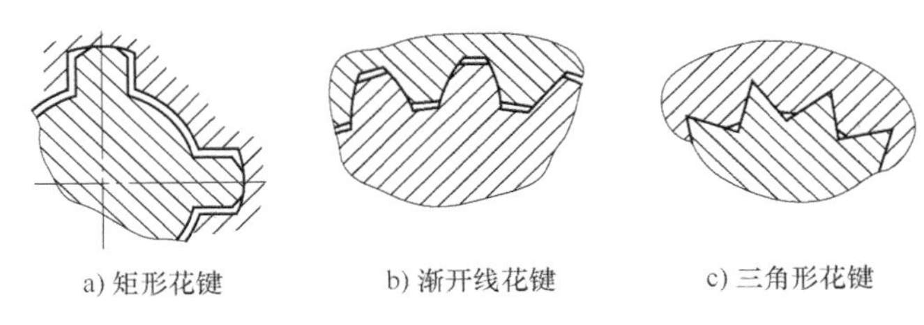

图 6-12　各种花键连接形式

6.3.2　键连接的公差与配合

在平键连接和矩形花键连接的精度设计中，涉及的国家标准主要有：

1）GB/T 1095—2003《平键　键槽的剖面尺寸》。

2）GB/T 1096—2003《普通型　平键》。

3）GB/T 1144—2001《矩形花键尺寸、公差和检验》。

1. 键连接的使用要求

键在传递转矩和运动时，主要是键侧承受转矩和运动，键侧受到挤压应力和剪应力的作用。根据这些特点，键有如下使用要求：

1）键与键槽的侧面应有充分大的有效接触面积，以保证可靠地承受、传递转矩负荷。

2）键与键槽结合要牢靠，不可松脱。

3）对导向键，键与键槽应留有滑动间隙，同时要满足导向精度要求。

2. 公差配合特点

键的公差与配合已经标准化，它的公差与配合符合光滑圆柱体的有关标准规定。

1）配合参数　由于转矩的传递是通过键侧来实现的，因此，配合的主要参数是键和键槽的宽度 b。

2）键连接采用基轴制　因为键的侧面是主要配合面，与轴和轮毂两个零件的键槽侧面接触配合，且往往两者有不同的配合，属于多件配合。因此，键连接采用基轴制配合。

3）键连接配合种类少，主要要求比较确定的间隙或过盈。在平键和半圆键连接的公差与配合标准中，考虑到键连接的特点，分别规定了键宽与轴槽宽和轮毂槽宽的公差与配合，见图 6-13 及表 6-7。

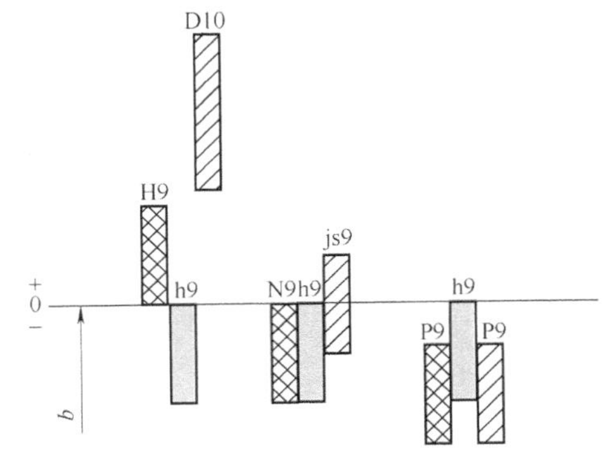

图 6-13　键与键槽的公差与配合

表 6-7 键宽与轴槽宽及轮毂槽宽的公差与配合

键的类型	配合种类	尺寸 b 的极限偏差			适用范围
		键	轴槽	毂槽	
平键	松连接	h9	H9	D10	导向键连接，轮毂可在轴上移动
	正常连接		N9	JS9	键固定在轴槽和轮毂槽中，用于载荷不大的场合
	紧密连接		P9		键牢固地固定在轴槽和轮毂槽中，用于载荷大、有冲击的场合
半圆键	正常连接		N9	JS9	定位及传递转矩
	紧密连接		P9		

国家标准对键宽只规定了一种公差带 h9，对平键的轴槽宽及轮毂槽宽各规定有三种公差带。配合可分为三种情况，分别使用于不同的场合。

在键连接中还规定了其他的极限偏差，如图 6-14 所示。

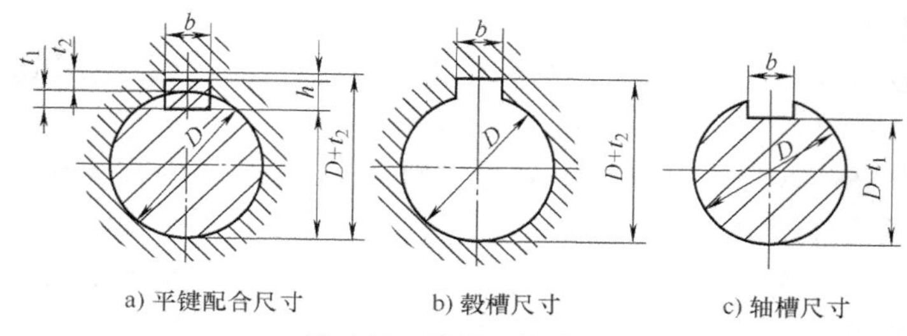

a) 平键配合尺寸　　b) 毂槽尺寸　　c) 轴槽尺寸

图 6-14 普通平键连接

h—键的高度（mm） b—键与键槽（包括轴槽和轮毂槽）的宽度（mm） t_1—轴槽的深度（mm） t_2—轮毂槽的深度（mm） D—轴和轮毂孔的直径（mm）

键高 h，极限偏差为 h11；轴槽深 t_1 和毂槽深 t_2，均为未注公差尺寸；键长 L 和轴槽长分别为 h14 和 H14；键和键槽的几何公差还规定对称度可选 7~9 级公差；键宽两侧面，当 $L/B>8$ 时，按键宽 b 选等级为 5~7 级的平行度。表面粗糙度，配合面选 Ra1. 6~6. 3μm，非配合面为 Ra12. 5μm，导向键磨至 Ra0. 8μm。

6. 3. 3 花键连接的公差与配合

1. 花键连接的使用要求

花键连接也是靠键侧传递转矩和运动的一种结构形式，它在使用时有以下要求：

1）保证连接强度和传递转矩的可靠性。

2）能达到定心精度。

3）保证滑动连接的导向精度。

4）连接可靠。

2. 花键连接的特点

1）花键连接配合参数较多，除键宽、键高及键槽深度外，尚有定心尺寸、非定心尺寸、齿形、键长及分度等。其中，定心尺寸的精度要求最高，其配合为多尺寸配合。

2）无论固定连接还是滑动连接，花键沿配合面都有间隙。

3）矩形花键的定心方式有三种：大径定心、小径定心、键侧定心，如图 6-15 所示。标准规定矩形花键配合只按小径定心一种方式。

a) 大径定心　　b) 小径定心　　c) 键侧定心

图 6-15　花键的定心方式

3. 矩形花键的公差与配合标准

花键的配合也已经标准化、系列化。矩形花键标准《矩形花键　尺寸、公差和检验》（GB/T 1144—2001）主要内容和特点有：

（1）只规定小径定心一种方式　国家标准只规定小径定心一种方式，主要考虑到能用磨削的办法消除热处理变形，使定心直径的尺寸和几何误差控制在较小范围内，从而获得较高的精度。大多数情况下，齿轮与轴用花键连接，轴为外花键，齿轮孔为内花键，内花键作为齿轮传动的基准孔，在齿轮标准中规定 7～8 级齿轮的内花键孔公差为 IT7，外花键轴为 IT6，6 级齿轮的内花键孔公差为 IT6，外花键轴公差为 IT5。要达到此精度，只有采用小径定心方式，通过磨削内花键小径和外花键小径，才可提高花键的定心精度。因此，采用小径定心可提高定心精度和配合的稳定性，有利于提高产品性能和质量。

（2）标准系列　标准有轻系列和中系列两个尺寸系列，共 35 个规格，见表 6-8。

表 6-8　矩形花键基本尺寸系列　（单位：mm）

<table>
<tr><th rowspan="3">小径 d</th><th colspan="4">轻　系　列</th><th colspan="4">中　系　列</th></tr>
<tr><th>规　　格</th><th>键数</th><th>大径</th><th>键宽</th><th>规　　格</th><th>键数</th><th>大径</th><th>键宽</th></tr>
<tr><th>$N×d×D×B$</th><th>N</th><th>D</th><th>B</th><th>$N×d×D×B$</th><th>N</th><th>D</th><th>B</th></tr>
<tr><td>11</td><td>—</td><td rowspan="8">6</td><td>—</td><td>—</td><td>6×11×14×3</td><td rowspan="8">6</td><td>14</td><td>3</td></tr>
<tr><td>13</td><td>—</td><td>—</td><td>—</td><td>6×13×16×3.5</td><td>16</td><td>3.5</td></tr>
<tr><td>16</td><td>—</td><td>—</td><td>—</td><td>6×16×20×4</td><td>20</td><td>4</td></tr>
<tr><td>19</td><td>—</td><td>—</td><td>—</td><td>6×19×22×5</td><td>22</td><td>5</td></tr>
<tr><td>21</td><td>—</td><td>—</td><td>—</td><td>6×21×25×5</td><td>25</td><td>5</td></tr>
<tr><td>23</td><td>6×23×26×6</td><td>26</td><td>6</td><td>6×23×28×6</td><td>28</td><td>6</td></tr>
<tr><td>26</td><td>6×26×30×6</td><td>30</td><td>6</td><td>6×26×32×6</td><td>32</td><td>6</td></tr>
<tr><td>28</td><td>6×28×32×7</td><td>32</td><td>7</td><td>6×28×34×7</td><td>34</td><td>7</td></tr>
<tr><td>32</td><td>8×32×36×6</td><td rowspan="7">8</td><td>36</td><td>6</td><td>8×32×38×6</td><td rowspan="7">8</td><td>38</td><td>6</td></tr>
<tr><td>36</td><td>8×36×40×7</td><td>40</td><td>7</td><td>8×36×42×7</td><td>42</td><td>7</td></tr>
<tr><td>42</td><td>8×42×46×8</td><td>46</td><td>8</td><td>8×42×48×8</td><td>48</td><td>8</td></tr>
<tr><td>46</td><td>8×46×50×9</td><td>50</td><td>9</td><td>8×46×54×9</td><td>54</td><td>9</td></tr>
<tr><td>52</td><td>8×52×58×10</td><td>58</td><td>10</td><td>8×52×60×10</td><td>60</td><td>10</td></tr>
<tr><td>56</td><td>8×56×62×10</td><td>62</td><td>10</td><td>8×56×65×10</td><td>65</td><td>10</td></tr>
<tr><td>62</td><td>8×62×68×12</td><td>68</td><td>12</td><td>8×62×72×12</td><td>72</td><td>12</td></tr>
</table>

（续）

小径 d	轻系列				中系列			
	规格	键数	大径	键宽	规格	键数	大径	键宽
	$N\times d\times D\times B$	N	D	B	$N\times d\times D\times B$	N	D	B
72	10×72×78×12	10	78	12	10×72×82×12	10	82	12
82	10×82×88×12		88	12	10×82×92×12		92	12
92	10×92×98×14		98	14	10×92×102×14		102	14
102	10×102×108×16		108	16	10×102×112×16		112	16
112	10×112×120×18		120	18	10×112×125×18		125	18

（3）公差与配合选择

1）孔、轴的尺寸公差。根据花键的装配形式要求和花键加工的热处理要求，按表 6-9 选择配合。

表 6-9　内、外花键的尺寸公差带（摘自 GB/T 1144—2001）　　（单位：mm）

内花键				外花键			装配形式
d	D	B		d	D	B	
		拉削后不热处理	拉削后热处理				
一般用							
H7	H10	H9	H11	f7	a11	d10	滑动
				g7		f9	紧滑动
				h7		h10	固定
精密传动							
H5	H10	H7、H9		f5	a11	d8	滑动
				g5		f7	紧滑动
				h5		h8	固定
H6				f6		d8	滑动
				g6		f7	紧滑动
				h6		h8	固定

注：1. 精密传动用的内花键，当需要控制键侧配合间隙时，槽宽可选 H7，一般情况下可选 H9。

2. d 为 H6 和 H7 的内花键，允许与提高一级的外花键配合。

2）花键的几何公差要求。根据花键的公差与配合的特点及检测项目要求，对花键规定了两种情况下的几何公差项目。

① 如果采用综合检验法检测花键，规定了位置度公差项目（表 6-10）。如图 6-16 所示，它可用综合极限量规检查。

表 6-10　位置度公差（摘自 GB/T 1144—2001）　　（单位：mm）

键槽宽或键宽 B			3	3.5~6	7~10	12~18
t_1	键槽宽		0.010	0.015	0.020	0.025
	键宽	滑动、固定	0.010	0.015	0.020	0.025
		紧滑动	0.006	0.010	0.013	0.016

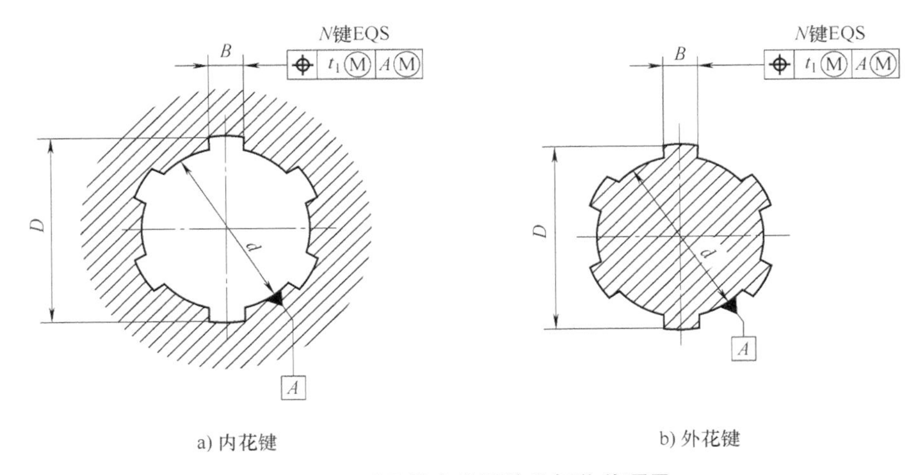

图 6-16　适于综合检测的几何公差项目

② 如果采用单项检验法检测花键，规定对称度项目和等分度要求，如图 6-17 所示。对称度项目的数值选择可按表 6-11 取值，等分度项目的取值与对称度相同。

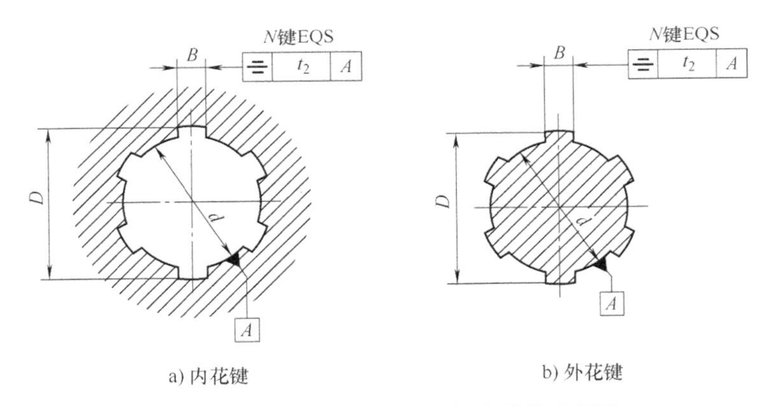

图 6-17　适于单项检测的几何公差检验项目

表 6-11　对称度公差（摘自 GB/T 1144—2001）　　（单位：mm）

键槽宽或键宽 B		3	3.5~6	7~10	12~18
t_2	一般用	0.010	0.012	0.015	0.018
	精密传动用	0.006	0.008	0.009	0.011

注：键槽宽或键宽的等分度公差值等于其对称度公差值。

6.3.4　键连接的检测

1. 单键的检测

在单件、小批量生产中，键和键槽的尺寸测量可采用通用量具，如游标卡尺、千分尺等。在成批量生产中可采用量规检测，对于尺寸误差，可用光滑极限量规检测；对于位置误差，可用位置量规检测。

2. 花键的检测

矩形花键的检测有单项测量和综合检验两类。

在单件小批量生产中，用通用量具分别对各尺寸（d、D、B）进行单项测量，并检测键宽的对称度、键齿（槽）的等分度和大、小径的同轴度等几何误差项目。

当大批量生产，一般都采用量规进行检验，用综合通规（对内花键为塞规，对外花键为环规，见图 6-18、图 6-19），来综合检验小径 d、大径 D 和键（键槽）宽 B 的作用尺寸，包括上述位置度（等分度、对称度）和同轴度等几何误差。然后用单项止端量规（或其他量具）分别检验尺寸 d、D、B 的最小实体尺寸。合格的标准是综合通规能通过，而止规不应通过。

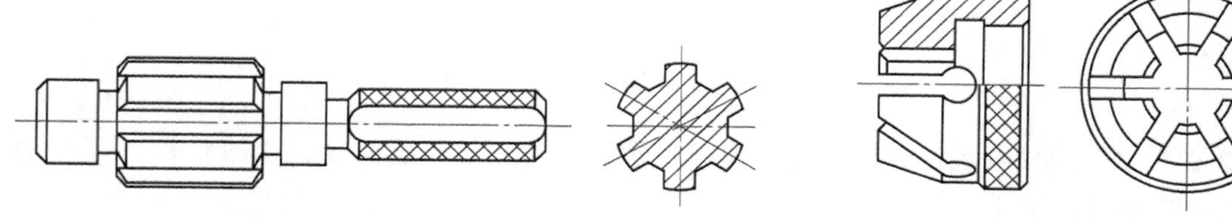

图 6-18　检验内花键的综合塞规

图 6-19　检验外花键的综合环规

6.4 普通螺纹连接的精度设计

6.4.1 螺纹的种类、特点

在机械设计及制造中，常用的螺纹根据用途可以分为如下三类：

（1）紧固螺纹　紧固螺纹是用于连接或紧固零件的螺纹。在使用时要求内外螺纹间有较好的旋合性及连接的可靠性。

（2）传动螺纹　传动螺纹是用于传递力、运动或位移的螺纹。这类螺纹牙型有梯形、矩形及三角形的圆柱螺纹。在使用时要求传动准确、可靠，螺纹接触良好。特别对丝杠类，要求传动比恒定；对测微螺纹类，要求传递运动准确，螺纹间隙引起的回程误差要小。

（3）紧密螺纹　紧密螺纹是用于密封的螺纹结合。主要要求是结合紧密，不泄漏，在旋合后不再拆卸。这类螺纹包括管螺纹、锥螺纹、锥管螺纹等，其公称直径规定为管子内径，在结合时内、外螺纹公称直径相等，牙型没有间隙，近似于圆柱极限公差与配合中的过盈或过渡配合。

根据螺纹的结构特点，螺纹又可以分为普通螺纹、矩形螺纹、梯形螺纹、锯齿形螺纹及圆弧螺纹。普通螺纹按螺距分粗牙螺纹和细牙螺纹，一般连接或紧固选粗牙螺纹；细牙螺纹连接强度高、自锁性好，一般用于薄壁零件或承受动荷载的连接中，亦用于精密机构的调整装置上。因为普通螺纹使用最为广泛，其公差与配合也最有代表性。所以，本节主要讨论普通螺纹的配合及精度要求，并由此了解螺纹的精度设计方法。

6.4.2 普通螺纹基本牙型及主要几何参数

国家标准《普通螺纹 基本牙型》GB/T 192—2003、《螺纹 术语》GB/T 14791—2013 规定了普通螺纹的牙型、术语及几何参数。

普通螺纹的基本牙型为标准三角形顶部截去 $H/8$、底部截去 $H/4$ 的标准形状。主要几何参数如图 6-20 所示。

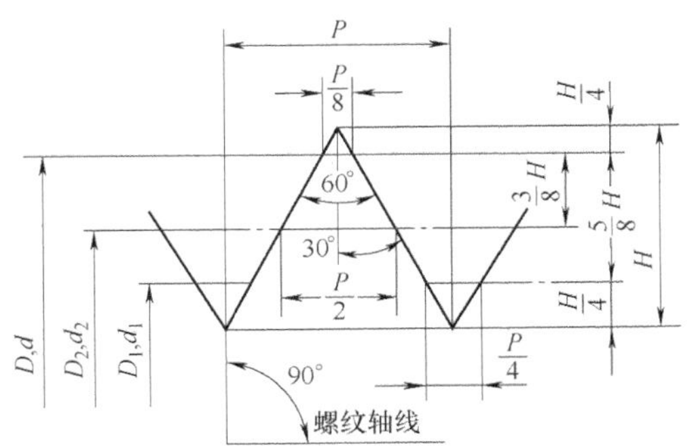

图 6-20 普通螺纹的基本牙型

（1）大径 D、d（公称直径） 与外螺纹牙顶或内螺纹牙底相重合的假想圆柱体的直径。

（2）小径 d_1、D_1 与外螺纹牙底或内螺纹牙顶相重合的假想圆柱体的直径。

（3）中径 d_2、D_2 一个假想圆柱的直径，该圆柱的素线通过牙型上沟槽和凸起两者宽度相等的地方。此假想圆柱称为中径圆柱。

（4）螺距 P 和导程 P_h 螺距为相邻两牙在中径线上对应两点间的轴向距离。每一公称直径的螺纹，可以有几种不同规格的螺距，其中较大的一个称为粗牙，其余均称为细牙。导程是同一螺旋线上的相邻两牙在中径线上对应两点间的轴向距离。若螺纹是有 n 条螺旋线的多线螺纹，则 $P_h = nP$。

（5）牙型角 α 和牙型半角 $\alpha/2$ 牙型角是在螺纹牙型上，两相邻牙侧间的夹角，对米制普通螺纹，牙型角 $\alpha = 60°$。牙型半角是指在螺纹牙型上，牙侧与螺纹轴线的垂线间的夹角，米制普通螺纹牙型半角 $\alpha/2 = 30°$。

（6）螺纹旋合长度 两配合内外螺纹轴线方向相互旋合部分的长度。对于普通螺纹，其内外螺纹几何参数有如下关系。

对于基本中径，内、外螺纹中径尺寸是相同的，即

$$D_2 = d_2,\ D_2 = D - 2\times\frac{3}{8}H,\ d_2 = d - 2\times\frac{3}{8}H \tag{6-7}$$

式中 H 为原始三角形的高，即 $H = \frac{\sqrt{3}}{2}P = 0.866025404P$。

对于小径，内外螺纹公称直径也是相同的，即

$$D_1 = d_1,\ D_1 = D - 2\times\frac{5}{8}H,\ d_1 = d - 2\times\frac{5}{8}H \tag{6-8}$$

螺纹大径的公称尺寸代表了螺纹的公称直径。普通内外螺纹的公称直径是相同的，即

$$D = d$$

6.4.3 螺纹主要几何参数误差对螺纹旋合性的影响

从互换性的角度来看，螺纹的很多几何参数的误差都不同程度地影响其旋合性，主要是中径、大径、小径、螺距和牙型半角等五个几何参数的误差。就一般使用要求来说，外螺纹的大径、小径应分别小于内螺纹的大径、小径，这样，在相配螺纹的大小径处均有一定的间隙，以保证内外螺纹的旋合。如果外螺纹的大、小径之差过小，或者内螺纹的大、小径之

差过大，会使螺纹牙型处接触过少而影响内外螺纹的连接强度。因此，螺纹标准对螺纹顶径提出了一定的精度要求。影响螺纹旋合性及连接强度的主要因素有：螺纹的中径误差、螺距误差及牙型半角误差。

1. 中径误差对螺纹旋合性的影响

中径误差是实际中径值对其公称值的偏离。内外螺纹是靠牙侧接触进行连接的，而外螺纹中径大，则必然影响旋合性；若外螺纹中径比内螺纹中径小得多，则必然影响连接的可靠性。因此，必须对中径的加工误差加以限制。

但并不是外螺纹的实际中径等于或小于内螺纹的实际中径，内、外螺纹就可以自由旋合，这是因为除中径误差外，螺距误差、牙型半角误差也直接影响到螺纹的旋合性。

2. 螺距误差对旋合性的影响

螺距误差对螺纹的旋合性的影响如图 6-21a 所示。图中，假定内螺纹具有基本牙型，内、外螺纹的中径及牙型半角都相同，仅外螺纹螺距有误差。结果，内、外螺纹的牙型在旋合时产生干涉（图中阴影部分），外螺纹将不能自由旋入内螺纹。为了使螺距有误差的外螺纹仍可自由旋入标准内螺纹，在制造中应将外螺纹实际中径减小 f_p（或将标准内螺纹加大 f_p）。如图 6-21b 所示，f_p 即为螺距误差折算到中径上的值，称为螺距误差的中径补偿值。

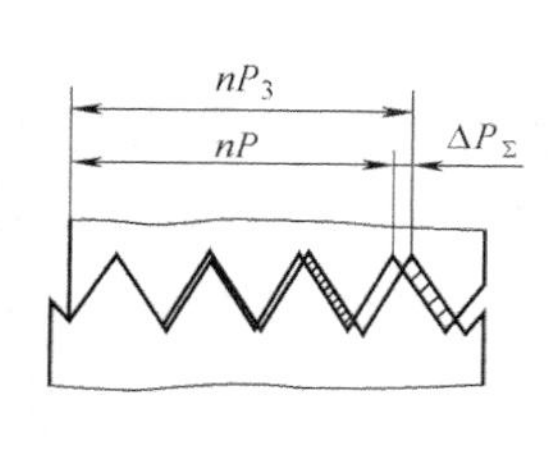

a) 螺距累积误差的影响

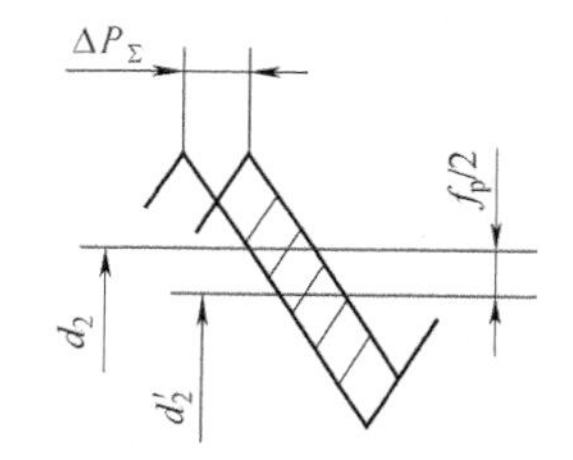

b) 螺距误差对中径的影响

图 6-21 螺距累积误差的影响

从图 6-21 中可导出

$$\Delta P_{\Sigma} = |nP_a - nP|$$

$$f_p = |\Delta P_{\Sigma}| \cot\alpha/2，取 \alpha/2 = 30°$$

则

$$f_p = 1.732 |\Delta P_{\Sigma}| \tag{6-9}$$

同理，当内螺纹螺距有误差时，为了保证旋合性，应将其实际中径加大 f_p（或者将与之配合的标准外螺纹中径减少 f_p）。

3. 牙型半角误差对螺纹旋合性的影响

牙型半角误差是指牙型半角的实际值对其公称值的偏离。它主要是由于在加工时切削刀具本身的角度误差及安装误差等因素造成的。牙型半角误差也影响内、外螺纹连接时的旋合性和接触均匀性。当实际牙型半角大于牙型半角公称值时，干涉发生在外螺纹牙根；当外螺纹实际牙型半角小于牙型半角公称值时，干涉发生在外螺纹牙顶。欲摆脱干涉，必须将外螺纹中径减小一个数值 $f_\alpha/2$，其减小量 $f_\alpha/2$ 称为牙型半角误差的中径补偿量，即将牙型半角误差折算到中径上。

$$f_{\alpha/2} = \frac{P}{4}\left(K_1 \left|\Delta \frac{\alpha_1}{2}\right| + K_2 \left|\Delta \frac{\alpha_2}{2}\right|\right)$$

式中　P——螺距；

$\Delta\frac{\alpha_1}{2}$——左侧牙型半角误差；

$\Delta\frac{\alpha_2}{2}$——右侧牙型半角误差。

若 P 以 mm 计，$\Delta\frac{\alpha_1}{2}$和 $\Delta\frac{\alpha_2}{2}$以（′）计，$f_{\alpha/2}$以 μm 表示，则上式可写为

$$f_{\alpha/2}=0.073P\left(K_1\left|\Delta\frac{\alpha_1}{2}\right|+K_2\left|\Delta\frac{\alpha_2}{2}\right|\right) \tag{6-10}$$

式（6-10）对于外螺纹，当牙型半角均为正时，K_1、K_2 为 2；当牙型半角误差均为负时，K_1、K_2 为 3。对于内螺纹，当牙型半角误差均为正时，K_1、K_2 均为 3；当牙型半角均为负时，K_1、K_2 为 2。

在螺纹国家标准中，与螺距累积误差的控制相似，同样没有专门规定牙型半角公差以限制牙型半角误差，而是将牙型半角误差折算到中径上，用中径公差来控制牙型半角的制造误差。可见，中径公差综合控制中径误差、螺距误差及牙型半角误差。

6.4.4　作用中径及螺纹合格性的判定

1. 作用中径及中径综合公差

实际上螺纹同时存在中径误差、螺距误差和牙型半角误差。为了保证旋合性，对普通螺纹，牙型半角误差的控制是通过式（6-11）和式（6-12），将误差折算到中径上，用中径综合公差予以控制。因此，螺纹标准中规定的中径公差，实际上是同时限制上述三项误差的综合公差，即

对内螺纹
$$Td_2=Td_2'+Tf_p+Tf_{\alpha/2} \tag{6-11}$$

对外螺纹
$$TD_2=TD_2'+Tf_p+Tf_{\alpha/2} \tag{6-12}$$

式中　TD_2，Td_2——内、外螺纹中径综合公差，即标准中列的内外螺纹中径公差；

TD_2'，Td_2'——内、外螺纹中径本身的制造公差；

Tf_p，$Tf_{\alpha/2}$——以当量形式限制螺距、牙型半角误差。

既然中径公差是一项综合公差，即它综合控制中径误差、螺距误差、牙型半角误差，那么，在这三项误差间就存在相互补偿的关系，即在其中某项参数误差较大时，可适当提高其他参数的精度进行补偿，以满足中径总公差的要求。从这种意义上讲，中径公差是相关公差。如像公差配合中引入作用尺寸概念一样，在螺纹结合中引入作用中径概念，它由实际中径与螺距误差、牙型半角误差的中径当量决定，是一个假想的螺纹中径，即

对外螺纹
$$d_{2m}=d_{2a}+(f_p+f_{\alpha/2}) \tag{6-13}$$

对内螺纹
$$D_{2m}=D_{2a}-(f_p+f_{\alpha/2}) \tag{6-14}$$

式中　D_{2m}、d_{2m}——内、外螺纹的作用中径（mm）；

D_{2a}、d_{2a}——内、外螺纹的实际中径（mm）。

所以，作用中径是在规定的旋合长度内，与含有螺距误差与牙型半角误差的实际螺纹外接的，具有基本牙型的假想螺纹的中径，如图 6-22 所示。

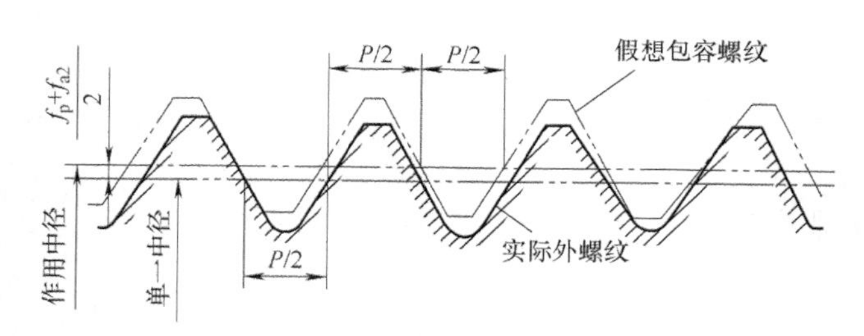

图 6-22 螺纹作用中径与单一中径

螺纹的实际中径，在测量中用螺纹的单一中径代替。单一中径是一个假想圆柱的直径，该圆柱的母线通过牙型上沟槽宽度等于基本螺距 1/2 的地方。

2. 螺纹合格性的判定条件

在螺纹连接中，为保证内、外螺纹的正常旋合，必须使外螺纹的作用中径不大于内螺纹的作用中径，即 $D_{2m} \geqslant d_{2m}$。为此，必须使内、外螺纹的作用中径不超出其最大实体中径，内、外螺纹的单一中径（实际中径）不超出最小实际中径，这是泰勒原则在螺纹上的再现，也是螺纹中径的合格条件，即

对外螺纹 $d_{2m} \leqslant d_{2max}$，$d_{2单一} \geqslant d_{2min}$

对外螺纹 $D_{2m} \geqslant D_{2max}$，$D_{2单一} \leqslant D_{2max}$

6.4.5 普通螺纹的公差与配合

1. 普通螺纹公差标准的基本结构

国家标准《普通螺纹　公差》（GB/T 197—2018）中规定了螺纹的中径、顶径公差，而没有规定螺距、牙型半角公差，其误差由中径综合公差控制，底径误差由刀具控制。

构成公差带的两个独立基本要素是公差带的大小和公差带的位置，国家标准对此进行了标准化。如同圆柱公差与配合一样，公差带的大小由公差等级确定，公差带的位置由基本偏差确定。考虑到螺纹旋合长度对螺纹精度的影响，将同一直径的螺纹旋合长度分为 S（短）、N（中）、L（长）三组。各组旋合长度与螺纹公差带组合形成精密、中等、粗糙三组。

2. 公差带大小和公差等级

螺纹中径、顶径公差带是以垂直于螺纹轴线方向给出和计量的，它的大小由公差等级确定，螺纹公差等级系列见表 6-12～表 6-15。

一般来说，为保证螺纹的旋合性，中径公差不大于同级的顶径公差；为达到工艺等价性，内螺纹中径公差是同一公差等级外螺纹中径公差的 1.32 倍。

表 6-12 普通螺纹的公差等级（摘自 GB/T 197—2018）

螺纹直径	公差等级	螺纹直径	公差等级
外螺纹中径 d_2	3，4，5，6，7，8，9	内螺纹中径 D_2	4，5，6，7，8
外螺纹大径 d	4，6，8	内螺纹小径 D_1	4，5，6，7，8

表 6-13　普通螺纹　直径与螺距系列（摘自 GB/T 196—2003）　　（单位：mm）

D，d	P	D_2，d_2	D_1，d_1	D，d	P	D_2，d_2	D_1，d_1
2.5	0.45	2.208	2.013	16	2	14.701	13.835
	0.35	2.273	2.121		1.5	15.026	14.376
3	0.5	2.675	2.459		1	15.350	14.917
	0.35	2.773	2.621	18	2.5	16.376	15.294
3.5	0.6	3.110	2.850	20	2.5	18.376	17.294
4	0.7	3.545	3.242		2	18.701	17.835
	0.5	3.675	3.459		1.5	19.026	18.376
4.5	0.75	4.013	3.688	22	2.5	20.376	19.294
5	0.8	4.480	4.134	24	3	22.051	20.752
	0.5	4.675	4.459		2	22.701	21.835
6	1	5.350	4.917		1.5	23.026	23.376
	0.75	5.513	5.188		1	23.350	22.917
8	1.25	7.188	6.647	27	3	25.051	23.752
	1	7.350	6.917	30	3.5	27.727	26.211
10	1.5	9.026	8.376		2	28.701	27.835
	1.25	9.188	8.647		1.5	29.026	28.376
12	1.75	10.863	10.106	33	3.5	30.727	29.211
	1.5	11.026	10.376	36	4	33.402	31.670
	1.25	11.188	10.674		3	34.051	32.752
14	2	12.701	11.835		2	34.701	33.835

表 6-14　外螺纹中径公差（摘自 GB/T 197—2018）　　（单位：μm）

基本大径 D/mm		螺距 P /mm	公差等级						
>	≤		3	4	5	6	7	8	9
1.4	2.8	0.35	32	40	50	63	80	—	—
		0.4	34	42	53	67	85	—	—
		0.45	36	45	56	71	90	—	—
2.8	5.6	0.35	34	42	53	67	85	—	—
		0.5	38	48	60	75	95	—	—
		0.6	42	53	67	85	106	—	—
		0.7	45	56	71	90	112	—	—
		0.75	45	56	71	90	112	—	—
		0.8	48	60	75	95	118	150	190
5.6	11.2	0.75	50	63	80	100	125	—	—
		1	56	71	90	112	140	180	224
		1.25	60	75	95	118	150	190	236
		1.5	67	85	106	132	170	212	295

（续）

基本大径 D/mm		螺距 P/mm	公差等级						
>	≤		3	4	5	6	7	8	9
11.2	22.4	1	60	75	95	118	150	190	236
		1.25	67	85	106	132	170	212	265
		1.5	71	90	112	140	180	224	280
		1.75	75	95	118	150	190	236	300
		2	80	100	125	160	200	250	315
		2.5	85	106	132	170	212	265	335
22.4	45	1	63	80	100	125	160	200	250
		1.5	75	95	118	150	190	236	300
		2	85	106	132	170	212	265	335
		3	100	125	160	200	250	315	400
		3.5	106	132	170	212	265	335	425
		4	112	140	180	224	280	355	450
		4.5	118	150	190	236	300	375	475

表 6-15 内螺纹中径公差（摘自 GB/T 197—2018） （单位：μm）

基本大径 D/mm		螺距 P/mm	公差等级				
>	≤		4	5	6	7	8
1.4	2.8	0.35	53	67	85	—	—
		0.4	56	71	90	—	—
		0.45	60	75	95	—	—
2.8	5.6	0.35	56	71	90	—	—
		0.5	63	80	100	125	—
		0.6	71	90	112	140	—
		0.7	75	95	118	150	—
		0.75	75	95	118	150	—
		0.8	80	100	125	160	200
5.6	11.2	0.75	85	106	132	170	—
		1	95	118	150	190	236
		1.25	100	125	160	200	250
		1.5	112	140	180	224	280
11.2	22.4	1	100	125	160	200	250
		1.25	112	140	180	224	280
		1.5	118	150	190	236	300
		1.75	125	160	200	250	315
		2	132	170	212	265	335
		2.5	140	180	224	280	335

（续）

基本大径 D/mm		螺距 P/mm	公差等级				
>	≤		4	5	6	7	8
22.4	45	1	106	132	170	212	—
		1.5	125	160	200	250	315
		2	140	180	224	280	355
		3	170	212	265	335	425
		3.5	180	224	280	335	450
		4	190	236	300	375	475
		4.5	200	250	315	400	500

3. 公差带位置和基本偏差

公差带的位置由基本偏差确定。

考虑到不同要求，在标准中对内螺纹规定了 H 和 G 两种基本偏差，对外螺纹规定了 e、h 四种基本偏差。基本偏差系列如图 6-23 及表 6-16～表 6-18 所示。中径和顶径的另一极限偏差由基本偏差与公差值确定。普通螺纹的公差等级及偏差结构如图 6-24 所示。

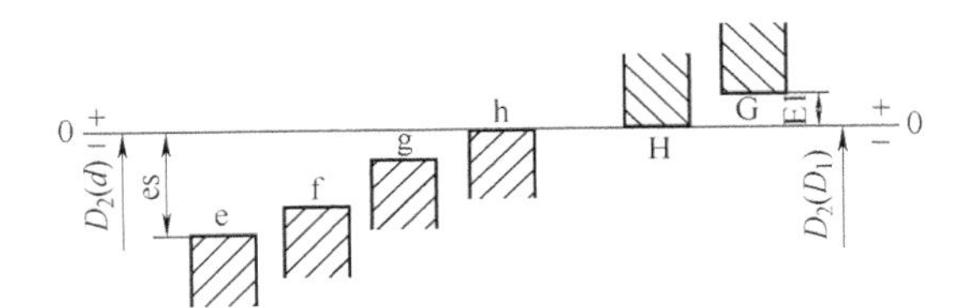

图 6-23　内、外螺纹的基本偏差

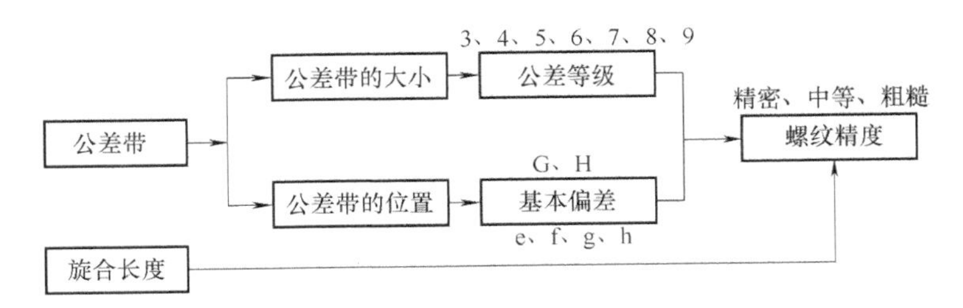

图 6-24　普通螺纹的公差等级及偏差结构

表 6-16　内、外螺纹的基本偏差（摘自 GB/T 197—2018）　（单位：μm）

螺距 P/mm	内螺纹 D_2、D_1		外螺纹 d_1、d_2			
	下极限偏差 EI/μm		上极限偏差 es/μm			
	G	H	e	f	g	h
0.35	+19	0	—	−34	−19	0
0.4	+19	0	—	−34	−19	0
0.45	+20	0	—	−35	−20	0
0.5	+20	0	−50	−36	−20	0
0.6	+21	0	−53	−36	−21	0

（续）

螺距 P/mm	内螺纹 D_2、D_1		外螺纹 d_1、d_2			
	下极限偏差 EI/μm		上极限偏差 es/μm			
	G	H	e	f	g	h
0.7	+22	0	-56	-38	-22	0
0.75	+22	0	-56	-38	-22	0
0.8	+24	0	-60	-38	-24	0
1	+26	0	-60	-40	-26	0
1.25	+28	0	-63	-42	-28	0
1.5	+32	0	-67	-45	-32	0
1.75	+34	0	-71	-48	-34	0
2	+38	0	-71	-52	-38	0
2.5	+42	0	-80	-58	-42	0
3	+48	0	-85	-63	-48	0
3.5	+53	0	-90	-70	-53	0
4	+60	0	-95	-75	-60	0
4.5	+63	0	-100	-80	-63	0

表 6-17 外螺纹大径公差（摘自 GB/T 197—2018） （单位：μm）

螺距 P/mm	公差等级			螺距 P/mm	公差等级		
	4	6	8		4	6	8
0.35	53	85	—	1.25	132	212	335
0.4	60	95	—	1.5	150	236	375
0.45	63	100	—	1.75	170	265	425
0.5	67	106	—	2	180	280	450
0.6	80	125	—	2.5	212	335	530
0.7	90	140	—	3	236	375	600
0.75	90	140	—	3.5	265	425	670
0.8	95	150	236	4	300	475	750
1	112	180	280	4.5	315	500	800

表 6-18 内螺纹小径公差（摘自 GB/T 197—2018） （单位：μm）

螺距 P/mm	公差等级					螺距 P/mm	公差等级				
	4	5	6	7	8		4	5	6	7	8
0.35	63	80	100	—	—	1.25	170	212	265	335	425
0.4	71	90	112	—	—	1.5	190	236	300	375	475
0.45	80	100	125	—	—	1.75	212	265	315	425	530
0.5	90	112	140	180	—	2	236	300	375	475	600
0.6	100	125	160	200	—	2.5	280	355	450	560	710
0.7	112	140	180	224	—	3	315	400	500	630	800
0.75	118	150	190	236	—	3.5	355	450	560	710	900
0.8	125	160	200	250	315	4	375	475	600	750	950
1	150	190	236	300	375	4.5	425	530	670	850	1060

4. 螺纹的旋合长度与螺纹精度

如前所述，标准 GB/T 197—2018 将螺纹按旋合长度分为三组，即短旋合长度组（S）、中等旋合长度组（N）和长旋合长度组（L）。表 6-19 给出了不同直径、不同螺距所对应的不同旋合长度的数值，根据使用场合的不同，它们分别用于下述情况。

表 6-19 螺纹旋合长度（摘自 GB/T 197—2018） （单位：mm）

基本大径 D、d/mm		螺距 P/mm	旋合长度			
			S	N		L
>	≤		≤	>	≤	>
0.99	1.4	0.2	0.5	0.5	1.4	1.4
		0.25	0.6	0.6	1.7	1.7
		0.3	0.7	0.7	2	2
1.4	2.8	0.2	0.5	0.5	1.5	1.5
		0.25	0.6	0.6	1.9	1.9
		0.35	0.8	0.8	2.6	2.6
		0.4	1	1	3	3
		0.45	1.3	1.3	3.8	3.8
2.8	5.6	0.35	1	1	3	3
		0.5	1.5	1.5	4.5	4.5
		0.6	1.7	1.7	5	5
		0.7	2	2	6	6
		0.75	2.2	2.2	6.7	6.7
		0.8	2.5	2.5	7.5	7.5
5.6	11.2	0.75	2.4	2.4	7.1	7.1
		1	3	3	9	9
		1.25	4	4	12	12
		1.5	5	5	15	15
11.2	22.4	1	3.8	3.8	11	11
		1.25	4.5	4.5	13	13
		1.5	5.6	5.6	16	16
		1.75	6	6	18	18
		2	8	8	24	24
		2.5	10	10	30	30
22.4	45	1	4	4	12	12
		1.5	6.3	6.3	19	19
		2	8.5	8.5	25	25
		3	12	12	36	36
		3.5	15	15	45	45
		4	18	18	53	53
		4.5	21	21	63	63

精密：用于精密螺纹及配合性质变动较小的场合。中等：用于一般用途的机械构件及通用标准紧固件。粗糙：用于对精度要求不高或制造比较困难的情况。

通常情况下，以中等旋合长度的 6 级公差等级作为螺纹配合的中等精度，精密级与粗糙级都是相对中等级比较而言。

6.4.6 螺纹公差配合精度选择

根据螺纹配合的要求，将公差等级和公差位置组合，可得到各种螺纹公差带。但为了减少刀具、量具的规格，表 6-20、表 6-21 列出了内、外螺纹的选用公差带，除特殊情况外，在设计时只宜选用表中所列的内外螺纹公差带。表中只有一个公差带代号时，表示顶径公差带与中径公差带相同；有两个公差带代号时，前一个表示中径公差带，后一个表示顶径公差带。

表 6-20 内螺纹选用公差带

精 度	公差带位置 H			公差带位置 G		
	S	N	L	S	N	L
精密	4H	5H	6H	—	—	—
中等	5H	6H	7H	(5G)	6G	(7G)
粗糙	—	7H	8H	—	(7G)	(8G)

注：1. 方框内为优先选用。
2. 括号内尽量不选用。
3. 其余推荐选用。

表 6-21 外螺纹选用公差带

精度	公差带位置 h			公差带位置 g			公差带位置 f			公差带位置 e		
	S	N	L	S	N	L	S	N	L	S	N	L
精密	(3h4h)	4h	(5h4h)	—	(4g)	(5g4g)	—	—	—	—	—	—
中等	(5h6h)	6h	(7h6h)	(5g6g)	6g	(7g6g)		6f		—	6e	(7e6e)
粗糙	—	—	—		8g	(9g8g)	—	—		—	(8e)	(9e8e)

注：1. 方框内为优先选用。
2. 括号内尽量不选用。
3. 其余为推荐选用。

考虑到螺距误差的影响，当旋合长度加长时，应给予较大的公差；当旋合长度减短时，可减小公差。因此，在同一螺纹精度下，旋合长度不同，中径应采用不同的公差等级，S 组比 N 组高一级，N 组比 L 组高一级。

内螺纹的小径公差多数与中径公差取相同等级，并随旋合长度缩短或加长而提高或降低一级。

外螺纹的大径公差，在 N 组，与中径公差取相同等级；在 S 组，比中径公差低一级；在 L 组，比中径公差高一级。

内、外螺纹的选用公差带可以任意组合。为了保证足够的接触精度，完工后的零件最好组合成 H/g、H/h 或 G/h 的配合。对直径小于或等于 1.4mm 的螺纹采用 5H/6h、4H/6h 或更紧密的配合。

对需要涂镀保护层的螺纹，在镀前一般应按规定的公差带制造。如无特殊规定，在镀后螺纹的实际轮廓的任何点均不应超过 H、h 所确定的最大实体牙型。

6.4.7　螺纹公差与配合标记

GB/T 197—2018《普通螺纹　公差》规定了普通螺纹的标记。完整的螺纹标记由如下五部分组成：

[特征代号][尺寸代号]-[公差带代号]-[旋合长度代号]-[旋向代号]

1. 螺纹特征代号

螺纹特征代号用“M”表示。

2. 尺寸代号

单线螺纹为“公称直径×螺距”（粗牙螺纹的螺距不标注）。

多线螺纹为“公称直径×Ph 导程 P 螺距”。

如果要进一步表明螺纹的线数，可在后面增加括号说明（使用英语进行说明，例如双线为 two starts，三线为 three starts）。

例如，M10 表示公称直径为 10mm，螺距为 1.5mm 的单线粗牙普通螺纹；M10×1 表示公称直径为 10mm，螺距为 1mm 的单线细牙普通螺纹；M16×Ph3P1.5 或 M16×Ph3P1.5（two starts）表示公称直径为 16mm，螺距为 1.5mm，导程为 3mm 的双线普通螺纹。

3. 公差带代号

普通螺纹公差带代号包括中径公差带代号与顶径公差带代号。中径公差带代号在前，顶径公差带代号在后。各直径的公差带代号由表示公差等级的数值和表示公差带位置的字母（内螺纹用大写字母，外螺纹用小写字母）组成。如果中径公差带代号与顶径公差带代号相同，则只标注一个公差带代号。螺纹尺寸代号与公差带间用“-”分开。

例如，M10×1-5g6g 表示中径公差带为 5g，顶径公差带为 6g 的外螺纹；M10×1-5H6H 表示中径公差带为 5H，顶径公差带为 6H 的内螺纹。

在下列情况下，中等公差精度螺纹不标注公差带代号。

内螺纹：

—5H 公称直径≤1.4mm 时。

—6H 公称直径≥1.6mm 时。

注：对螺距为 0.2mm 的螺纹，其公差等级为 4 级。

外螺纹：

—6h 公称直径≤1.4mm 时。

—6g 公称直径≥1.6mm 时。

表示内、外螺纹在装配时，内螺纹公差带代号在前，外螺纹公差带代号在后，中间用斜线分开。

例如，M20×2-6H/5g6g 表示公差带为 6H 的内螺纹与公差带为 5g6g 的外螺纹组成配合。

4. 旋合长度代号

对短旋合长度组和长旋合长度组的螺纹，在公差带代号后分别标注“S”和“L”代号。旋合长度代号与公差带间用“-”号分开。中等旋合长度代号“N”在螺纹标记中不标注。

例如，M10-5g6g-S 表示短旋合长度的外螺纹。M6-7H/7g6g-L 表示长旋合长度的内、外螺纹。

5. 旋向代号

对左旋螺纹，在旋合长度代号后标注“LH”代号。旋合长度代号与旋向代号间用“-”号分开。右旋螺纹不标注旋向代号。

例如，M8×1-5g6g-S-LH 表示公称直径为 8mm，螺距为 1mm 的单线细牙普通螺纹，其公差带代号为 5g6g，短旋合长度，左旋；M14×Ph6P2-7H-L-LH 或 M14×Ph6P2（three starts）-7H-L-LH 表示公称直径为 14mm、导程为 6mm、螺距为 2mm 的三线普通内螺纹，其公差带代号为 7H，长旋合长度，左旋；M8 表示右旋螺纹（螺距、公差带代号、旋合长度代号和旋向代号被省略）。

6.5 圆锥配合的精度设计

6.5.1 圆锥公差配合概述

与圆柱体配合比较，影响圆锥配合精度的不仅仅是圆锥直径尺寸误差，还有圆锥角误差。

1. 圆锥配合的特点

1）能保证结合件自动定心。它不仅能使结合件的轴线很好地重合，而且经多次装拆也不受影响。

2）配合间隙或过盈的大小可以调整。在圆锥配合中，通过调整内、外圆锥的轴向相对位置，可以改变其配合间隙或过盈的大小，得到不同的配合性质。

3）配合紧密而且便于拆卸。要求在使用中有一定过盈，而在装配时又有一定间隙，这对于圆柱结合是难于办到的。但在圆锥结合中，轴向拉紧内、外圆锥，可以完全消除间隙，乃至形成一定过盈；而将内、外圆锥沿轴向放松，又很容易拆卸。由于配合紧密，圆锥配合具有良好的密封性，可防止漏气、漏水或漏油。当有足够的过盈时，圆锥结合还具有自锁性，能够传递一定的转矩，甚至可以取代花键结合，使传动装置结构简单、紧凑。

2. 圆锥配合类型

圆锥配合根据结合的形式可分为结构型圆锥配合和位移型圆锥配合。

（1）结构型圆锥配合　结构型圆锥配合是由内外圆锥的结构、基准平面之间的尺寸确定装配的最终位置而获得的配合。可以用结构型圆锥配合得到间隙配合、过渡配合和过盈配合，如图 6-25 所示。

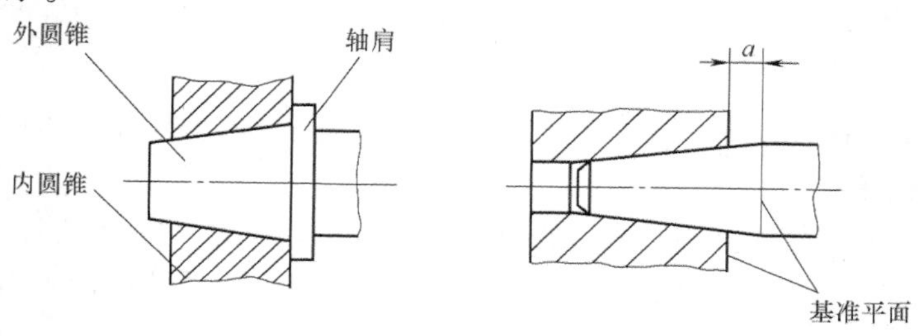

图 6-25　结构型圆锥配合

（2）位移型圆锥配合　位移型圆锥配合是由内、外圆锥实际初始位置（P_0）开始，作一定的相对轴向位移（E_a）而获得的配合。可以用位移型圆锥配合得到间隙配合和过盈配合，如图 6-26 所示

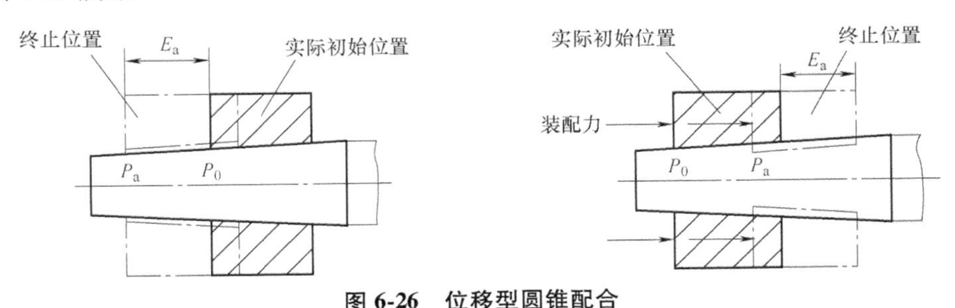

图 6-26　位移型圆锥配合

6.5.2　圆锥术语及定义

国家标准 GB/T 157—2001 和 GB/T 11334—2005 分别规定了圆锥和圆锥公差的术语及定义、圆锥公差的项目、给定方法和公差系列。

（1）圆锥表面　与轴线成一定角度，且一端相交于轴线的一条直线（母线），围绕着该轴线旋转形成的表面，如图 6-27a 所示。

（2）圆锥　由圆锥表面与一定尺寸所限定的几何体。它分为外圆锥和内圆锥，如图 6-27b、图 6-27c 所示。

（3）圆锥角 α　在通过圆锥轴线的截面内，两条素线间的夹角，如图 6-28 所示。

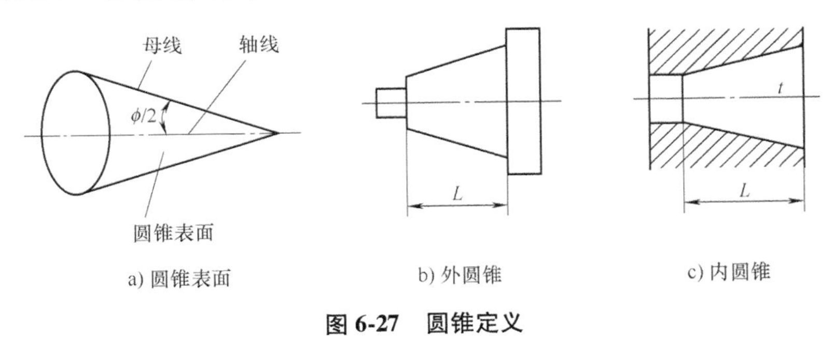

图 6-27　圆锥定义

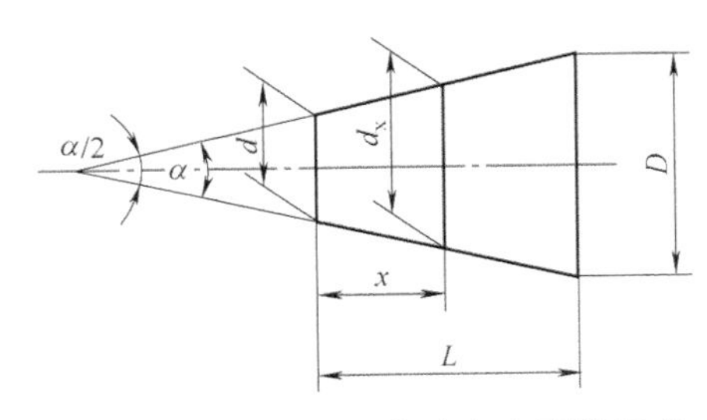

图 6-28　圆锥角、圆锥直径和圆锥长度

（4）锥度 C　两个垂直圆锥轴线截面的圆锥直径 D 和 d 之差与该两截面之间的轴向距离 L 之比

$$C=\frac{D-d}{L}$$

锥度 C 与圆锥角 α 的关系为

$$C=2\tan\frac{\alpha}{2}=1:\frac{1}{2}\cot\frac{\alpha}{2} \tag{6-15}$$

锥度 C 常以分数或比例的形式表示，例如：$C=1:5$、1/5、20%。

6.5.3 圆锥公差

1. 圆锥公差的有关参数

相关标准规定了圆锥公差的术语及定义、圆锥公差的给定方法及公差数值。它适应于锥度 C 为 1∶500~1∶3、圆锥长度 L 为 6~630mm 的光滑圆锥。

（1）公称圆锥　由设计给定的理想形状圆锥，如图 6-28 所示。

公称圆锥可用两种形式确定：

1）一个公称圆锥直径（最大圆锥直径 D、最小圆锥直径 d、给定截面圆锥直径 d_x）、公称圆锥长度 L、公称圆锥角 α 或公称锥度 C。

2）两个基本圆锥直径和基本圆锥长度 L。

（2）实际圆锥　实际存在而通过测量所得的圆锥。其直径即为实际圆锥直径。

（3）实际圆锥角　在实际圆锥的任一轴向截面内，包容圆锥素线且距离为最小的两对平行直线之间的夹角，如图 6-29 所示。

（4）极限圆锥　与基本圆锥共轴且圆锥角相等，直径分别为上极限尺寸和下极限尺寸的两个圆锥。在垂直圆锥轴线的任一截面上，这两个圆锥的直径差相等。其相应的直径即为极限圆锥直径，如图 6-30 中的 D_{max}、D_{min}、d_{max}、d_{min}。

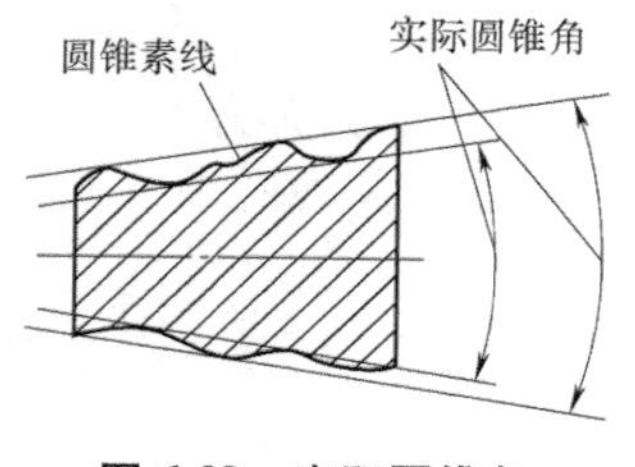

图 6-29　实际圆锥角

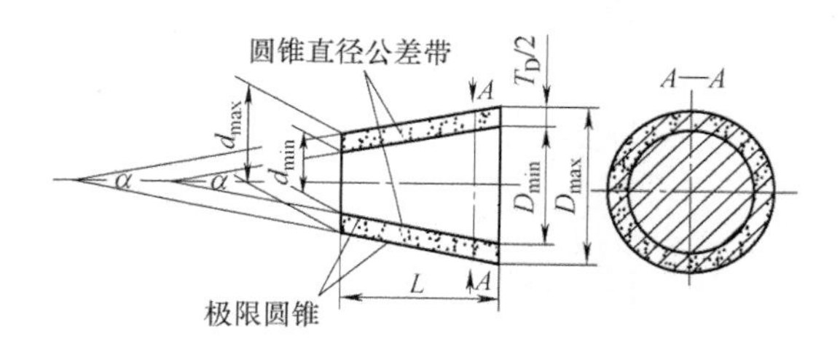

图 6-30　极限圆锥直径

（5）圆锥直径公差　圆锥直径公差分为两种情况：

1）圆锥直径公差 T_D：作用于圆锥全长上，圆锥直径的允许变动量。用示意图表示在轴向截面内的圆锥直径公差带为两个极限圆锥所限定的区域，如图 6-30 所示。

2）给定截面圆锥直径公差 T_{DS}：在垂直圆锥轴线的给定截面内，圆锥直径的允许变动量。它仅适用于给定截面。其公差带为在给定的圆锥截面内，由两个同心圆所限定的区域，如图 6-31 所示。

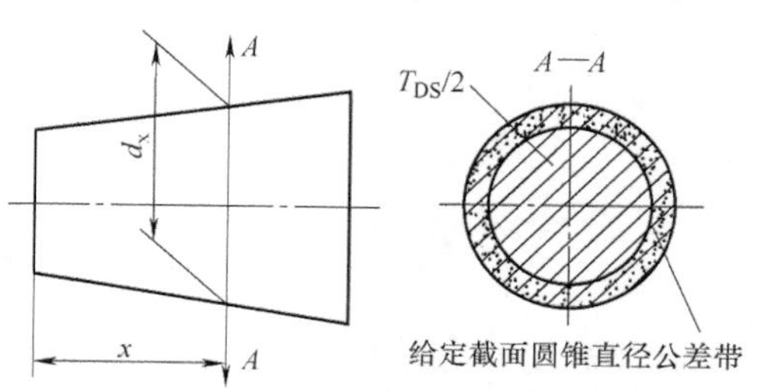

图 6-31　给定截面圆锥直径公差带

圆锥直径公差 T_D 是以基本圆锥直径（一般取最大圆锥直径 D）为公称尺寸，按光滑圆柱体极限公差的标准规定选取；若为给定截面圆锥直径公差 T_{DS}，则以给定截面圆锥直径 d_x 为公称尺寸，选取办法与 T_D 相同。

例 6-3　有一外圆锥，大端直径 $D = 85$mm，公差等级为 IT7，选基本偏差为 js，求其基本偏差。

解： 直径公差按 $\phi85js7$，查光滑圆柱体有关公差表及基本偏差表，得 $\phi85js7 = \phi85^{+0.0175}_{-0.0175}$mm。

（6）圆锥角公差 AT（ATD）　圆锥角公差为圆锥角所允许的变动量。其公差带为两个极限圆锥角所限定的区域，如图 6-32 所示。

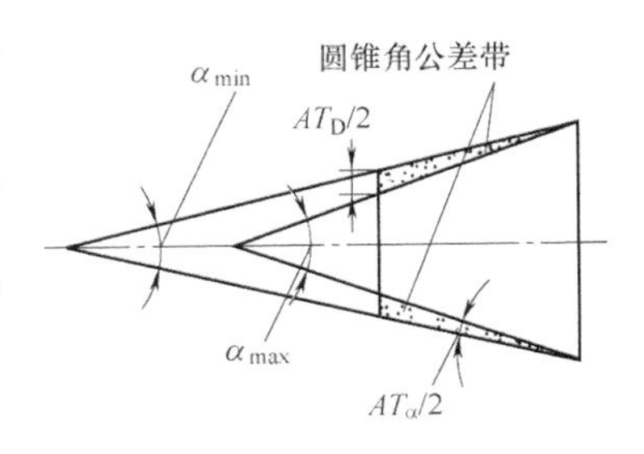

图 6-32　极限圆锥角

圆锥角公差 AT 共分 12 个公差等级，用 $AT1$、$AT2$……$AT12$ 表示。圆锥角公差的数值见表 6-22。

表 6-22　圆锥角公差数值（摘自 GB/T 11334—2005）

公称圆锥长度 L/mm		圆锥角公差等级								
		$AT5$			$AT6$			$AT7$		
		AT_α		AT_D	AT_α		AT_D	AT_α		AT_D
大于	至	μrad	(′) (″)	μm	μrad	(′) (″)	μm	μrad	(′) (″)	μm
6	10	315	1′05″	>2~3.2	500	1′43″	>3.2~5	800	2′45″	>5~8
10	16	250	52″	>2.5~4	400	1′22″	>4~6.3	630	2′10″	>6.3~10
16	25	200	41″	>3.2~5	315	1′05″	>5~8	500	1′43″	>8~12.5
25	40	160	33″	>4~6.3	250	52″	>6.3~10	400	1′22″	>10~16
40	63	125	26″	>5~8	200	41″	>8~12.5	315	1′05″	>12.5~20
63	100	100	21″	>6.3~10	160	33″	>10~16	250	52″	>16~25
100	160	80	16″	>8~12.5	125	26″	>12.5~20	200	41″	>20~32
160	250	63	13″	>10~16	100	21″	>16~25	160	33″	>25~40
250	400	50	10″	>12.5~20	80	16″	>20~32	125	26″	>32~50
400	630	40	8″	>16~25	63	13″	>25~40	100	21″	>40~63

公称圆锥长度 L/mm		圆锥角公差等级								
		$AT8$			$AT9$			$AT10$		
		AT_α		AT_D	AT_α		AT_D	AT_α		AT_D
大于	至	μrad	(′) (″)	μm	μrad	(′) (″)	μm	μrad	(′) (″)	μm
6	10	1250	4′18″	>8~12.5	2000	6′52″	>12.5~20	3150	10′49″	>20~32
10	16	1000	3′26″	>10~16	1600	5′30″	>16~25	2500	8′35″	>25~40
16	25	800	2′45″	>12.5~20	1250	4′18″	>20~32	2000	6′52″	>32~50
25	40	630	2′10″	>16~25	1000	3′26″	>25~40	1600	5′30″	>40~63
40	63	500	1′43″	>20~32	800	2′45″	>32~50	1250	4′18″	>50~80

（续）

公称圆锥长度 L/mm		圆锥角公差等级								
		$AT8$			$AT9$			$AT10$		
		AT_{α}		AT_{D}	AT_{α}		AT_{D}	AT_{α}		AT_{D}
大于	至	μrad	(′) (″)	μm	μrad	(′) (″)	μm	μrad	(′) (″)	μm
63	100	400	1′22″	>25~40	630	2′10″	>40~63	1000	3′26″	>63~100
100	160	315	1′05″	>32~50	500	1′43″	>50~80	800	2′45″	>80~125
160	250	250	52″	>40~63	400	1′22″	>63~100	630	2′10″	>100~160
250	400	200	41″	>50~80	315	1′05″	>80~125	500	1′43″	>125~200
400	630	160	33″	>63~100	250	52″	>100~160	400	1′22″	>160~250

另一方面，有时用圆锥直径公差 T_D 限制圆锥角的误差比较方便，在衡量其圆锥角误差的大小时，应以圆锥长度为 100mm、圆锥直径公差 T_D 时的最大圆锥角允许误差 $\Delta\alpha_{max}$ 值为准，当长度不为 100mm 时，可将数值乘以 $100/L$（L 单位为 mm），再与表 6-23 中的数值比较。

表 6-23　圆锥直径公差所能限制的最大圆锥角误差 $\Delta\alpha_{max}$（摘自 GB/T 11334—2005）

圆锥直径公差等级	圆锥直径/mm						
	>10~18	>18~30	>30~50	>50~80	>80~120	>120~180	>180~250
	$\Delta\alpha_{max}$/μrad						
IT4	50	60	70	80	100	120	140
IT5	80	90	110	130	150	180	200
IT6	110	130	160	190	220	250	290
IT7	180	210	250	300	350	400	460
IT8	270	330	390	160	540	630	720
IT9	430	520	620	740	870	1000	1150
IT10	700	840	1000	1200	1400	1600	1850
IT11	1000	1300	1600	1900	2200	2500	2900
IT12	1800	2100	2500	3000	3500	4000	4600
IT13	2700	3300	3900	4600	5400	6300	7200
IT14	4300	5200	6200	7400	8700	10000	11500

注：圆锥长度不等于 100mm 时，需将表中的数值乘以 $100/L$。单位为 mm。

圆锥角公差可用角度值 AT_{α} 或线长度 AT_D 两种形式表示。

① AT_{α} 以角度单位微弧度或以度、分、秒表示。AT_{α} 单位为 μrad。

② AT_D 以长度单位微米（μm）表示。

AT_{α} 和 AT_D 关系为

$$AT_D = AT_{\alpha} L \times 10^3 \tag{6-16}$$

L 单位为 mm。

2. 圆锥公差使用方法及标注

与圆柱面配合有所不同，圆锥配合不但与它配合的直径公差有关，而且还与圆锥角的公差有关，它是比圆柱体配合更复杂的一种配合形式。影响圆锥精度的有直径误差、锥角误差及形状误差。对圆锥精度的控制有面轮廓度法、基本锥度法及公差圆锥法三种。

（1）面轮廓度法　面轮廓度法是将圆锥看作曲面，用几何公差中的面轮廓度控制其误差。这种方法几何意义明确，方法简单，为一般常用的方法。

（2）基本锥度法　基本锥度法常用于有配合要求的结构型内、外圆锥中。基本锥度法是表示圆锥尺寸公差与其几何形状关系的一种控制方法。它满足包容原则，实际圆锥处处位于两个极限圆锥面内，因此，该方法既控制圆锥表面形状，也控制圆锥直径和圆锥角的大小。若表面形状有进一步要求，可再给出形状公差项目。

（3）公差锥度法　公差锥度法是直接给定有关圆锥要素的公差，即同时给出圆锥直径公差和圆锥角公差 AT，不构成二同轴圆锥面公差带的控制方法。此时，给定截面圆锥直径公差仅控制该截面圆锥直径偏差，不再控制圆锥偏差，T_{DS} 和 AT 各自分别控制，分别满足要求。图 6-33 给出示例。

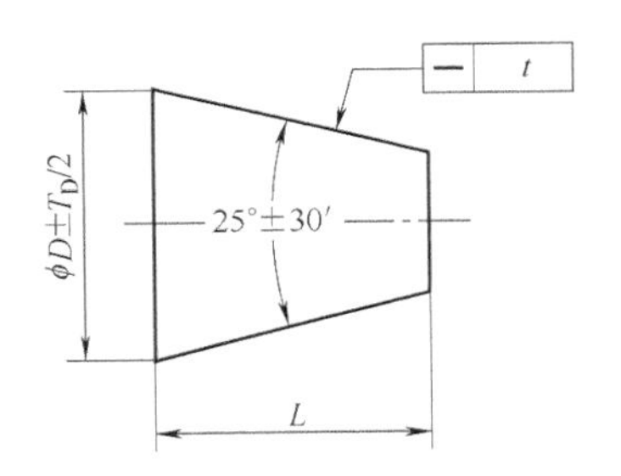

说明：该圆锥的最大圆锥直径应由 $\phi D \pm T_D/2$ 和 $\phi D - T_D/2$ 确定；锥角应在24°30′～25°30′之间变化；圆锥的素线直线度公差要求为 t。这些要求应各自独立地考虑。

a)

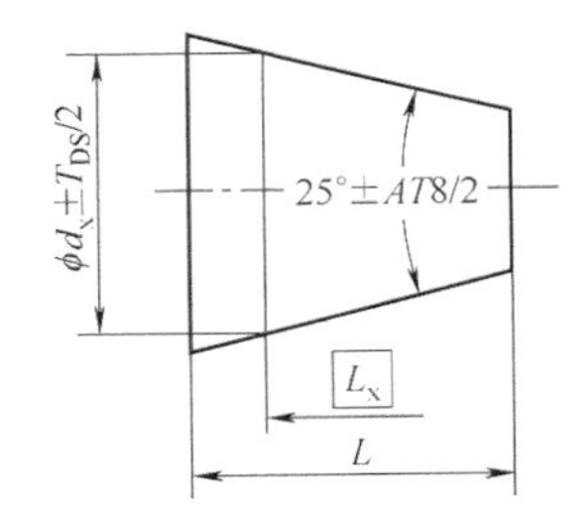

说明：该圆锥的给定截面圆锥直径应由 $\phi d_x + T_{DS}/2$ 和 $\phi d_x - T_{DS}/2$ 确定；锥角应在 $25° - AT8/2$ ～ $25° + AT8/2$ 之间变化；圆锥的素线直线度公差要求为 t。这些要求应各自独立地考虑。

b)

图 6-33　公差锥度法控制误差

公差锥度法仅适用于对某给定截面圆锥直径有较高要求的圆锥和密封及非配合圆锥，如发动机配气机构中的气门锥面。

这三种方法，也是圆锥公差标注的三种方法。一般情况可直接用面轮廓度法控制圆锥误差。若圆锥是结构型圆锥配合，可用基本锥度法；若圆锥为非配合圆锥或精度要求较高，可用公差锥度法控制。

6.5.4　圆锥配合

国家标准 GB/T 12360—2005 规定了圆锥配合的术语和定义及一般规定。它适用于锥度 C 为 1∶500～1∶3，长度 L 为 6～630mm，直径小于 500mm 光滑圆锥的配合，其公差给出的方法是：给出公称圆锥的圆锥角 α（或锥度 C）和圆锥直径公差 T_D，由 T_D 确定两个极限圆锥。

圆锥配合的质量及其使用性能，主要取决于内、外圆锥的圆锥角偏差、圆锥直径偏差及形状误差的大小。在配合精度设计时，对于一般用途的圆锥配合，可以只规定圆锥直径公差，形状误差应在直径公差带内，圆锥角偏差也由直径公差加以限制。

当对圆锥结合质量要求较高时，仍可只规定其直径公差，但在图样上应注明圆锥的圆度和素线直线度误差允许占直径公差的比例。

当对圆锥结合质量要求很高时，应分别单独规定圆锥角公差及其形状公差。

例 6-4 某铣床主轴轴端与齿轮孔连接，采用圆锥加平键的连接方式，其基本圆锥直径为大端直径 $D=\phi80\text{mm}$，锥度 $C=1:16$。试确定此圆锥的配合及内、外圆锥体的公差。

解： 由于此圆锥配合采用圆锥加平键的连接形式，即主要靠平键传递转矩，因而圆锥面主要起定位作用。所以圆锥配合按结构型圆锥配合设计，其公差可用基本锥度法控制，即只需给出圆锥的理论正确圆锥角 α（或锥度 C）和圆锥直径公差 T_D。此时，锥角误差和圆锥形状误差都由圆锥直径公差 T_D 来控制。

（1）确定配合基准　对于结构型圆锥配合，标准推荐优先采用基孔制，则内圆锥直径的基本偏差取 H。

（2）确定公差等级　圆锥直径的标准公差一般为 IT5～IT8。从满足使用要求和加工的经济性出发，外圆锥直径选标准公差 IT7，内圆锥直径公差选标准公差 IT8。

（3）确定圆锥配合　由圆锥直径误差影像分析可知，为使内、外圆锥体在配合时轴向位移量变化最小，则外圆锥直径的基本偏差选 k（由光滑圆柱体配合的尺寸公差表查得）即可满足要求。此时，查表可得内圆锥直径为 $\phi80\text{H}8=\phi80^{+0.046}_{0}\text{mm}$，外圆锥直径为 $\phi80\text{k}7=\phi80^{+0.032}_{+0.002}\text{mm}$，如图 6-34 所示。

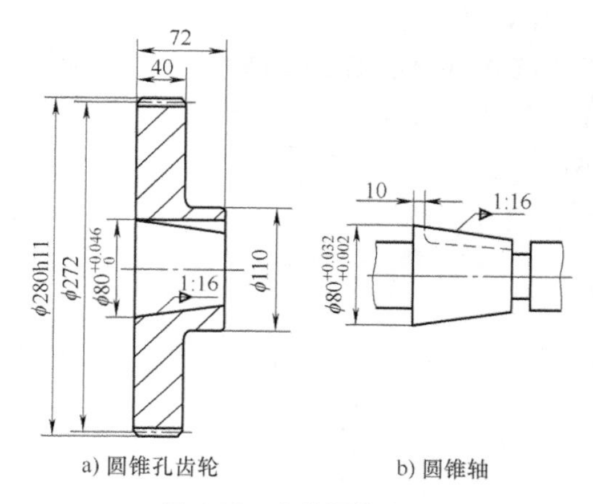

图 6-34　内外圆锥连接

由于锥角和圆锥的形状误差都控制在极限圆锥所限定的区域内，在标注时推荐在圆锥直径的极限偏差后加符号“Ⓣ”。

6.5.5　角度与锥度的检测

检测锥度的方法各种各样，测量器具也有多种类型，目前常用的主要有以下测量方法。

1. 比较测量法

比较测量法是指将角度量具与被测锥度相比较，用光隙法或涂色法估计出被测锥度的偏差，判断被检锥度是否在允许公差范围内的测量方法。常用的角度量具有角度量块、角度样板、直角尺、多面体、圆锥量规等。

2. 直接测量法

直接测量法是指从角度测量器具上直接测得被测角度和直径的测量方法。常用的角度测量器具有游标万能角度尺、光学测角仪、万能工具显微镜和光学经纬仪等。

3. 间接测量法

间接测量法是指测量与被测角度有一定函数关系的若干线性尺寸，然后计算出被测角度的测量方法。通常使用指示式测量器具和正弦规、量块、滚子、钢球进行测量。

利用钢球和指示式测量器具测量内圆锥角，如图6-35所示。将直径分别为D_2、D_1的钢球2和钢球1先后放入被测零件3的内圆锥面，以被测内圆锥的大头端面作为测量基准面，分别测出两个钢球顶点至该测量基准面的距离L_2和L_1，按式（6-17）可求出内圆锥半角$\alpha/2$的数值，并可得大端直径。即

$$\sin\frac{\alpha}{2}=\frac{D_1-D_2}{\pm 2L_1+2L_2-D_1+D_2} \tag{6-17}$$

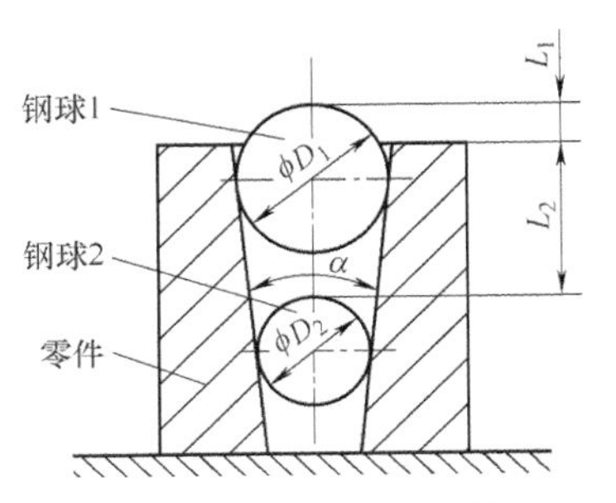

图6-35　钢球测量内圆锥角

当大球突出于测量基准面时，式（6-17）中$2L_1$前面的符号取“+”号，反之取“-”号。根据$\sin\frac{\alpha}{2}$值，可确定被测圆锥角的实际值。

习题与思考题

1. 滚动轴承的极限配合与一般圆柱体的极限配合有何不同？
2. 滚动轴承的精度有几级？其代号是什么？最常用的是哪些级？
3. 滚动轴承承受载荷的类型与选择配合有哪些关系？
4. 单键与轴槽及轮毂槽的极限配合有何特点？
5. 矩形花键连接的定心方式有哪几种？如何选择？小径定心方式有何优点？
6. 假定螺纹的实际中径在中径极限尺寸范围内，是否就可以断定该螺纹为合格品？为什么？对紧固螺纹，为什么不单独规定螺距公差及牙型半角公差？
7. 圆锥误差如何控制？它们的公差各适用于什么情况？
8. 某一旋转机构，选用中系列的P6（E）级单列向心球轴承（310），$d=50$mm，$D=110$mm，额定动负荷$C=48400$N，$B=27$mm，$r=3$mm，若径向负荷为5kN，轴旋转，试确定与轴承配合的轴和外壳孔的公差带。
9. 滚动轴承C210（外径为90mm，内径为50mm，精度为N级）与内圈配合的轴用k5，与外圈配合的孔用J6，试画出它们的配合图解，并计算极限间隙（过盈）及平均间隙（过盈）。
10. 用平键连接ϕ30H8孔与ϕ30k7轴以传递转矩，已知$b=8$mm，$h=7$mm，$t_1=3.3$mm。确定键与槽宽的极限配合，绘出孔与轴的剖面图，并标注槽宽与槽深的公称尺寸与极限偏差。
11. 按下面矩形花键连接的公差与配合查表。

$$6\times26\frac{\text{H7}}{\text{f7}}\times30\frac{\text{H10}}{\text{a11}}\times6\frac{\text{H9}}{\text{d10}}$$

12. 查表确定螺栓M24×2-6h的外径和中径的极限尺寸，并绘出其公差带图。
13. 测得某螺栓M16-6g的单一中径为14.6mm，$\Delta P_\Sigma=35\mu m$，$\Delta\frac{\alpha_1}{2}=-50'$，$\Delta\frac{\alpha_2}{2}=-40'$，试问此螺栓是否合格？若不合格，能否修复？怎样修复？

第7章 尺寸链

7.1 尺寸链的基本概念

在机械设计与加工过程中，除了需要进行运动、结构的分析与必要的强度、刚度等设计与计算外，还要进行几何精度的分析计算。零件的几何精度与整机、部件的精度密切相关，整机、部件的精度由零件的精度保证。通过尺寸链的分析计算，可以在保证整机、部件工作性能和技术经济效益的前提下，合理地确定零件的尺寸公差与几何公差，以确保产品质量。

在机械设计和制造中，通过尺寸链的分析和计算，主要解决以下几个问题：

1）已知封闭环的尺寸、公差或偏差，求各组成环的尺寸、公差或偏差，称为反计算，多用于零件尺寸设计及工艺设计，如在设计新产品时进行合理的公差分配等。

2）已知各组成环的尺寸、公差或偏差，求封闭环的尺寸、公差或偏差，称为正计算，多用于设计审核，校核零件规定的公差是否合理以及是否满足装配要求。

3）已知封闭环和部分组成环的尺寸、公差或偏差，求其他各成环的尺寸、公差或偏差，称为中间计算，多用于工艺设计，如工序间尺寸的计算或零件尺寸的基面换算等。

7.1.1 尺寸连的定义及特点

在机器装配或零件加工过程中，经常遇到一些相互联系的尺寸按一定顺序首尾相接形成封闭的尺寸组，定义为尺寸链。

如图 7-1a 所示，当零件加工得到 A_1 及 A_2 后，在零件加工时并未予以直接保证的尺寸 A_0 也就随之而确定了。A_0、A_1 和 A_2 这三个相互连接的尺寸就形成了封闭的尺寸组，即零件加工尺寸链。如图 7-1b 所示，将直径为 A_2 的轴装入直径为 A_1 的孔中，在装配后得到间隙 A_0，它的大小取决于孔径 A_1 和轴径 A_2 的大小。A_1 和 A_2 属于不同的设计尺寸。A_0、A_1 和 A_2 这三个相互连接的尺寸就形成了封闭的尺寸组，即形成一个装配尺寸链。如图 7-1c 所示，内孔需要镀铬使用。在镀铬前按工序尺寸（直径）A_1 加工，孔壁镀铬厚度为 A_2、A_3（$A_2=A_3$），在镀铬后孔径 A_0 的大小取决于 A_1 和 A_2、A_3 的大小。A_1 和 A_2、A_3 皆为同一零件的工艺尺寸。A_0、A_2、A_1 和 A_3 这四个相互连接的尺寸就形成了一个尺寸链。

在尺寸链中有些尺寸是在加工过程中直接获得的，如图 7-1 中的 A_1、A_2；有些尺寸是间接保证的，如图 7-1 中的 A_0。由此可见尺寸链的主要特征如下：

1）封闭性。尺寸链必须是一组有关尺寸首尾相连构成封闭形式的尺寸。其中，应包含一个间接保证的尺寸和若干个对此有影响的直接获得尺寸。

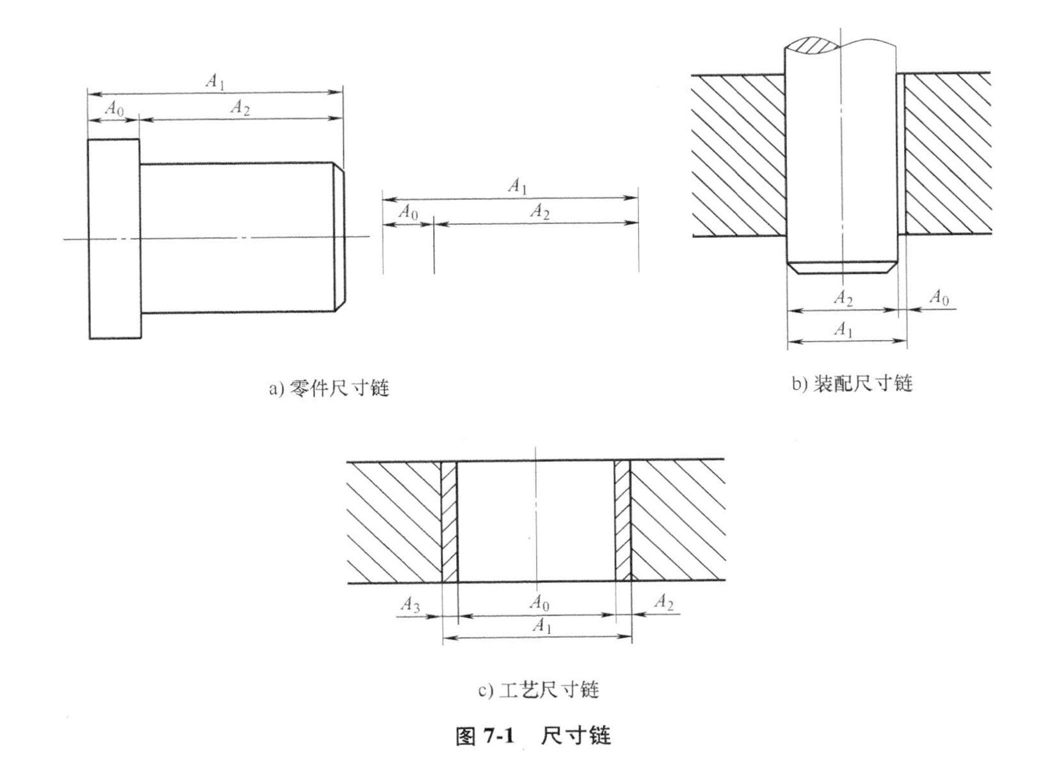

a) 零件尺寸链

b) 装配尺寸链

c) 工艺尺寸链

图 7-1 尺寸链

2）制约性。尺寸链中任一环发生改变都会促使其他环随之改变。

7.1.2 尺寸链的组成和分类

（1）环　在尺寸链中，每个尺寸简称为尺寸链的环。图 7-1 中的尺寸 A_0、A_1、A_2 都是尺寸链的环。

（2）封闭环　根据尺寸链的封闭性，最终被间接保证精度的那个环称为封闭环。如 A_0、A_1、A_2 三个环中，A_0 就是封闭环。加工工艺尺寸链的封闭环都是图上未标注的尺寸。在机器的装配过程中，凡是在装配后才形成的尺寸（例如，通常的装配间隙或在装配后形成的过盈），就称为装配尺寸链的封闭环，它是由两个零件上的表面（或中心线等）构成的。

（3）组成环　除封闭环以外的其他环都称为组成环。在零件加工过程或机器的装配时，直接获得的（直接保证）并直接影响封闭环精度的环就是组成环。组成环一般用下标为阿拉伯数字（1，2，3，…）的英文大写字母表示。如图 7-1 中的 A_1、A_2 就是组成环。组成环可分为增环和减环。

1）增环。在其他环不变的条件下，若某一组成环的尺寸增大，封闭环的尺寸也增大，若该环尺寸减小，封闭环的尺寸也减小，则该组成环称为增环，如图 7-1 中的 A_1。

2）减环。在其他环不变的条件下，若某一组成环的尺寸增大，封闭环的尺寸减小，若该环尺寸减小，封闭环的尺寸增大，则该组成环称为减环，如图 7-1 中的 A_2。

（4）补偿环　在尺寸链中预先选定的某一组成环，可以通过改变其大小或位置，使封闭环达到规定的要求。

（5）传递系数　各组成环对封闭环影响大小的系数称为传递系数，用ξ_i表示（下角标i为组成环的序号）。对于增环，ξ_i为正值；对减环，ξ_i为负值。如图7-2所示，尺寸链由组成环A_1、A_2和封闭环A_0组成，组成环A_1的尺寸方向与封闭环尺寸方向一致，而组成环A_2的尺寸方向与封闭环A_0的尺寸方向不一致，因此封闭环的尺寸由式（7-1）表示

$$A_0=A_1+A_2\cos\alpha \tag{7-1}$$

式（7-1）中，α为组成环尺寸方向与封闭环尺寸方向的夹角；A_1的传递系数$\xi_1=1$；A_2的传递系数$\xi_1=\cos\alpha$。

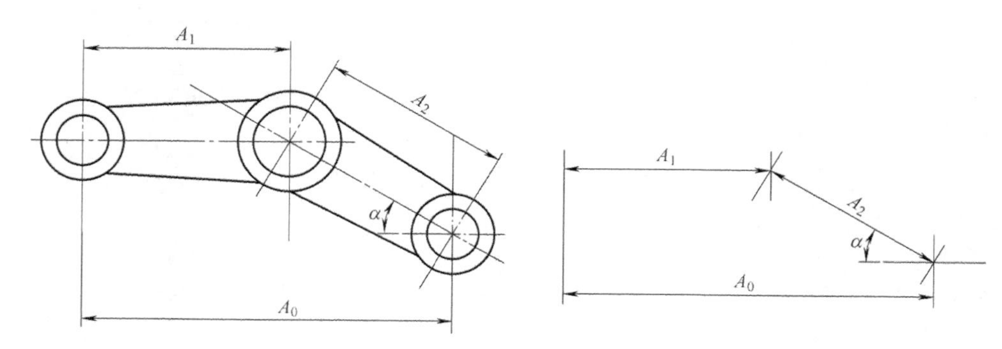

图7-2　平面尺寸链

尺寸链可按下述特征分类。

1. 按尺寸链的应用情况分类

（1）零件尺寸链　零件尺寸链的各组成环为同一个零件的设计尺寸所形成的尺寸链，如图7-1a所示。

（2）装配尺寸链　装配尺寸链的各组成环为不同零件的设计尺寸（在零件图上标注的尺寸），而封闭环通常为装配精度，如图7-1b所示。

（3）工艺尺寸链　工艺尺寸链的各组成环为同一零件在加工过程中由工序尺寸、定位尺寸和基准尺寸形成的尺寸链，如图7-1c所示。

2. 按尺寸链各环在空间中的相互位置分类

（1）直线尺寸链　全部组成环平行于封闭环的尺寸链称为直线尺寸链，如图7-1a、b所示的尺寸链均为直线尺寸链。直线尺寸连中增环的传递系数$\xi_i=+1$，减环的传递系数$\xi_i=-1$。

（2）平面尺寸链　平面尺寸链是指全部组成环位于一个平面内，但某些组成环不平行于封闭环的尺寸链，如图7-2所示。

（3）空间尺寸链　空间尺寸链是指全部组成环位于几个不平行的平面内的尺寸链。

最常见的尺寸链是直线尺寸链。平面尺寸链和空间尺寸链通过采用坐标投影的方法可以转换为直线尺寸链，然后按直线尺寸链的计算方法来计算，所以本章只阐述直线尺寸链的计算方法。

7.1.3　尺寸链的建立

正确地建立尺寸链是进行尺寸链计算的基础。在建立装配尺寸链时，首先应清楚产品有哪些技术规范或装配精度要求，因为这些技术规范或装配精度要求是分析和建立装配尺寸链的依据。通常每一项技术规范或装配精度要求都可以建立一个尺寸链。建立尺寸链的具体步

骤如下：

（1）确定封闭环 封闭环是在装配过程中最后自然形成的，是机器装配精度所要求的那个尺寸，而这个精度要求通常用封闭环的极限尺寸或极限偏差表示。

（2）查明组成环 组成环是对封闭环有影响的尺寸。在确定封闭环之后，先从封闭环的一端开始，依次找出影响封闭环变动的相互连接的各个尺寸，直到最后一个尺寸与封闭环的另一端连接为止。其中每一个尺寸都是一个组成环，它们与封闭环连接形成一个封闭的尺寸组也就是尺寸链。有时机器中的零件较多，要从错综复杂的许多尺寸中找出所需的相关尺寸是非常困难的，需要认真查找。

（3）画尺寸链图 按确定的封闭环和查明的各组成环，用符号将它们标注在示意装配图上或示意零件图上，或者将封闭环和各组成环相互连接的关系单独用简图表示出来。这两种形式的简图称为尺寸链图。

必须指出，在建立尺寸链时应遵循“最短尺寸链原则”。对于某一封闭环，若存在多个尺寸链，则应选取组成环最少的那一个尺寸链。这是因为在封闭环精度要求一定的条件下，尺寸链中组成环的环数越少，则对组成环的要求就越低，从而可以降低产品的成本。

7.1.4 尺寸链图的画法

要进行尺寸链的分析和计算首先必须画出尺寸链图。在绘制尺寸链图时，可从某一加工（或装配）基准出发，按加工（或装配）顺序依次画出各个环。环与环之间不能间断，最后用封闭环构成一个封闭回路。用尺寸链图很容易确定封闭环及断定组成环中的增环或减环。

在加工或装配以后自然形成的环，就是封闭环。

从组成环中分辨出增环或减环，常用以下两种方法：

1）按定义判断。根据增、减环的定义对逐个组成环，分析其尺寸的增减对封闭环尺寸的影响，以判断其为增环还是减环。

2）按箭头方向判断。对于环数较多，结构较复杂的尺寸链按箭头方向判断增环和减环是一种简明的方法：按尺寸链图作一个封闭线路（如图7-3b虚线所示），由任意位置开始沿一定指向画一单向箭头，再沿已定箭头方向对应于 A_0，A_1，A_2，…，A_n 各画一箭头，使所画各箭头依次彼此首尾相连，组成环中箭头与封闭环箭头方向相同者为减环，相异者为增环。按此方法可以判定，图7-3所示的尺寸链中，A_1 和 A_3 为减环，A_2 和 A_4 为增环。

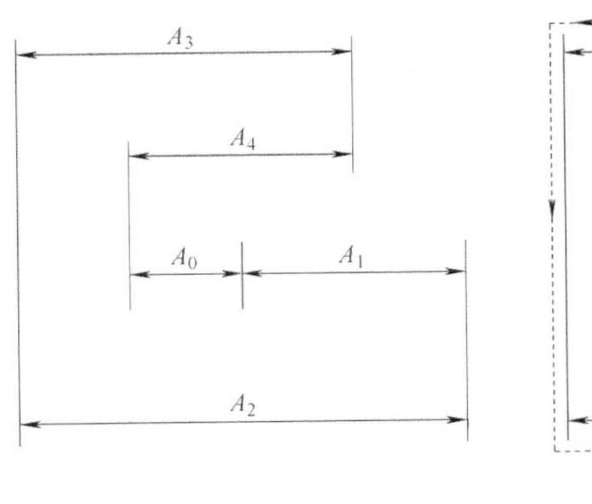

a)

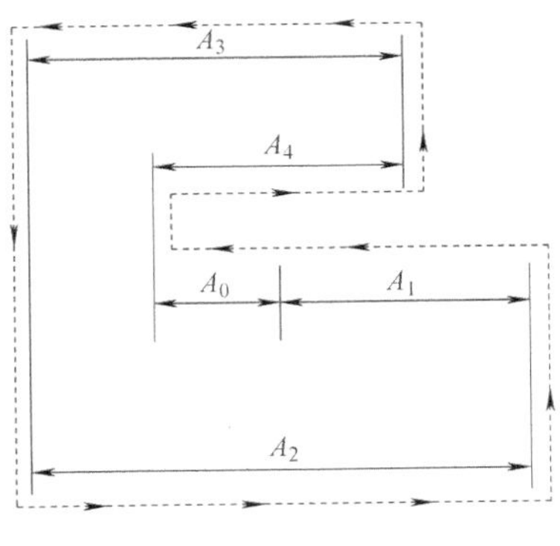

b)

图7-3 尺寸链图

7.2 尺寸链的计算

尺寸链的计算是为了在设计过程中能够正确合理地确定尺寸链中各环的公称尺寸、公差和极限偏差，以便采用最经济的方法达到一定的技术要求。根据不同的需要，尺寸链的计算一般分为三类。

（1）正计算　已知图样上标注的各组成环的公称尺寸和极限偏差，求封闭环的公称尺寸和极限偏差。正计算常用于验证设计和审核图样尺寸标注的正确性。

（2）反计算　已知封闭环的公称尺寸和极限偏差及各组成环的公称尺寸，求各组成环的极限偏差。反计算常用于设计各零部件有关尺寸的合理极限偏差，即根据设计的精度要求，进行公差分配。

（3）中间计算　已知封闭环和部分组成环的公称尺寸和极限偏差，求某一组成环的公称尺寸和极限偏差。中间计算常用于零件尺寸链的工艺设计，如基准面的换算和工序尺寸的确定。

尺寸链的计算方法分为完全互换法和概率法两种。在具体应用时还采取一些工艺措施，如分组装配、修配和调整补偿等。

7.2.1　完全互换法

完全互换法从尺寸链各环的极限值出发来进行计算，又叫极限法。应用此方法不考虑实际尺寸的分布情况，在装配时，全部产品的组成环都不需要挑选或改变其大小和位置，在装入后即能达到精度要求。

对于直线尺寸链来说，因为增环的传递系数为+1，减环的传递系数为-1。

1. 基本公式

（1）闭环的公称尺寸　封闭环的公称尺寸等于所有增环公称尺寸之和减去所有减环公称尺寸之和，即

$$A_0 = \sum_{i=1}^{m} \overrightarrow{A}_i - \sum_{j=m+1}^{n} \overleftarrow{A}_j \tag{7-2}$$

式中　A_0——封闭环的公称尺寸；

A_i——组成环中增环的公称尺寸；

A_j——组成环中减环的公称尺寸；

m——增环数；

n——组成环数。

（2）封闭环的公差　封闭环的公差等于各环公差之和，即

$$T_0 = \sum_{i=1}^{n} T_i \tag{7-3}$$

（3）封闭环的极限偏差　封闭环的上极限偏差 ES_0 等于所有增环上极限偏差 ES_i 之和减去所有减环下极限偏差 EI_j 之和；封闭环的下极限偏差 EI_0 等于所有增环下极限偏差 EI_i 之和减去所有减环上极限偏差 ES_j 之和。

$$ES_0 = \sum_{i=1}^{m} ES_i - \sum_{j=m+1}^{n} EI_j \quad (7\text{-}4)$$

$$EI_0 = \sum_{i=1}^{m} EI_i - \sum_{j=m+1}^{n} ES_j \quad (7\text{-}5)$$

（4）封闭环的中间偏差　封闭环的中间偏差 Δ_0 等于所有增环中间偏差 Δ_i 之和减去所有减环中间偏差 Δ_j 之和，即

$$\Delta_0 = \sum_{i=1}^{m} \Delta_i - \sum_{j=m+1}^{n} \Delta_j \quad (7\text{-}6)$$

中间偏差 Δ 为上极限偏差与下极限偏差的平均值，即

$$\Delta = \frac{1}{2}(ES+EI) \quad (7\text{-}7)$$

由上面的公式总结如下：

1）在尺寸链中封闭环的公差等于所有组成环公差之和，所以封闭环的公差最大，因此在零件工艺尺寸链中一般选择最不重要的环节作为封闭环。

2）在装配尺寸链中封闭环是装配的最终要求。在封闭环的公差确定后，组成环越多则每一环的公差越小，因此装配尺寸链的环数应尽量减少，即最短尺寸链原则。

入体偏差原则：当组成环为包容面时，基本偏差代号为 H，即其下极限偏差为零；当组成环为被包容面时，基本偏差代号为 h，即其上极限偏差为零；当组成环既不是包容面也不是被包容面时，（如中心距）基本偏差为 js，即其上极限偏差为 $T_i/2$，下极限偏差为 $-T_i/2$。

2. 尺寸链计算

（1）正计算

例 7-1　如图 7-4 所示的零件尺寸 $A_1 = 30^{+0.05}_{0}$ mm，$A_2 = 60^{+0.05}_{-0.05}$ mm，$A_3 = 40^{+0.10}_{+0.05}$ mm，求 B 面和 C 面的距离 A_0 及其偏差。

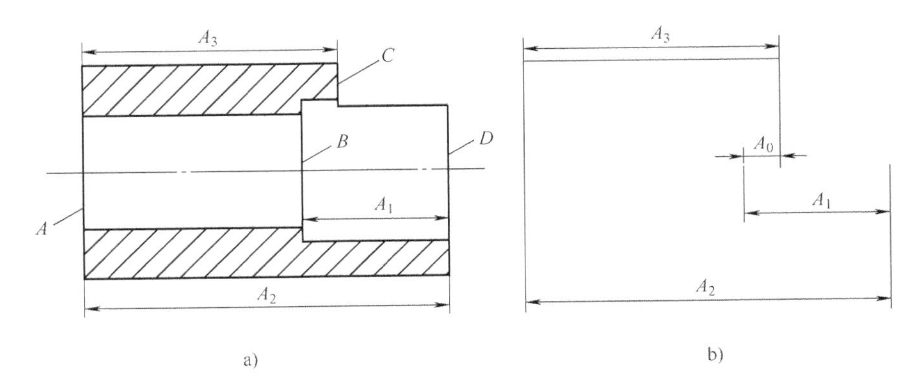

图 7-4　轴套加工尺寸链

解： 画出尺寸链图（图 7-4b），分析得 A_0 为封闭环，A_1、A_3 为增环，A_2 为减环。

① 计算封闭环的公称尺寸。由式（7-1）得

$$A_0 = (A_1 + A_3) - A_2 = (30+40-60)\text{mm} = 10\text{mm}$$

② 计算封闭环的极限偏差。由式（7-3）得

$$ES_0 = (ES_1 + ES_3) - EI_2 = (0.05+0.10)\text{mm} - (-0.05)\text{mm} = 0.20\text{mm}$$

由式（7-4）得

$$EI_0=(EI_1+EI_3)-ES_2=(0+0.05)\text{mm}-0.05\text{mm}=0\text{mm}$$

那么封闭环的尺寸与极限偏差为：$A_0=10^{+0.20}_{0}\text{mm}$。

（2）中间计算

例 7-2 加工一齿轮中心孔如图 7-5 所示，加工工序为：粗镗和精镗孔至 $\phi39.4^{+0.10}_{0}\text{mm}$，然后插键槽的尺寸 A_3，热处理，磨孔至 $\phi40^{+0.04}_{0}\text{mm}$。要求磨削后保证 $A_0=43.3^{+0.20}_{0}\text{mm}$。求工序尺寸 A_3 的公称尺寸及极限偏差。

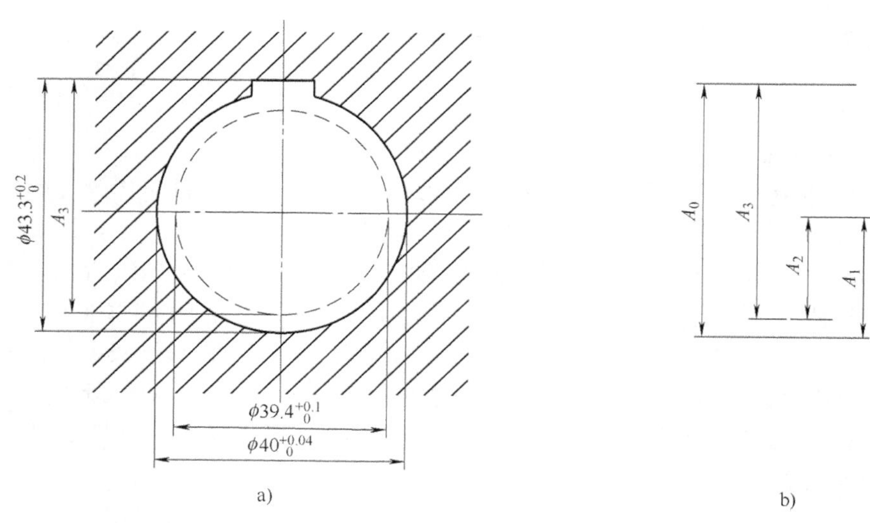

图 7-5 孔键槽加工尺寸链计算

解： 首先确定封闭环。在工艺尺寸链中，封闭环随加工顺序不同而改变，因此工艺尺寸链的封闭环要根据工艺路线去查找。本题加工顺序已经确定，加工最后形成的尺寸就是封闭环，即 $A_0=43.3^{+0.20}_{0}\text{mm}$。

其次查明组成环。根据本题特点，组成环为 $A_1=20^{+0.02}_{0}\text{mm}$、$A_2=19.7^{+0.05}_{0}\text{mm}$、$A_3$。

再次画出尺寸链图，判断增环和减环。经分析 A_0 为封闭环，A_1、A_3 为增环，A_2 为减环。

① 计算工序尺寸 A_3 的公称尺寸。由式（7-1）得

$$A_0=(A_1+A_3)-A_2=(20+A_3)\text{mm}-19.7\text{mm}=43.3\text{mm}$$

$$A_3=(43.3+19.7-20)\text{mm}=43.00\text{mm}$$

② 计算工序尺寸 A_3 的极限偏差。由式（7-3）得

$$ES_0=(ES_1+ES_3)-EI_2=(0.02\text{mm}+ES_3)-0=0.2\text{mm}$$

$$ES_3=0.2\text{mm}-0.02\text{mm}=0.18\text{mm}$$

由式（7-4）得

$$EI_0=(EI_1+EI_3)-ES_2=(0+EI_3)-0.05\text{mm}=0\text{mm}$$

$$EI_3=0.05\text{mm}$$

因此

$$A_3=43^{+0.18}_{+0.05}\text{mm}$$

用式（7-2）验算：$T_0=T_1+T_2+T_3$

$$\begin{cases} T_0 = 0.20\text{mm} \\ T_1 + T_2 + T_3 = 0.02\text{mm} + 0.05\text{mm} + (0.18 - 0.05)\text{mm} = 0.20\text{mm} \end{cases}$$

故极限偏差的计算正确。

（3）反计算　反计算多用于装配尺寸链中，根据给出的封闭环公差和极限偏差，通过设计计算确定各个组成环的公差和极限偏差，即进行公差分配。反计算有两种解法：等公差法和等精度法。

1）等公差法。假定各组成环公差相等，在满足式（7-2）的条件下求出组成环的平均公差，那么各环公差为

$$T_i = T_0 / m \tag{7-8}$$

然后再根据各环的尺寸大小、加工难易和功能要求等因素适当调整，将某些环的公差加大、某些环的公差减小，但各环公差之和应小于或等于封闭环公差，即

$$\sum_{i=1}^{m} T_i \leqslant T_0 \tag{7-9}$$

2）等精度法。采用等公差法时，各组成环分配的公差不是等精度。在要求严格时，可以用等精度法进行计算。等精度法是假定各组成环按统一公差等级进行制造，由公差等级相同也就是公差等级系数相同算出各组成环共同的公差等级系数，然后确定各组成环公差。

由式（7-3）得

$$T_0 = ai_1 + ai_2 + \cdots + ai_m$$

那么

$$a = \frac{T_0}{\sum_{i=1}^{m} i_i} \tag{7-10}$$

式中　i——公差单位，当公称尺寸 $D \leqslant 500\text{mm}$ 时，$i = 0.45\sqrt[3]{D} + 0.001D$（$D$ 为组成环公称尺寸所在尺寸段的几何平均值）。

计算出 a 后，按标准查取与其相近的公差等级系数，并通过查表确定各组成环的公差。

用等公差法或等精度法确定了各组成环的公差之后，先留一个组成环作为调整环，其余各组成环的极限偏差按“入体公差原则”确定。

例 7-3　如图 7-6 所示装配关系，轴系在齿轮箱装配以后，要求使用间隙 A_0 控制在 1～1.75mm 的范围内，已知零件的公称尺寸为 $A_1 = 101\text{mm}$、$A_2 = 50\text{mm}$、$A_3 = A_5 = 5\text{mm}$、$A_4 = 140\text{mm}$，试求各组成环的极限偏差。

解：通过画尺寸链图分析增环、减环和封闭环。尺寸链如图 7-6b 所示，其中 A_0 为封闭环，A_1、A_2 为增环，A_3、A_4、A_5 为减环。要求 $A_{0\max} \leqslant 1.75\text{mm}$，$A_{0\min} \geqslant 1\text{mm}$。

方法一：等公差法

① 封闭环公称尺寸的计算。

$$A_0 = (A_1 + A_2) - (A_3 + A_4 + A_5) = (101 + 50)\text{mm} - (5 + 140 + 5)\text{mm} = 1\text{mm}$$

由题意得

$$T_0 \leqslant (1.75 - 1)\text{mm} = 0.75\text{mm}$$

所以初定

$$A_0 = 1^{+0.75}_{\ \ 0}\text{mm}$$

② 计算各组成环的极限偏差。

$$T_i = \frac{T_0}{m} = \frac{0.75}{5}\text{mm} = 0.15\text{mm}$$

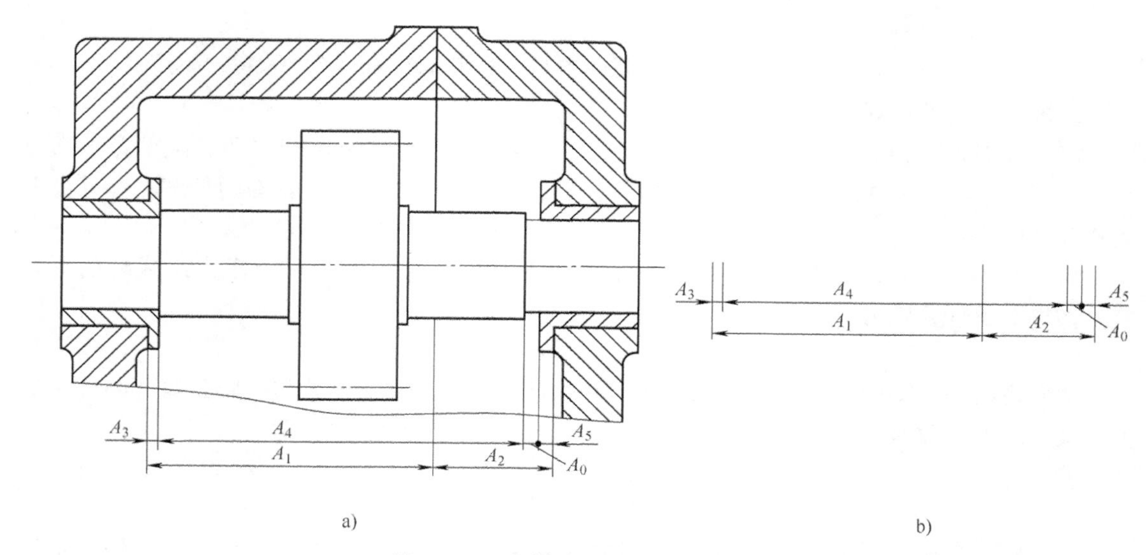

图 7-6 开式齿轮箱装配尺寸链计算

然后，根据各组成环的公称尺寸的大小、加工难易和功能要求，以平均公差值为基础调整各组成环公差。A_1、A_2 尺寸大，箱体件难加工，所以其公差给大一些；A_3、A_5 尺寸小且为铜件，加工和测量比较容易，所以其公差可减小，A_4 作为协调环。最后经过对照标准公差数值表（表 2-4）给出各组成环的公差为

$$T_1=0.22\text{mm}\quad T_2=0.16\text{mm}\quad T_3=T_5=0.075\text{mm}\quad T_4=0.25\text{mm}$$

③ 计算各组成环的公差必须满足式（7-9）。

$$\begin{cases}T_0=0.75\text{mm}\\T_1+T_2+T_3+T_4+T_5=0.22\text{mm}+0.16\text{mm}+0.075\text{mm}+0.25\text{mm}+0.075\text{mm}=0.78\text{mm}\end{cases}$$

显然不能满足，所以通过对照标准公差数值表（表 2-4）将协调环公差减小一级为 $T_4=0.16\text{mm}$

重新验算

$$\begin{cases}T_0=0.75\text{mm}\\T_1+T_2+T_3+T_4+T_5=0.22\text{mm}+0.16\text{mm}+0.075\text{mm}+0.16\text{mm}+0.075\text{mm}=0.69\text{mm}\end{cases}$$

满足式（7-9）

④ 入体公差原则给出各组成环极限偏差。

$$A_1=101^{+0.22}_{\ 0}\text{mm}、A_2=50^{+0.16}_{\ 0}\text{mm}、A_3=A_5=5^{+0.075}_{\ 0}\text{mm}、A_4=140^{+0.16}_{\ 0}\text{mm}$$

由式（7-4）得

$$\begin{aligned}\text{ES}_0&=(\text{ES}_1+\text{ES}_2)-(\text{EI}_3+\text{EI}_4+\text{EI}_5)=(0.22+0.16)\text{mm}-[(-0.075)+(-0.16)+(-0.075)]\text{mm}\\&=0.69\text{mm}\end{aligned}$$

由式（7-5）得

$$\text{EI}_0=(\text{EI}_1+\text{EI}_2)-(\text{ES}_3+\text{ES}_4+\text{ES}_5)=(0+0)\text{mm}-(0+0+0)\text{mm}=0\text{mm}$$

封闭环的尺寸及极限偏差为 $A_0=1^{+0.69}_{\ 0}\text{mm}$。

方法二：等精度法

解： ① 同方法一。

② 算各组成环的极限偏差。

由式7-10得

$$a=\frac{T_0}{\sum_{i=1}^{m}(0.45\sqrt[3]{A_i}+0.001A_i)}=\frac{750}{2.1+1.66+0.77+2.34+0.77}=\frac{750}{7.64}=98.17$$

查标准公差计算公式表（表2-3）得公差等级为IT11（$a=100$）。

根据各环尺寸 $A_1=101\text{mm}$、$A_2=50\text{mm}$、$A_3=A_5=5\text{mm}$、$A_4=140\text{mm}$，查标准公差数值表（表2-4）得 $T_1=0.22\text{mm}$、$T_2=0.16\text{mm}$、$T_3=T_5=0.075\text{mm}$。A_4 为轴段长度，容易加工测量，以它为协调环，则：

$$T_4=T_0-(T_1+T_2+T_3+T_5)=0.75\text{mm}-(0.22+0.16+0.075+0.075)\text{mm}=0.22\text{mm}$$

查标准公差数值表（表2-4）得 $T_4=0.16\text{mm}$（IT10）。

③ 按入体公差原则给出各组成环极限偏差。

$$A_1=101^{+0.22}_{0}\text{mm}、A_2=50^{+0.16}_{0}\text{mm}、A_3=A_5=5^{+0.075}_{0}\text{mm}、A_4=140^{+0.16}_{0}\text{mm}$$

与方法一相同得到封闭环的尺寸及极限偏差为 $A_0=1^{+0.69}_{0}\text{mm}$。

7.2.2 概率法（统计法）

用极值法解尺寸链的实质是保证完全互换，并不考虑零件实际尺寸的分布规律。在一个装配尺寸链中，即使每一个零件的实际尺寸都等于极限尺寸，在装配后也能满足装配精度要求。然而由式（7-3）可知，当装配精度较高（封闭环公差很小）时，各组成环公差必然很小才能保证封闭环的技术要求，这样导致零件加工困难，尤其当组成环的环数较多时更加明显。

采用概率法解尺寸链能够比较合理地解决这一问题。概率法解尺寸链的实质，是按零件在加工中实际尺寸的分布规律，把封闭环的公差分配给组成环。实践已证明，在大批量生产时，大多数零件实际尺寸分布在公差带的中心区域，极少数的实际尺寸接近或等于极限尺寸。在一个机构中，各零件的实际尺寸恰好都处于极限状态的概率更是微乎其微。从这种实际情况出发，在封闭环的公差相同的条件下，采用概率法解尺寸链就可加大各组成环的公差，以利于零件的加工，降低生产成本。

零件的实际尺寸按正态分布的情况比较普遍，当然，有时也不排除按非正态分布，如均匀分布、三角分布、瑞利分布和偏态分布等。

1. 基本公式

（1）封闭环的公称尺寸计算公式　封闭环的公称尺寸计算与完全互换法相同，仍用式（7-2）计算。

（2）封闭环的公差计算　一般情况下，各组成环的尺寸获得无相互联系，是各自独立的随机变量。若它们都按正态分布，各组成环取相同的置信概率 $pc=99.73\%$（即保证99.73%零件的互换），则封闭环和各组成环的公差分别为

$$T_0=6\sigma_0$$

$$T_i=6\sigma_i$$

式中　σ_0，σ_i——封闭环和组成环的标准偏差。

根据正态分布规律，有

$$\sigma_0 = \sqrt{\sum_{i=1}^{m} \sigma_i^2}$$

于是封闭环公差等于各组成环公差平方和的平方根，即

$$T_0 = \sqrt{\sum_{i=1}^{m} T_i^2} \tag{7-11}$$

但有时各组成环的分布不是正态分布，封闭环的公差应按下式计算

$$T_0 = \frac{1}{k_0}\sqrt{\sum_{i=1}^{m} k_i^2 T_i^2} \tag{7-12}$$

式中 k_0——封闭环的相对分布系数；

k_i——各组成环的相对分布系数。

封闭环的分布特性取决于各组成环的分布特性，各组成环的分布为正态分布时，封闭环也为正态分布。当各组成环分别按不同形式分布时，只要环数 $m \geqslant 5$，且各组成环的分布范围又相差不大，封闭环就趋于正态分布。对于这两种情况，封闭环的相对分布系数 $k_0 = 1$。当组成环的环数 $m<5$，且不按正态分布时，封闭环的分布为介于三角分布和均匀分布之间的某种分布，可取 $k_0 = 1.22 \sim 1.73$。

相对分布系数是表征实际尺寸分散性特征参数，其大小取决于实际尺寸的分布规律。常见分布曲线的相对分布系数 k 值见表 7-1。

表 7-1 常见分布曲线的相对分布系数 k 值

分布曲线		k	分布曲线		k
正态分布	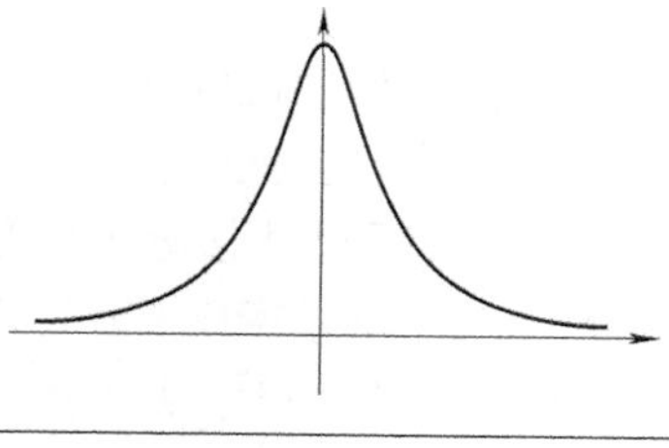	1	直角分布	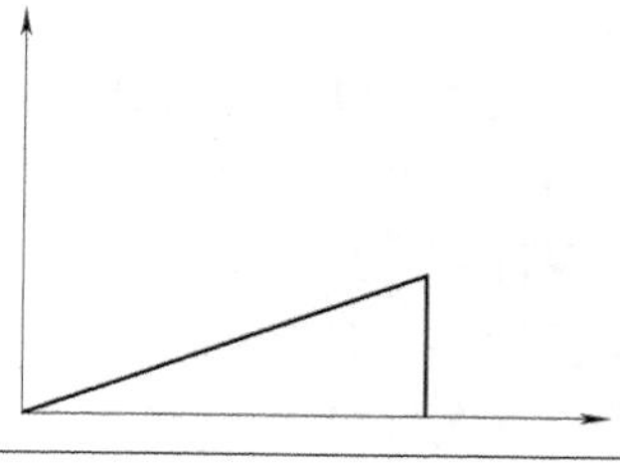	1.41
三角分布	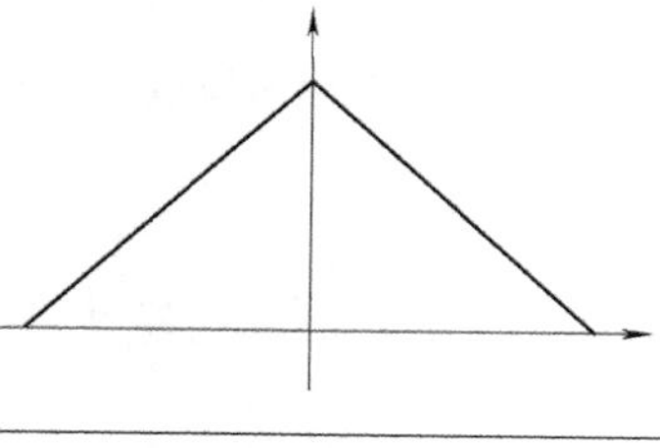	1.22	瑞利分布	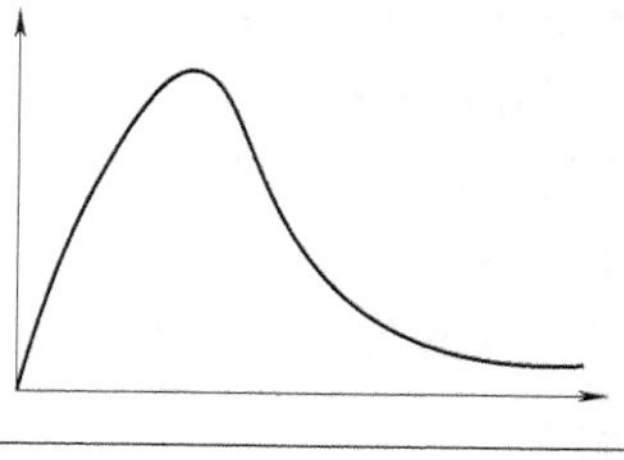	1.14
均匀分布	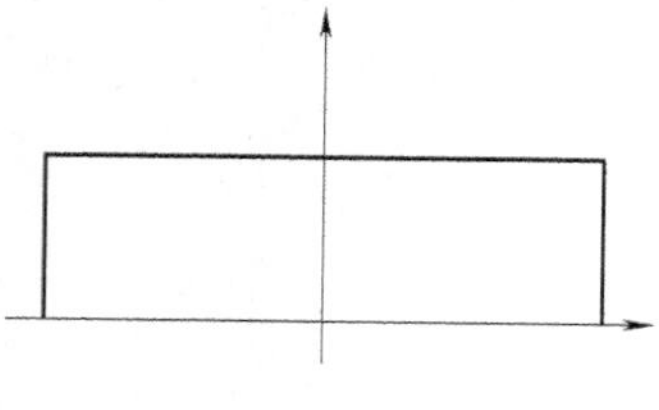	1.73	偏态分布	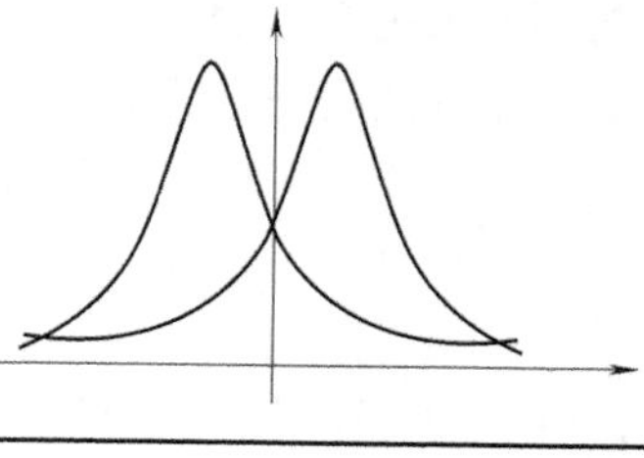	1.17

各组成环的相对分布系数 k_i 取决于各环自身的分布规律。大批量生产常采用调整法加工，若工艺状态比较稳定，则零件的实际尺寸一般为正态分布。但实际生产中，设备精度、夹具刚度、监测和加工方法等因素的影响，使获得的尺寸分布为非正态分布。如单件小批量生产采用试刀法加工（用通用量具检测）时，轴的实际尺寸多数接近上极限尺寸，而孔的实际尺寸多数接近下极限尺寸，尺寸呈偏态分布。又如在无心磨床上磨削轴时，砂轮磨损后没有自动补偿，工件的实际尺寸形成平顶分布，忽略其他因素的影响，轴的尺寸分布则为均匀分布。所以，必须了解各零件的加工方法和工艺条件，才能比较合理地确定各组成环的相对分布系数 k_i。

（3）中间偏差计算公式

$$\Delta_i=(ES_i+EI_i)/2 \tag{7-13}$$

任意一个组成环的中间偏差 Δ_i 等于其上、下极限偏差的平均值；封闭环的中间偏差计算公式为式（7-6），用于各组成环为对称分布，如正态分布、三角分布等。

（4）极限偏差计算公式

$$\begin{cases} ES_0=\Delta_0+\dfrac{T_0}{2}, EI=\Delta_0-\dfrac{T_0}{2} \\ ES_i=\Delta_i+\dfrac{T_i}{2}, EI=\Delta_i-\dfrac{T_i}{2} \end{cases} \tag{7-14}$$

各环的上极限偏差等于其中间偏差加上该环一半公差；下极限偏差等于其中间偏插减去该环一半公差。用中间偏差计算封闭环极限偏差的方法，同样适用于极值法。

例 7-4 使用概率法求解例 7-1。

解： ① 封闭环公差的计算。

$$T_0=\sqrt{\sum_{i=1}^{m}T_i^2}=\sqrt{T_1^2+T_2^2+T_3^2}=\sqrt{0.05^2+0.1^2+0.05^2}\text{mm}=0.12\text{mm}$$

② 封闭环中间偏差计算。

$$\Delta_0=\sum_{i=1}^{m}\Delta_i-\sum_{j=m+1}^{m}\Delta_j=(\Delta_1+\Delta_3)-\Delta_2=(0.025+0.075)\text{mm}-0=0.10\text{mm}$$

③ 封闭环极限偏差计算。

$$ES_0=\Delta_0+\frac{T_0}{2}=\left(0.10+\frac{0.12}{2}\right)\text{mm}=0.16\text{mm}$$

$$EI_0=\Delta_0-\frac{T_0}{2}=\left(0.10-\frac{0.12}{2}\right)\text{mm}=0.04\text{mm}$$

结果

$$A_0=10_{+0.04}^{+0.16}\text{mm}$$

对照例 7-1 可以看出采用概率法计算出的封闭环尺寸精度高于完全互换法，所以概率法不适合于正计算。

例 7-5 试用概率法计算例 7-2。

① 公称尺寸的计算同例 7-2。

② 公差计算。

因为

$$T_0=\sqrt{\sum_{i=1}^{m}T_i^2}$$

所以

$$T_3=\sqrt{T_0^2-T_1^2-T_2^2}=\sqrt{0.2^2-0.02^2-0.05^2}\text{mm}=0.193\text{mm}$$

③ 中间偏差计算。

因为 $$\Delta_0 = \sum_{i=1}^{m}\Delta_i - \sum_{j=m+1}^{m}\Delta_j = (\Delta_1 + \Delta_3) - \Delta_2$$

所以 $$\Delta_3 = (\Delta_0+\Delta_2)-\Delta_1 = (0.10+0.025-0.01)\text{mm} = 0.115\text{mm}$$

④ 极限偏差计算。

$$ES_3 = \Delta_3 + \frac{T_3}{2} = \left(0.115+\frac{0.193}{2}\right)\text{mm} = 0.212\text{mm}$$

$$EI_0 = \Delta_0 - \frac{T_0}{2} = \left(0.115-\frac{0.193}{2}\right)\text{mm} = 0.019\text{mm}$$

结果 $$A_0 = 43^{+0.212}_{+0.019}\text{mm}$$

对照例 7-2 可以看出，采用概率法计算出的某一组成环环尺寸精度低于完全互换法。

例 7-6 试用概率法计算例 7-3。

解： ① 同例 7-3。

② 算各组成环的极限偏差。由式（7-11）得

$$a = \frac{T_0}{\sqrt{\sum_{i=1}^{m}(0.45\sqrt[3]{A_i} + 0.001A_i)^2}} = \frac{750}{\sqrt{2.2^2 + 1.71^2 + 0.77^2 + 2.48^2 + 0.77^2}} = \frac{750}{\sqrt{15.1}} = 193$$

查标准公差计算公式表 2-3，正好在 IT12~IT13 之间 $a_{12}=160$、$a_{13}=250$。

根据各环尺寸 $A_1=101\text{mm}$、$A_2=50\text{mm}$、$A_3=A_5=5\text{mm}$、$A_4=140\text{mm}$，查标准公差值表（表 2-4）得 $T_1=0.35\text{mm}$、$T_2=0.25\text{mm}$、$T_3=T_5=0.12\text{mm}$。A_4 为轴段长度，容易加工测量，以它为协调环，则

$$T_4' = \sqrt{T_0^2+T_1^2+T_2^2+T_3^2+T_5^2} = \sqrt{0.75^2-0.35^2-0.25^2-0.12^2-0.12^2}\text{mm} = 0.591\text{mm}$$

查标准公差数值表（表 2-4）得 $T_4=0.40\text{mm}$（IT12）。

③ 按入体公差原则给出各组成环极限偏差

$$A_1 = 101^{+0.35}_{0}\text{mm}、A_2 = 50^{+0.25}_{0}\text{mm}、A_3 = A_5 = 5^{0}_{-0.12}\text{mm}$$

④ 粗算 A_4 极限偏差。因为

$$\Delta_0 = \sum_{i=1}^{m}\Delta_i - \sum_{j=m+1}^{m}\Delta_j = (\Delta_1 + \Delta_2) - (\Delta_3 + \Delta_4 + \Delta_5)$$

所以

$$\Delta_4 = (\Delta_1+\Delta_2)-(\Delta_3+\Delta_5+\Delta_0) = (0.175+0.125-(0.375-0.06-0.06))\text{mm} = 0.045\text{mm}$$

$$es_4' = \Delta_4 + \frac{T_4'}{2} = \left(0.045+\frac{0.591}{2}\right)\text{mm} = 0.34\text{mm}$$

$$ei_4' = \Delta_4 - \frac{T_4'}{2} = \left(0.045-\frac{0.591}{2}\right)\text{mm} = -0.25\text{mm}$$

$$es_4'' = \Delta_4 + \frac{T_4}{2} = \left(0.045+\frac{0.4}{2}\right)\text{mm} = 0.245\text{mm}$$

$$ei_4'' = \Delta_4 - \frac{T_4}{2} = \left(0.045-\frac{0.4}{2}\right)\text{mm} = -0.155\text{mm}$$

⑤ 定 A_4 极限偏差。根据 $es_4''ei_4''$查轴的基本偏差表得基本偏差代号为 x（es=+0.248mm），

公差带代号为 x12，那么 $ei=-0.152mm$。

因为 $es_4'=0.34mm \geqslant es_4=0.248mm$，$ei_4=-0.152mm \geqslant ei_4'=-0.25mm$，所以组成环 $A_4=140x12(^{+0.248}_{-0.152})mm$ 满足要求。

对照例 7-3 可以看出采用概率法计算出的组成环尺寸精度低于完全互换法。

通过上面三道例题我们可以看出，用概率法解尺寸链所得各组成环公差比完全互换法的结果大，经济效益较好。

因此，概率法通常用于计算组成环环数较多而封闭环精度较高的尺寸链。但概率法解尺寸链只能保证大量同批零件中绝大多数（99.73%）具有互换性，存在 0.27%的废品率。对达不到要求的产品必须有明确的工艺措施，如分组法、修配法和调整法等，以保证质量。

7.3 解尺寸链的其他方法

7.3.1 分组法

分组装配法是在成批或大量生产中，将产品各配合副的零件按实测尺寸分组。在装配时按组进行互换装配，以达到装配精度的方法。

分组装配法适用于封闭环精度要求很高、生产批量很大而且组成环环数较少的尺寸链。当尺寸链环数不多且封闭环的公差要求很严时，采用互换装配法会使组成环的加工很困难或很不经济，为此可采用分组装配法。分组装配法是先将组成环的公差相对于互换装配法所求之值放大若干倍，使其能经济地加工出来。例如，汽车、拖拉机上发动机的活塞销孔与活塞销的配合要求，活塞销与连杆小头孔的配合要求，滚动轴承的内圈、外圈和滚动体间的配合要求，还有某些精密机床中轴与孔的精密配合要求等，就是用分组装配发达到要求。

分组装配法的优点是组成环能获得经济可行的制造公差；缺点是增加了分组工序，生产组织较复杂，存在一定失配零件。

选用分组装配式应具备如下要求：

1）要保证分组后各组的配合性能、精度与原来的要求相同，因此配合件的公差范围应相等，公差增大时要相同方向增大，增大倍数就是以后的分组数。

2）要保证零件分组后在装配时能够配套。在加工时，零件的尺寸分布如果符合正态分布规律，零件分组后可以互相配套，不会产生各组数量不等的情况。但如有某些因素影响，造成尺寸分布不是正态分布，而使各尺寸分布不对应，产生各组零件数不等而不能配套的情况。这在实际生产中往往是很难避免的，因此只能在聚集相当数量的不配套零件后，通过专门加工一批零件来配套。否则，就会造成一些零件的积压和浪费。

3）分组不宜太多，尺寸公差只要放大到经济加工精度就可以了。否则，零件的测量、分组、保管等工作量增加，会使组织工作过于复杂，易造成生产混乱。

分组装配法只适应于精度要求很高的少环尺寸链（如滚动轴承的内圈、外圈和滚动体的装配就是应用分组装配法的典型例子），一般相关零件只有两三个。这种装配方法由于生产组织复杂，应用受到限制。

与分组装配法相似的装配方法有直接选择装配法和复合选择装配法。前者是由装配工人从许多待装配的零件中，凭经验挑选出合适的零件装配在一起。复合装配法是直接选配法与分组装配法的复合形式。分组装配法通常用极值法计算公差。

7.3.2 修配法

修配装配法是在装配时修去指定零件上预留量以达到装配精度的方法，简称修配法。

在采用修配法时，尺寸链中各尺寸均按在该条件下的经济加工精度制造。在装配时，累积在封闭环上的总误差必然超出其公差。为了达到规定的装配精度，必须把尺寸链中指定零件加以修配，才能予以补偿。要进行修配的组成环俗称修配环，它属于补偿环的一种，也称为补偿环。在采用修配法装配时，首先应正确选定补偿环。

在成批生产中，若封闭环公差要求较严，组成环又较多，用互换装配法势必要求组成环的公差很小，增加了加工难度，并影响加工经济性。用分组装配法，又因环数多会使测量、分组和装配工作变得非常困难和复杂，甚至造成生产上的混乱。在单件小批量生产时，当封闭环公差要求较严，即使组成环数很少，也会因零件生产数量少而不能采用分组装配法。此时，常采用修配装配法达到封闭环公差要求。

修配法的优点是可以扩大各组成环的制造公差，缺点是增加修配工序，需要熟练技术工人，零件不能互换。修配法适用于单件或成批量生产中装配精度要求高、组成环数目较多的部件。在实际生产中，修配的方式很多，一般有单件修配法、合并加工修配装配法和自身加工修配装配法三种。修配法采用极值法计算公差。

7.3.3 调整法

调整法是在装配时用改变产品中可调整零件的相对位置或选用合适的调整件以达到装配精度的方法。

调整法与修配法的实质相同，即各有关零件仍可按经济加工精度确定其公差，并且仍选定一个组成环为补偿环（也称调整件），但是在改变补偿环尺寸的方法上有所不同。修配法采用补充机械加工方法去除补偿件上的金属层，而调整法采用调整方法改变补偿件的实际尺寸和位置，来补偿由于各组成环公差放大后所产生的累积误差，以保证装配精度要求。

调整法的优点是可使组成环的公差充分放宽，缺点是在结构上必须有补偿件。调整法是机械产品保证装配精度普遍应用的方法。调整法通常用极值法计算公差。根据调整方法的不同，调整法分为：可动调整装配法、固定调整装配法和误差抵消调整装配法三种。

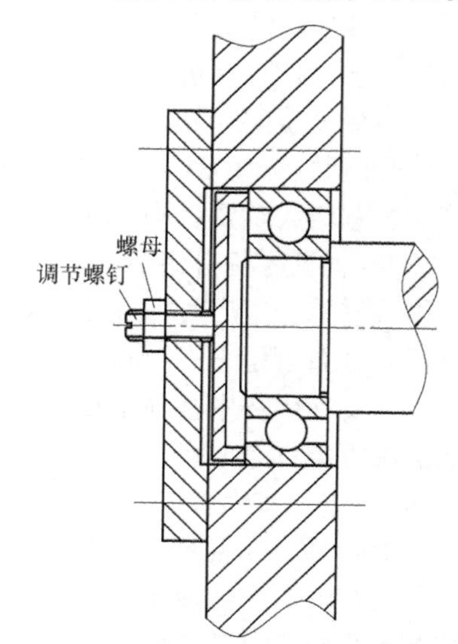

图 7-7 调整轴承端盖与滚动轴承之间间隙的结构

1. 可动调整装配法

可动调整装配法就是通过改变零件的位置（移动、旋转等）来达到装配精度要求的方法。在机器制造中用可动调整装配法的例子很多。图 7-7 是调整轴承端盖与滚动轴承之间间隙的结构，既保证轴承有确定的位置又保证给轴提供足够的热伸长间隙。

2. 固定调整装配法

这种装配方法是在尺寸链中选定一个或加入一个零件作为调整环。作为调整环的零件是按一定尺寸间隔级别制成的一组专门零件。常用的补偿环有垫片、套筒等。改变补偿环的实际尺寸的方法是根据封闭环公差与极限偏差的要求，分别装入不同尺寸的补偿环。为此，需要预先按一定的尺寸要求，制成若干组不同尺寸的补偿环，以供装配时选用。

采用固定调整法时，计算装配尺寸链的关键是确定补偿环的组数和各组的尺寸。

3. 误差抵消调整装配法

误差抵消调整装配法是通过调整几个补偿环的相互位置，使其加工误差相互抵消一部分，从而使封闭环达到其公差与极限偏差要求的方法。这种方法中的补偿环为多个矢量。常见的补偿还是轴承的跳动量、偏心量和同轴度等。

误差抵消调整装配法，与其他调整法一样，常用于机床制造中封闭环要求较严的多环装配尺寸链中。但由于需事先测出补偿环的误差方向和大小，在装配时需技术等级高的工人，因而增加了装配时和装配前的工作量，并给装配组织工作带来一定的麻烦。此法多用于批量不大的中小批量生产和单件生产。

1. 什么叫尺寸链？什么叫封闭环、组成环、增环和减环？

2. 尺寸链的两个特点是什么？其含义如何？

3. 在尺寸链中，如何确定封闭环？如何判断增减环？绘制尺寸链的要点有哪些？

4. 求解尺寸链的基本任务有哪些？

5. 求解尺寸链的基本方法有哪些？各用于什么场合？

6. 某套筒零件的尺寸如图7-8所示，试计算其壁厚尺寸。已知加工顺序为：先车外圆$\phi30_{-0.04}^{\ 0}$mm，其次镗内孔至$\phi20_{\ 0}^{+0.06}$mm。要求内孔对外圆的同轴度误差不超过$\phi0.02$mm。

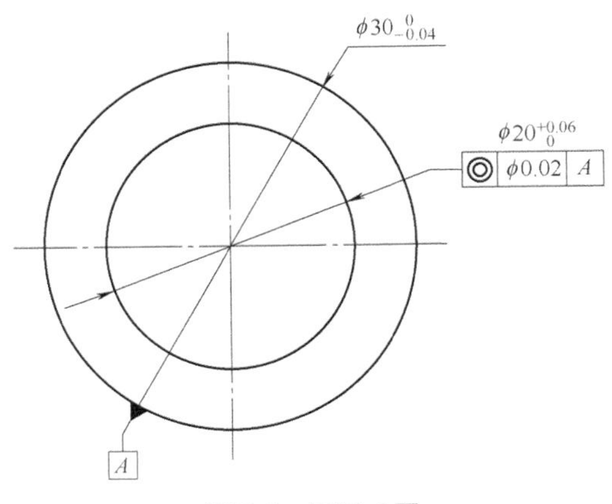

图7-8　习题6图

7. 图7-9所示零件，由于A_3不易测量，现改为按A_1、A_2测量。为了保证原设计要求，试计算A_2的公称尺寸与极限偏差。

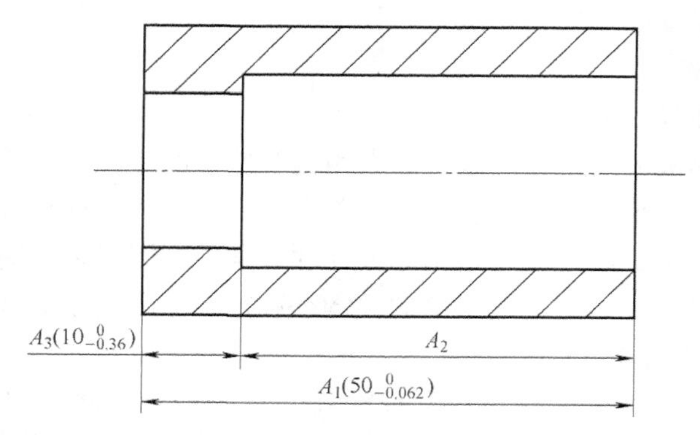

图 7-9 习题 7 图

8. 某工厂加工一批曲轴、连杆及衬套等零件如图 7-10 所示。经调试运转，发现有的曲轴肩与衬套端面有划伤现象。原设计要求 $A_0=0.1\sim0.2\text{mm}$，而 $A_1=\phi150_{\ 0}^{+0.018}\text{mm}$，$A_2=A_3=\phi75_{-0.08}^{-0.02}\text{mm}$。试验算图样给定零件尺寸的极限偏差是否合理。

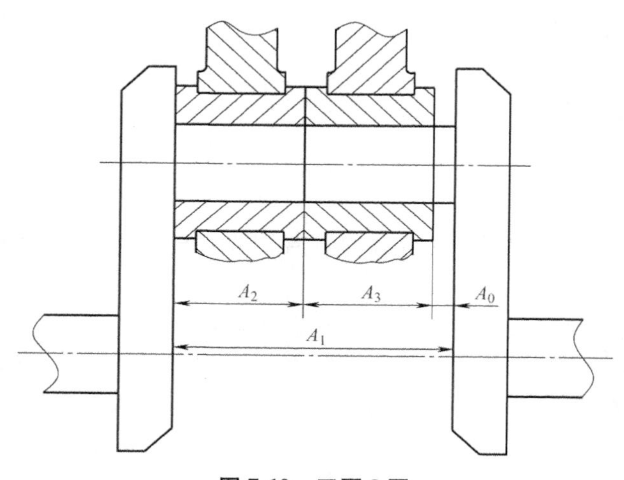

图 7-10 习题 8 图

第 8 章 机械精度设计应用实例

8.1 概述

精度设计是机械设计及制造的标准化环节。设计者采用标准化、系列化的数值，给出机械零部件制造、装配的要求，采用这种方法，简化了机械设计过程，缩短了设计时间。设计的标准化，可以使机械制造按标准化、系列化进行。

在精度设计时，既要协调项目之间的关系，又要协调项目内部之间的关系。在装配图精度设计时，不但要协调配合性质与公差之间的关系，配合基准与配合性质的关系等，而且要协调不同处的配合基准、配合性质、配合公差之间的关系。例如，在小间隙、过渡配合时，公差等级要求较高，在大间隙配合时，公差等级要求可以适当降低些；在零件设计中，不但要协调设计基准、尺寸公差、几何公差、表面粗糙度之间的关系，而且要协调设计基准与工艺基准和测量基准之间的关系、尺寸公差之间的关系、几何公差项目之间的关系等。比如，项目之间的协调，给定一定精度的尺寸公差，就需要一定的几何公差和表面粗糙度来保证，典型的例子如在多孔连接时各孔之间，为保证连接性能可靠，不但需要尺寸公差来保证，而且需要位置度公差来保证。精度设计的这些协调，在设计时需要认真分析，合理取舍，才可达到设计的技术经济性要求。

几何精度设计的方法主要有：类比法、计算法和试验法三种。

8.1.1 类比法

类比法就是与经过实际使用证明合理的类似产品上的相应要素相比较，确定所设计零件几何要素的精度。

采用类比法进行精度设计时，必须正确选择类比产品，分析它与所设计产品在使用条件和功能要求等方面的异同，并考虑到实际生产条件、制造技术的发展、市场供求信息等多种因素。采用类比法进行精度设计的基础是资料的收集、分析与整理。类比法是大多数零件要素精度设计采用的方法。类比法亦称经验法。

8.1.2 计算法

计算法就是根据由某种理论建立起来的功能要求与几何要素公差之间的定量关系，计算确定零件要素的精度。

例如：根据液体润滑理论计算确定滑动轴承的最小间隙；根据弹性变形理论计算确定圆

柱结合的过盈；根据机构精度理论和概率设计方法计算确定传动系统中各传动件的精度等。目前，用计算法确定零件几何要素的精度，只适用于某些特定的场合。而且，用计算法得到的公差，往往还需要根据多种因素进行调整。

8.1.3 试验法

试验法就是先根据一定条件，初步确定零件要素的精度，并按此进行试制。再将试制产品在规定的使用条件下运转，同时，对其各项技术性能指标进行监测，并与预定的功能要求相比较，根据比较结果再对原设计进行确认或修改。经过反复试验和修改，就可以最终确定满足功能要求的合理设计。

试验法的设计周期较长且费用较高，因此，主要用于新产品设计中个别重要要素的精度设计。

迄今为止，几何精度设计仍处于以经验设计为主的阶段。大多数要素的几何精度都是采用类比的方法凭实际工作经验确定的。计算机辅助公差设计（CAT）的研究还刚刚开始，要使计算机辅助公差设计进入实用化，还需要进一步的研究。

本章将根据设计时机械的工作精度及性能要求，以实例的形式，探讨精度设计的思路和方法。

本章将讨论以下问题：

1）在装配设计时，按什么方法、什么步骤选择极限配合与公差，其影响因素有哪些？

2）在零件设计时，尺寸公差（即极限公差，这里强调其局部尺寸）、几何公差、表面粗糙度应如何考虑，怎样协调它们？

8.2 装配图中的精度设计

8.2.1 装配图中极限公差与配合确定的方法及原则

1. 精度设计中极限配合与公差的选用方法

装配图中的配合关系在图样设计中占有较为重要的地位。一般来说，装配图除了标明各部件的位置关系和结构外，很重要的一点，就是确定各零部件之间的配合关系。特别是确定机械工作精度及性能方面的尺寸，要注意标明它们之间的配合关系，否则，机械的性能是无法保证的。

在装配图设计时，确定极限公差与配合的方法有类比法、计算法、试验法。

类比法主要以比较的办法来选取极限公差与配合，它是根据零部件的使用情况，参照同类机械已有配合的经验资料确定配合的一种方法。其基本点是统计调查，调查市场上同类型相同结构或类似结构零部件的配合及使用情况，再进行分析类比，分析类比同系列相同结构的零部件的实际使用情况，进而确定其配合。

类比法简单易行，所选配合注重于继承过去的配合，大都经过了实际验证，可靠性高，又便于产品系列化、标准化生产，工艺性也较好。类比法由于具有以上优点，因此在公差配合的确定上一直作为一种主要的方法。当前，这种方法仍是机械设计与制造中使用的主要方法。本章讨论的就是采用这种分析方法。

在进行精度设计时，一般采用类比法，而对于大型复杂的机械设计，如飞机设计等，其关键件往往还需要使用计算法和试验法。基于类比法应用的广泛性及可靠性较高等特点，本章仅讨论使用用类比法进行精度设计。

2. 精度设计中极限配合与公差的选用原则

在装配图精度设计中，公差与配合和机械的工作精度及使用性能要求密切相关。公差与配合的选用，需要对设计制造的技术可行性和制造的经济性两者进行综合考虑，在选用原则上要求：保证机械产品的性能优良，在制造上经济可行。也就是说，公差与配合——精度要求的确定，应使机械的使用价值与制造成本综合效果最好。因此说，选择的好坏将直接影响力学性能、寿命及成本。

例如，仅就加工成本而言，某一零件，当公差为 0.08mm 时，用车削就可达到要求；若公差减小到 0.018mm，则车削后还需增加磨削一道工序，相应成本将增加 25%；当公差减小到只有 0.005mm 时，则需按车→磨→研磨工序，其成本是仅需车削时的 5~8 倍。由此可见，在满足使用性能要求前提下，不可盲目地提高机械精度。

公差与配合的选用应遵守有关公差与配合标准。国家标准所制定的极限配合与公差、几何公差、表面粗糙度，是一种科学的机械精度表示方法，它便于设计和制造，可满足一般精度设计的选择要求。这些标准内容及具体选择规定可参见本书前面有关的章节。在精度设计时，应该经过分析类比后，按标准选择各精度参数。

8.2.2 装配图精度设计实例

在装配图中精度设计一般用类比法进行类比，经过设计计算，查阅有关设计手册，并综合各方面影响因素后，才可确定有关配合及精度。以下根据精度设计的实例，讨论如何进行装配图精度设计。

例 8-1　如图 8-1 所示的锥齿轮减速器，设计输入功率 $P=4\text{kW}$，转速 $n=1800\text{r/min}$，减速比 $i=1.9$，工作温度 $t=65℃$。试进行精度设计。

解：锥齿轮减速器为一种常见结构形式，其工作时需运转平稳，动力传递可靠。对比相同类型的减速器配合，该装配图的配合关系较简单，没有特殊的精度及配合要求。经过设计计算，查设计手册，对比同类减速器的精度等级及配合要求，以及从制造经济性角度考虑，在满足使用要求的情况下，减速器制造精度不宜定得过高，故选配合时公差等级为中等经济精度 IT7~IT9 中的 IT8 即可。

在分析如何确定各处配合的精度时，应该从它的误差传递着手，寻找影响精度的各尺寸及配合，也就是所谓的主要尺寸。在本例中，其主要作用尺寸为：主动轴、单键→$\phi40$ 配合面→两个滚动轴承 7310→齿轮孔与主动轴 $\phi45$、单键连接→主动锥齿轮→从动锥齿轮→齿轮孔 $\phi65$ 与从动轴、单键连接→从动轴→从动轴支承两个轴承 7312→连接尺寸 $\phi50$ 及单键连接。它们所形成的这一作用链，对减速器的性能及精度影响较大，由它们形成的尺寸即为主要尺寸。

（1）工作部分配合及精度　该部分直接决定了齿轮能否正常平稳地工作，啮合是否正常。因此，应首先确定其精度及配合。首先确定锥齿轮，查阅齿轮设计等有关手册，对比同类型的齿轮，可以确定齿轮精度设计为 8—GJ 级；两种轴承 7310、7312 可根据负荷大小、负荷类型及运转时的径向圆跳动等项目，查手册确定两种均为 P6x 级精度。

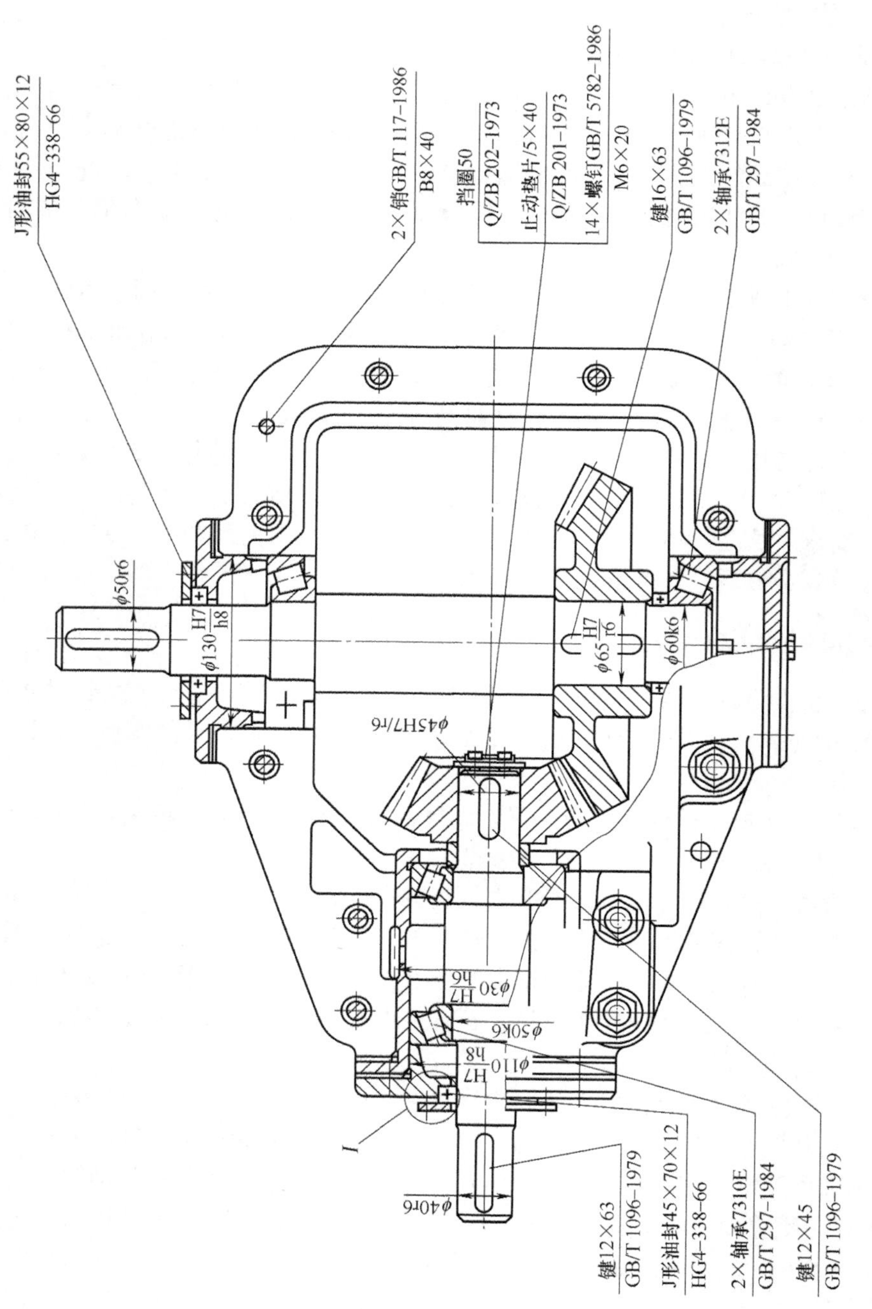
J形油封55×80×12
HG4-338-66
2×销GB/T 117-1986
B8×40
挡圈50
Q/ZB 202-1973
止动垫片/5×40
Q/ZB 201-1973
14×螺钉GB/T 5782-1986
M6×20
键16×63
GB/T 1096-1979
2×轴承7312E
GB/T 297-1984
φ50r6
φ130 H7/h8
φ65 H7/r6
φ60k6
φ45H7/r6
φ30 H7/h6
φ50k6
φ110 H7/h8
φ40r6
I
键12×63
GB/T 1096-1979
J形油封45×70×12
HG4-338-66
2×轴承7310E
GB/T 297-1984
键12×45
GB/T 1096-1979

图 8-1 锥齿轮减速器

齿轮孔与轴的配合 ϕ65H7/r6、ϕ45H7/r6 为一般光滑圆柱体孔、轴配合，根据配合基准选用的一般原则，可确定配合基准为基孔制。该配合有单键附加连接以传递转矩，在工作时要求耐一定冲击，且要便于安装拆卸。对于这类配合，一般不允许出现间隙。因此适宜稍紧的过渡配合（指公差带过盈概率较大的过渡配合）。考虑其配合为保证齿轮精度，对照齿轮的精度等级要求，选齿轮孔的精度等级为 IT7 级，再按工艺等价的原则，选相配轴等级为 IT6。因此，图例所选的 ϕ65H7/r6、ϕ45H7/r6 可行，但从安装的角度分析，所选过盈配合偏紧，安装拆卸比较困难。因此，适宜选小过盈配合 ϕ50H7/p6 或选偏于过盈的过渡配合 ϕ50H7/n6。

与齿轮孔和轴配合的单键，在工作时起传递转矩及运动的功能，为一常用多件配合。其毂（这里指齿轮孔部件）、轴共同与单键侧面形成同一尺寸的配合，按多件配合的选用原则，用基轴制配合，键宽为共同尺寸，查设计手册，可直接选键与轴槽、键与毂槽配合均为 P9/h9。

ϕ40r6、ϕ50r6 用于传递有冲击的载荷，为与外部的配合连接尺寸，有单键附加传递转矩，安装拆卸要方便，因此一般不允许有间隙，可用偏于过盈的过渡配合，或者用小过盈的过盈配合，选择理由及方法同 ϕ65H7/r6，适宜选 ϕ40n6、ϕ50n6。

（2）支承定位部分　滚柱轴承有 2 种，为 7310（ϕ50/ϕ110）、7312（ϕ60/ϕ130）。已经初步确定了轴承精度等级为 P6x，减速器为中等精度，因此轴承径向游隙选 C0 组。分析认为，轴承对负荷的承受也没有过高的要求，外圈承受固定负荷的作用，内圈承受旋转负荷的作用。因此，按常规的光滑圆柱体与标准件的配合规定，以轴承为配合基准，即轴承外壳孔与轴承外圈的配合按基轴制配合，内圈与轴颈的配合按类似于基孔制的配合。对于配合性质的确定，根据承受负荷类型及负荷大小，外圈与壳孔的配合按过渡或小间隙（如 g、h 类）配合，内圈与轴颈的配合需选有较小过盈的配合，这样，外圈在工作时有部分游隙，可以消除轴承的局部磨损，内圈在上极限偏差为零的单向布置下，可保证有少许过盈，在工作时可有效保证连接的可靠性。对于配合精度，可根据轴承的精度等级，查阅设计手册，直接确定壳孔为 IT7，轴颈为 IT6。因此，选壳孔为 ϕ110H7、ϕ130H7，轴颈为 ϕ50k6、ϕ60k6。本例所选配合较佳。

ϕ130H7/h6 较重要的定位件配合，起定位支承作用，支承轴承、轴等，配合间隙不可太大；同时需安装拆卸方便（检修保养），按一般原则优先选用基孔制，其精度以保证齿轮工作精度、轴承工作精度来确定，所选精度要为同级或高一级，选孔 IT7，相应的轴为 IT6，配合性质选最小间隙为零间隙，基本偏差为 h 类。最后确定配合 ϕ130H7/h6。

（3）非关键件　非关键件并不是不对它们提出精度要求，它们同样对机械的性能有影响，也是主要尺寸，只不过与工作部分、定位部分相比，其重要性不如它们罢了。本设计有两处非关键件配合 ϕ110H7/h8、ϕ130H7/h8，2 个端盖与轴承外壳孔配合，为多件配合。透盖用于防尘密封，防尘密封处可以有较大允许误差。按多件配合的选用原则，应以它们的共同尺寸部件——以孔为配合基准。端盖的公差等级从经济性角度考虑，公差等级为 IT8～IT9。选择此配合时，还要考虑安装拆卸方便。因此，选 h 或 g 偏差以形成小间隙配合均可，这里用 h8。最后确定配合为 ϕ130H7/h8、ϕ110H7/h8。

需要强调的是，在配合设计标注时，并不是所有的配合都需要标注出来，一般只需要标注出影响机械性能的主要尺寸，而对那些基本不影响性能的一般自由尺寸装配，可以不予注出。

标注完极限配合与公差后，验证装配尺寸链是否满足要求也是非常重要的一环，如果不符合机械的使用性能要求，或者不符合公差分配及工艺要求，则还需调整其配合、公差等级等（具体验证、计算可见尺寸链部分），以保证所选配合既满足设计性能要求，又要制造经济可行。

这里所说的主要尺寸，是指主要影响机械性能及精度的尺寸，是首先需要得到保证的尺寸。由例 8-1 分析可见，在精度设计时，公差与配合的选择应根据机械的性能及工作精度要求，区分配合的主要部分和次要部分，区别哪些是主要尺寸，哪些是非主要尺寸。只有抓住影响机械性能及工作精度的主要尺寸中的关键尺寸，确定出孔、轴的配合精度等级和配合偏差，才能保证整个机械的设计要求。而对非关键件，应兼顾其经济性，适当降低精度要求，以提高其制造的经济性。

一般配合设计的选取应遵循：主要件→定位件、基准→非关键件这一顺序，逐一分析，按要求标注，不可遗漏。

根据这一方法，下面看一配合实例。

例 8-2 图 8-2 所示为行星齿轮减速器。这种减速器是一种常见的减速器形式。它具有传动速比大、体积小、效率高、结构简单等特点。这种类型的机械工作时要求传动稳定、可靠，齿轮啮合正确，运转灵活，无大的冲击或过大的运动间隙。工作温度一般为 45~65℃。

解： 本例设计中，减速器能否正常工作，运转是否正常，首先要看齿轮部分能否正确啮合。因此，精度设计应从行星齿轮件的精度入手，通过对比同类行星减速器的配合及精度要求，查阅有关设计手册，进行设计计算后，对减速器工作精度指标进行分解，给出总体制造精度等级：对关键件及传动中的关键部分，孔宜选取 IT7，相应的轴选取 IT6（按工艺等价原则）即可满足需求；而对承受载荷较复杂，在工作时运动精度要求较高的个别部件或尺寸，可考虑精度调高一级；对齿轮精度，对比实例，查阅有关设计手册，初步取 8 级为宜（即运动精度、工作平稳性精度、接触精度）；对于一般部位的配合，从制造经济角度考虑，适当降低精度等级 1~2 级。

工作部分及主要尺寸、定位部分、非主要部分的划分：

1）工作部分及主要尺寸：行星齿轮件、齿圈、输入轴、输出轴。

2）定位部分：系列轴承、ϕ345H7/h6 处。

3）非主要部分：端盖、透盖、ϕ90H7/f8 处等。

（1）工作部分及主要尺寸

1）工作部分及系列支承轴承　该减速器中首先需要控制的精度为行星齿轮部件，它决定了减速器的主要性能。行星齿轮及齿圈精度已经初步确定，销轴与行星齿轮、滚子为多件配合；轴承为运动的主要支承件，同时决定了轴的旋转精度。查手册，并对比同类构件，在设计时，以轴承承受负荷的类型、大小，以及转速、径向游隙等指标为设计参数，确定为 P6 级轴承。配合选择如下：

① 行星齿轮件。配合基准：销轴 ϕ18 与行星滚子为多件配合，根据配合基准制的选用原则，这 3 件按基轴制配合，以销轴 ϕ18 为配合基准。配合性质：滚子在工作时，需转动灵活，不得有卡滞现象发生，对照相同类型行星齿轮的配合，修正润滑油温度对间隙的影响，间隙应取稍大些，但不能太松，故选间隙类配合 F/h；销轴与行星齿轮件工作时为一整体运动件，承受动载荷，连接可靠不能有松动，须保证连接可靠，选中等过盈配合 S/h。配合精度选用可参考齿轮啮合精度，以及减速器的工作精度。销轴与滚子为间隙配合，孔的精度可以调低一级选 IT8（考虑为什么），而销轴与齿轮的过盈配合，需对过盈量变动有较好的控制，孔的精度选 IT7。用孔、轴的工艺等价原则，选相应配合的轴为 ϕ18h6。最后选定销轴与滚子、销轴与行星齿轮的配合分别为 ϕ18F8/h6、ϕ18S7/h6。

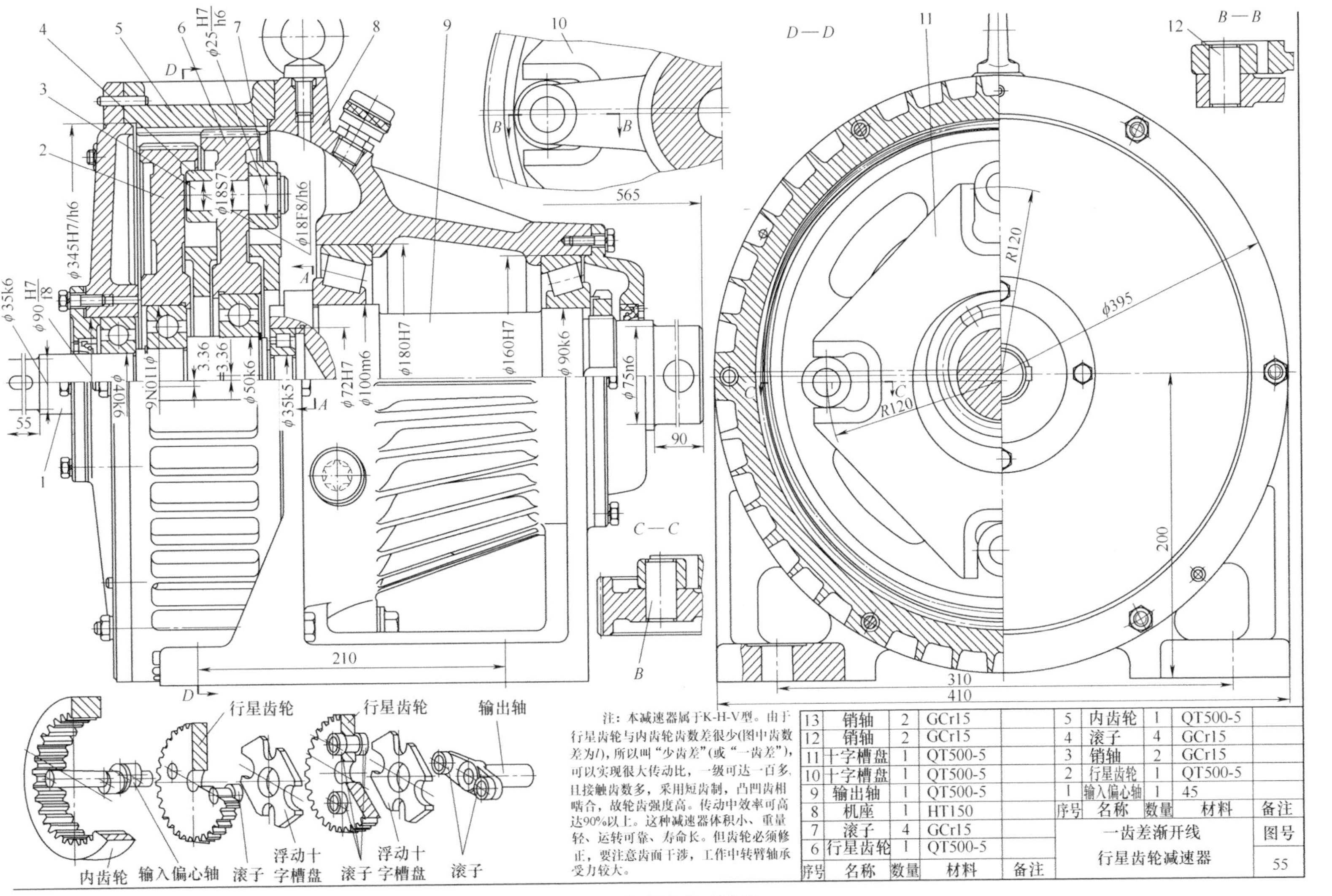

注：本减速器属于K-H-V型。由于行星齿轮与内齿轮齿数差很少(图中齿数差为1)，所以叫“少齿差”(或“一齿差”)，可以实现很大传动比，一级可达一百多，且接触齿数多，采用短齿制，凸凹齿相啮合，故轮齿强度高。传动中效率可高达90%以上。这种减速器体积小、重量轻、运转可靠、寿命长。但齿轮必须修正，要注意齿面干涉，工作中转臂轴承受力较大。

序号	名称	数量	材料	备注
13	销轴	2	GCr15	
12	销轴	2	GCr15	
11	十字槽盘	1	QT500-5	
10	十字槽盘	1	QT500-5	
9	输出轴	1	QT500-5	
8	机座	1	HT150	
7	滚子	4	GCr15	
6	行星齿轮	1	QT500-5	
5	内齿轮	1	QT500-5	
4	滚子	4	GCr15	
3	销轴	2	GCr15	
2	行星齿轮	1	QT500-5	
1	输入偏心轴	1	45	

一齿差渐开线行星齿轮减速器	图号
	55

图 8-2　行星齿轮减速器

ϕ25H7/h6 滚子与输出轴一起动作，需小间隙定心配合。精度及配合基准确定可参照例 8-1 中一般情况下孔轴的配合选择方法，进行类比分析后得出。

② 输入轴。与轴承的配合，参照与标准件配合的原则，外圈与壳孔配合按类似基轴制的配合，内圈与轴颈的配合按类似于基孔制的配合，它们的精度及配合类型，根据减速器的性能及工作精度要求，对比同类型的配合及精度，以及轴承的精度等级，查设计手册直接选出配合（本配合还可查表 2-3 和表 2-4 选出）。

ϕ140H7/ϕ90k6 一般情况下的轴承与壳孔及轴颈的配合。这样选择的配合，外圈有少量游隙，以利于消除滚道的局部磨损，同时便于消除由于外壳孔加工时的同轴度误差及轴加工时的同轴度误差的影响，保证了轴承的径向间隙在要求的工作范围内；轴颈基本偏差选用于过渡配合类，在内圈上极限偏差为零的单向布置下，所选的配合可以形成小过盈，选用理由与例 8-1 相同。最后选定与轴承的配合为 ϕ140H7/ϕ90k6。

ϕ72H7/ϕ50k5 外圈与输出轴配合，内圈与输入轴配合。由于减速器的差速比大，外圈近似承受固定负荷，内圈承受旋转负荷，同时，轴承还是输出轴的回转支承点，要求配合精度应比其他部位高一级，这样可有效保证输出轴运转时的精度要求。因此，该轴承精度选高一级较好，这里选 P5 级轴承。从而，轴颈的公差等级选 IT5，壳孔公差等级选 IT7。至于配合基准及配合性质，如以上分析，最后选定配合为 ϕ72H7/ϕ50k5。

ϕ110N6/ϕ50k6 配合基准的选择与以上轴承配合的选择一样，外圈与壳孔配合按类似基轴制的配合，内圈与轴颈的配合按类似于基孔制的配合。由于轴承内圈承受输出轴的旋转负荷作用，外圈亦要承受旋转负荷的作用，受力情况不好，在选用配合性质时，不能按外圈静止承受固定负荷的情况，而应保证外圈配合基本无间隙，同时不能有太大的过盈。因此，与轴承外圈配合的壳孔应选在配合时形成过渡配合但有较大过盈概率的 N6，或者选形成的是过盈配合的 P6，内圈与以上轴承选择理由相同，为 k6。所确定的配合 ϕ110N6/ϕ50k6 比较合理。

③ 输出轴。轴承 ϕ180H7/ϕ100m6 的配合基准选择同以上输出轴基准。轴承外圈承受固定负荷作用，选 H7 即可；内圈承受循环负荷作用，与输入轴轴承相比，承受负荷较大，类比以上配合 ϕ140H7/ϕ90k6，应取稍紧一点，选 m6。其精度选择可根据轴承的精度，类比以上轴承配合的选择精度。最后选定配合为 ϕ180H7/ϕ100m6。

2）与外部连接的配合　为什么输入部分选用 ϕ35k6，而输出部分选用 ϕ75n6? 因为输入转矩小，速度高，且有单键辅助连接以传递转矩，考虑到装配要求，可选 k6；对于输出部分，输出转矩较大，速度低（原因是这种减速器速比很大），要求能耐一定的动载荷，且要求便于安装拆卸，故选应有少许过盈的配合，因此，选在配合时能形成较大过盈概率的 ϕ75n6，也可选配合时完全过盈的 ϕ75p6。

（2）定位部分　ϕ345H7/h6 定位尺寸，输入轴的基准，要求定位准确可靠，便于安装拆卸，此配合基本不受力。选用基准按一般配合原则，确定为基孔制配合；轴基本偏差选 h，其最小配合间隙为零，能够较好地保证定位要求（当然也可选 g、j、js 等，只要能保证定位精度即可，但若过盈大，则不易安装）。其配合精度可根据机械的工作精度，类比同类的配合确定，这里选孔为 IT7，相应的轴为 IT6，最后确定配合为 ϕ345H7/h6。

（3）非关键件　ϕ90H7/f8 与轴承孔、轴承为多件配合，精度可适当降低，透盖公差等级选 IT8～IT9 即可。

以上两例主要对配合性质和配合精度进行分析，而对设计参数与配合间关系的分析，是通过性能设计计算，综合各项性能指标，查有关设计手册取得。

在装配图中精度设计的工作步骤总结如下：

步骤 1：分析设计所给误差性能指标、工作环境等因素，类比同类件后，确定运动件装配后的误差允许值，对于关键件的部分，还需进行计算及尺寸链验证。确定整个机构部件的工作精度要求，一般是通过查有关手册，计算各项性能参数得出。

步骤 2：依靠步骤 1 所确定的整个机械性能的设计要求（仅几何精度），计算出运动件装配后的工作精度等级（这里指装配图中运动件所需达到的精度），定位件配合的定位精度等级。

步骤 3：根据上面步骤 1、步骤 2，确定主要尺寸的配合性质（间隙配合、过渡配合、过盈配合）、制造时的精度等级（即公差大小）、装配要求，定位是否可行。可查阅极限配合及公差手册，得出间隙或过盈的范围。

步骤 4：查极限配合及公差表，确定非关键尺寸各零件部位的极限配合类型及公差等级。如静连接件、紧固件、连接的结合面等，直接查手册选择出。

步骤 5：复验各部分配合类型及精度是否合适，公差分配是否合理，用装配尺寸链对主要尺寸进行验算；考查是否有非关键件精度过高或关键件定位精度过低，是否存在定位间隙过大，以及过盈配合的装配问题等，最后作配合及公差调整。

步骤 6：其他方面影响因素对配合的修正。实际设计时，对影响配合的因素是比较难于定量确定的，一般仅作定性估计后，再根据影响程度对配合进行修正。其影响因素一般需考虑：工作温度对配合性能的影响有多大，不同材质之间的配合与同材质配合有多大不同，制造时是采用调整法加工还是试切法加工，所加工的零件尺寸分布怎样，以及设计时机械的精度储备等。

以下仅讨论热变形影响、由于制造方法不同的尺寸分布影响、装配时的特殊性及精度储备的要求等。

1. 热变形影响

在选择配合时，要注意温度条件，一般规定的均为标准温度为+20℃时的值。当工作温度不是+20℃，特别是孔、轴温度相差较大或采用不同线膨胀系数的材料时，应考虑热变形的影响。这对于在低温或高温下工作的机械尤为重要。

例 8-3　铝制活塞与钢制缸体的配合，其公称尺寸 $\phi150$mm，工作温度：缸体 $t_H=120$℃，活塞 $t_S=185$℃，线膨胀系数 $\alpha_H=12\times10^{-6}/℃$，$\alpha_S=24\times10^{-6}/℃$。要求工作时间隙量保持在 1~0.3mm 内。试选择配合。

解： 工作时，由于热变形引起的间隙量的变化为

$$\Delta=150\times[12\times10^{-6}\times(120-20)-24\times10^{-6}\times(185-20)]\text{mm}=-0.414\text{mm}$$

装配时间隙量应为 $\delta_{min}=0.1\text{mm}+0.414\text{mm}=0.514\text{mm}$　$\delta_{max}=0.3\text{mm}+0.414\text{mm}=0.714\text{mm}$

按要求的最小间隙和最大间隙，选基本偏差 $a=-520\mu\text{m}$

$T_f=0.3\sim0.1\text{mm}$，$T_f=T_H+T_S$，公差分配按 $T_H=T_S=100\mu\text{m}$

查表取 IT9，得配合为：$\phi150\text{H9/a9}$　$\delta_{min}=0.52\text{mm}$　$\delta_{max}=0.72\text{mm}$

2. 尺寸分布的影响

尺寸分布与加工方式有关，尺寸分布特性对配合的影响如图 8-3 所示。一般大批量生产

或用数控机床自动加工时，多用“调整法”加工，尺寸分布可接近正态分布；而正态分布往往靠近对刀尺寸，这个尺寸一般在公差带的平均位置；而单件小批量生产，采用的“试切法”加工，加工者加工出的孔、轴尺寸，往往分布中心多偏向最大实体尺寸。因此，对同一配合，用“调整法”加工还是用“试切法”加工，其实际的配合间隙或过盈有很大的不同，后者往往比前者紧得多。

例如，某单位按国外图样生产铣床，原设计规定某齿轮孔与轴的配合用 ϕ50H7/js6（见图 8-3），生产中装配工人反映配合过紧而装配困难，而国外样机此处配合并不过紧，装配时也不困难。从理论上说，这种配合平均间隙为+0.0135mm，获得过盈的概率只有千分之几，应该不难装配。分析后发现，由于我们生产时用试切法加工，其平均间隙要小得多，甚至基本都是过盈。此后，将配合调整为 ϕ50H7/h6，则配合很好，装配也较容易。

3. 装配变形

在机械结构中，常遇到套筒变形问题。如图 8-4 所示结构，套筒外表面与机座孔的配合为过渡配合 ϕ70H7/m6，套筒内表面与轴的配合为间隙配合 ϕ60H7/f7。由于套筒外表面与机座孔的配合有过盈，当套筒压入机座孔后，套筒内孔即收缩，直径变小。当过盈量为 0.03mm 时，套筒内孔可能收缩 0.045mm，若套筒内孔与轴之间原有最小间隙为 0.03mm，则由于装配变形，此时将有 0.015mm 的过盈量，不仅不能保证配合要求，甚至无法自由装配。

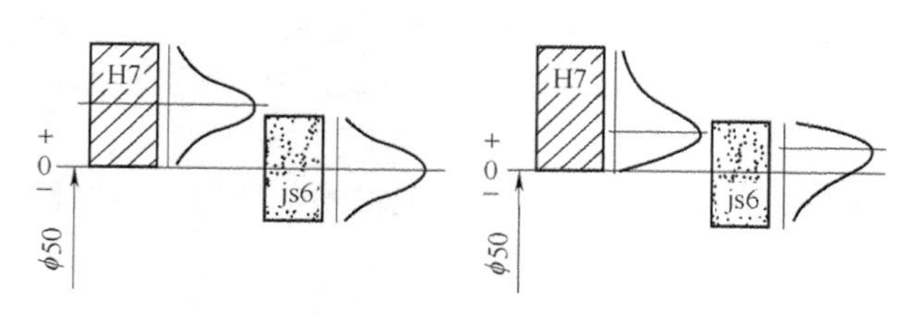

a) 调整法加工的尺寸分布　　b) 试切法加工的尺寸分布

图 8-3　尺寸分布特性对配合的影响

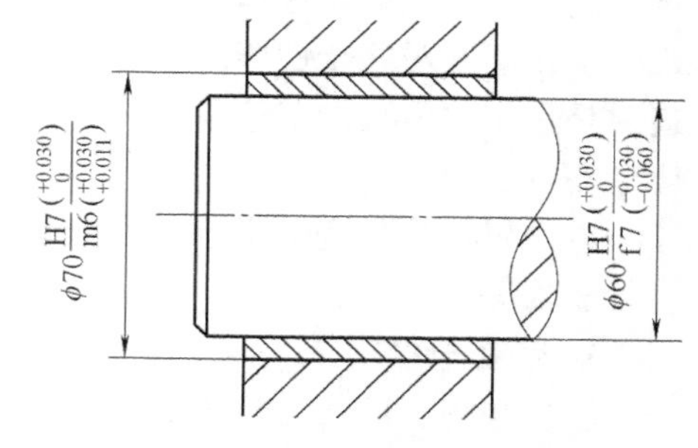

图 8-4　有装配变形的配合

一般装配图上规定的配合应是装配以后的要求。因此，对有装配变形的套筒类零件，在绘图时，应对公差带进行必要的修正。例如，将内孔公差带上移，使孔的尺寸加大，或者用工艺措施保证。若装配图上规定的配合是装配以前的，则应将装配变形的影响考虑在内，以保证装配后达到设计要求。本例就可在零件图中将套筒内孔 ϕ60H7 $\left(^{+0.030}_{0}\right)$ 公差带上移+0.045mm 变为 ϕ60 $\left(^{+0.075}_{+0.045}\right)$ 即可满足设计要求。

4. 精度储备

在机械设计时，不仅要考虑机构的强度储备，即安全系数的取值，还需要考虑机械的使用寿命，一般应在重要配合上留有一定的精度储备。

精度储备可用于孔、轴配合，特别适用于间隙配合的运动副。此时的精度储备主要为磨损储备。例如，某精密机床的主轴，经过试验，间隙在 0.015mm 以下时都能正常工作而不降低精度，那么可以在设计时，将间隙收到 0.008mm，这样可以保证在正常使用一定时间后，间隙仍不会超过 0.015mm，从而保证了机床的使用寿命。

5. 配合确定性系数 η

可用配合确定性系数 η 来比较各种配合的稳定性。其确定性系数 η 由下式确定。

$$\eta=\frac{Z_{av}}{T_f/2} \tag{8-1}$$

式中　Z_{av}——平均“间隙或过盈”（mm）；

T_f——配合公差（mm）。

对间隙配合，$\eta \geqslant 1$，当最小间隙为零时，$\eta=+1$，而对所有其他间隙配合，$\eta>+1$；对过渡配合，$-1<\eta<+1$；对过盈配合，$\eta \leqslant -1$。因此，按 η 可以比较配合性质及其确定性。

从实际机械设计的观点看，以上影响因素在精度设计时，应根据实际情况，找出对公差与配合影响最大的因素，应避免面面俱到，不分主次，陷入特别繁琐而费时的公式推导或计算中。

8.3 零件图中的精度设计

8.3.1 零件图中精度确定的方法及原则

零件图中基准、公差项目、公差数值的确定，同样需要根据零件各部分尺寸在机械中的作用来确定，主要用类比的方法进行，同时在必要时还需要尺寸链的计算验证。

1. 尺寸公差

理论上，零件图上每一个尺寸都应标注出公差，但这样做会使零件图的尺寸标注失去了清晰性，不利于突出那些重要尺寸的公差数值。因此，一般的做法只是对重要尺寸、精度要求比较高的主要尺寸标注出公差数值。这样可使制造人员把主要精力集中于主要尺寸上。

在零件图中，所谓的主要尺寸，是指装配图中参与装配尺寸链的尺寸，这些尺寸一般都具有较高的精度要求。它的变化，会影响机械的性能。还有一类尺寸，属于工作尺寸，它的精度对机械性能有直接影响，如轮船的螺旋桨叶片，它们不参与装配，当然如果不严格控制也会影响机械的性能。

在零件图设计中，首先应标注出各部尺寸及尺寸公差要求，其次就需标注几何公差及表面粗糙度。在标注时，应区分主要尺寸部分和非主要尺寸部分，再按尺寸公差→几何公差→表面粗糙度顺序标注。在精度设计时，尽量做到设计基准、工艺基准及测量基准重合，区分主次尺寸，优先保证主要尺寸中的关键尺寸。

当确定了零件的公称尺寸以后，就需要进行尺寸精度的选择，即选择适当的尺寸公差。它们主要从如下几个方面考虑：

1）在装配图中已标注出配合关系及精度要求，一般直接从装配图的配合及公差中得出。如例 8-1 中透盖零件图，可直接从 ϕ130H7/h8 查 ϕ130h8 就可得到尺寸公差要求。

2）在装配图中没有直接要求的尺寸，但它是主要尺寸，在零件图中影响设计基准、定位基准及机械的工作精度，需按尺寸链计算，求出尺寸公差，如基准的不重合误差。

3）为了方便加工、测量的工艺基准，与配合相关的尺寸公差，通过尺寸链计算出的公差。如轴两端面的中心孔，有的仅用于磨削或测量。

2. 几何公差

几何公差包括形状公差、方向公差、位置公差及跳动公差四种项目。它要求的是零件要素，用于控制零件的形状及相互位置、方向间的精度。几何公差对机械的使用性能有很大影响。在精度设计时，用几何公差与尺寸公差共同保证零件的几何精度。正确选择几何公差项目和合理确定公差数值，能保证零件的使用要求，同时经济性好。确定零件图中几何公差可以从以下几个方面考虑：

1）从保证尺寸精度考虑，对零件图中有较高尺寸公差要求的部分，一般根据尺寸精度，给予几何公差。例如，与轴承内圈配合的轴部分尺寸，为保证接触良好，需给出该轴处圆度和素线直线度要求或圆柱度要求。

2）机械的配合面有运动要求，或者在装配图中有性能要求的，根据性能要求给予几何公差。例如，机床导轨面支承滑动的工作台运动，从运动及承载要求考虑，其平面度误差对性能影响较大，因此提出平面度要求。

3）主要尺寸之间及主要尺寸与基准之间（设计基准、工艺基准、测量基准）需控制位置的，以及基准不重合可能引起的误差，则根据它们之间相对位置要求，用尺寸链计算，给出所需几何公差。

确定几何公差值一般采用查表法，根据各部分尺寸公差的精度等级，按对应的精度等级，查几何公差相应等级得出。一般情况下几何公差的确定，可参照尺寸公差等级，直接查几何公差表得出。对于工作部分尺寸，它们必须根据机械的工作精度要求和尺寸链计算确定。

特别要强调的是，并不要求对零件图中每一个尺寸标注出几何公差。只需标注在制造中不易保证的主要尺寸，或者这些尺寸对机械工作精度影响较大。而一般不标注几何公差的部分，可根据未注几何公差的规定保证。

3. 表面粗糙度

在零件图中标注过尺寸公差及几何公差之后，还需标注出控制表面质量的指标——表面粗糙度。表面粗糙度是零件表面的微观质量要求，它主要从以下几个方面考虑选取：

1）根据零件图中尺寸公差、几何公差等级所对应的表面粗糙度，可用查公差手册的办法直接给出。

2）机械性能上有专门要求，需根据使用要求专门给出。如滑动轴承配合面用 *Ra*、*Rz* 保证了工作时油膜厚度的均匀性。

8.3.2 零件图精度设计实例

1. 轴类零件

轴类零件一般都是回转体，因此，主要是设计直径尺寸和轴向长度尺寸。在设计直径尺寸时，应特别注意有配合关系的部位，当有几处部位直径相同时，都应逐一设计，即使是圆角和倒角也应标注无遗，或者在技术要求中说明。在标注长度尺寸时，既要考虑零件尺寸的精度要求，又要符合机械加工的工艺过程，不致给机械加工造成困难或给操作者带来不便。因此，需要考虑基准面和尺寸链问题。轴类零件的表面加工主要在车床上进行，因此，轴向尺寸的设计与标注形式和选定的定位基准面也必须与车削加工过程相适应。

例 8-4　如图 8-5 所示，一球面蜗杆轴的零件图，材料：42CrMo。

分析：蜗杆轴为一球面蜗杆。工作尺寸为环面螺旋部分；定位基准为两端 ϕ140mm 轴颈处，用于安装支承定位；工艺基准为两端中心孔，用于车削和磨削加工；连接部分主要为两边 ϕ90 处及单键，用于动力的输入及输出。

公差确定按顺序：性能及尺寸公差→设计基准、工艺基准尺寸公差→一般尺寸公差→工作部分几何公差（指与基准的关系）→基准不重合之间的轴线不重定位、定向公差→一般部分的几何公差→表面粗糙度。

（1）尺寸公差　主要尺寸如下：

1）工作尺寸。ϕ350mm、R274mm、ϕ151.75mm 等，按蜗杆蜗轮啮合计算，为设计理论尺寸，若偏离理论尺寸，就会直接造成机械工作精度降低甚至机械无法工作。它是原理性误差，应从机械的工作原理分析确定其误差的允许值。因此，工作尺寸精度应优先确定。

2）起基准作用的尺寸。两端 ϕ140n6、装配设计基准 470mm，在总体设计时已经确定，可直接从装配图中得到；左端轴向 65mm，为轴向加工、装配调整时的基准，可通过尺寸链计算求得；工艺测量基准为两端中心孔。

3）主要尺寸中的其他尺寸。连接尺寸，两端处的 ϕ90mm、单键 25mm，标注尺寸时可直接从配合图上以及标准中选择；ϕ125mm 为一般精度尺寸，直接查手册及装配图。

4）一般尺寸。按未注尺寸公差标注即可，但要注意尺寸的完整性。

（2）几何公差　几何公差项目有：

1）工作部分尺寸。在加工蜗杆工作面时，需轴向对刀，可根据蜗杆工作精度要求，查阅设计手册以及计算得出，取对称度值 0.02mm。

2）基准部分尺寸。本例按如下选择：径向以两端 ϕ140mm 轴线为设计基准，保证两处 ϕ140mm 同时加工，用同轴度 ϕ0.03mm 限制；轴向基准，左端 65mm 端面限制轴向 470mm，确保蜗杆轴向对刀精度，用轴向圆跳动公差值 0.03mm 限制。

3）其他主要尺寸。连接处 ϕ90mm 圆柱面及单键的标注为传递动力和运动，考虑传递精度及配合，用对 ϕ140mm 轴线的径向圆跳动值 0.025mm 保证运动传递的精度，配合面用圆柱度公差值 0.01mm 保证配合质量（也可用圆度和直线度共同限制圆柱面的形状误差）；单键宽 25mm 必须对称于 ϕ90mm 轴线，可根据配合精度要求查表，取对称度值 0.025mm。

考虑蜗杆径向尺寸精度为 IT6，轴向尺寸除了 65mm 为基准尺寸外，没有过高的要求。工作部分尺寸用计算方法，根据蜗杆工作精度、装配等要求，给出对称度 0.02mm；其余按查表法求得。

查表法确定几何公差精度等级：整个轴径向尺寸公差为 IT6，以尺寸公差等级为参考，可确定各处几何公差。分析：ϕ140mm 两处因为相距较远，以其轴线为设计基准，宜降 1~2 级，故选 7 级同轴度；ϕ90mm 圆柱度、径向圆跳动公差同样因为基准为轴线，需降 1 级为 7 级；两处轴向圆跳动在轴向不易保证，降 1 级为 7 级；单键槽尺寸公差为 IT9，选对称度为 IT8 即可。

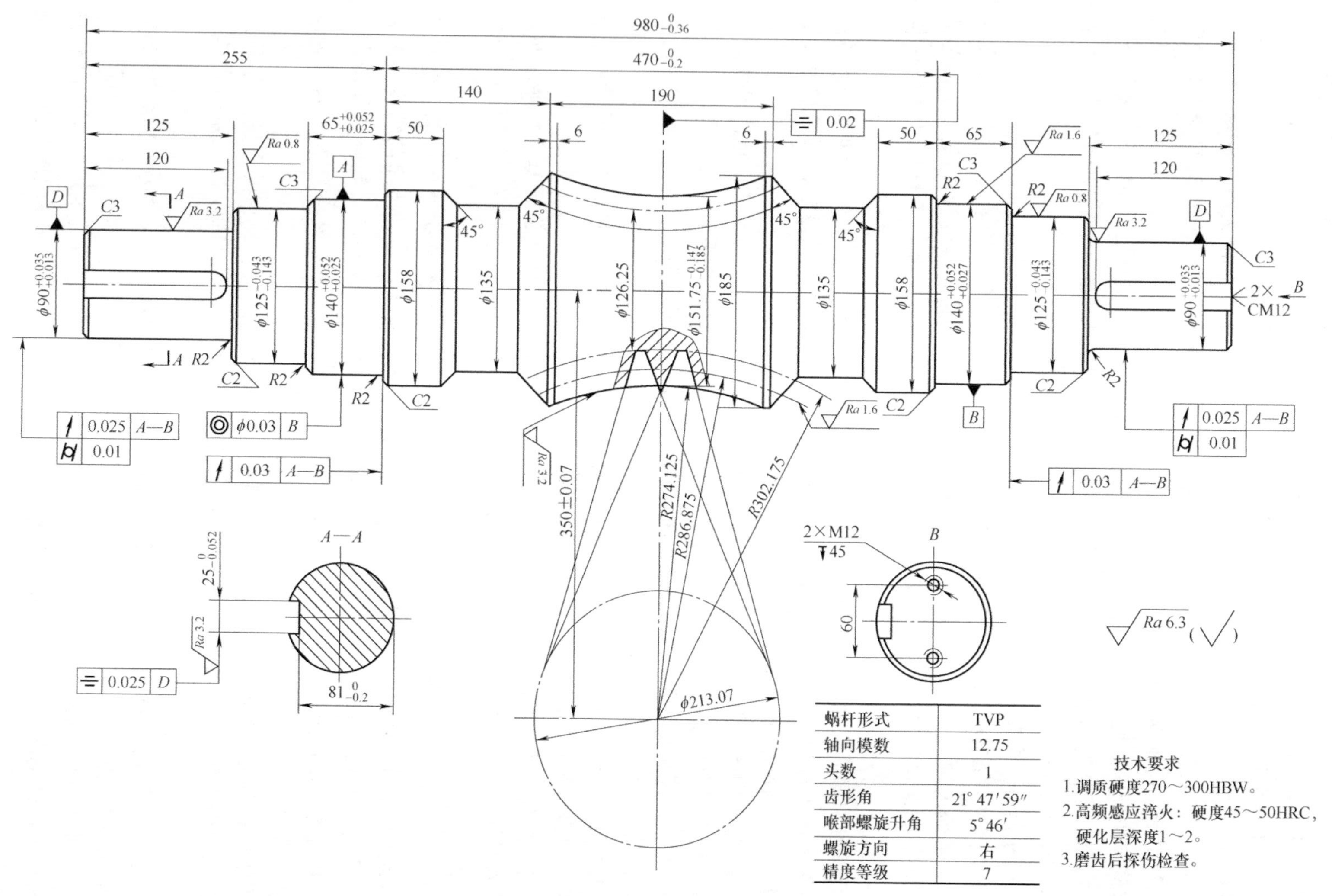

蜗杆形式	TVP
轴向模数	12.75
头数	1
齿形角	21°47′59″
喉部螺旋升角	5°46′
螺旋方向	右
精度等级	7

图 8-5 球面蜗杆轴零件图（材料：42CrMo）

最后，按所选几何公差等级，查手册确定公差数值，在必要时还需用尺寸链验算。

（3）表面粗糙度标注　根据主要尺寸的尺寸公差等级及几何公差等级，可查相应的手册直接标注。轴类零件的一般标注要求应根据轴类回转体的主要特征。在标注时应注意以下几方面：

1）外圆基本为主要尺寸，应优先保证；轴向尺寸公差较低。

2）设计基准一般为轴线，工作面往往为外圆面。

3）外圆表面之间一般需要有同轴度要求。

4）设计基准若与加工基准不重合，需控制轴线的不重合度，可以用同轴度、径向跳动等项目。

2. 孔类、箱体类

例 8-5　如图 8-6 所示常用铣床主轴箱减速器壳体，为一铸件。

分析： 本零件需优先保证的尺寸为孔 ϕ47H6、2×ϕ28J7，位置尺寸 29mm 及其轴线间的位置关系，它们对铣床主轴的精度影响较大，应优先保证，因此以它们为基准容易满足设计上的要求；右端面 *C*、左端面 *G* 为重要的定位基准，也应作为重要的部位用几何公差保证。

（1）尺寸公差　孔 ϕ47mm、2×ϕ28mm、3×ϕ7mm 等直接从装配图中查得，它们为重要的尺寸；位置尺寸 29mm 直接从设计时的精度计算求得，或者根据精度要求查手册求得。

一般尺寸公差可按未注公差标注。

（2）几何公差

1）工作部分的几何公差需要对孔 ϕ47H6、2×ϕ28J7 的轴线间的几何关系优先保证，它是整个零件的最高要求。首先，根据零件在铣床中的使用特点，选孔 2×ϕ28J7 公共轴线、*B* 为基准，对孔 ϕ47H6 提出轴线须交叉并垂直的要求，计算并查设计手册，取垂直度公差值 0.05mm，位置度公差值 0.10mm；另外，孔 2×ϕ28J7 须同轴，提出同轴度公差 ϕ0.01。

2）定位部分可分右端面 *C* 和左端面 *G*，它们是连接其他部件的基准，也对铣床主轴的运动精度有较大的影响。因此，对 *C*、*G* 两处应给出定向公差，它们还需以工作部分尺寸孔 ϕ47H6、2×ϕ28J7 的轴线为基准。

3）其他部分包括安装部分 4×M6、3×ϕ7H8，需要保证连接可靠，达到精度要求，取位置度保证其要求，位置度的数值可直接查手册计算得出，最后再验算。

工作部分 ϕ47H6、2×ϕ28J7、2×ϕ28J7 为设计基准，它的几何公差对铣床主轴的工作精度影响比较大，因此应从严控制，参照尺寸公差等级 IT7 和设计的工作精度要求，其同轴度可比尺寸精度高 1 级，为 IT6，其值为 0.010mm；ϕ47H6 对 *B* 的垂直度为线对线要求，保证比较困难，与孔尺寸公差等级 IT6 比，宜降低 1~2 级，选 IT8 垂直度公差为 0.050mm，其位置度可根据工作的精度要求计算，也可用类比的方法，比较同类的精度取值，可定为 0.10mm；两端面垂直度和平行度，较易加工，可以保证，选对应的垂直度和平行度公差等级为 IT7，其公差值分别为 0.040mm、0.060mm 即可。

其余螺孔和光孔的位置度值确定，可根据装配精度要求，保证可装配即可。

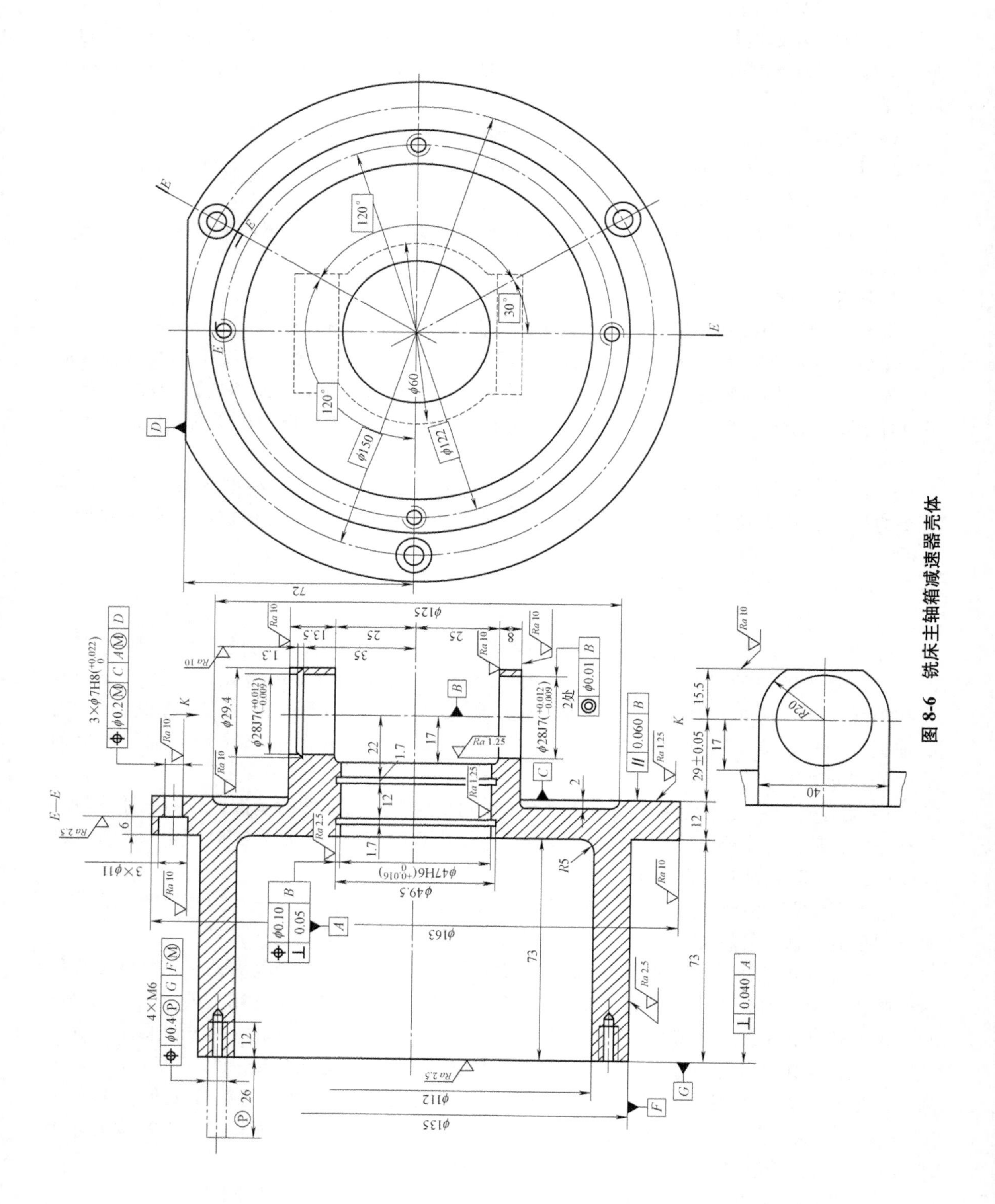

图 8-6 铣床主轴箱减速器壳体

（3）表面粗糙度　可根据尺寸公差等级及几何公差等级，查手册直接选出；基准的粗糙度要求，可参考几何公差的等级要求，从手册查到。

孔类零件的标注应根据孔类零件的主要特征，一般从如下几个方面考虑：

1）孔自身的主要尺寸公差，一般按配合要求取值。

2）孔的位置及方向较难控制，一般是几何公差的主要控制项目，所选数值可参考尺寸公差等级给出定位公差和定向公差的等级，在必要时还要进行尺寸链计算验证。

3）设计基准及工艺基准应根据零件的使用要求确定，以基准重合为原则，尽量以箱体或孔的端面为基准，以利于保证精度。

4）孔的位置方向常用几何公差中的平行、垂直、位置度等作为控制项目。

通过以上实例分析，我们可以总结出精度设计应遵循的以下原则：

1）要坚持精度确定的重点性原则。精度分配要根据设计时的性能指标和工作精度，突出重点部分、重要尺寸，主次分明，优先保证决定机械性能及工作精度的主要部件尺寸，这有利于精度表示的清晰性。在设计时可以确保设计的机械性能指标实现，在制造时技术人员能抓住重点，集中注意力解决制造技术问题。

2）要坚持精度分配的均衡性原则。在精度设计时，各处部件及尺寸，精度等级不可忽大忽小，或者等级相差很大。这种分配有利于控制制造成本，并且制造精度容易保证。如例 8-1 中两种轴承的选用，其精度等级和配合性质就基本相同。

3）要坚持精度的完整性原则。在精度设计时，对于影响机械性能及工作精度不大的部件及尺寸，可以不给出具体的公差或配合要求，但对于那些影响机械性能及工作精度的部件及尺寸，一定不能遗漏，否则会造成设计缺陷。

1. 如图 8-1 所示，若考虑该减速器加工方法为试切法加工，公差与配合的标注应如何修改？标出它们用“试切法”加工时的极限配合与公差。

2. 如图 8-7 所示的蜗杆零件图，试分析其尺寸关系，哪些是主要尺寸？

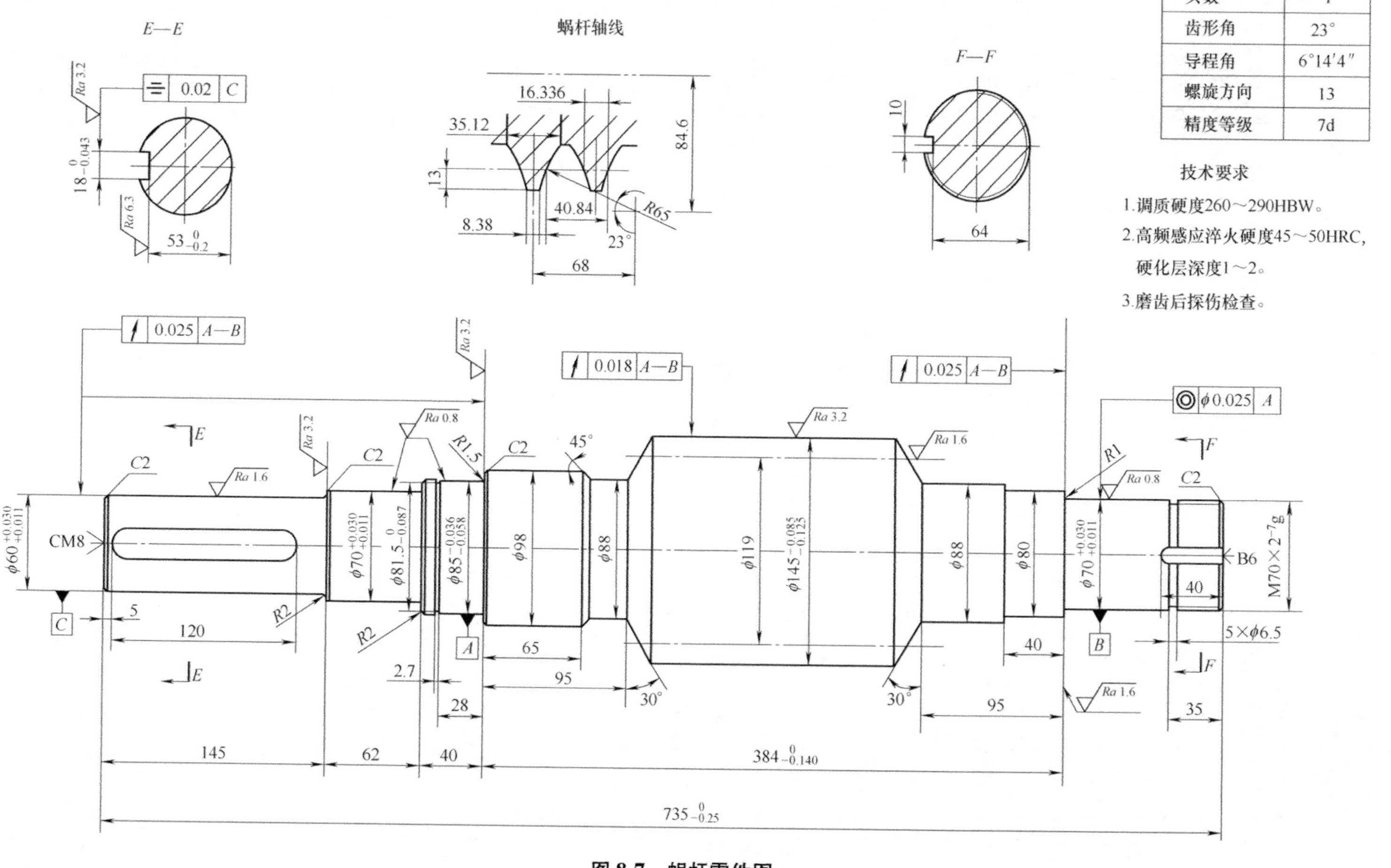
蜗杆形式 ZC
轴向模数 13
头数 1
齿形角 23°
导程角 6°14'4"
螺旋方向 13
精度等级 7d
技术要求
1.调质硬度260~290HBW。
2.高频感应淬火硬度45~50HRC，
硬化层深度1~2。
3.磨齿后探伤检查。
E—E
蜗杆轴线
F—F
0.02 C
0.025 A—B
0.018 A—B
ϕ0.025 A
M70×2-7g
5×ϕ6.5
B6
CM8
735 0 -0.25
384 0 -0.140
ϕ145 -0.085 -0.125
ϕ119
ϕ88
ϕ80
ϕ98
ϕ85 -0.036 -0.058
ϕ81.5 0 -0.087
ϕ70 +0.030 +0.011
ϕ60 +0.030 +0.011
18 0 -0.043
53 0 -0.2
84.6
R65
16.336
35.12
40.84
8.38
68
64

图 8-7 蜗杆零件图

第9章 检测技术基础

9.1 概述

零件在加工后是否符合设计图样的技术要求，需要使用适当的测量器具，按一定的测量方法进行测量或检验来加以判定。检测是测量与检验的总称。测量是指将被测的量与一个复现测量单位的标准量进行比较，从而确定被测量的量值过程；检验是指判断被测量是否在规定的极限范围之内（是否合格）的过程。检测是保证产品精度和实现互换性生产的重要前提，是贯彻质量标准的重要技术手段，是生产过程中的主要环节。

任何一个测量过程都包括被测对象、计量单位、测量方法和测量精度等4个要素。这些因素都将对测量结果的准确性带来影响。

（1）被测对象　在几何量测量中，被测对象主要指长度、角度、表面粗糙度和几何公差等。

（2）计量单位　计量单位通常指几何量中的长度、角度单位。

在我国法定计量单位中，几何量中长度的基本单位为米（m），常用单位有毫米（mm）和微米（μm）；在超高精度测量中，采用纳米（nm）。常用的角度计量单位是弧度（rad）、微弧度（μrad）和度（°）、分（′）、秒（″）。

（3）测量方法　测量方法指测量时采用的测量原理、测量器具及测量条件的综合。在测量过程中，应根据被测零件的特点（如材料硬度、外形尺寸、批量大小等）和被测对象的定义及精度要求来拟定测量方案，选择计量器具和规定测量条件。

（4）测量精度　测量精度指测量结果与其真实值的一致程度。在测量过程中不可避免地会出现测量误差，因此测量结果只能在一定范围内近似于真值。测量误差的大小反映测量精度的高低。

检测技术的基本要求是将误差控制在允许的范围内，以保证测量结果的精度。因此，检测时在保证一定的测量条件下，应经济合理地选择测量器具和测量方法，并估计它们可能引起测量误差的性质和大小，以便对测量结果进行正确的处理。

检测技术工作主要有：检测条件与环境的设计与建立；测量器具的配备、维护、保养与检定；检测方案的设计；检测工作程序的制订等。

9.2 计量单位与量值传递

9.2.1 长度尺寸基准

在 1983 年 10 月召开的第十七届国际计量大会上，规定米的定义为：1m 是光在真空中在 1/299 792 458 s 的时间间隔内的行程长度。1985 年 3 月，我国用碘吸收稳频的 0.633μm 氦氖激光辐射波长作为国家长度基准来复现“米”。

9.2.2 量值的传递系统

在实际应用中，不便于用作为长度基准的光波波长进行测量，而采用各种测量器具。为了保证量值统一，必须把长度基准的量值准确地传递到生产中所应用的测量器具和被测工件上去，即要建立量值传递系统。

量值传递是将国家基准所复现的计量单位的量值，通过标准器具逐级传递到工作用的测量器具和被测对象，这是保证量值统一和准确一致所必需的。

长度量值是通过两个平行系统向下传递：一个是端面量具（量块）系统；一个是刻线量具（线纹尺）系统。在量值传递中以各种标准测量器具为主要媒介，其中量块应用最广。长度量值的传递系统如图 9-1 所示。

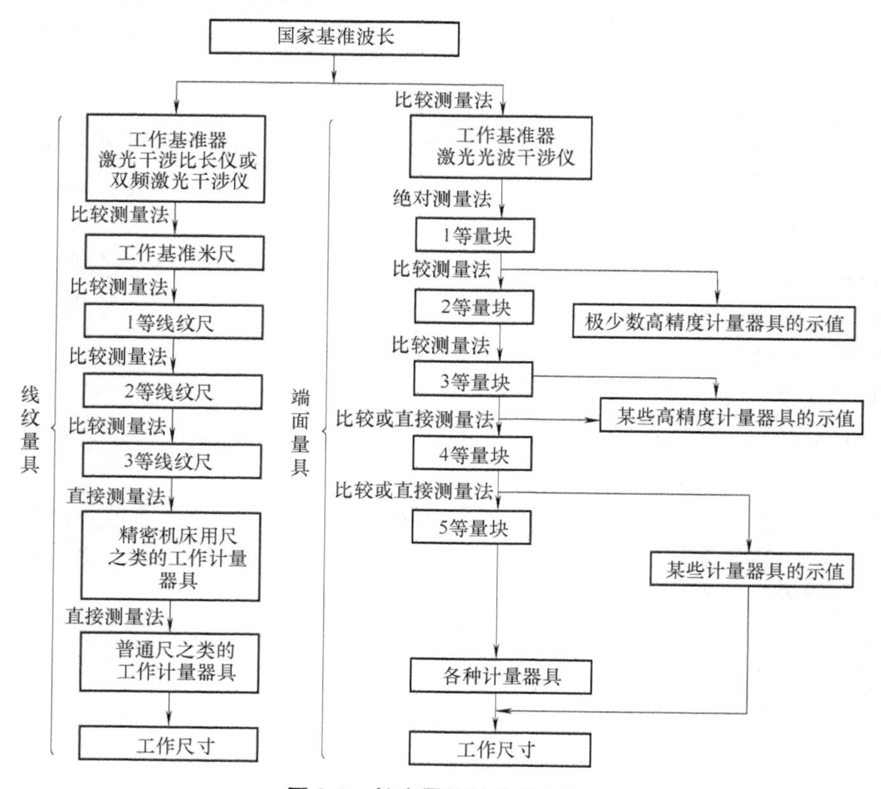

图 9-1　长度量值的传递系统

角度量值尽管可以通过等分圆周获得任意大小的角度而无须再建立一个角度自然基准，但在实际应用中为了方便特定角度的测量和对测角量具量仪进行检定，仍需要建立角度量值基准。最常用的实物基准是用特殊合金钢或石英玻璃制成的多面棱体，并由此建立起了角度量值传递系统，如图 9-2 所示。

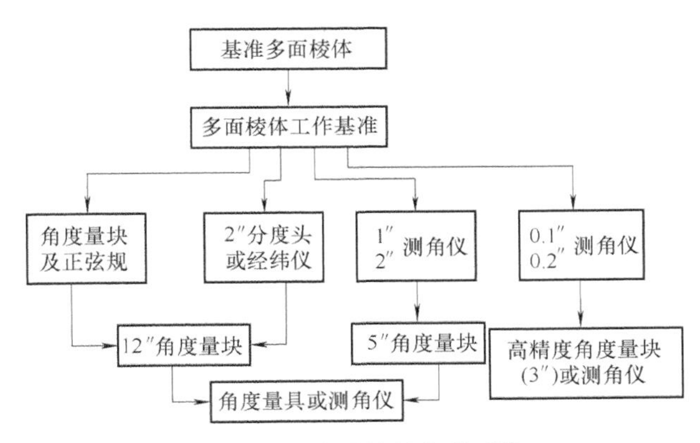

图 9-2　角度量值的传递系统

9.2.3　量块

量块是一种平行平面端面量具，又称块规。它是长度尺寸传递的实物基准，除了作为长度基准的传递媒介之外，还广泛应用于测量器具的检定、校对和调整，以及精密机床的调整、精密划线和精密工件的测量等。

量块是用特殊合金钢（通常是铬锰钢、铬钢或轴承钢）制成的，具有线膨胀系数小、不易变形、硬度高、耐磨性好等特点。

量块通常有正六面体和圆柱体两种形状，其中正六面体应用最广。量块上有两个平行的测量面和四个非测量面，测量面的表面非常光滑平整，两个测量面间具有精确的尺寸。如图 9-3 所示，量块长度是指量块测量面上任一点（距边缘 0.5mm 区域除外）到与其相对的另一个测量面相研合的辅助表面之间的垂直距离；量块中心长度是指量块测量面上中心点的量块长度；量块的标称长度为量块上标出的尺寸。规定量块的尺寸是以中心长度的尺寸代表工作尺寸。

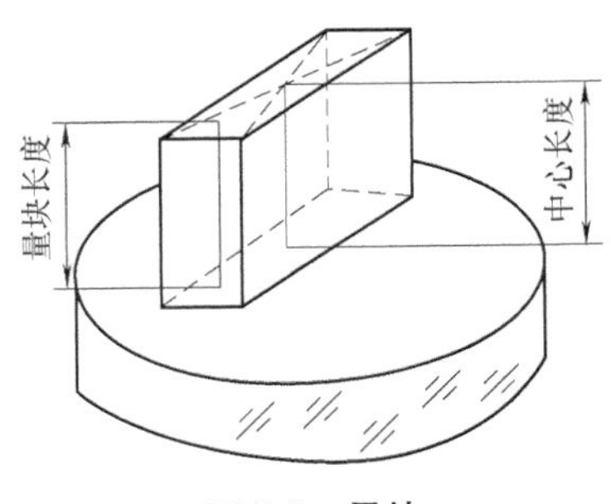

图 9-3　量块

1. 量块的精度

量块长度极限偏差指量块中心长度与标称长度之间允许的最大误差。量块长度变动量指量块最大长度与最小长度之差。量块测量面的平面度公差是包容测量面且距离为最小的两个相互平行平面之间的距离。

JJG 146—2011 将量块按制造精度分为五级：K、0、1、2、3 级。其中，K 级精度最高，精度依次降低，3 级精度最低。量块分级的主要依据：量块长度极限偏差、量块长度变动量允许值、量块测量面的平面度公差。

JJG 146—2011 将量块按检定精度分为五等：1、2、3、4、5 等。其中，1 等精度最高，精度依次降低，5 等精度最低。量块分等的主要依据：量块测量的不确定允许值、量块长度变动量允许值、测量面的平面度公差。

量块按“等”使用比按“级”使用的测量精度高。但增加了检定费用，且要以实际检定结果作为工作尺寸，使用上也有不便之处。此外，受到测量面平行度的限制，并不是任何“级”的量块都可以检定成一定“等”的量块。

2. 量块的应用

量块的基本特性是稳定性、准确性和黏合性。

量块是定尺寸量具，每一量块只代表一个尺寸。由于具有可黏合性，因此，为了满足一定尺寸范围的不同尺寸的要求，量块可以组合使用。

量块是成套生产的，每套包括一定数量不同尺寸的量块。我国生产的成套量块共有 91 块、83 块、46 块、38 块、12 块、10 块等 17 种规格。表 9-1 列出了 83 块一套的量块标称尺寸。

表 9-1　83 块一套的量块组成

<table>
<tr><th>总块数</th><th>级别</th><th>尺寸范围/mm</th><th>间隔/mm</th><th>块数</th></tr>
<tr><td rowspan="7">83</td><td rowspan="7">0，1，2，</td><td>0.5</td><td>—</td><td>1</td></tr>
<tr><td>1</td><td>—</td><td>1</td></tr>
<tr><td>1.005</td><td>—</td><td>1</td></tr>
<tr><td>1.01，1.02，…，1.49</td><td>0.01</td><td>49</td></tr>
<tr><td>1.5，1.6，…，1.9</td><td>0.1</td><td>5</td></tr>
<tr><td>2.0，2.5，…，9.5</td><td>0.5</td><td>16</td></tr>
<tr><td>10，20，…，100</td><td>10</td><td>10</td></tr>
</table>

在使用量块组测量时，为了减少量块的组合误差，所用量块的数目应尽可能少，一般不超过四块。在组合时，根据所需尺寸的最后一位数字选第一块量块的尺寸的尾数，逐一选取，每选一块量块至少应减去所需尺寸的一位尾数。例如，从 83 块一套的量块中组成所需要的尺寸 37.465mm，则可选用：1.005、1.46、5、30 四个量块组成量块组使用。

9.3 测量方法和计量器具

9.3.1 测量方法

测量方法在实际工作中，往往是指获得测量值的方式。测量方法可从不同角度进行分类。

1. 按实测量是否直接为被测量分类

（1）直接测量　直接测量是指直接从测量器具获得被测量值的测量方法。例如，用游标卡尺测得的工件的轴径。

（2）间接测量　间接测量是指先测量出与被测量之间有一定函数关系的其他几何量，

然后通过函数关系计算出被测量值的测量方法。如图 9-4 所示，测量两孔之间的中心距 L，可分别测出两孔之间的尺寸 A 和 B，然后通过函数关系 $L=(A+B)/2$ 计算出欲测量的中心距 L。

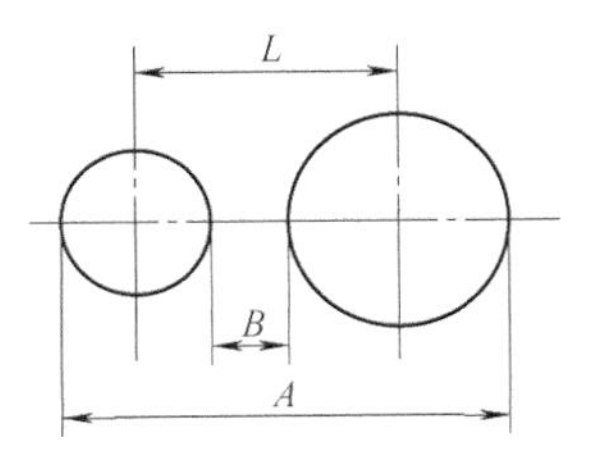

图 9-4　两孔中心距的测量

为了减少测量误差，一般都采用直接测量。但某些被测量（如孔心距、局部圆弧半径等）不宜采用直接测量或直接测量达不到要求的精度（如某些小角度的测量），则应采用间接测量。

2. 按测量时是否与标准器具比较分类

（1）绝对测量　绝对测量是指能从测量器具的示值上得到被测量的整个量值的测量方法。如用游标卡尺测量零件尺寸，其尺寸由刻度尺直接读出。

（2）相对测量　相对测量是指测量器具的示值仅表示被测量对已知标准量的偏差，而被测量的量值为测量器具的示值与标准量的代数和的测量方法。如图 9-5 所示，先用量块调整百分表零位，然后读出轴径相对量块的偏差。

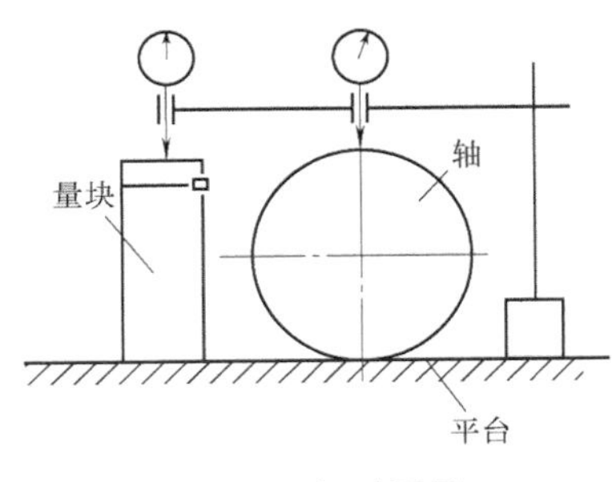

图 9-5　相对测量

一般来说，相对测量比绝对测量的测量精度高。

3. 按测头是否与被测表面接触分类

（1）接触测量　接触测量是指测量器具的测头在测量时与被测表面直接接触，并有测量力存在的测量方法。如用卡尺、千分尺测量工件。

（2）非接触测量　非接触测量是指测量器具的测头在测量时不直接与被测表面接触的测量方法。如用光切显微镜测量表面粗糙度。

非接触测量没有测量力引起的误差，也避免了测头的磨损和划伤被测表面。

4. 按同时测量几何参数的数目分类

（1）单项测量　单项测量是指分别测量同一工件上的几何量的测量方法。如用工具显微镜分别测量螺纹的螺距、中径和牙型半角。

（2）综合测量　综合测量是指同时测量工件上的几个相关几何参数的综合指标。如用齿轮单啮仪测量齿轮的切向综合误差。

单项测量便于进行工艺分析，但综合测量的效率比单项测量高，且反映误差较为客观。

5. 按测量在工件加工过程中所起的作用分类

（1）主动测量　主动测量是指在加工过程中对工件进行测量的测量方法，又称在线测量。测量结果直接用来控制工件的加工过程，以决定是否继续加工或调整机床，能及时防止废品的产生，主要应用于自动加工机床和自动化生产线上。

（2）被动测量　被动测量是指在加工后对工件进行测量的测量方法，又称离线测量。测量结果仅用于发现并剔除废品。

主动测量使检测与加工过程紧密结合，保证了产品质量，是检测技术发展的方向。

6. 按被测件与测头的相对状态分类

（1）静态测量　静态测量是指在测量时，被测表面与测量器具的测头处于相对静止状态的测量方法。如用千分尺测量工件的直径。

（2）动态测量　动态测量是指在测量时，被测表面与测量器具的测头处于相对运动状态的测量方法。其目的是测得误差的瞬时值及其随时间变化的规律。如用电动轮廓仪测量表面粗糙度。

动态测量的结果可用来控制加工过程，是检测技术的发展方向。

测量方法的选择一般应考虑被测对象的结构特点、精度要求、生产批量、技术条件和测量成本等。

9.3.2 计量器具

计量器具是量具、量规、量仪和用于测量目的的装置总称。计量器具按用途、特点可分为标准量具、极限量规、计量仪器和计量装置四类。

（1）标准量具　标准量具是指以固定形式复现量值的计量器具。它分为单值量具和多值量具两种。单值量具是指复现单一量值的计量器具，如量块等；多值量具是指复现一定范围内的一系列不同量值的计量器具，如线纹尺等。标准量具一般用来校正或调整其他测量器具，或者作为精密测量用。标准量具一般没有放大装置。

（2）极限量规　极限量规是一种没有刻度的专用检验工具。它不能量出被测量的具体量值，只能检验是否合格，如光滑极限量规、螺纹综合量规、位置量规等。

（3）计量仪器　计量仪器（量仪）是指能将被测的量值转换成可直接观测的指示值或等效信息的计量器具，如游标卡尺、千分尺、百分表、干涉仪、应力式气动量仪、电感比较仪、三坐标测量机等。计量仪器一般都有指示、放大装置。

（4）计量装置　计量装置是指为确定被测的量值所必需的计量器具和辅助设备的总称，如渐开线样板检定装置。计量装置能够测量同一工件上较多的几何参数和形状较复杂的工件。

9.3.3 计量器具的度量指标

度量指标是表征计量器具技术性能的重要指标（图 9-6），也是选择、使用和研究计量器具的依据。

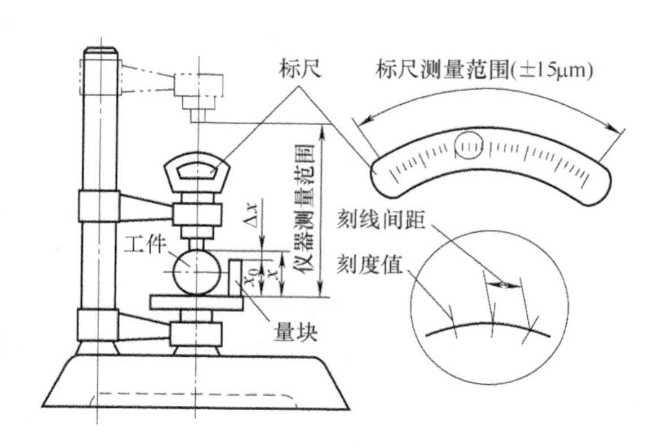

图 9-6　比较仪的度量指标

（1）刻度间距与分度值　刻度间距是指刻度尺或刻度盘上两相邻刻线中心的距离。为便于目测，一般刻线间距在 1~2.5mm 范围内。

分度值是指每一刻度间距所代表的被测量值。一般计量器具的分度值越小，精度就越高。常用的分度值有 0.1mm、0.01mm、0.001mm、0.002mm 等。

（2）示值范围与测量范围　示值范围是指计量器具所显示或指示的最小值到最大值的范围。

测量范围是指在允许的误差极限内，计量器具所能测出的最小值到最大值的范围。测量范围的上限值与下限值之差称为量程。有的计量器具的测量范围等于其示值误差，如某些千分尺和卡尺。

（3）示值误差与示值变动量　示值误差是指测量器具上的示值与被测几何量真值之间的差值。在仪器示值范围内各点的示值误差不同。各种仪器的示值误差可从使用说明书或检定中获得。示值误差是计量器具的精度指标，一般示值误差越小，精度就越高。

示值变动量是指在测量条件不变的情况下，对同一被测量进行多次（一般为 5~10 次）重复测量，其示值变动的最大范围。示值变动的范围越小，计量器具的精度就越高。

（4）灵敏度　灵敏度是指计量器具对被测量变化的反应能力。若被测几何量的变化为 Δx，所引起的测量器具相应的变化为 Δy，则灵敏度为 $S=\Delta y/\Delta x$。当分子与分母是同一类量时，灵敏度又称放大比或放大倍数，其值为常数，如长度量仪等于刻度间距与分度值之比。一般分度值越小，灵敏度越高。

（5）回程误差　回程误差是指在相同条件下，计量器具按正反行程对同一被测量值进行测量时，计量器具示值之差的绝对值。当要求往返或连续测量时，应选回程误差小的计量器具。

（6）测量力　测量力是指计量器具的测头与被测表面之间的接触压力。测量力的大小应适当，否则会使测量误差增大。绝大多数采用接触测量法的计量器具都具有测量力稳定机构。

（7）修正值　修正值是指为消除系统误差，用代数法加到测量结果上的值，其大小与示值误差绝对值相等而符号相反。修正值一般通过检定来获得。

（8）不确定度　不确定度是指由于测量误差的存在，而对被测量值不能肯定的程度。它反映了计量器具和测量方法的精度高低，表达了被测量真值所处范围的定量估计。

9.4 测量误差及数据处理

9.4.1 测量误差的基本概念

由于计量器具与测量方法、测量条件的限制或其他因素的影响，任何测量过程都存在着测量误差。测量误差是指测得值与被测量的真值所相差的程度，一般用绝对误差和相对误差表示。测量误差越小，则测量精度越高。

（1）绝对误差 δ　绝对误差 δ 是指测量结果 x（仪表的指示值）与被测量的真值 x_0 之差，即

$$\delta=x-x_0 \tag{9-1}$$

绝对误差 δ 可为正值、负值或零。通常以多次重复测量所得测量结果的平均值代替 x_0。

绝对误差可用来评定大小相同的被测几何量的测量精度，误差的绝对值越小，精度越高。对于大小不同的被测几何量的测量精度，则需用相对误差来评定。

（2）相对误差 ε　相对误差 ε 是指测量的绝对误差的绝对值 $|\delta|$ 与被测量的真值 x_0 之比，即

$$\varepsilon = |\delta|/x_0 \times 100\% \approx |\delta|/x \times 100\% \tag{9-2}$$

相对误差是无量纲的数值，通常用百分比表示。相对误差越小，测量精度越高。

9.4.2 测量误差的来源

测量误差的来源主要有计量器具、测量方法、测量环境和测量人员等。

（1）计量器具误差　计量器具误差是指计量器具本身所引起的误差。它包括计量器具在设计、制造和装配调整过程中各项误差的总和，这些误差的总和反映在示值误差和测量的重复性上。

相对测量时使用的量块、线纹尺等的制造误差，以及计量器具在使用过程中零件的变形、相对运动表面的磨损等也都会产生测量误差。

（2）测量方法误差　测量方法误差是指测量方法的不完善所引起的误差。它主要包括计算公式不精确、测量方法选用不当、工件安装定位不合理等引起的误差。

（3）测量环境误差　测量环境误差是指测量时的环境条件不符合标准的测量条件所引起的误差。它主要包括温度、湿度、气压、照明，以及测量器具上的灰尘、振动等引起的误差，其中温度影响最大。

（4）测量人员误差　测量人员误差是指测量人员人为所引起的误差。如测量人员使用计量器具不正确、视觉偏差、估读判断错误等引起的误差。

9.4.3 测量误差的分类

测量误差按其性质可分为系统误差、随机误差和粗大误差三类。

（1）系统误差　系统误差是指在相同条件下，连续多次测量同一被测几何量时，误差的大小和符号保持不变或按一定规律变化的测量误差。前者称为定值系统误差，后者称为变值系统误差。如计量器具的刻度盘分度不准确而产生定值系统误差，温度、气压等环境条件的变化而产生变值系统误差。

系统误差对测量结果影响较大，应尽量减少或消除。一般根据系统误差的性质和变化规律，对可用计算或实验对比的方法确定的，用修正值从测量结果中消除；对难以准确判断的，可用不确定度给出估计。

（2）随机误差　随机误差是指在相同条件下，连续多次测量同一被测几何量时，误差的大小和符号以不可预定的方式变化的测量误差。如计量器具中机构的间隙、测量力的不恒定和测量温度、湿度的波动等而产生随机误差。

随机误差不可能完全消除，它是造成测得值分散的主要原因。就一次具体的测量而言，随机误差的大小和符号是没有规律的，但对同一被测量进行连续多次重复测量而得到一系列测得值时，随机误差的总体就存在一定的规律性，通常符合正态分布规律。

（3）粗大误差　粗大误差是指超出规定条件下预计的测量误差。它是由某种非正常的原因造成的，如读数错误、温度的突然变动、记录错误等，是明显歪曲测量结果的误差，且

数值较大，应避免或按一定准则剔除。

9.4.4 测量精度

测量精度是指测得值与其真值的接近程度，测量精度和测量误差从两个不同的方面说明了同一概念。测量精度越高，则测量误差就越小，反之，测量误差就越大。

（1）准确度　准确度用来表示测量结果中系统误差大小的程度。系统误差小，则准确度高。

（2）精密度　精密度用来表示测量结果中随机误差大小的程度。随机误差小，则精密度高。

（3）精确度　精确度是指测量结果中系统误差与随机误差的综合，表示测量结果与真值的一致程度。系统误差和随机误差都小，则精确度高。

通常，精密度高的，准确度不一定高，但精确度高，则精密度和准确度都高。如图 9-7 所示，图 9-7a 中，弹着点集中靶心，但分散范围大，说明随机误差大而系统误差小，即打靶的准确度高而精密度低；图 9-7b 中，弹着点分散范围小，但偏离靶心，说明随机误差小而系统误差大，即打靶的准确度低而精密度高；图 9-7c 中，弹着点既集中靶心，又分散范围小，说明随机误差与系统误差都小，即打靶的精确度高。

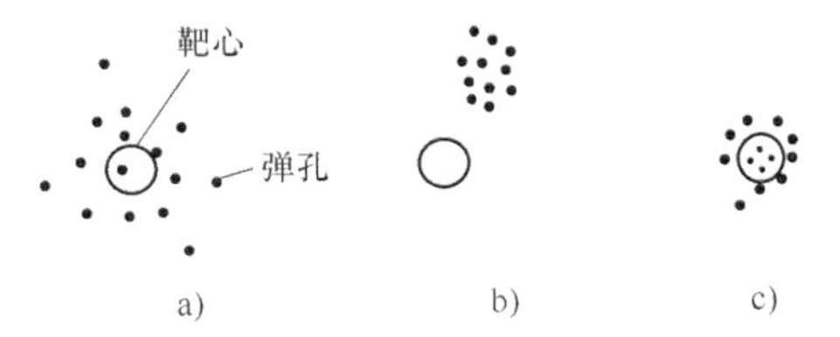

图 9-7　准确度、精密度、精确度

9.4.5 测量数据的处理

对测量结果进行数据处理是为了得到被测量最可信的数值，以及评定这一数值所包含的误差。在相同的测量条件下，对同一被测量进行多次连续测量，得到一系列测得值（简称测量列），其中可能同时存在系统误差、随机误差和粗大误差，因此，必须对这些误差进行处理。

1. 系统误差的处理

系统误差对测量结果的影响是不容忽视的，因此在发现后就应予以消除。发现系统误差的方法有多种，“残差观察法”是最直观的常用方法。

残差是指各测得值与测得值的算术平均值之差。“残差观察法”是根据系列测得值的残差，列表或作图观察其变化规律。若残差分布如图 9-8a 所示，则可认为不存在明显的变值系统误差；若残差数值有规律地递增或递减分布，如图 9-8b、c 所示，则存在线性系统误差；若各残差的符号按逐渐由正变负再由负变正，如图 9-8d 所示，则存在周期性系统误差。在应用残差观察法时，必须有足够多的重复测量次数，并要按各测得值的先后顺序作图，以提高判断的准确性。

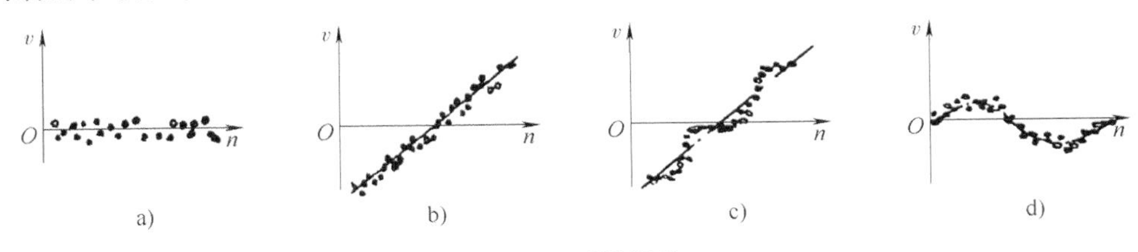

图 9-8　系统误差

系统误差必须消除或减少以提高测量精度。

（1）从根源上消除误差　在测量前，对测量过程中可能产生系统误差的环节予以消除，如在标准测量条件下测量、正确读数等。

（2）用加修正值的方法消除　在测量前，先检定出计量器具的系统误差，取相反值作为修正值加到实际测得值上。

（3）用两次读数法消除　若两次测量所产生的系统误差大小相等或相近、符号相反，则取两次测量的平均值作为测量结果。

（4）用对称测量法消除　在测量中，若发现有随时间呈线性关系变化的系统误差，可用对称测量法消除，即将测量程序对某一时刻对称地再测一次，通过一定的计算消除此线性系统误差。

（5）用半周期法消除　对于周期性变化的变值系统误差，可用半周期法消除，即取相隔半个周期的两个测得值的平均值作为测量结果。

（6）反馈修正法　反馈修正法是消除变值系统误差（还包括一部分随机误差）的有效手段。当查明某误差因素对测量结果有影响时，就找出影响测量结果的函数关系或近似函数关系，在测量过程中，用传感器将这些误差因素的变化转换成某种物理量形式（一般为电量），按其函数关系，通过计算机算出影响测量结果的误差值，并及时对测量结果自动修正。

反馈修正法不仅可修正某些复杂的变值系统误差，还可以减少随机误差，故常用于高精度的自动化测量仪器中。

2. 随机误差的处理

随机误差的处理原则是设法减少其对测量结果的影响，可用概率与数理统计的方法来估计随机误差的范围和分布规律，对测量结果进行处理。符合正态分布的随机误差如图 9-9 所示，数据处理时应计算下列参数。

（1）算术平均值 $\bar{x}$　在同一条件下，对同一被测量进行多次（n 次）重复测量，得到一系列测得值 x_1、x_2……x_n，这是一组等精度的测量数据，这些测得值的算术平均值为

$$\bar{x}=(x_1+x_2+\cdots+x_n)/n=\sum_{i=1}^{n}x_i/n \qquad (9\text{-}3)$$

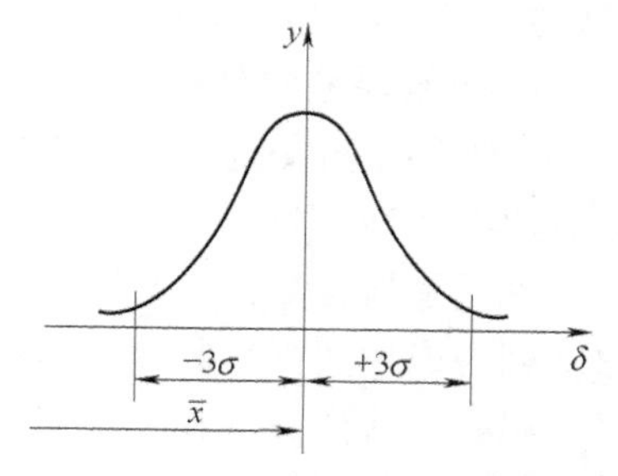

图 9-9　正态分布的随机误差

设 x_0 为真值，δ 为随机误差，可得

$$\delta_1=x_1-x_0,\ \delta_2=x_2-x_0,\ \cdots,\ \delta_n=x_n-x_0$$

对以上各式求和，得 $\sum_{i=1}^{n}\delta_i=\sum_{i=1}^{n}x_i-nx_0$

由随机误差的特性可知，当 $n\to\infty$ 时，$\sum_{i=1}^{n}x_i=nx_0$，即 $\hat{x}_0=\sum_{i=1}^{n}x_i/n=\bar{x}$。

由此可见，当对某一量进行无数次测量时，所有测得值的算术平均值趋于真值。事实上，无限次测量是不可能的。在进行有限次测量时，仍可证明算术平均值 $\bar{x}$ 最接近真值 x_0。当测量列没有系统误差和粗大误差时，一般取全部测得值的算术平均值 $\bar{x}$ 作为测量的最后结果。

（2）残差 ν_i　以残差 ν_i 代替 δ_i，即

$$\nu_i = x_i - \bar{x} \tag{9-4}$$

在一个测量列中，全部残差的代数和恒等于零，即 $\sum_{i=1}^{n} v_i = 0$。

残差的这种特性称为可相消性，可用来检验数据处理中求得的算术平均值和残差是否正确。残差用以代替随机误差计算标准偏差。

（3）标准偏差 σ　测得值的算术平均值虽能表示测量结果，但不能表示各测得值的精密度。标准偏差 σ 是表征对同一被测量进行 n 次测量所得值的分散程度的参数，其可用贝塞尔（Bessel）公式求出估计值

$$\sigma = \sqrt{\frac{\sum_{i=1}^{n} v_i^2}{n-1}} = \sqrt{\frac{\sum_{i=1}^{n} (x_i - \bar{x})^2}{n-1}} \tag{9-5}$$

（4）算术平均值的标准偏差 $\sigma_{\bar{x}}$　在等精度的条件下，对同一被测量进行 K 组的“n 次测量”，则每组 n 次测量结果的算术平均值 $\bar{x}$ 也不会完全相同，但围绕 x_0 波动，波动范围比单次测量范围小。根据误差理论，算术平均值的标准偏差 $\sigma_{\bar{x}}$ 与单次系列测得值的标准偏差 σ 的关系为

$$\sigma_{\bar{x}} = \frac{\sigma}{\sqrt{n}} = \sqrt{\frac{\sum_{i=1}^{n} v_i^2}{n(n-1)}} \tag{9-6}$$

（5）算术平均值的极限误差 $\delta_{\lim(\bar{x})}$　测量列算术平均值的极限误差 $\delta_{\lim(\bar{x})}$ 为

$$\delta_{\lim(\bar{x})} = \pm 3\sigma_{\bar{x}} \tag{9-7}$$

测量结果可表示为

$$\bar{x} \pm \delta_{\lim(\bar{x})} = \bar{x} \pm 3\sigma_{\bar{x}} = \bar{x} \pm 3\frac{\sigma}{\sqrt{n}} \tag{9-8}$$

从式（9-8）可知，增加重复测量次数 n 可提高测量的精密度，但由于 σ 与 $\sigma_{\bar{x}}$ 的比值与测量次数 n 的平方根成正比，σ 一定时，当 $n>20$ 后，在增加重复测量次数的情况下，$\sigma_{\bar{x}}$ 减少已很缓慢，对提高测量精密度效果不大，故一般取 $n=10\sim15$。

3. 粗大误差的处理

粗大误差使测量结果严重失真，应从测量数据中将其剔除。当测量列中有粗大误差而又不能确定哪些测得值包含粗大误差时，可用拉依达准则（3σ 准则）来判断。在测量列中出现大于 $\pm3\sigma$ 的残差时，即

$$|\nu_i| > 3\sigma$$

则认为该残差对应的测得值含有粗大误差，应予以剔除。剔除具有粗大误差的测得值后，应根据剩下的测得值重新计算 σ，然后再根据 3σ 准则判断剩下的测得值中是否还有粗大误差。如果测量次数不大于 10 次，应采用其他判断准则。

例 9-1　对一小轴进行一系列等精度测量（在相同条件下），测得值列于表 9-2（设系统误差已消除），试求测量结果。

表 9-2　数据处理计算表

测得值/mm	残差 ν_i/μm	残差的平方 ν_i^2/μm²	测得值/mm	残差 ν_i/μm	残差的平方 ν_i^2/μm²
30.454	−3	9	30.456	−1	1
30.459	+2	4	30.458	+1	1
30.459	+2	4	30.458	+1	1
30.454	−3	9	30.455	−2	4
30.458	+1	1	$\bar{x}=30.457$	$\sum\nu_i=0$	$\sum\nu_i^2=38$
30.459	+2	4			

解：① 求算术平均值 $\bar{x}$

$$\bar{x}=(x_1+x_2+\cdots+x_n)/n=\sum_{i=1}^{n}x_i/n=30.457\text{mm}$$

② 求残差 ν_i 和 ν_i^2

$$\sum_{i=1}^{n}\nu_i=0;\quad \sum_{i=1}^{n}\nu_i^2=38$$

③ 求标准偏差 σ

$$\sigma=\sqrt{\sum_{i=1}^{n}\nu_i^2/n-1}=2.0548\mu\text{m}$$

④ 求算术平均值的标准偏差 $\sigma_{\bar{x}}$

$$\sigma_{\bar{x}}=\frac{\sigma}{\sqrt{n}}=0.685\mu\text{m}$$

⑤ 测量结果　$d=\bar{x}\pm3\sigma_{\bar{x}}=30.457\text{mm}\pm0.002\text{mm}$

4. 测量误差的合成

测量误差的合成是指将各有关因素的误差按一定方法合成为测量总误差，来反映测量结果的精确程度。

（1）直接测量误差的合成　仪器、方法和温度误差是直接测量的主要误差，它们之中既有已定系统误差（数值大小和变化规律已经确定的系统误差），又有未定系统误差和随机误差，可分别按下列方法合成。

1）已定系统误差按代数和合成

$$\Delta=\Delta_1+\Delta_2+\cdots+\Delta_n=\sum_{i=1}^{n}\Delta_i \tag{9-9}$$

式中　Δ——测量结果的总系统误差（mm）；

Δ_i——各误差分量的系统误差（mm）。

2）未定系统误差和符合正态分布的随机误差按方和根法合成

$$\delta_{\lim}=\pm\sqrt{\delta_{\lim1}^2+\delta_{\lim2}^2+\cdots+\delta_{\lim n}^2}=\pm\sqrt{\sum_{i=1}^{n}\delta_{\lim(i)}^2} \tag{9-10}$$

式中　$\delta_{\lim}$——测量结果的总极限误差（mm）；

$\delta_{\lim(i)}$——各误差分量的极限误差（mm）。

（2）间接测量误差的合成

在间接测量中，被测几何量的测量误差是各个实测几何量的测量误差的函数，属于函数误差。被测几何量 y（即间接求得的被测量值）通常为几个实测几何量 x_1，x_2，…，x_n 的多元函数，可表示为

$$y=f(x_1,x_2,\cdots,x_n)$$

1）已定系统误差的合成

$$\Delta_y=\frac{\partial f}{\partial x_1}\Delta_{x_1}+\frac{\partial f}{\partial x_2}\Delta_{x_2}+\cdots+\frac{\partial f}{\partial x_n}\Delta_{x_n}=\sum_{i=1}^{n}\frac{\partial f}{\partial x_i}\Delta_{x_i} \tag{9-11}$$

式中　Δ_y——被测量的系统误差（mm）；

$\frac{\partial f}{\partial x_i}$——误差传递系数；

Δ_{x_i}——各个实测几何量 x_i 的已定系统误差（mm）。

2）随机误差和未定系统误差的合成

$$\delta_{\lim(y)}=\pm\sqrt{\left(\frac{\partial f}{\partial x_1}\right)^2\delta_{\lim(x_1)}^2+\left(\frac{\partial f}{\partial x_{21}}\right)^2\delta_{\lim(x_2)}^2+\cdots+\left(\frac{\partial f}{\partial x_n}\right)^2\delta_{\lim(x_n)}^2}$$

$$=\pm\sqrt{\sum_{i=1}^{n}\left(\frac{\partial f}{\partial x_i}\right)^2\delta_{\lim(x_i)}^2} \tag{9-12}$$

式中　$\delta_{\lim(y)}$——被测量的极限误差（mm）；

$\delta_{\lim(x_i)}$——各个实测几何量的测量极限误差（mm）。

习题与思考题

1. 测量的实质是什么？一个完整的测量过程包括哪几个要素？
2. 量块分级与分等的依据是什么？按等或按级使用量块有何区别？
3. 举例说明绝对测量与相对测量、直接测量与间接测量的区别和应用。
4. 测量误差可分哪几类？各有何特征？对各类误差应如何处理与合成？
5. 如何给出测量结果的正确形式？为什么？
6. 已定系统误差影响测量结果的精确度吗？为什么？
7. 系统误差和随机误差对测量结果的影响有什么不同？
8. 对某一个轴颈在同一位置上测量10次，测得值分别为58.855mm、58.855mm、58.858mm、58.856mm、58.857mm、58.858mm、58.858mm、58.855mm、58.859mm、58.857mm。设已消除了系统误差，求测量结果。
9. 计量器具的基本度量指标有哪些？

第10章 现代几何量检测技术简介

几何量精度检测测量是保证机电产品质量、实现互换性生产的重要技术保障，几何量及其精度检测技术的发展日新月异，并且获得日益广泛的应用。本章简要介绍若干典型常用的现代几何量检测技术。

10.1 长度测量技术

长度测量的主要被测量是线性尺寸和角度。在现代长度测量中，大量使用各种工作原理的位移传感器，如电动式、气动式、栅式（光栅式、磁栅式、容栅式等）、光学式、光电式、机器视觉检测等。本节仅简介坐标测量机、电动量仪、气动量仪及激光干涉仪。

10.1.1 坐标测量机

1. 三坐标测量机

三坐标测量机（CMM）是一种能在 X、Y、Z 三个或三个以上坐标轴（圆转台的一个转轴习惯上也算作一个坐标轴）上进行测量的通用长度测量工具，是一种高效率的通用精密测量设备。正交式坐标测量机一般由主机（包括光栅尺）、控制系统、软件系统和三维测头等组成。坐标测量机的每个坐标各自有独立的测量系统。大、中型坐标测量机常采用气浮导轨和花岗石工作台。

（1）三坐标测量机的分类　根据 ISO 10360-1：2000《坐标测量机的验收、检测和复检检测》的规定，按照机械结构，对主要的测量机结构类型作如下分类（图 10-1）。

1）固定桥式坐标测量机。此类坐标测量机有沿着相互正交的导轨运动的三个组成部分，装有探测系统的第一部分装在第二部分上，并相对其作垂直运动。第一和第二部分的总成沿着牢固装在机座两侧的桥架上端作水平运动，在第三部分上安装工件。

固定桥式坐标测量机的优点是结构稳定，整机刚性强，中央驱动，偏摆小，光栅在工作台的中央，阿贝误差小，X、Y 方向运动相互独立，相互影响小；缺点是被测量对象由于放置在移动工作台上，降低了机器运动的加速度，承载能力较小。高精度坐标测量机通常都采用固定桥式结构。

2）移动桥式坐标测量机。此类坐标测量机有沿着相互正交的导轨运动的三个组成部分，装有探测系统的第一部分装在第二部分上，并相对其作垂直运动。第一和第二部分的总成相对第三部分作水平运动。第三部分被架在机座的对应两侧的支柱支承上，并相对机座作水平运动，机座承载工件。

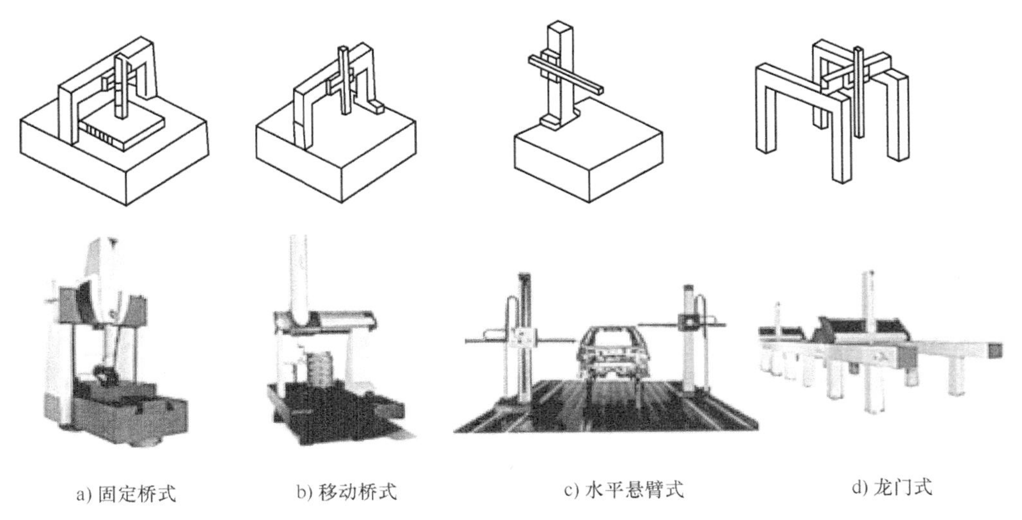

图 10-1　三坐标测量机的种类

移动桥式坐标测量机的开敞性好，结构刚性好，承载能力较大，本身具有台面，受地基影响相对较小，精度比固定桥式稍低，是目前中小型坐标测量机的主流结构形式，占中小型坐标测量机总量的 70%～80%。

3）龙门式坐标测量机。此类坐标测量机有沿着相互正交的导轨运动的三个组成部分，装有探测系统的第一部分装在第二部分上并相对其作垂直运动。第一和第二部分的总成相对第三部分作水平运动。第三部分在机座两侧的导轨上作水平运动，机座或地面承载工件。

龙门式坐标测量机一般为大中型测量机，要求较好的地基。立柱影响操作的开阔性，但减少了移动部分质量，有利于提高精度及动态性能。近年来也出现了带工作台的小型龙门式坐标机。龙门式坐标测量机（高架桥式测量机）最长可达数十米，由于其刚性较水平臂坐标测量机要好得多，对大尺寸工件的测量具有足够的精度，是大尺寸工件高精度测量的首选。

4）水平悬臂式坐标测量机。此类坐标测量机有沿着相互正交的导轨运动的三个组成部分，装有探测系统的第一部分装在第二部分上并相对其作水平运动。第一、第二部分的总成相对第三部分作垂直运动，第三部分相对机座作水平运动，并在机座上安装工件。水平悬臂式坐标测量机还可再细分为水平悬臂移动式、固定工作台式和移动工作台式。

水平臂式坐标测量机在 X 方向很长，Z 方向较高，整机开敞性比较好，因而在汽车工业领域得到广泛使用，是测量汽车各种分总成、白车身时最常用的坐标测量机。

在正交式测量系统整体结构形式选择时，需要综合考虑被测工件的尺寸、类型和精度要求。按应用场合不同，三坐标测量机可分为生产型和计量型。

（2）三坐标测量机的测头系统　测头是坐标测量机的关键部件，测头精度的高低很大程度决定了测量机的测量重复性及精度。在测量不同的零件时需要选择不同功能的测头。

按照触发方式，测头可分为触发测头与扫描测头。触发测头又称为开关测头。触发测头的主要任务是探测零件并发出锁存信号，实时地锁存被测表面坐标点的三维坐标值。扫描测头又称为比例测头或模拟测头。扫描测头不仅能作为触发测头使用，更重要的还能输出与探针的偏转成比例的信号（模拟电压或数字信号），由计算机同时读入探针偏转及坐标测量机的三维坐标信号（作为触发测头时则锁存探测表面坐标点的三维坐标值），以保证实时地得到被探测点的三维坐标。由于取点时没有测量机的机械往复运动，因此采点率大大提高。扫描测头在用于离散点测量时，由于探针的三维运动可以确定该点所在表面的法矢方向，因此更适用于曲面的测量。

按是否与被测工件接触，测头可分为接触式测头与非接触式测头。接触式测头（ContactProbe）是需与待测表面发生实体接触的探测系统。非接触式测头（Non-ContactProbe）则是不需与待测表面发生实体接触的探测系统，例如光学探测系统、激光扫描探测系统等。一种英国雷尼绍测头如图 10-2 所示。

图 10-2　雷尼绍测头

（3）三坐标测量机的应用　三坐标测量机的主要优点有：

1）通用性强，可实现空间坐标点的测量，能方便地测量零件的三维轮廓尺寸和几何精度。

2）测量结果的重复性好。

3）可与数控机床、加工中心等数控加工设备进行数据交换，是实现逆向工程的重要手段。

4）既可用于检测计量中心，也可用于生产现场。

因此，三坐标测量机目前广泛应用于机械制造、汽车、电子工业、五金、塑胶、仪器制造、航空航天和国防工业等领域，特别适用于测量复杂形状表面轮廓尺寸，如齿轮、凸轮、蜗轮、蜗杆、模具、精密铸件、电子电路板、显像管屏幕、涡轮机叶片、汽车车身、发动机零件及飞机型体等带有空间曲线、曲面的工件，还可以用于对箱体、机架类零件的坐标尺寸、孔距和面距、几何公差等进行精密检测，从而完成零件检测、外形测量和过程控制等任务。三坐标测量机还常与数控机床、数控加工中心配套，成为柔性制造系统及其他现代制造系统的一个重要组成部分。

三坐标测量机符合新一代 GPS 的测量要求，能够严格按照新一代 GPS 的定义来测量局部尺寸和几何误差，能够实现几何要素的分离、提取、滤波、拟合、集成及改造等操作。

2. 关节臂式坐标测量机

关节臂式坐标测量机是一种新型的便携式坐标测量机。它是一种由几根固定长度的臂通过绕互相垂直轴线转动的关节（分别称为肩、肘和腕关节）互相连接，在最后的转轴上装有探测系统的坐标测量装置。关节臂式坐标测量机的结构原理及实物照片如图 10-3 所示。

显然，关节臂测量机不是一种直角坐标测量系统，它的每个臂的转动轴或与臂轴线垂直，或者绕臂自身轴线转动（自转），一般用三个“-”隔开的数来表示肩、肘和腕的转动自由度，例如，2-2-3 配置可以有 a_0-b_0-d_0-e_0-f_0 和 a_0-b_0-c_0-d_0-e_0-f_0-g_0 角度转动的关节臂测量机。目前，关节臂测量机的关节数一般小于 7，而且一般为手动测量机。

在检测空间一固定点时，关节臂测量机与直角坐标系测量机完全不同。在测头确定的情况下，直角坐标测量机各轴的位置 X、Y、Z 对固定空间点是唯一的、完全确定的，而关节

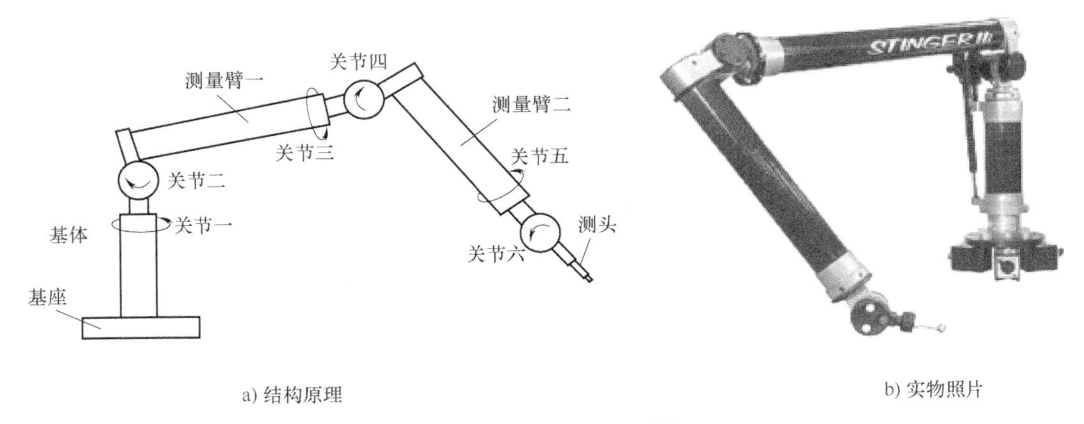

a) 结构原理　　b) 实物照片

图 10-3　关节臂式坐标测量机

臂测量机各臂对测头测量一个固定空间点却有无穷多个组合，即各臂在空间的角度和位置不是唯一的，而是无穷多个，因而各关节在不同角度位置的误差极大影响了对同一点的位置检测误差。由于关节臂测量机的各臂长度固定，引起测量误差的主要因素为各关节的转角误差，转角误差的测量和补偿对提高关节臂测量机的测量精度至关重要，因此，关节臂测量机的精度比传统的框架式三坐标测量机精度要低，精度一般为 10μm 级以上。关节臂测量机可广泛应用于汽车制造、航空、航天、船舶、铁路、能源、重机、石化等不同工业领域中大型零件和机械的精确测量，能够满足生产及装配现场高精度的测试需求。

10.1.2　电动量仪

按传感器原理，电动量仪可分成电感式、电涡流式、感应同步器式、电容式、压电式、光栅式和磁栅式等。按用途电动量仪可分为测微仪、轮廓仪、圆度仪、电子水平仪和渐开线测量仪等。电感测微仪是一种应用广泛的电动量仪，它是一种采用电感式传感器将被测尺寸的微小变化转换成电信号来进行测量的仪器。电感测量法的原理是利用线性差动变压器式传感器（LVDT）或线性差动自感式传感器（LVDI），将位移的变化量转换为互感或自感的变化。差动变压器式传感器的灵敏度高、分辨力高，能测出 0.1μm 甚至更小的机械位移变化，而且传感器的输出信号强，有利于信号的传输；重复性好，在一定位移范围内，输出特性比较稳定，线性度好。电感传感器的工作原理如图 10-4 所示。

电感测微仪由量仪主体、电感传感器测头及指示（显示）单元等部分组成，配上相应的测量装置（如测量台架等），能够完成各种精密测量。电感测微仪的测头采用电感传感器，工件的微小位移经电感式传感器的测头带动两线圈内衔铁移动，使两线圈内的电感量发生相对的变化。电感测微仪实物照片如图 10-5 所示。

电感测微仪广泛应用于精密机械制造、晶体管和集成电路制造及国防、科研、计量部门的精密长度测量。它既适用于实验室内高精度对比测量又适用于自动化测量，能够完成各种精密测量，可用于检查工件的厚度、内径、外径、直线度、平面度、圆度、平行度、垂直度和跳动等。它既可像机械式测微仪和光学式测微仪一样单独使用，也可以安装在其他仪器设备上作为测微装置使用。

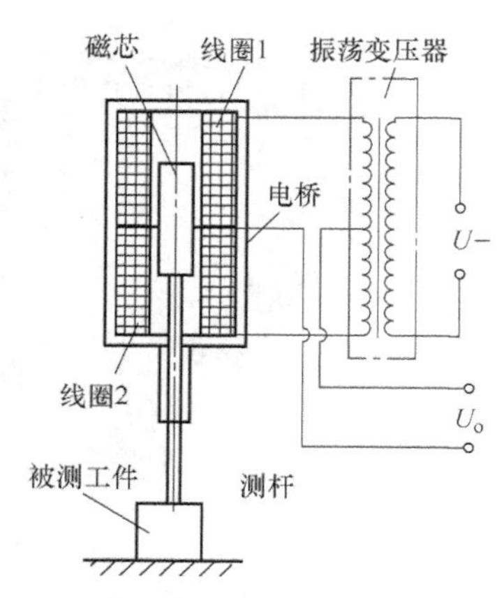

图 10-4　电感传感器的工作原理

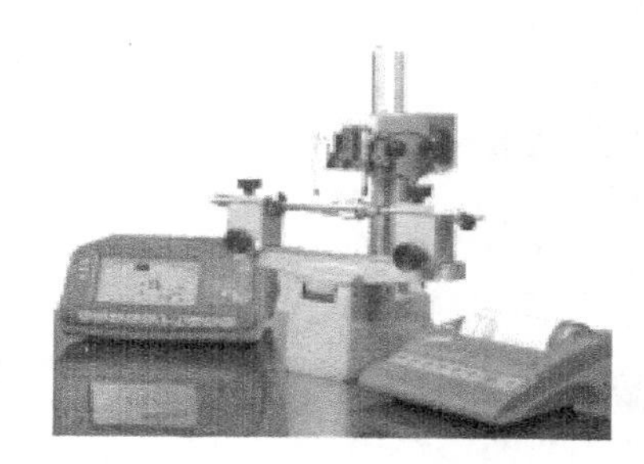

图 10-5　电感测微仪实物照片

10.1.3　气动量仪

气动量仪的测量原理是比较测量法。按照工作原理，气动量仪可分为流量式、压力式、流速式和真空式等。气动量仪系统由稳定气源、气动量仪本体、气动测量头、气电转换器、测量标准件和机械结构部件等构成。目前，气动量仪本体主要包括浮标式气动量仪、指针式气动量仪和电子式气动量仪三种。

气电量仪又称为电子柱式气动测量仪，是一种先进新颖的气动量仪。它是基于压力式工作原理，将工件尺寸的变化量转换成压缩空气流量或压力的变化，然后通过气电转换器将气流信号转换为电信号，由 LED 组成的光柱形式示值。

气动量仪具有以下突出优点：

1）测量项目多，如长度、形状和位置误差等，特别是对某些用机械量具和量仪难以解决的测量，例如用气动量仪比较容易实现深孔内径、小孔内径、窄槽宽度等的测量。

2）气动量仪的放大倍数较高，人为误差较小，不会影响测量精度；在工作时无机械摩擦，不存在回程误差。

3）结构简单，工作可靠，调整、使用和维修都十分方便。

4）测量头与被测表面不直接接触，可以实现非接触测量。能够减少测量力对测量结果的影响，同时避免划伤被测件表面，对薄壁零件和软金属零件的测量尤为适用。由于是非接触测量，因此可以减少测量头的磨损，延长使用期限。

5）气动量仪主体和测量头之间采用软管连接，可实现远距离测量。

6）操作方法简单，读数容易，能够进行连续测量，易于判断各尺寸是否合格。

同一台气动量仪本体，只要配上不同的气动测量头，就能实现对工件多种参数的测量。气动量仪的可测量项目有内径、外径、槽宽、两孔距、深度、厚度、圆度、锥度、同轴度、直线度、平面度、平行度、垂直度、通气度和密封性等。

气动量仪（气电量仪）的实物照片如图 10-6 所示。

气动量仪在机械制造行业得到了广泛的应用，尤其适用于在大批量生产中测量内、外尺寸，也可用于测量孔距和孔轴配合间隙。

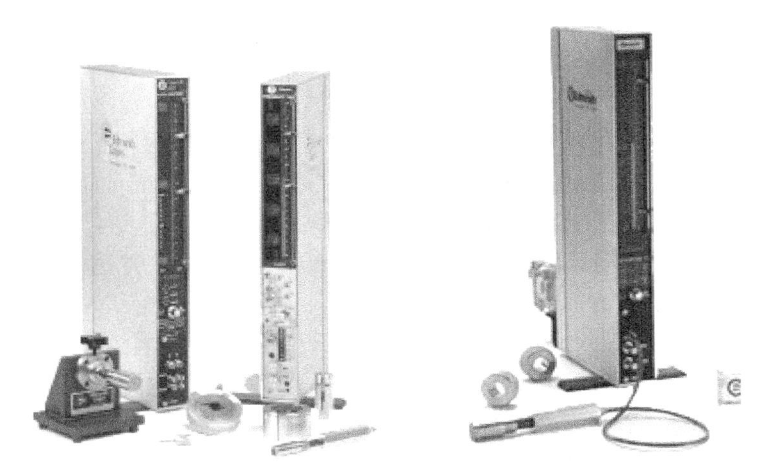

图10-6 气动量仪实物照片

10.1.4 激光干涉仪

激光干涉仪是根据激光干涉信号与测量镜位移之间的对应关系来实现位移测量的。目前应用的激光干涉仪主要是基于迈克尔逊干涉仪的单频激光干涉仪和双频激光干涉仪。激光干涉仪主要运用了光波干涉原理，在大多数激光干涉测长系统中，都以稳频氦氖激光器为光源，并采用了迈克尔逊干涉仪或类似的光路结构。双频激光干涉仪是在单频激光干涉仪的基础上发展而来的一种外差式干涉仪。双频激光干涉仪的工作原理如图10-7所示。

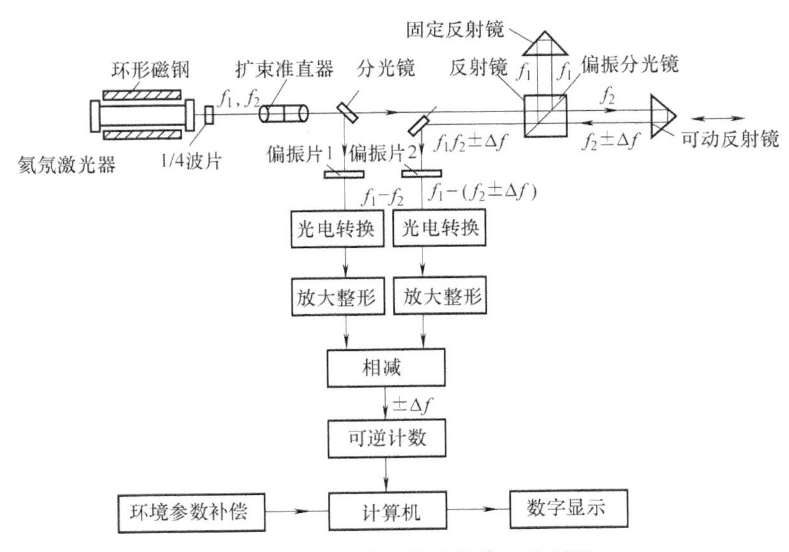

图10-7 双频激光干涉仪的工作原理

双频激光干涉仪具有以下优越性：

1）精度高。双频激光干涉仪以激光波长作为标准对被测长度进行度量，即使不做细分也可达到微米量级，细分后更可达到纳米量级。双频激光干涉仪利用放大倍数较大的前置交流放大器对干涉信号进行放大，即使光强衰减90%，依然可以得到有效的干涉信号，避免了直流放大器存在的直流电平信号漂移问题。

2）应用范围广。双频激光干涉仪是一种多功能激光检测系统，可以实现非接触式精密测量，容易安装和对准，易于消除阿贝误差。

3）环境适应能力强。双频激光干涉仪利用频率变化来测量位移，它将位移信息载于f_1和f_2的频差上，对由光强变化引起的直流电平信号变化不敏感，因此抗干扰能力强，环境适应能力强。

4）实时动态测量，测量速度高。现代的双频激光干涉仪测速普遍达到1m/s，有的甚至达到每秒十几米，适于高速动态测量。

双频激光干涉仪的发明使激光干涉仪最终摆脱了计量室的束缚，把几何量计量发展推向了又一个新高峰。双频激光干涉仪是目前精度最高、量程最大的长度计量仪器，以其良好的性能，在许多场合特别是在大长度、大位移精密测量中广泛应用。配合各种折射镜和反射镜等相应附件，双频激光干涉仪可以在恒温、恒湿、防震的计量室内检定量块、量杆、刻尺和坐标测量机等，也可以在普通车间内为大型机床的刻度进行标定；既可以对几十米的大量程进行精密测量，也可以对手表零件等微小运动进行精密测量；既可以对如位移、角度、直线度、平面度、平行度、垂直度和小角度等多种几何量进行精密测量，也可以用于特殊场合，诸如半导体光刻技术的微定位和计算机存储器上记录槽间距的测量等。

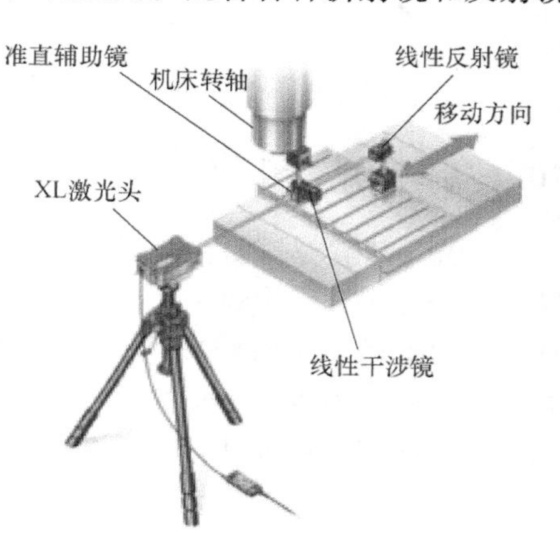

图 10-8　激光干涉仪的应用

双频激光干涉仪属于可溯源的计量型仪器，常用于检定数控机床、数控加工中心、三坐标测量机、测长机和光刻机等的坐标精度及其他线性指标，还可用作测长机、高精度三坐标测量机等的测量系统。激光干涉仪的应用如图10-8所示。

10.2 几何公差测量技术

圆度仪是目前技术最成熟、应用最广泛的一种几何公差测量仪器。目前，圆度仪仍然是圆度误差测量的最有效手段。圆度仪是一种利用回转轴法测量工件圆度误差的测量工具。按照结构的不同，可将圆度仪分为工作台回转式和传感器回转式两种形式，如图10-9所示。

1. 工作台旋转式

传感器和测头固定不动，被测零件放置在仪器的回转工作台上，随工作台一起回转。

这种仪器常制成紧凑的台式仪器，易于测量小型零件的圆度误差。被测零件放置在工作台上固定并随仪器的主轴一起回转。工件随工作台主轴一起转动记录被测零件回转一周过程中测量截面上各点的半径差。

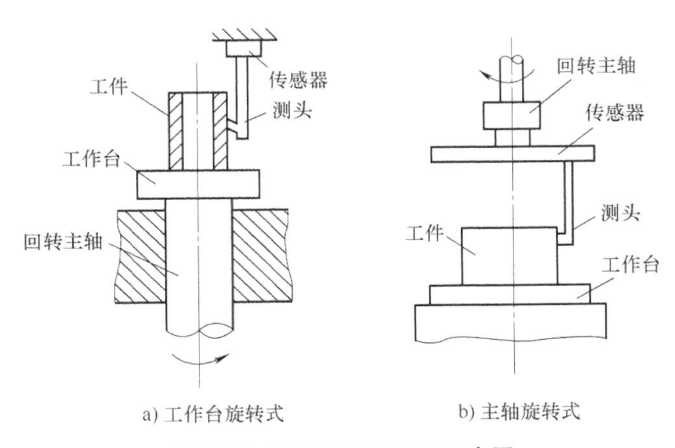

a) 工作台旋转式　　b) 主轴旋转式

图 10-9　圆度仪工作原理示意图

2. 主轴旋转式

被测零件放置在工作台上固定不动，仪器的主轴带着传感器和测头一起回转。在测头随主轴回转测量时应调整工件位置使其和转轴同轴。与两种工作原理对应的圆度仪实物照片如图 10-10 所示。

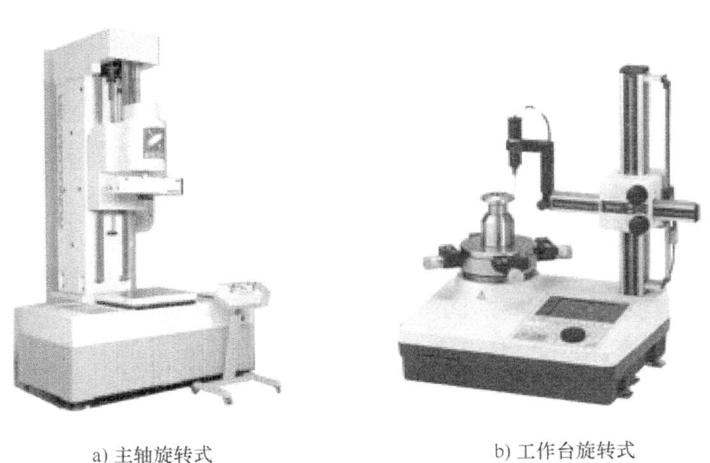

a) 主轴旋转式　　b) 工作台旋转式

图 10-10　圆度仪实物照片

圆度仪是一种精密计量仪器，对环境条件有较高的要求，通常被计量部门用来抽检或仲裁产品的圆度和圆柱度误差。但是垂直导轨精度不高的圆度仪不能测量圆柱度误差，而具有高精度垂直导轨的圆度仪才可直接测得零件的圆柱度误差。圆度仪可用于圆环、圆柱等回转体工件外圆或内孔的圆度、圆柱度、波纹度、同轴度、同心度、垂直度、平行度等参数的测量。

10.3 表面粗糙度测量技术

轮廓仪是用于测量工件几何误差、波纹度和表面粗糙度等表面轮廓结构特征的仪器。按测量时触针是否与被测工件表面接触，轮廓仪可分为接触式轮廓仪及非接触式轮廓仪；按工作地点是否经常改变，又可分为台式轮廓仪及便携式轮廓仪。本节仅介绍应用广泛的电动轮廓仪和先进新颖的光学触针式轮廓仪。

10.3.1 电动轮廓仪

电动轮廓仪属于接触式轮廓仪，它一般采用针描法测量工件的表面轮廓。按照传感器转换原理的不同，电动轮廓仪可分为电感式、电容式和压电式等多种。电动轮廓仪的工作原理如图 10-11 所示。

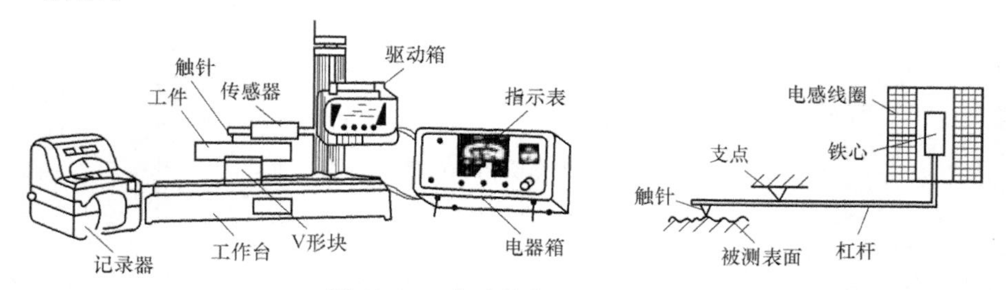

图 10-11 电动轮廓仪工作原理

电动轮廓仪由传感器、驱动箱和电器箱三个基本部件组成。电感传感器是轮廓仪的主要部件之一，传感器测杆以铰链形式和驱动箱连接，能自由下落，从而保证触针始终与被测表面接触。在传感器测杆的一端装有金刚石触针，按照 ISO 标准推荐值，触针针尖圆弧半径通常仅为 2μm、5μm 或 10μm，在触针的后端镶有导块，形成一条相对于工件表面宏观起伏的测量基准，使触针的位移仅相对于传感器壳体上下运动，导块能消除宏观几何形状误差和减小纹波度对表面粗糙度测量结果的影响。

在测量时将触针搭在被测工件上，使之与被测表面垂直接触，利用驱动机构以一定的速度拖动传感器。由于被测表面轮廓峰谷起伏，触针在被测工件表面滑行时，将产生上下移动，此运动经支点使电感传感器磁芯同步地作上下运动，从而使包围在磁芯外面的两个差动电感线圈的电感量发生变化，产生与表面粗糙度成比例的模拟信号，信号经过放大、电平转换后进入数据采集系统，测量结果可在显示器上读出，也可打印或与 PC 机通信。电动轮廓仪实物照片如图 10-12 所示。

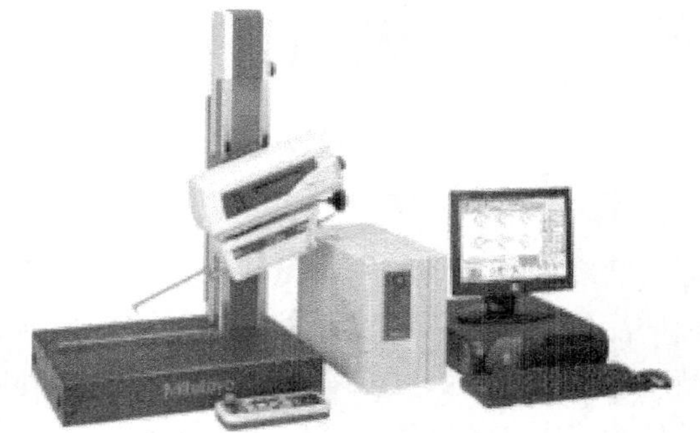

图 10-12 电动轮廓仪实物照片

电动轮廓仪的测量准确度高，测量速度快，测量结果稳定可靠，操作方便，可以直接测量某些难以测量到的零件表面，如孔、槽等的表面粗糙度，又能直接按某种评定标准读数或是描绘出表面轮廓曲线的形状，但是被测表面容易被触针划伤，为此应在保证可靠接触的前提下尽量减少测量力。

10.3.2 光学式轮廓仪

非接触式轮廓仪一般采用光学技术实现被测工件表面轮廓的测量，又称为光学式轮廓仪。光学式轮廓仪用光学触针代替了机械式触针，能实现非接触测量，可防止划伤被测零件表面。按照工作原理，光学式轮廓仪主要有光强法轮廓仪、基于偏振光干涉聚焦原理的光学轮廓仪、外差式光学轮廓仪、光学显微干涉法轮廓仪、基于白光干涉仪的光学轮廓仪和基于共焦显微原理的光学轮廓仪等类型。三维光学轮廓仪如图 10-13 所示。

激光非接触式表面粗糙度仪基于激光光触针测量法，无可动部件、无探针，也不需要预先设置、操作，使用极其简单、方便。在距离被测表面 2.5mm 处进行非接触测量时，耗时仅为 0.5s，因此可实现对工件表面粗糙度的快速检测。它既可作为便携式仪器使用，又可与机床、自动线配合，以对工件表面进行动态测量或对自动线上零部件的指定位置做 100%的检测，能真正发挥在线检测的作用。

具有纳米级分辨率和精度的表面形貌测量技术已经比较成熟，美国 NANOVEA 公司生产的一种三维非接触式表面形貌仪如图 10-14 所示。该仪器采用白光轴向色差原理对样品表面进行快速、高分辨率、高重复性的三维测量，性能优于白光干涉轮廓仪与激光干涉轮廓仪，可达到纳米级的分辨率，测量范围可从纳米级粗糙度到毫米级的表面形貌和台阶高度。它可测透明、半透明、高漫反射、低反射率、抛光、粗糙等多种材料，不受样品反射率和环境光的影响，尤其适合测量高坡度高曲折度的材料表面。

图 10-13　三维光学轮廓仪（形貌仪）

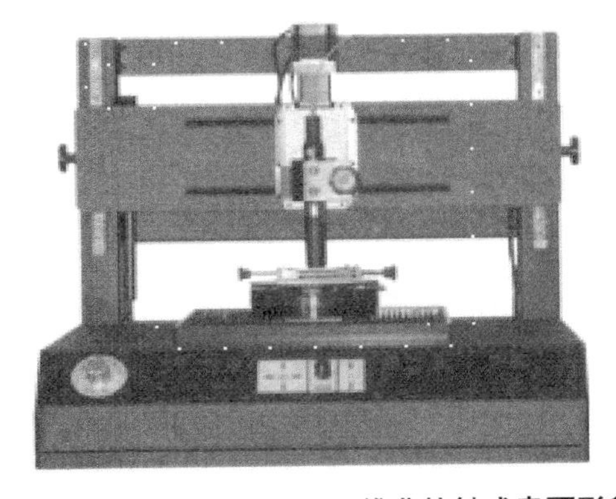

图 10-14　美国 NANOVEA 三维非接触式表面形貌仪

10.4 制造过程在线检测技术

10.4.1　在线检测的定义

制造过程检测可分为离线检测和在线检测。传统制造中的质量检测大多数是离线检测，属于事后检测和被动检测，难以防止不合格品的发生。

在线检测也称实时检测，是指在加工生产线中，在加工制造过程中对工件、刀具、机床等进行实时检测，并依据检测的结果做出相应的处理。在线检测是一种基于计算机自动控制的检测技术，整个检测过程由数控程序来控制。在线检测已经成为现代制造系统在线质量控制系统的主要组成部分。

闭环在线检测的优点是能够保证数控机床精度，扩大数控机床功能，改善数控机床性能，提高数控机床效率。将自动检测技术融于数控加工之中，采用在线检测方式，能使操作者及时发现工件加工中存在的问题，并反馈给数控系统。在线检测提供了加工过程中的工序测量能力，在线检测既可节省工时，又能提高测量精度。由于利用了机床数控系统的功能，使数控系统能及时得到检测系统所反馈的信息，从而能及时修正系统误差和随机误差，以改变机床的运动参数，更好地保证加工质量，促进加工测量一体化。

10.4.2 在线检测的典型应用形式

根据测量位置和方式的不同，在线检测有两种具体应用形式：一种是在加工生产线的不同工位布置不同测量设备和检测站，主要是对相关工序的工件的加工精度进行检测；另一种是在机床内部加工过程中的主动测量，即在工件加工过程中，通过安装在机床系统的主动测量设备，直接测量工件的加工精度。这两种应用形式都是保证用最短的工艺时间生产出质量最好的、没有任何误差的产品，及时发现加工不合格的产品，减少后续的加工工序的浪费。

按检测时是否停机，在线检测可分为在加工过程中进行检测的在线检测和停机后不卸下工件进行检测的在机检测两类。在机测量的对象可以是工件、夹具或刀具，在数控机床、加工中心上的应用日益广泛。到目前为止，对机械加工过程中工件尺寸直接在线测量技术研究最多的是车削过程和磨削过程，而且主要是对工件直径的在线测量。对工件尺寸在线检测更多的是采用在机检测的办法。

10.4.3 在线检测系统的基本构成原理

数控机床在线检测系统的基本构成如图 10-15 所示。

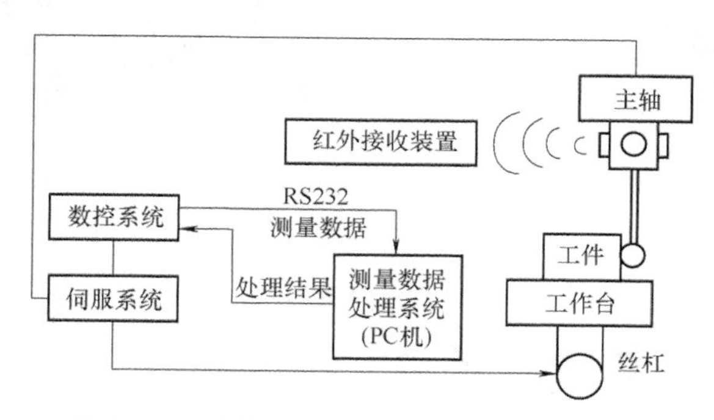

图 10-15 数控机床在线检测系统的基本构成

数控机床在线检测系统的基本构成如下：

1）机床本体。机床本体是实现加工、检测的基础，其工作部件是实现所需基本运动的部件，其传动部件的精度直接影响着加工和检测的精度。

2）数控系统。目前数控机床一般都采用 CNC 数控系统。

3）伺服系统。伺服系统是数控机床的重要组成部分，用以实现数控机床的进给位置伺服控制和主轴转速（或位置）伺服控制。伺服系统的性能是决定机床加工精度、测量精度、表面质量和加工效率的主要因素。

4）自动测量系统。自动测量系统由接触触发式测头、信号传输系统和数据采集系统组成，是数控机床在线检测系统的关键部分，直接影响着在线检测的精度。

数控机床在线检测系统的关键部件为测头，使用测头可在加工过程中进行尺寸测量，根据测量结果自动修改加工程序，改善加工精度。

测头按功能可分为工件检测测头和刀具测头，按信号传输方式可分为硬线连接式、感应式、光学式和无线电式，按接触形式可分为接触测量和非接触测量。在应用时可根据机床的具体型号选择合适的配置。测头的在线检测应用如图 10-16 所示。

图 10-16 雷尼绍测头的在线检测应用

在线检测系统可用于数控车床、加工中心、数控磨床、专机等大多数数控机床上，此时，数控机床既是加工设备，又兼具坐标测量机的某些测量功能。

10.5 纳米检测技术

科学技术向微小领域发展，由毫米级、微米级继而涉足纳米级。微纳米技术研究、探测物质结构的功能尺寸及分辨能力已达到微米至纳米级尺度，使人类在改造自然方面深入到分子、原子级的纳米层次。微纳米技术的发展，离不开微米级和纳米级的测量技术与设备。近年来纳米检测技术发展迅速，主要包括：激光干涉仪、扫描探针显微镜、扫描电子显微镜、透射电子显微镜、共焦激光扫描显微镜、微纳米坐标测量机、图像干涉测量技术、激光多普勒测量技术、激光散斑测量技术、频闪图像测量处理技术、光流场测量技术、电子探针 X 射线显微分析仪等。

本节仅介绍纳米技术的主体仪器，即扫描隧道显微镜。

扫描隧道显微镜（STM）是一种利用量子力学理论中的电子隧道效应探测物质表面结构的仪器。STM 于 1981 年由 G. Binning 及 H. Rohrer 在 IBM 公司苏黎世实验室发明，两位发明者因此与恩斯特·鲁斯卡分享了 1986 年诺贝尔物理学奖。STM 的工作原理如图 10-17 所示。

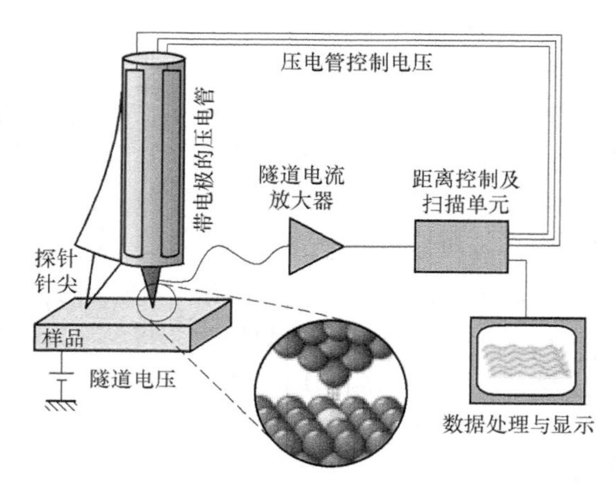

图 10-17　扫描隧道显微镜（STM）的工作原理

一个小小的电荷被放置在探针上，一股电流从探针流出，通过整个材料到达底层表面。当探针通过单个的原子，流过探针的电流量便有所不同。电流在流过一个原子的时候有涨有落，如此便极其细致地探出它的轮廓。在许多的流通后，通过绘制电流量的波动，可得到组成一个网格结构的单个原子的美丽图片。STM 的基本构成包括隧道针尖、使用压电陶瓷材料的三维扫描控制器、电子学控制系统、在线扫描控制和离线数据分析软件及隔震系统等。

STM 具有极高的空间分辨率，其平行和垂直于表面的分辨率分别可达到 0.1nm 和 0.01nm，能分辨出单个原子，可广泛应用于表面科学、材料科学和生命科学等研究领域；具有比原子力显微镜更高的分辨率，可以让科学家观察和定位单个原子。在低温下（4K）可以利用 STM 探针尖端精确操纵原子，因此在纳米科技领域它既是重要的测量工具又是重要的加工操作工具。

STM 基于量子的隧道效应，在工作时要监测探针和样品之间的隧道电流，因此它只限于直接观测导体和部分半导体的表面结构。对于非导电材料，必须在其表面覆盖一层导电膜，导电膜的存在往往掩盖了表面结构的细节。此外，STM 对测量环境要求极高，由于仪器在工作时针尖与样品的间距一般小于 1nm，同时隧道电流与隧道间隙呈指数关系，因此任何微小的振动或微量尘埃都会对仪器的稳定性产生影响。必须隔绝振动和冲击两种类型的扰动，特别是隔绝振动。

习题与思考题

1. 简述三坐标测量机的结构特点及用途。
2. 举例说明双频激光干涉仪的典型应用。
3. 非接触式轮廓仪有哪些优点？
4. 在线检测有哪些优点？试举例说明在线检测技术的应用特点。

参 考 文 献

[1] 甘永立. 几何量公差与检测［M］. 10版. 上海：上海科学技术出版社，2013.
[2] 赵丽娟，冷岳峰. 机械几何量精度设计与检测［M］. 北京：清华大学出版社，2011.
[3] 马惠萍. 互换性与测量技术基础案例教程［M］. 2版：北京：机械工业出版社，2010.
[4] 胡立志. 互换性与技术测量［M］. 北京：清华大学出版社，2013.
[5] 王莉静，郝龙，吴金文. 互换性与技术测量基础［M］. 武汉：华中科技大学出版社，2020.
[6] 刘笃喜，王玉. 机械精度设计与检测技术［M］. 北京：国防工业出版社，2012.
[7] 屈波. 互换性与技术测量［M］. 北京：机械工业出版社，2014.
[8] 王伯平. 互换性与测量技术基础［M］. 5版. 北京：机械工业出版社，2019.
[9] 张秀娟. 互换性与测量技术基础［M］. 2版. 北京：清华大学出版社，2018.
[10] 胡凤兰. 互换性与技术测量基础［M］. 3版. 北京：高等教育出版社，2019.
[11] 楼应侯，卢桂萍，蒋亚南. 互换性与技术测量［M］. 2版. 武汉：华中科技大学出版社，2016.